高职高专计算机系列规划教材

·计算机基础技能系列

丛书主编 孔 敏

网页设计与实训教程

主　编 钱素予

副主编 蔡　洁

编　者 钱素予 蔡　洁 刘　琼

桂　超 吕俊燕 杨　洋

祝欣蓉

南京大学出版社

图书在版编目(CIP)数据

网页设计与实训教程 / 钱素予主编. 一南京：南京大学出版社，2015. 3(2017.8重印)
高职高专计算机系列规划教材. 计算机基础技能系列
ISBN 978-7-305-14875-0

Ⅰ. ①网… Ⅱ. ①钱… Ⅲ. ①网页制作工具—高等职业教育—教材 Ⅳ. ①TB393.092

中国版本图书馆 CIP 数据核字(2015)第 051735 号

出版发行 南京大学出版社
社　　址 南京市汉口路 22 号　　邮　编 210093
出 版 人 金鑫荣

丛 书 名 高职高专计算机系列规划教材·计算机基础技能系列
书　　名 网页设计与实训教程
主　　编 钱素予
责任编辑 徐佳乐　吴　汀　　编辑热线 025-83686531

照　　排 江苏南大印刷厂
印　　刷 宜兴市盛世文化印刷有限公司
开　　本 787×1092　1/16　印张 19.75　字数 481 千
版　　次 2015 年 3 月第 1 版　2017 年 8 月第 2 次印刷
ISBN 978-7-305-14875-0
定　　价 40.00 元

网　　址：http://www.njupco.com
官方微博：http://weibo.com/njupco
官方微信号：njupress
销售咨询热线：(025) 83594756

前　言

随着互联网的高速发展，远程教育、远程医疗、网上银行、网上炒股，博客、网络游戏、网上参政议政、手机报纸、网络广告等电子商务、电子政务被广泛应用。网页设计技术以成为现代职业人的基本素养之一。不同的岗位对此有着深浅有别的技能需求。

本书为谁而写？

本书入门篇为普及性网页设计教程，面向普通的职业人；提高篇为即将从事或已经从事专门网页设计的职业人而书。

写给普通职业人的话：

如果你是一名农民，你是否想建立自己的蔬菜、水果等农产品网页，通过网络找到买家？

如果你是一个公司职员，你是否经常发布公司新闻，更新公司网上资源？

如果你是一名商人，你是否想自己开一个网上商店，制作简单的销售和宣传网页？

如果你是一名学生，你是否想设计一个个人简历的网页，通过网络推销自己？

如果你是一名教师，你是否想为学生提供网上教学服务？

只要你已经学会简单的计算机操作，学会汉字输入，你就可以利用几天的时间，学习本书的入门级教程，快速掌握简单的网页制作和发布技术，拥有一个自己的网上空间。

写给网页设计职业人的话：

如果你想成为网页设计职业人，你就必须思考：

如何使所设计的网页能够被百度等搜索引擎自动捕获？

如何使网站的所有页面保持风格一致，并能快速变换风格？

如何减少网页制作的工作量？

如何添加特效和动作？

如何使网页设计标准化，能实现与其他系统自动数据交换？

如何使页面能够具备与用户对话的功能？

通过本书的提高篇，你将学到作为一个网页设计职业人必须思考和掌握的技能。通过本书的拓展篇，你将进一步拓展视野，掌握动态交互页面的制作技能和真实网站的开发过程。

本书特点及作者

与前一版相比，此次修订以一个真实网站项目的开发过程为主线，将项目开发过程分解为一系列的任务。以任务为驱动，从任务实施拓展到相关知识的链接。同时摈弃了传统操作性教程的一步一步讲解操作设置的方法，以主干操作步骤的梳理来强化学生的理解和记忆，使学生自主关注细节性的操作。

本书针对不同的学习人群及教学要求将网站开发技能划分为入门篇（面向普通职业人

的普及性内容)、提高篇(面向即将从事或已经从事网页设计的职业人的专业性内容)和拓展篇(介绍 XML、动态网站开发简介、网站开发实例剖析等)三个部分。同时,以附录的形式介绍了制作具有交互功能的网页的简单语言等作为手册提供查询学习。

本书针对不同的学习人群及教学要求将网站开发技能划分为入门篇(面向普通职业人的普及性内容)、提高篇(面向即将从事或已经从事网页设计的职业人的专业性内容)和拓展篇(介绍 XML、动态网站开发简介、JavaScript 语言简介、VBSccript 语言简介及实训参考等)三个部分。

本书作者均为长期从事高职计算机、网页设计教学工作的一线教师。多次带领学生承接网站项目开发及参加各类网页设计制作类竞争,教学经验和实践经验较丰富。熟悉高职学生特点,并深刻理解随着信息技术的飞速发展,教师必须培养学生自主学习、举一反三、理论实践结合的综合能力。其中钱素予负责全书统筹、修订思路及风格设计,同时负责本书的任务一、任务三、任务四、任务六、任务七、任务十、拓展一、拓展二的修订以及全部内容的审核修改工作;蔡洁主要协助负责统稿、修订思路及风格设计工作,同时负责任务二、任务五的修订;刘琼主要负责新增的任务十二、任务拓展的撰写工作;桂超主要承担了本书的任务九、任务十一的修订工作;吕俊艳主要负责任务八的修订工作。本次修订中部分采用了原教材内容,特此感谢原主编孔敏,参编杨洋、祝欣蓉等作者。

使用及教学建议

本书可作为高职高专院校以及成人院校计算机相关专业、电子商务专业的教学用书,也可作为广大网页制作爱好者的自学用书。在教学过程中,可以针对不同的教学对象选择教学内容。如针对普及性网页设计技能教学,只需要教授入门篇内容;针对可能从事与网页设计技能有关工作的学习对象,可以增加提高篇内容;如需进一步学习可以继续选择拓展篇。

目　录

入门篇

在信息社会，网页制作是大多数工作岗位的基本技能要求。通过入门篇的学习，你将掌握基本的网页设计技术，能制作简单网页。如果你要从事专门的网页设计岗位工作，请继续学习提高篇。

任务一　明确岗位技能需求及网站建设流程

任务描述

利用网络搜索与“网页设计制作”相关的岗位需求及技能要求；了解网站建设基本流程及后续任务的项目概况。

技能要求

掌握如何利用网络的搜索功能检索企业招聘信息，分析企业对“网页设计制作”人员的需求。

任务实施

常用的招聘信息较多的网站主要有“前程无忧”、“智联招聘”等。以“前程无忧”为例，其基本操作如下：

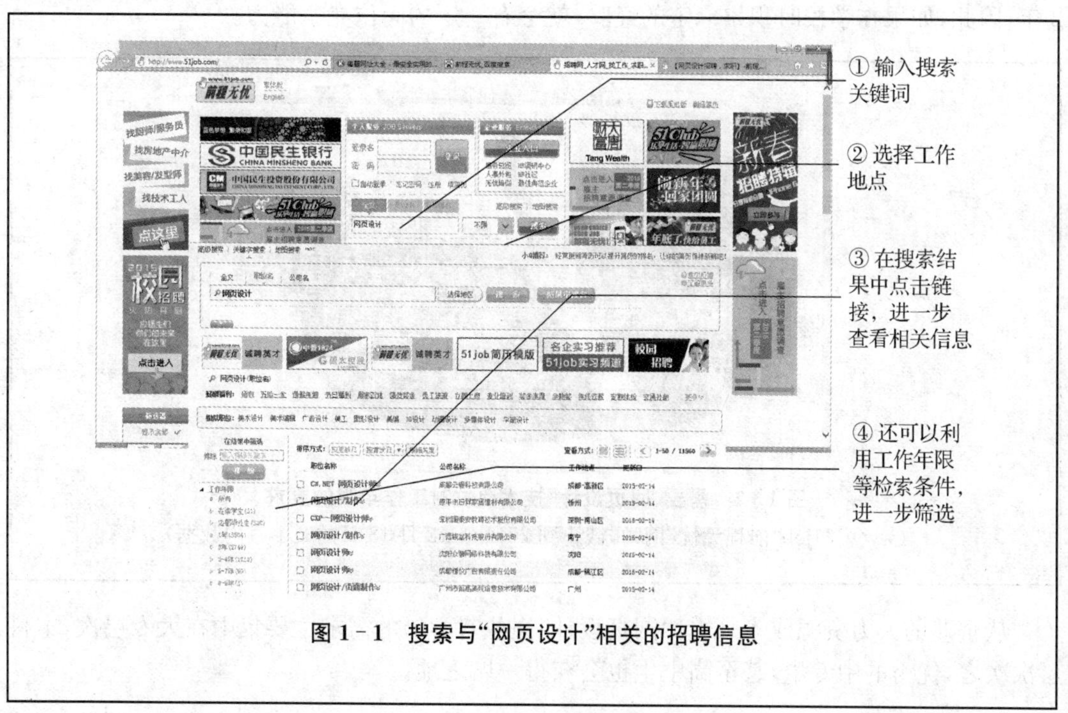

① 输入搜索关键词
② 选择工作地点
③ 在搜索结果中点击链接，进一步查看相关信息
④ 还可以利用工作年限等检索条件，进一步筛选

图 1－1　搜索与“网页设计”相关的招聘信息

知识链接

互联网的迅速发展,使人们正在进入一个前所未有的信息化时代。作为互联网的主要组成部分,网站得到了广泛的应用。网页设计与制作也成为信息时代职业人必备的技能之一。

1.1 网页设计技能需求

互联网高度普及的今天,远程教育、远程医疗、网上银行、网上炒股、博客、网络游戏、网上参政议政、手机报纸、网络广告等电子商务、电子政务被广泛应用。网页设计与制作成为必须掌握的技能,不同岗位对此有深浅不同的技能需求。

1.1.1 网页设计岗位需求

近年来,包含“网页设计”相关技能的岗位需求数呈现大幅增加趋势。2014 年 12 月 18 日,在前程无忧网站(www.51job.com),搜索包含“网页设计”的招聘职位的全文描述,查询结果,有 52 468 个招聘职位要求掌握“网页设计”技术,其中直接招聘“网页设计”岗位的有 11 560 项。

相对于其他岗位来说,要求“网站设计”技能的岗位对工作年限的要求主要集中在 1 至 2 年,因此,如果在学校时积累一定的经验,就会有一定的岗位竞争能力。

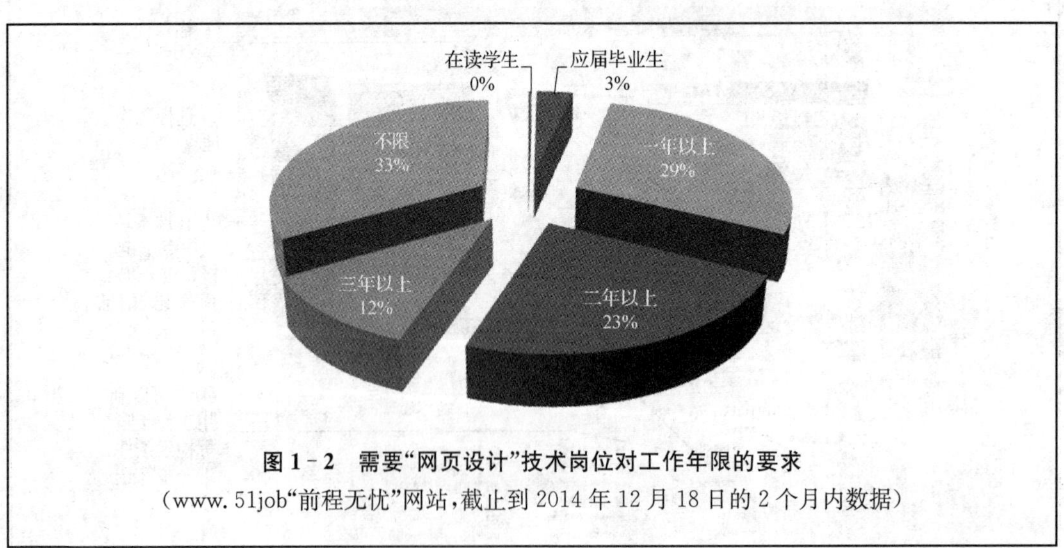

图 1-2 需要“网页设计”技术岗位对工作年限的要求

(www.51job“前程无忧”网站,截止到 2014 年 12 月 18 日的 2 个月内数据)

从企业的人力资源成本来看,“网页设计”岗位对学历的需求主要集中在大专层次,本科层次次之,优秀的中专生,甚至高中生也会获得一席之地。

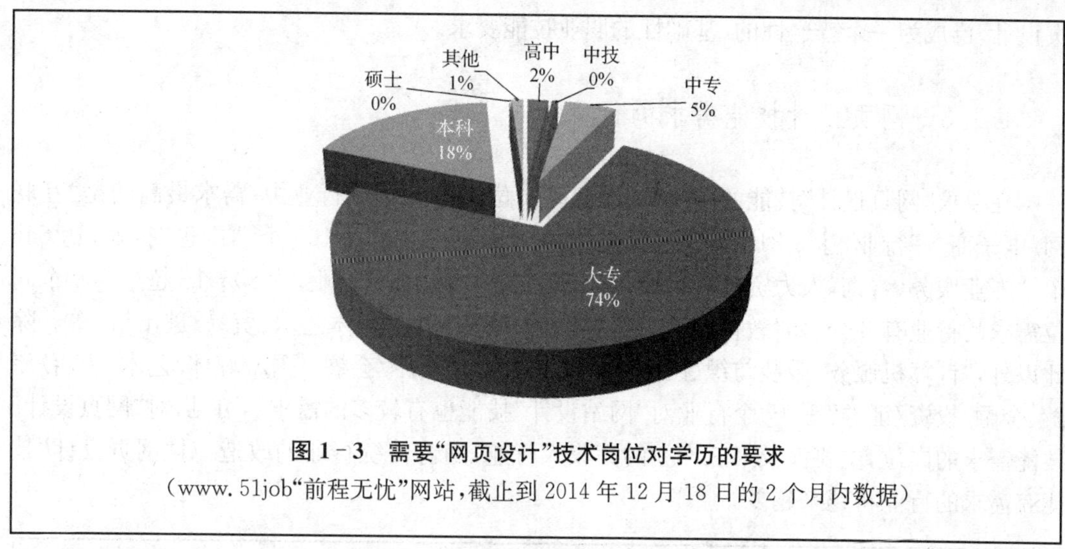

图 1-3　需要"网页设计"技术岗位对学历的要求

（www.51job"前程无忧"网站，截止到 2014 年 12 月 18 日的 2 个月内数据）

从招聘单位的性质分析可见，外资、合资、民营企业是主要"网页设计"岗位的提供者，它们主要是从事互联网开发、广告设计等的高科技企业。

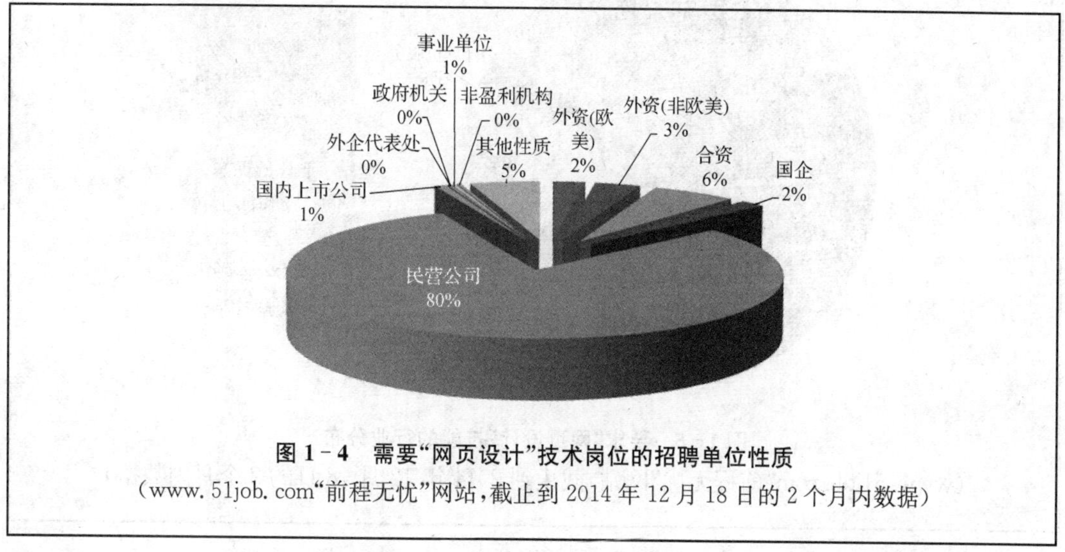

图 1-4　需要"网页设计"技术岗位的招聘单位性质

（www.51job.com"前程无忧"网站，截止到 2014 年 12 月 18 日的 2 个月内数据）

1.1.2　网页设计技能需求的职位分布

从 www.51job.com 网站截止 2014 年 12 月 18 日的 2 个月内数据可以看出，对"网页设计"技能有要求的岗位职能描述有 11 557 项。属于"计算机/互联网/通信/电子"类 10 353 项；属于"销售/客户服务/技术支持"类 15 项；属于"会计/金融/银行/保险"类 5 项；属于"生产/营运/采购/物流"类 12 项；属于"生物/制药/医疗/护理"类 20 项；属于"广告/市场/媒体/艺术"类 2 495 项；属于"建筑/房地产"大类 5 项；属于"人事/行政/高级管理"4 项；属于"咨询/法律/教育/科研"98 项；属于"公务员/翻译/其他"33 项。因此，就像 Office 办公工具一样，无论是在专门的 IT 职能岗位，还是在其他的诸如销售、生产等职能岗位，"网页设计"已成为一个普遍性的、基础性的职业技能要求。

1.1.3 网页设计技能需求的行业分布

在要求"网页设计"技能的 11 557 项招聘岗位的招聘企业行业中，需求最高的是"互联网/电子商务"行业，达 5 818 个，"计算机软件"行业次之，达 2 166 个，"广告"行业，达 546 个，"专业服务(咨询，人力资源)"行业，达 353 个，"教育培训"行业，达 805 个，超过 500 个岗位需求的行业有 8 个，如"教育培训、通信/电信、金融证券、媒体艺术、贸易/进出口"等。除此以外，"计算机服务、服装纺织、网络游戏、公关/市场推广/会展、影视/媒体/艺术、酒店/旅游、金融/投资/证券"等 17 个行业对"网站设计"技能也有较多的需求。可见，对"网页设计"技能需求的岗位，主要涉及第三产业的高收入行业，随着传统行业的改造，对"网页设计"技能有需求的行业将越来越多。

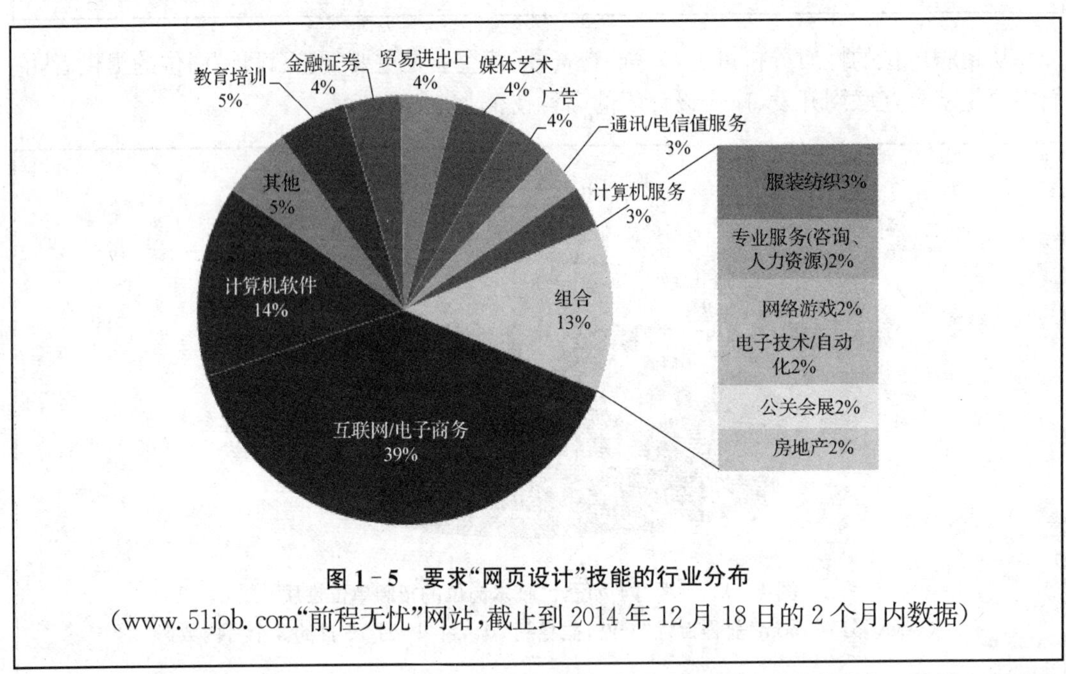

图 1-5 要求"网页设计"技能的行业分布

(www.51job.com"前程无忧"网站，截止到 2014 年 12 月 18 日的 2 个月内数据)

1.1.4 网页设计技能需求的岗位描述

涉及"网页设计"技能要求的具体职位包括：资深平面设计师、视觉设计师、用户界面和体验设计设计师、BI 前端报表美工；网络系统管理员、网络编辑、网络管理、网站编辑、IT 助理；经理助理、企业内刊编辑、行政专员、办公室主任、副主任、主任助理、市场营销、光盘编辑；中高级 Java 软件工程师、ASP 程序员、程序设计师、互动设计师；网站企划专员、网站管理推广工程师、网站策划。

以下是 2014 年 12 月 18 日 www.51job.com 网站涉及"网站设计"技能要求的部分岗位描述。

某公司招聘“用户界面和体验设计设计师”的岗位描述

岗位职责：1. 了解并分析客户需求，帮助系统分析师完善产品需求；2. 根据用例脚本设计用户界面、交互方式和交互过程，并进行用户行为和体验相关的其他设计；3. 完成界面的视觉设计方案；4. 制作系统演示和帮助系统；5. 与开发人员合作，设计用户界面；6. 为用户界面和交互设计实施和质量检验制定设计标准规格与详细说明书。

职位要求：1. 大专以上学历，有 3 年相关工作经验；2. 有多个成功的设计案例。

技能要求：1. 精通平面设计，熟悉动画设计；2. 精通 Photoshop、Dreamweaver、Flash 等网页设计图形设计软件；3. 精通 HTML、CSS、JavaScript，能够独立完成网站的规划和页面制作；4. 优秀的审美能力，独特的创意，较强的平面设计和网页设计创意能力。

素质要求：1. 思维活跃，创新能力强；2. 对用户界面设计有浓厚兴趣，了解且善于分析客户需求、行为和心理；3. 工作认真负责，注重团队合作。

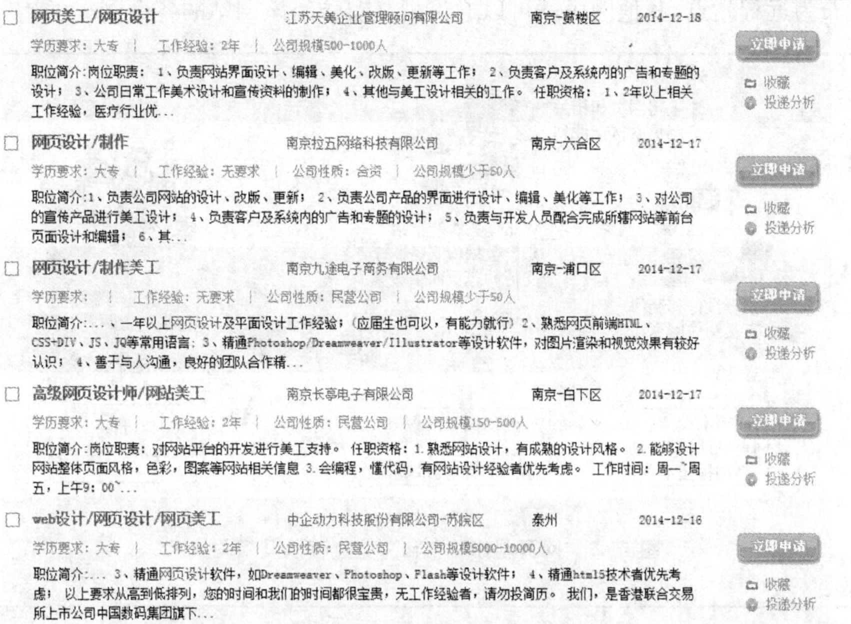

图 1－6　要求“网页设计”技能的招聘信息

（www.51job.com“前程无忧”网站，2014 年 12 月 18 日数据）

某公司招聘“互动设计师、网页设计师、网站设计师”的职位描述

岗位职责：1. 根据客户的需求，设计出符合国际标准的网站界面；2. 能开发 HTML 网页，完成自己的网页设计，并完成他人的工作；3. 设计出具有新意的作品；4. 完成网络(网站)和传统媒体(印刷和企业形象设计)的项目。

技术要求：1. 精通 Dreamweaver、Photoshop、HTML、CSS、Flash、Actionscript 等设计软件；2. 较强的网页美术设计能力和很好的创意理念，极好地把握视觉色彩与网站布局，设计思维国际化。

素质要求：1. 十分细心，注意细节的把握，富有耐心，善于学习，理解能力强；2. 活跃的设计思想，对各种网站风格有大量的研究，有自己独到的见解；3. 能吃苦耐劳，有强烈责任心，强烈学习意愿，追求自我发展，具有团队精神，沟通能力良好，按时完成设计任务；4. 精力充沛，能承受较大工作压力。5. 能独立完成工作，也能与其他设计师、程序员和客户专员合作完成项目。

职位要求：1. 正规设计院校大专以上学历，有很深的美术功底；2. 有与大型国际品牌合作经验的优先；3. 有网站设计实践工作经验，具有较强的网站策划，编辑能力，负责过大型门户网站整体设计优先。

1.2 网页设计技术与工具软件

网页通过网站发布到互联网上，被其他网民利用浏览器软件浏览和访问。网页设计和制作人员在本地设计和制作网页及网页素材后，必须将其上传到具有 Web 服务功能的 Web 服务器的远程文件夹中，并利用 Web 服务功能将该远程文件夹绑定到某个域名或 IP 地址，发布为远程站点，其他网民就可以通过浏览器访问该网站的各个网页了。

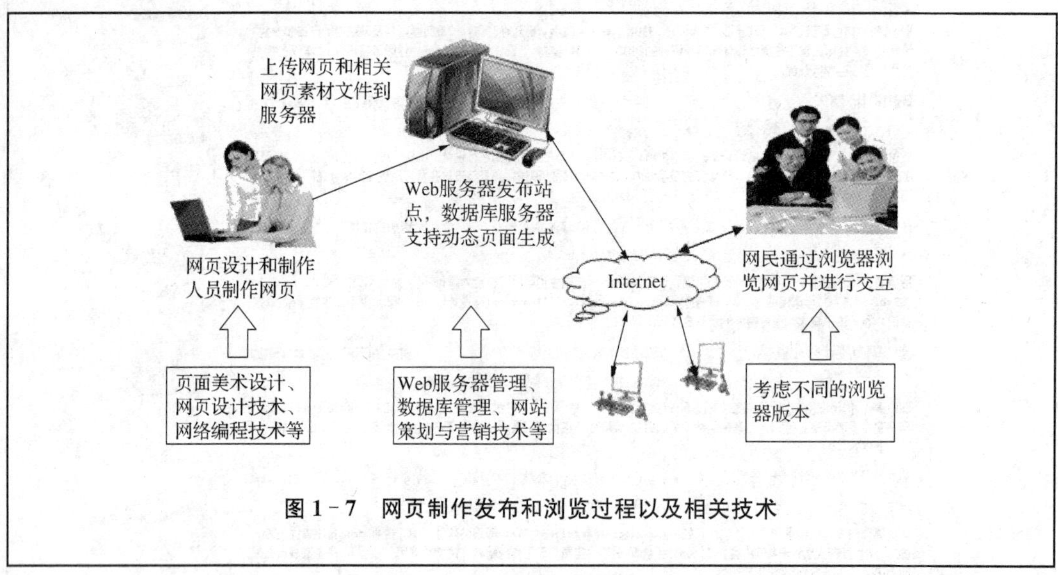

图 1-7 网页制作发布和浏览过程以及相关技术

为了使更多的网民获知该网站，网站策划与营销人员必须推广网站。最简单的办法是让百度等搜索引擎能够自动搜索所制作的网页。这就要求在制作网页时，考虑采用国际标准，以提高网页被搜索引擎发现的概率，从而提高网站的访问率。其次，网站主题应该非常鲜明，功能和内容导航清晰，页面布局吸引眼球，用户可以和网站进行信息交互，以增加更多的回访率。

涉及“网页设计”技能的主要技术要求是：

(1) 精通 Dreamweaver、Photoshop、HTML、CSS、Flash、Actionscript 等设计软件；

(2) 具有较强的网页美术设计能力和很好的创意理念，能较好地把握视觉色彩与网站布局，设计思维国际化，养成良好的页面审查观和良好的布局习惯；

(3) 熟悉 W3C 网页制作标准，精通 XHTML、HTML、CSS，熟练用手写方式或层布局生成标准精简页面，熟练使用 XHTML+CSS 手写页面；

(4) 掌握网页编程技术，包括编写跨浏览器的 JavaScript 脚本，利用 ASP、ASP. net、JSP、数据库管理技术等，实现交互式网站编程；

(5) 掌握网站策划与管理技术。

具体岗位不同,对网页设计的技术侧重点要求不同。例如,“网站企划专员”职位,要求熟练使用 HTML/XML、Photoshop、Flash、Dreamweaver 等前台网页设计技术。“高级、中级软件工程师” 要求掌握“JSP、ASP 等”网络编程的后台动态网页设计技术。

“界面技术支持工程师”要求熟悉 W3C 网页制作标准,能编写跨浏览器的 JavaScript 脚本;熟练使用 Dreamweaver 或 Fireworks 等网页设计制作软件;精通 XHTML、HTML、CSS,熟练手写并用层布局生成标准精简页面;精通 XHTML+CSS,可熟练使用 XHTML+CSS 手写页面。

制作网页的常用工具软件如下:

常用美工设计工具软件 Photoshop 工具软件主要用来进行网页美工设计。Flash 工具软件可以用来制作网页中的动画。Illstrator 工具软件主要在绘制新图像时使用,它可直接绘制按钮或插图等相关图像。

常用网页编辑工具软件 Frontpage 是 Office 办公软件中提供的网页制作工具,比较简单,可用来制作简单的网页编辑和设计,适合一般行政人员使用。高级网页设计人员一般采用 Dreamweaver 等辅助网页设计和网站开发管理的网页设计工具软件,也可以利用 Flash 或 Firework 制作出动感十足的网站。对程序员来说,还可以利用记事本等工具,直接编写网页。

通常将 Photoshop(图像处理)、Flash(动画制作)、Dreamweaver(网页制作)称为网络三剑客。网页设计师需要熟练地将这三个工具软件综合使用。

本书主要从一个真实项目入手,结合任务分解介绍怎样利用 Dreamweaver 进行网页设计和网站管理。分入门篇、提高篇、拓展篇。入门篇讲解基本的网页制作技术,使读者具备现代职业的基本素养;提高篇从标准化、交互功能、美学等角度引导读者进入更高层次的网页设计,使读者达到网页设计与制作的职业技能要求;拓展篇主要讲解动态交互技术基础并剖析一个网站设计项目。

1.3　网站建设基本流程

建立网站就如同建设一座大厦,它也是一个系统工程,有特定的工作流程。在网站建设中只有遵循流程,才能设计出一个满意的网站。以个人网站为例,可以将网站建设的工作流程分解为以下八个环节:

1. 确定网站主题

网站主题即网站所要包含的主要内容,一个网站必须要有一个明确的主题。以个人网站为例,不可能像综合网站那样做得内容大而全,包罗万象。可以找准一个自己最感兴趣内容,做深、做透、做出特色,这样才能给用户留下深刻的印象。网站的主题无定则,只要是感兴趣的,任何内容都可以,但主题要鲜明,在主题范围内内容做到大而全、精而深。

2. 搜集材料

明确了网站的主题以后,需要围绕主题开始制作和搜集建站材料。材料既可以自己编写，也可以从图书、报纸、光盘、多媒体上得来。另外还可以从互联网上搜集，然后把搜集的材料去粗取精，去伪存真，作为自己制作网页的素材。

3. 规划网站

规划网站就像设计师设计大楼一样，图纸设计好了，才能建成一座漂亮的楼房。网站规划包含的内容很多，如网站的结构、栏目的设置、网站的风格、颜色搭配、版面布局、文字图片的运用等，在制作网页之前必须把这些方面都考虑到，才能在制作时驾轻就熟，胸有成竹。这样制作出来的网页才能有个性、有特色，具有吸引力。

4. 选择合适的制作工具

一款功能强大、使用简单的软件往往可以在网站建设中起到事半功倍的效果。目前有很多所见即所得的编辑工具，其首选当然是功能强大为专业开发者所热捧的 Dreamweaver CS6。除此之外，还有图片编辑工具，如 Photoshop、Photoimpact 等；动画制作工具，如 Flash、Cool 3d、Gif Animator 等，可以根据需要灵活运用。

5. 制作网页

制作页面就是需要按照规划一步步地把自己的想法变成现实。可以按照先大后小、先简后繁的原则进行制作。先大后小，就是在制作网页时，先把大的结构设计好，然后再逐步完善小的结构设计。先简后繁，就是先设计出简单的内容，然后再设计复杂的内容，以便出现问题时修改。在制作网页时可以运用模板、CSS 等技术，这样可以大大提高制作效率。

6. 上传测试

网站建设完成后需要发布到 Web 服务器上，才能够让人们借助互联网访问浏览。上传网站的工具有很多，有些网页制作工具本身就带有 FTP 功能，利用这些 FTP 工具，可以很容易地把网站发布到自己申请的网站存放服务器上。网站上传完毕后还需要在浏览器中打开网站，逐页逐个链接的进行测试，发现问题，及时修改，再上传再测试。直至全部测试完毕就可以把你的网址广而告之，吸引浏览者来浏览。

7. 推广宣传

网站上传后需要不断地进行宣传，这样才能让更多的浏览者认识它，提高网站的访问率和知名度。推广的方法有很多，例如到搜索引擎上注册、QQ 群及论坛推广、E-mail 推广、与别的网站交换链接、加入广告链接等。

8. 维护更新

网站不能一旦做好就放置在服务器上一成不变，需要经常维护，更新内容，保持内容的新鲜，只有不断地给它补充新的内容，才能够吸引住浏览者。

1.4　网页设计与实训教学网站简介

本教材基于的项目为《网页制作与发布教学网站》，该网站的建站目的是为了配合《网页制作与发布》课程教学，为学生开辟课外第二课堂，辅助学生学习及师生交流的一个网络平台。

1. 网站的整体栏目结构简介

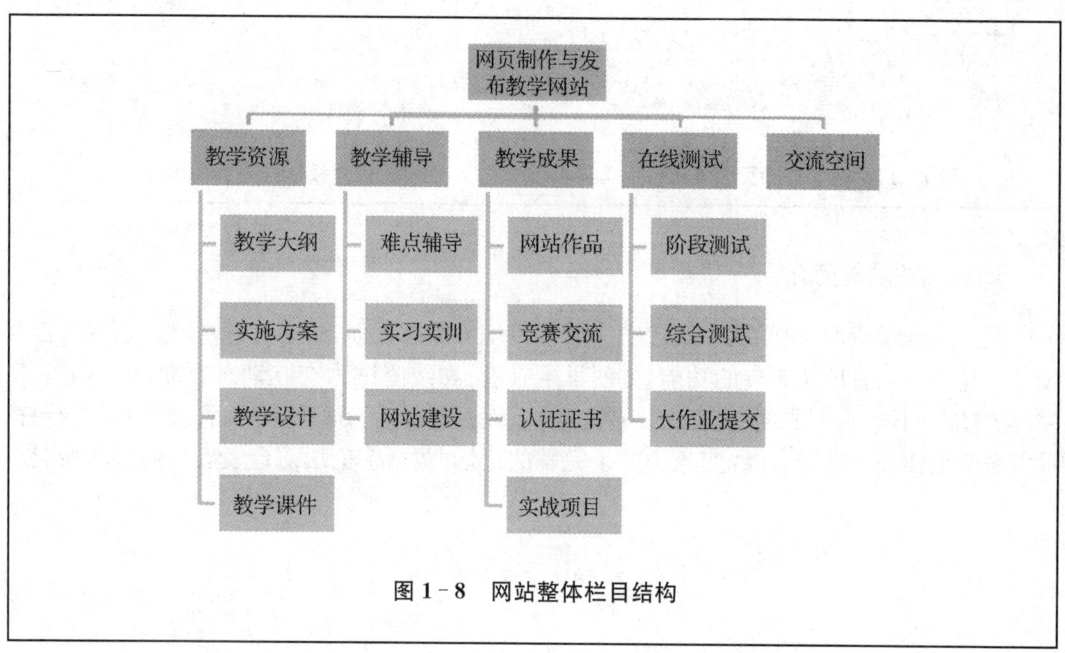

图1-8　网站整体栏目结构

2. 网站的页面简介

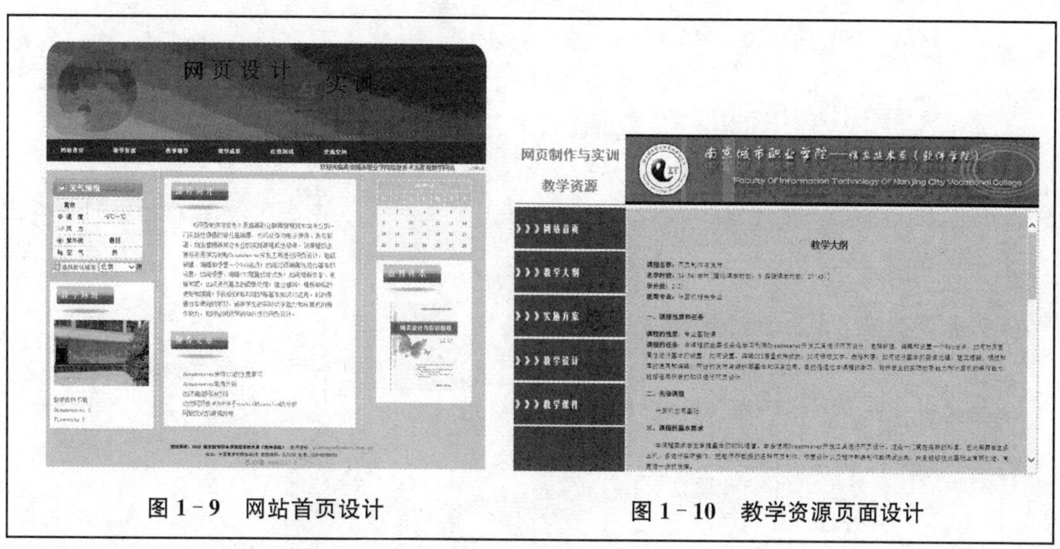

图1-9　网站首页设计

图1-10　教学资源页面设计

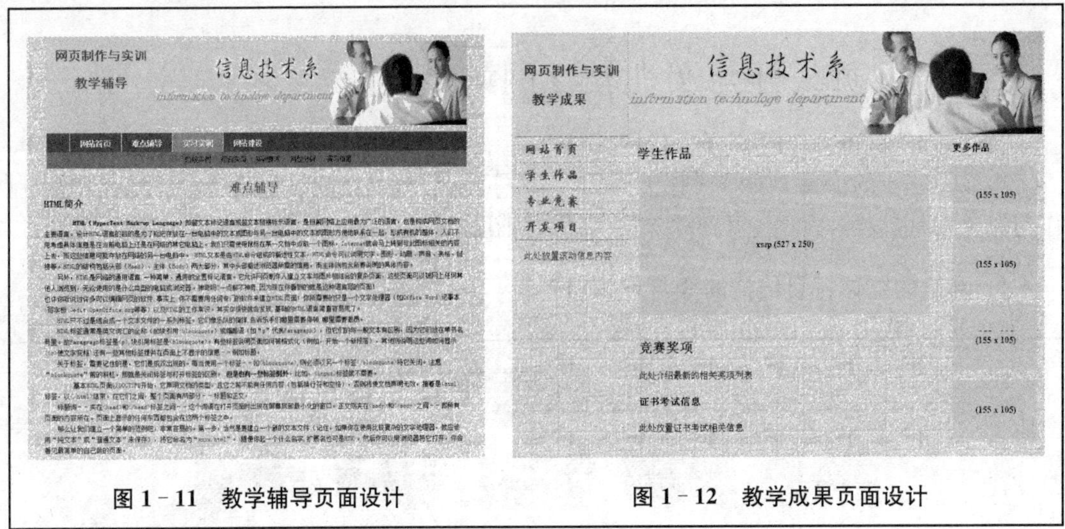

图 1-11　教学辅导页面设计

图 1-12　教学成果页面设计

3. 网站的功能简介

网站的教学资源、教学辅导及教学成果栏目均为静态页面，没有交互功能。在网站首页设计了显示当前日期及天气的功能，方便学生查看；在线测试为交互动态页面，包括了学生注册、登陆、测试、查看成绩、提交大作业等功能，以及教师后台管理学生、管理题库、组卷、查看下载学生作业等功能；在线交流为一个完整的论坛，包括了论坛前台及后台的基本功能。

任务二　网站的规划设计及定义本地站点

任务描述

规划设计《网页制作与发布》课程教学网站的结构，并根据设计模型进行站点的物理目录设计并定义本地站点。

技能要求

熟悉 Dreamweaver CS6 的工作环境；能够结合需求对网站进行结构设计，并能在 Dreamweaver CS6 中建立和管理站点。

任务实施

根据网站建设的具体操作及项目网站介绍可将任务分解为 2 个子任务。具体实施步骤分解如下：

任务 1：结合网站简介设计站点结构及物理目录结构

分析"任务一"中网站整体栏目结构简介设计网站导航；设计站点的物理目录结构。

具体操作

步骤一：分析《网页制作与发布》课程教学网站整体栏目结构简介→规划设计网站一级导航→规划设计二级导航；

网站一级导航应为 6 项（网站首页、教学资源、教学辅导、教学成果、在线测试、交流空间）；

网站二级导航设计如下：教学资源下级为 4 项（教学大纲、实施方案、教学设计、教学课件），教学辅导下级为 3 项（难点辅导、实习实训、网站建设），教学成果下级为 4 项（网站作品、竞赛交流、认证证书、实战项目），在线测试下级为 3 项（阶段测试、综合测试、大作业提交）。

步骤二：结合网站整体栏目结构简介设计站点物理结构

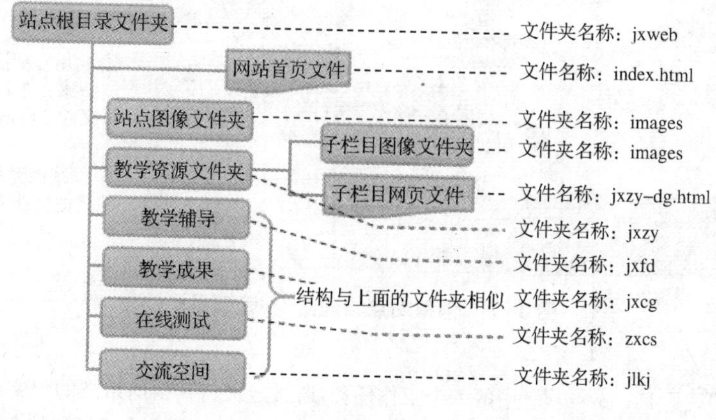

图 2－1　站点的物理结构

任务 2:建立网站的本地站点及管理目录

启动 DreamweaverCS6,点击“站点”菜单,选择“新建站点”,输入站点信息并选择站点文件夹并点击“保存”创建站点;在“文件”面板中新建“文件夹”、“文件”,修改文件夹、文件名称。

具体操作

步骤一:创建本地站点根文件夹(点击“站点”“新建站点”→在弹出的“站点设置对象 未命名站点 1”对话框中输入站点名称→点击本地站点文件夹后的“ ”打开“选择根文件夹”对话框→点击“”新建文件夹并修改文件夹名称→打开文件夹点击“选择”→点击“保存”)

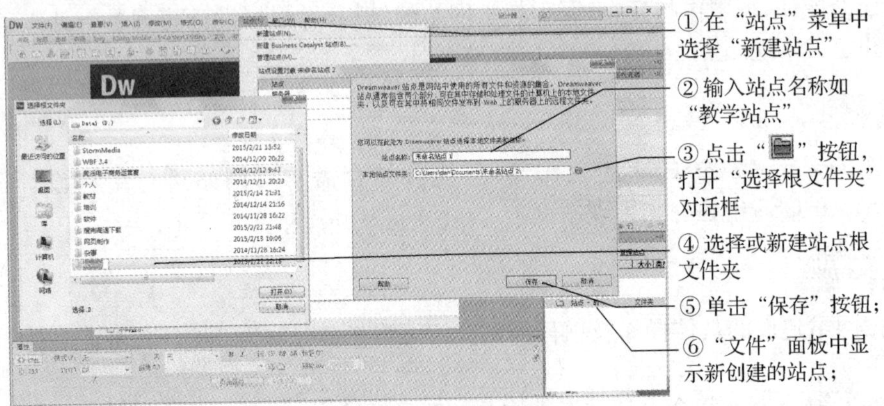
① 在“站点”菜单中选择“新建站点”
② 输入站点名称如“教学站点”
③ 点击“ ”按钮,打开“选择根文件夹”对话框
④ 选择或新建站点根文件夹
⑤ 单击“保存”按钮;
⑥“文件”面板中显示新创建的站点;

图 2-2 创建本地站点

步骤二:创建站点物理结构(在文件面板中选择站点文件夹图标点击右键弹出快捷菜单→选择“新建文件夹”→修改文件夹名称→重复新建文件夹操作创建所有根文件夹下的一级目录文件夹→打开创建的一级文件夹创建二级目录)

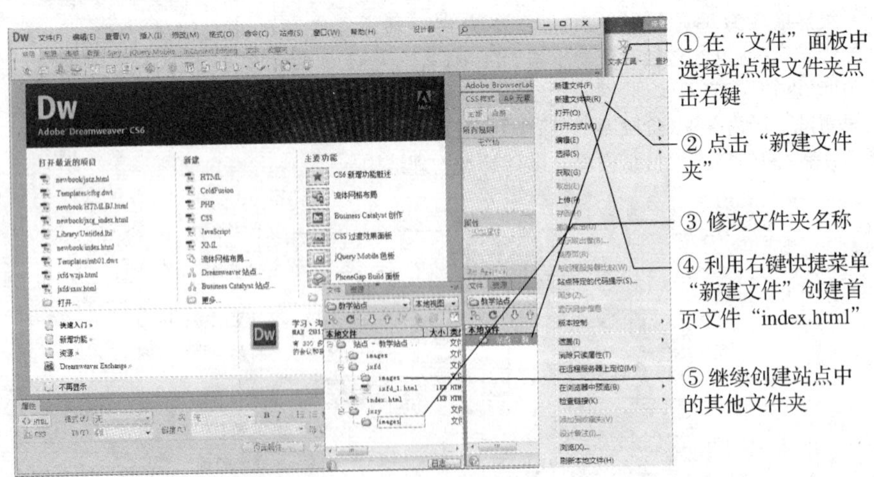
① 在“文件”面板中选择站点根文件夹点击右键
② 点击“新建文件夹”
③ 修改文件夹名称
④ 利用右键快捷菜单“新建文件”创建首页文件“index.html”
⑤ 继续创建站点中的其他文件夹

图 2-3 创建站点物理结构(管理目录)

提示

“站点名称”只是 Dreamweaver 中的一个工作任务,通过定义将其指向站点的根文件夹。可以使用中文定义;而站点的物理结构是真实存在于磁盘上的实体,最好不要用中文或类似的字符。有可能会影响浏览器对网站中页面内容的正确显示。

知识链接

2.1　网站建设基础知识

2.1.1　网页和网站

1. 什么是网页？

网页是构成网站的基本元素，是承载各种网站应用的平台。网页是一个文件，它可以存放在世界某个角落的某一台计算机中，是万维网中的一“页”，是超文本标记语言格式（文件扩展名为.html或.htm）。当用户在浏览器的地址栏中输入网页的地址后，经过一段复杂而又快速的程序解析后，网页文件就会立刻传送到用户的计算机中，然后再通过浏览器解释网页的内容，最后呈现在用户的眼前。所以，网页要通过网页浏览器来阅读。

2. 什么是网站？

现在，使用计算机、手机、PAD等电子设备访问一个Internet上的网站是一件非常稀松平常的事情。我们可以在网站上浏览新闻、在线阅读、观看视频，或者与你志趣相投的一帮网友聊聊时下感兴趣的话题等。简单地说，网站是一种沟通工具，人们可以通过网站来发布自己想要公开的资讯，或者利用网站提供相关的网络服务。网站就是一个众多网页的集合体，不同的网页通过有组织的链接整合到一起，为浏览者提供更丰富的信息。

3. 静态网页和动态网页

在介绍网页的知识时我们谈到，网页就是一个html文件，是一种能在www上传输、能被浏览器认识和翻译成页面并显示出来的文件。静态网页是网站建设初期经常采用的一种形式。网站建设者把内容设计成静态网页，访问者只能被动地浏览网站建设者提供的网页内容，其特点如下：

(1) 网页内容不会发生变化，除非网页设计者修改了网页的内容；

(2) 不能实现和浏览网页的用户之间的交互，信息流向是单向的，即从服务器到浏览器。服务器不能根据用户的选择调整而返回给用户新的内容，人机交互能力较差。

所谓动态网页，并非字面上理解的“动态效果网页”，动态网页也可以是没有动态效果，纯文字的，与静态网页最根本的区别就在于：动态网页是以数据库技术为基础采用动态网页技术生成的网页。

动态网页是指网页文件里包含了程序代码，通过后台数据库与Web服务器的信息交互，由后台数据库提供实时数据更新和数据查询服务。这种网页的后缀名称一般根据不同的程序设计语言而不同，如常见的有.asp、.php、.jsp、.aspx等形式为后缀。动态网页能够根据不同时间和不同访问者而显示不同的内容。如常见的BBS、留言板和购物网站通常采用动态网页实现。动态网页的制作比较复杂，需要用到 ASP、PHP、JSP 和 ASP. NET 等专门的动态网页设计技术。

2.1.2 Web 服务器

Web 服务器就是在 Web 站点上运行的应用程序，用户只有把设计好的网页放到 Web 服务器上才能被其他用户浏览。Web 服务器主要负责处理浏览器的请求。当用户使用浏览器请求读取 Web 站点上的内容时，浏览器会建立一个 Web 链接，服务器接受链接，向浏览器发送所要求的文件内容，然后断开链接。

2.1.3 域名和空间

作为一个网站建设者来说，域名和空间是必须了解的内容。域名和空间就是我们经常说到的“域名＋网站空间”的统称。简单地说，域名就是网站的名称，空间就是用来存放网站内容的一个场所。

1. 域名

域名就是用户访问网站的入口，是网站的名字，比如：sina. com，163. com 等等。如果一个网站没有域名，那用户只有通过 IP 地址来访问了。

当网站建设者将网站制作完毕后，一定希望把它发布到 Internet 上供用户访问，那么这个时候就必须为你的网站起一个有意义的名字，这个就是域名。域名就像商标一样，不能和已有的域名重复，必须经过统一的管理部门认证后才能使用。那么，到哪里去申请一个只属于你的域名呢？一般来说，网站建设者都会选择万网作为网站域名的注册地，当然，域名的注册是需要一定费用的。

2. 空间

我们上网的时候，其实是在将网页文件下载下来。所以说，一台计算机，它连接上了网络，安装了合适的 Web 服务器软件，它就可以作为服务器供别人访问。自己搭建服务器比较麻烦，需要学习一定的技术。不过最大的困难不在这里，服务器是需要 24 小时开机的，所以放在家里显然不合适，其次，服务器的带宽比我们平时使用的家庭宽带要求高。基于这些原因，在国内建立网站通常都是选择在网络上购买服务器。但是小网站通常是不需要一台独立的服务器，何况独立服务器的费用也很高。“虚拟主机”刚好满足我们这个要求，服务商将一台服务器的硬盘划分成了几个区域，其中每一个部分就称为一台“虚拟主机”，那么，分给每个用户的那部分区域就是我们所说的“空间”。由于是许多用户分摊费用，价格自然低出很多。

2.1.4 网页制作技术

HTML、CSS 与 JavaScript 技术是所有网页技术的基础与核心，无论是在互联网上进行信息发布，还是编写可交互的应用程序，都离不开这三门语言的综合应用。

1. HTML

HTML 是目前最流行的网页制作语言。互联网中的网页大多数都是使用 HTML 格式展示在浏览者面前的。HTML(Hypertext Markup Language),即超文本标记语言,是用于描述网页文档的一种标记语言。网页的本质就是超级文本标记语言,通过结合使用其他的 Web 技术可以创造出功能强大的网页。HTML 5 是近十年来 Web 开发标准最巨大的飞跃。和以前的版本不同,HTML 5 并非仅仅用来表示 Web 内容,它的新使命是将 Web 带入一个成熟的应用平台,在 HTML 5 平台上,视频、音频、图像、动画,以及同电脑的交互都被标准化。

2. CSS

级联样式表简称“CSS”,通常又称为“风格样式表(Style Sheet)”,它由 W3C 组织制定的一种非常实用的网页元素定义规则,是用来进行网页风格设计的。CSS 是对 HTML 的补充,利用 CSS 可以有效地对页面的布局、字体、颜色、背景和其他效果实现更加精确地控制。通过设立 CSS,可以统一地控制 HTML 中各标志的显示属性,节省许多重复性格式的设定。比如,如果想让链接字未点击时是蓝色的,当鼠标移上去后字变成红色的且有下划线,这就是一种风格。通过设立样式表,可以统一地控制 HTML 中各标志的显示属性。级联样式表可以使网页设计者更能有效地控制网页外观。使用级联样式表,可以扩充精确指定网页元素位置,外观以及创建特殊效果的能力。

目前,CSS3 是 CSS 技术的升级版本,CSS3 语言开发是朝着模块化发展的。以前的规范作为一个模块实在是太庞大而且比较复杂,所以,把它分解为一些小的模块,更多新的模块也被加入进来。这些模块包括:盒子模型、列表模块、超链接方式、语言模块、背景和边框、文字特效、多栏布局等。

3. JavaScript

JavaScript 是一种基于对象和事件驱动并具有相对安全性的客户端脚本语言。同时也是一种广泛用于客户端 Web 开发的脚本语言,常用来给 HTML 网页添加动态功能,比如响应用户的各种操作。JavaScript 提供了丰富的运算功能,包括算术运算、关系运算、逻辑运算和连接运算。JavaScript 的一个重要功能就是面向对象的功能,通过基于对象的程序设计,可以用更直观、模块化和可重复使用的方式进行程序开发。

2.2　页面的可视化设计与欣赏

2.2.1　网页设计原则

网页作为传播信息的一种载体,同其他出版物如报纸、杂志等在设计上有许多共同之处,也要遵循一些设计的基本原则。但是,由于其表现形式、运行方式和社会功能的不同,网页设计又有自身的特殊规律。网页设计，是技术与艺术的结合，内容与形式的统一。

Web站点上的内容包罗万象，版式丰富多彩，但无论怎样的变化，好的Web站点总是有许多共同之处：

- 精心组织的内容；
- 格式美观的正文；
- 和谐的色彩搭配；
- 较好的对比度；
- 生动背景图案；
- 大小适中、布局匀称的页面元素，不同元素之间留有足够空白，给人视觉上休息的机会；
- 文字准确无误，无错别字、无拼写错误等等。

要设计具备以上特点的网页，设计者必须遵循主题鲜明、形式与内容统一、强调整体等基本原则。

1. 主题鲜明

视觉设计不但要单纯、简练、清晰和精确，而且在强调艺术性的同时，更应该注重通过独特的风格和强烈的视觉冲击力，来鲜明地突出设计主题。通过艺术塑造或内容风格体现网站特色，产品、服务或其他主题、功能特点。较小而分立的信息要比较长而不分立的信息更为有效和容易浏览。

网页设计时，既要注重主题思想的条理性，又要注重网页构成元素空间关系的形式美组合，统筹美学与功能。（如搜索引擎应具备搜索的功能与简洁的美感。）最佳的主题诉求效果的取得，一方面通过对网页主题思想运用逻辑规律进行条理性处理；另一方面通过对网页构成元素运用艺术的形式美法则进行条理性处理，更好地营造符合设计目的的视觉环境，突出主题，增强浏览者对网页的注意力，增进对网页内容的理解。可通过对网页的空间层次、主从关系、视觉秩序及彼此间逻辑性的把握鲜明地突出主题。

2. 形式与内容统一

在网页设计中必须注意形式与内容的高度统一。

设计的内容就是指它的主题、形象、题材等要素的总和，形式就是它的结构、风格或设计语言等表现方式。一个优秀的设计必定是形式对内容的完美表现。

一方面，网页设计所追求的形式美，必须适合主题的需要，这是网页设计的前提。另一方面，要确保网页上的每一个元素都有存在的必要性，不要为了炫耀而使用冗余的技术。那样得到的效果可能会适得其反。只有通过认真设计和充分的考虑来实现全面的功能并体现美感才能实现形式与内容的统一。

网页具有多屏、分页、嵌套等特性，设计者可以对其进行形式上的适当变化以达到多变性处理效果，丰富整个网页的形式美。这就要求设计者在注意单个页面形式与内容统一的同时，更不能忽视同一主题下多个分页面组成的整体网页的形式与整体内容的统一。

3. 强调整体

网页的整体性包括内容和形式上的整体性。

网页设计是传播信息的载体，它要表达的是一定的内容、主题和意念，并给人一种内部有机联系、外部和谐完整的美感。整体性也是体现一个站点独特风格的重要手段之一。

网页的结构形式是由各种视听要素组成的。在设计网页时，强调页面各组成部分的共性因素或者使诸部分共同含有某种形式特征，是求得整体的常用方法。这主要从版式、色彩、风格等方面入手。整个网页内部的页面，都应统一规划，统一风格，让浏览者体会到设计者完整的设计思想。

从某种意义上讲，强调网页设计结构形式的视觉整体性必然会牺牲灵活的多变性。因此，在强调网页整体性设计的同时必须注意：过于强调整体性可能会使网页呆板、沉闷，以致影响访问者的情趣和继续浏览的欲望。“整体”是“多变”基础上的整体。

2.2.2　网页版面布局设计

版式设计通过文字图形的空间组合，表达出和谐与美。多页面站点页面的编排设计要求把页面之间的有机联系反映出来，特别要处理好页面之间和页面内的秩序与内容的关系。为了达到最佳的视觉表现效果，我们将反复推敲整体布局的合理性，使浏览者有一个流畅的视觉体验。

设计首页的第一步是设计版面布局。在进行网页的布局设计时要从页面的尺寸、页面的整体形象、页头页脚的设计、文本图像等页面元素的放置以及多媒体素材的体现形式等方面加以考虑。

1. 页面尺寸

目前网络的浏览者使用的显示器分辨率通常设置为 800×600 或 1024×768。永远不要让浏览者调整分辨率去适应网页尺寸，而是应该自动适应浏览者的分辨率尺寸。

2. 整体形象

对于不同的形状，它们所代表的意义不同。如矩形代表着正式，很多 ICP 和政府网页都是以矩形为整体造型；圆形轮廓代表柔和、团结、温暖、安全等，许多时尚站点喜欢以圆形为页面整体造型轮廓；三角形、梯形代表着力量、权威、牢固、侵略等，大型的商业站点为显示它的权威性常以三角形为页面整体造型；菱形代表着平衡、协调、公平，一些交友站点常运用菱形作为页面整体造型。

整体形象是指图形与文本的结合应该是层叠有序的整体。虽然显示器和浏览器都是矩形，但对于页面的造型，你可以充分运用自然界中的其他形状以及它们的组合：矩形、圆形、三角形、菱形等轮廓。虽然不同形状代表不同意义，但目前的网页制作多数是结合多个图形设计，只是其中某种图形的比例可能占的多一些。

3. 页眉和页脚

页眉又称为页头，页头的作用是定义页面的主题。比如一个站点的名字多数都显示在页眉里。这样,访问者能很快知道这个站点是什么内容。页头是整个页面设计的关键,它将牵涉到下面的更多设计和整个页面的协调性。页头常放置站点名字的图片和公司标志以及旗帜广告。

页脚和页头相呼应。页头是放置站点主题的地方,而页脚是放置公司信息或者作者信息的地方,如:本网页由某某制作维护等。

4. 文本和图片

文本在页面中出现多数以行或者块(段落)出现,它们的摆放位置决定整个页面布局的可视性。以前因为页面制作技术的局限,文本位置的灵活性非常小,而随着 DHTML 的兴起,文本已经可以按照自己的要求放置到页面的任何位置。图片和文本是网页的两大构成元素,缺一不可。如何处理好图片和文本的位置成了整个页面布局的关键。而你的布局思路也将体现在这里。

5. 多媒体

除了文本和图片,还有声音、动画、视频等等其他媒体。虽然它们不是经常能被利用到,但随着动态网页的兴起,它们在网页布局上也将变得很重要。但多媒体的音频和视频文件较大需较多的下载时间。因此多媒体的音频和视频文件应该作为可选文件提供用户使用,不宜在以文字内容为主的网页中同时使用。flash 动画不利于搜索引擎的爬虫找到和识别。

2.2.3 网页色彩设计

色彩对人的视觉效果非常明显,一个网站设计成功与否,在某种程度上取决于设计者对色彩的运用和搭配。网页设计属于一种平面效果设计,在排除立体图形、动画效果之外,在平面图上,色彩的冲击力是最强的,它很容易给浏览者留下深刻的印象。因此,在设计网页时,必须要高度重视色彩的搭配。

1. 色彩感觉与功能

在色彩设计时,应根据色彩感知的共同性去选择色彩。色彩感觉的应用,通常是根据所要表现的网页中对象的功能和使用环境来确定的,巧妙运用可以让网站产生意想不到的效果。色彩感觉主要有冷暖感、轻重感、软硬感、进退感、胀缩感、华丽与质朴感、明快与忧郁感、兴奋与沉静感、疲劳感。

表 2-1 色彩与感觉关系

感觉	色相	明度	纯度
冷	青、青绿、青紫		
暖	红、橙、黄		
进	暖色	高明度	高纯度
返	冷色	低明度	低纯度

续表

感觉	色相	明度	纯度
胀	暖色	高明度	
缩	冷色	低明度	
软	高明度	中纯度	
硬	低明度	高纯度、低纯度	
华丽	红、紫红、绿	高明度	高纯度
质朴	黄绿，黄、橙、青紫	低明度	低纯度
轻	冷色	高明度	低纯度
重	暖色	低明度	高纯度

所谓色彩的功能，即色彩的感情象征，是指色彩对人的眼睛及心理产生的作用。它包括色彩的色相、纯度和它们之间的对比等视觉的刺激作用，以及在人们心理中的各种印象和触发起来的情感。

研究色彩的功能，目的是进一步掌握色彩的特点，尽可能使所设计的网页具有形式美，给人以精神上的享受。

表 2－2　色彩的功能

颜色	感觉	说明
红　色	代表热情、活泼、热闹、温暖、幸福、吉祥	
橙　色	明亮、华丽、健康、温暖、芳香、辉煌的感觉给人以壮丽、贵重、渴望、神秘、疑惑的印象	
黄　色	给人以温暖、亲切、明亮、醒目、柔和、崇品、华贵、威严、慈善的感觉	在色彩设计中很少采用高纯度的黄色，一般宜适当采用低纯度、高明度或低纯度、低明度的黄色
绿　色	柔和、舒适、新鲜、平静、和平、安全、青春、生命、繁荣的感觉	是一种中性色，阅读和思考时良好的环境色但高纯度绿色使用较少，低纯度或低明度绿色则用得较多
蓝　色	冷、清静、深远、阴凉、冷落的感觉，象征着含蓄、沉思、冷静、智慧、内向和理智，是现代科学的象征色	
紫　色	忧郁、不安、娇艳、高贵、华丽、优雅、奢华的感觉	高明度的紫色，象征着光明，理解和幽雅；灰暗的紫色容易造成心理上的忧郁、痛苦和不安。大面积紫色会产生恐怖、威胁、荒淫、丑恶之感，令人不安，而留下不好的印象。小面积的紫色调有时会收到较好的效果。黄与紫的对比会给人神秘感、压迫感和刺激感。
黑　色	黑色经过适当点缀与变化可以消除沉闷，带来神秘、华贵和现代感	
光泽色（金属、塑料、有机玻璃等材料的表面色）	光泽色给人以光亮、辉煌、华丽、刺激的感觉。装饰功能很强，给人以辉煌、珍贵、华丽、高雅、活跃的印象。塑料、有机玻璃、电化铝等的表面颜色会给人以时髦、讲究，有现代化的印象，色彩具有强烈的现代感。	底色的明度低和纯度低，会充分显示出光泽色的华丽的特点，使整个产品呈现高级、素雅、别致的品质。如果底色的明度和纯度过高，与光泽色的对比显得过于活跃和不协调，会产生庸俗感。

2. 色彩搭配

色彩搭配既是一项技术性工作，同时它也是一项艺术性很强的工作，因此，设计者在设计网页时除了考虑网站本身的特点外，还要遵循一定的艺术规律，从而设计出色彩鲜明、性格独特的网站。

(1) 色彩搭配原则

特色鲜明： 一个网站的用色必须要有自己独特的风格，这样才能显得个性鲜明，给浏览者留下深刻的印象。

搭配合理： 色彩搭配一定要合理，给人一种和谐、愉快的感觉，避免采用纯度很高的单一色彩，这样容易造成视觉疲劳。

讲究艺术性： 在考虑到网站本身特点的同时，按照内容决定形式的原则，大胆进行艺术创新，设计出既符合网站要求，又有一定艺术特色的网站。

(2) 色彩搭配方案

表 2－3　色彩的搭配方案

<table>
<tr><th></th><th>单色</th><th>邻近色</th><th>对比色</th></tr>
<tr><td>举例</td><td>红橙黄绿青蓝紫</td><td>绿与蓝、红与黄</td><td>紫与黄、蓝与橙、红与绿</td></tr>
<tr><td>优点</td><td>避免色彩杂乱</td><td>使网页避免色彩杂乱，易于达到页面的和谐统一</td><td>突出重点，产生了强烈的视觉效果</td></tr>
<tr><td>缺点</td><td>没有变化产生单调的感觉</td><td></td><td>使用不当会使网页色彩杂乱</td></tr>
<tr><td rowspan="2">解决方法</td><td rowspan="2">通过调整色彩的饱和度和透明度也可以产生变化，使网站避免单调。</td><td></td><td>合理使用对比色能够使网站特色鲜明、重点突出。</td></tr>
<tr><td colspan="2">在设计时一般以一种颜色为主色调，对比色作为点缀，可以起到画龙点睛的作用。</td></tr>
</table>

黑色的使用

黑色是一种特殊的颜色，如果使用恰当，设计合理，往往产生很强烈的艺术效果，黑色一般用来作背景色，与其他纯度色彩搭配使用。黑色经过适当点缀与变化可以消除沉闷，带来神秘、华贵和现代感。

图 2－4(a)　模板王网页模板 1

http://www.mobanwang.com/mb/201501/12416.html

图 2－4(b)　模板王网页模板 2

http://www.mobanwang.com/mb/201501/12417.html

背景色的使用

背景色一般采用素淡清雅的色彩，避免采用花纹复杂的图片和纯度很高的色彩作为背景色，同时背景色要与文字的色彩对比强烈一些。

色彩的数量

在设计网页时往往使用多种颜色会使网页变得很“花”，缺乏统一和协调，表面上看起来很花哨，但缺乏内在的美感。事实上，网站用色一般控制在三种色彩以内，通过调整色彩的各种属性来产生变化。

2.2.4　网页设计欣赏

对于网站设计的初学者，可以通过对网上的典型站点的浏览，学习和借鉴其LOGO的设计、色彩的搭配、文字的设置等可视化设计技巧。

1. 政府性网站欣赏

读一读 2-1

↙该页面基调为柔和的暖灰色，功能分区明显，有主有次，是十分充实、有序的index首页。

页面区域以矩形分割，整体性强。又在角上作了圆化处理，再加之柔和的暖灰色基调，显出中国平和内敛，刚中带柔、柔中带刚的中庸气质。

页面色彩并不单调，板块稍作明度与色度处理后与主基调和谐相生。几抹适度的鲜艳明色又使整个页面不致过于沉闷，达到适当点缀的效果。

页面文字虽多，却并不杂乱，这在设计大信息量页面时是难能可贵的。首先是因为区域划分明显，导航明确，易于区分与统筹；其次，图文并茂，疏密有致，有节奏感；再者，文字分条列出，井井有条，没有过密或过疏，清晰明辨。

图 2-5　中国石油大学网站(http://www.upc.edu.cn)

2. 体育类网站欣赏

读一读 2－2

↙视频与文字结合，充分利用多媒体动态优势，彰显体育活力。

整个页面用色鲜纯，对比度强。黑、红、黄、蓝，从闪动的世界中反映出 NBA 赛场激烈的角逐与亿万观众对体育与篮球的热情。

同样的，该页面划分清晰，将纷繁内容划入各区，使读者便于浏览，热烈，却不过于令人眼花缭乱。

图 2－6　2015NBA 全明星赛中文官方站(http://china.nba.com/allstar/)

3. 搜索导航类网站欣赏

读一读 2－3

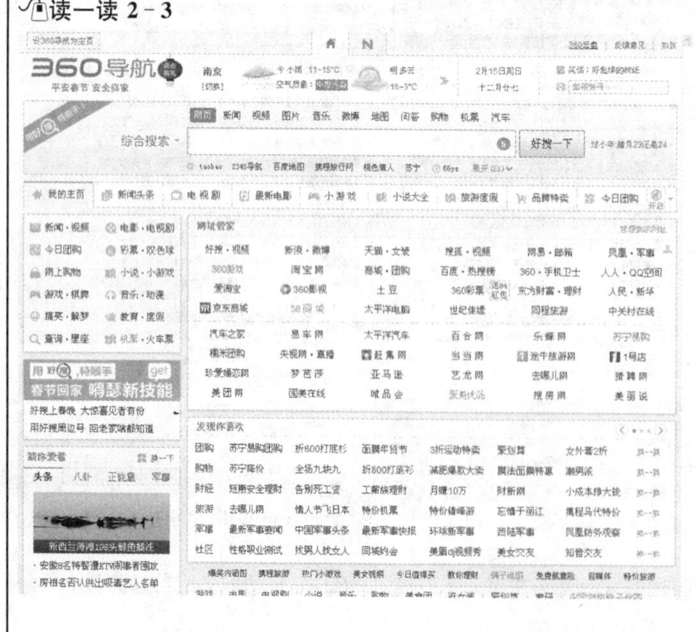

↙搜索讲究“快”与“准”。没有飞来飞去的广告，没有冷不丁弹出的 flash 窗口，清清爽爽地将信息罗列在你的面前。

导航要求分类，而且枝节不能过多，否则读者很快会失去耐心。普通网站也是如此。

图 2－7　360 导航(http://hao.360.cn/)

4. 商务类网站

读一读 2-4

图 2-8 华为商城(http://www.vmall.com/)

↙商务类网站不但要营造一个商业氛围,而且要树立自己的品牌特色。图文并茂,动静结合,亦隐亦现,亦虚亦实。冷睿的蓝色带来商务人的睿智与冷静。

5. 个性化网站

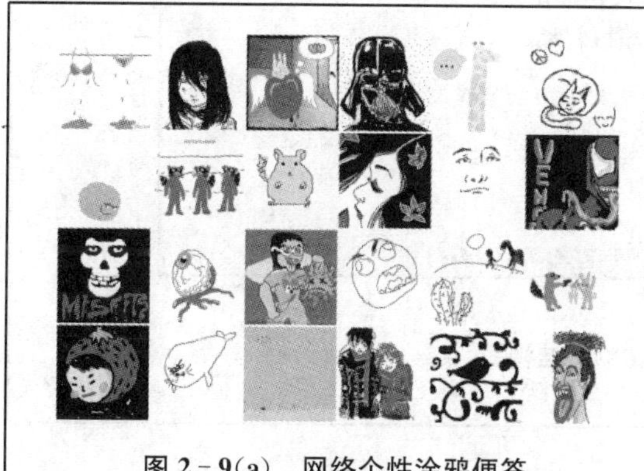

图 2-9(a) 网络个性涂鸦便签(http://draw.to)

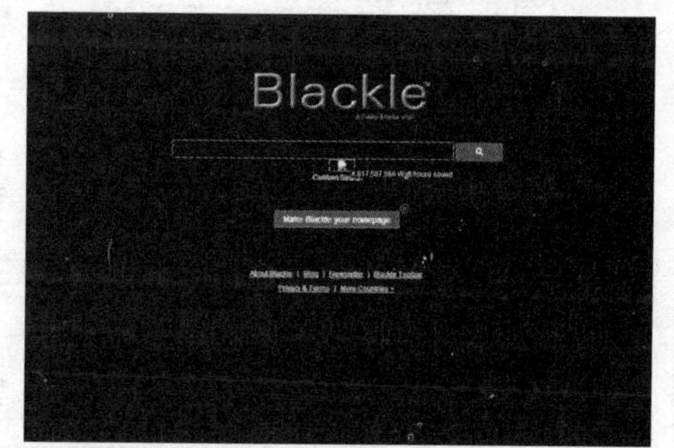

图 2-9(b) 个性十足的黑色版 Google(http://www.blackle.com)

2.3 设计构建网站结构

网站结构分为物理结构和逻辑结构两种,对于刚刚学习网页制作的新手,往往搞不清楚物理结构和逻辑结构的异同,进而造成自己的网站结构规划很乱,不但搜索引擎不容易快速建立起网站的整体结构体系,访问者更是很难找到自己想要的资料,这无疑对网站的访问效果起着非常不好的作用。

2.3.1 网站的物理结构

什么是网站的物理结构？首先，大家可以看这样一幅图，如图 2－10 所示。图中每一个“.html”文件就是一个网页，而其他的均是文件夹。从图中我们可以看出，所谓网站的物理结构其实就是我们网站的真实网页和相关目录存放在站点根目录中的位置，那么这个位置，我们就可以理解为网站的物理结构。网站的物理结构一般包含两种不同的表现形式：扁平式物理结构和树型物理结构。

图 2－10 网站物理结构图

1. 扁平式物理结构

在学习扁平式物理结构之前，我们先看这样一个网站结构模型图，如下面列表：

Myweb.com/1.html
Myweb.com/2.html
Myweb.com/3.html
Myweb.com/4.html
Myweb.com/5.html
……

从列表中不难看出，所有网页都存放在网站根目录下，这种结构就是扁平式物理结构。当搜索引擎在抓取我们网站的网页时，在第一层就可以抓取到内页，这样的设计，对搜索引擎是非常友好的，因为蜘蛛只要一次访问即可遍历所有页面。但是，如果网站页面比较多，太多的网页文件都放在根目录下，查找、维护起来就显得相当麻烦。所以，扁平式物理结构一般适用于只有少量页面的小型、微型站点。作为网页制作的初学者，在创建第一个网站时，建议采用扁平式的物理结构，便于对网站结构有清晰的理解。

2. 树型物理结构

随着学习的不断深入，网页制作水平也在不断地提高，可以制作一些规模相对大一点的网站。规模较大的网站，其页面和相关文件的数量也相对较多，这候需要二到三层甚至更多层级子目录，才能保证网页的正常存储。这种多层级目录也叫做树型物理结构，即根目录下再细分成多个目录，然后在每一个目录下面再存储属于这个目录的终极内容网页。

读一读 2－5

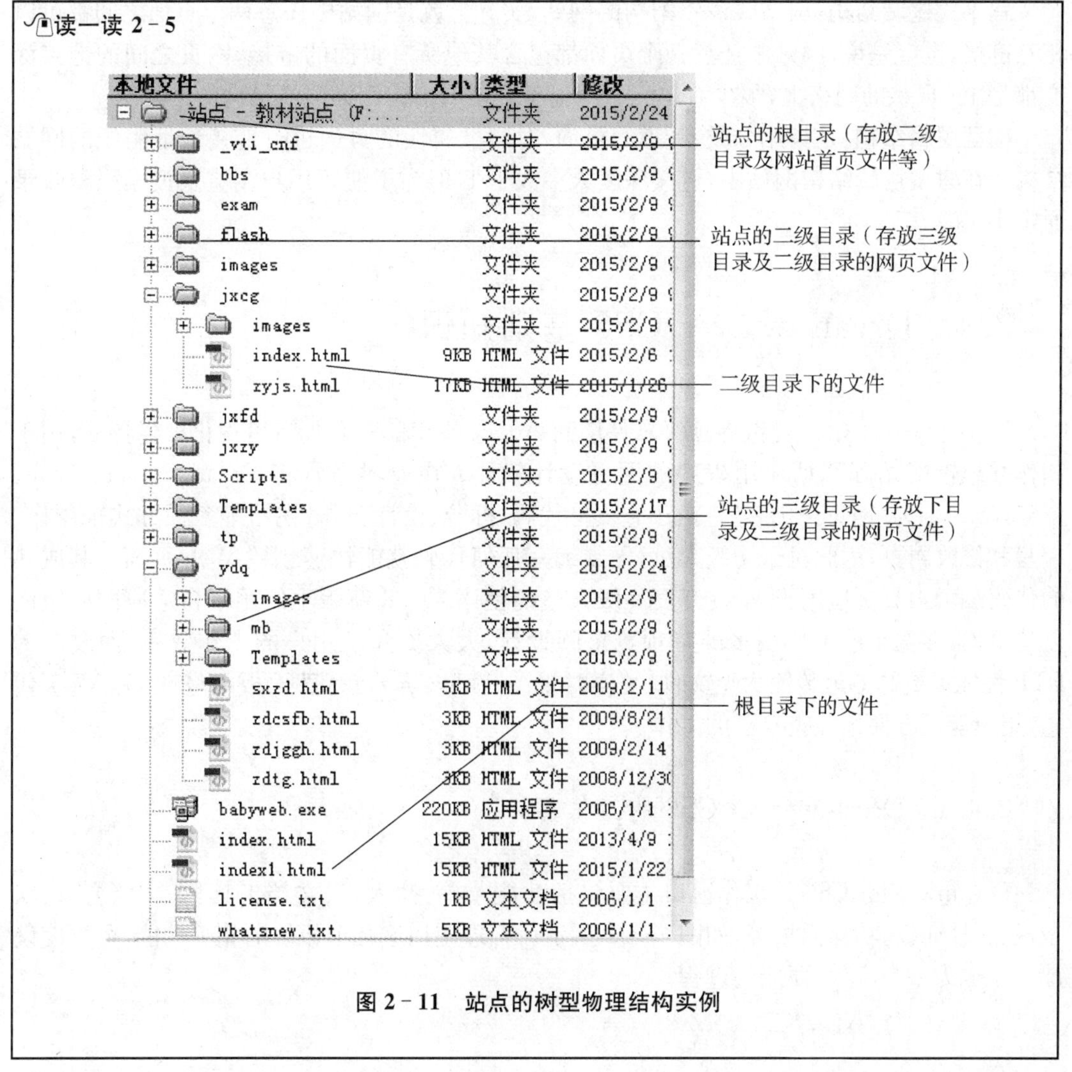

图 2－11　站点的树型物理结构实例

采用树型物理结构的目的是结构清晰，便于维护和管理。但是对于搜索引擎的抓取将会显得相对困难些。在互联网广泛普及的今天，上，因为网站内容普遍比较丰富，所以大多都是采用树型物理结构。

2.3.2 网站的逻辑结构

网站的逻辑结构也叫做链接结构，主要是指由网页内部链接所形成的逻辑结构。逻辑结构和物理结构的区别在于，逻辑结构由网站页面的相互链接关系决定，而物理结构则由网站页面的物理存放位置决定。

在网站的逻辑结构中，通常采用"链接深度"来描述页面之间的逻辑关系。"链接深度"指从源页面到达目标页面所经过的路径数量，比如某网站的网页A中，存在一个指向目标页面B的链接，则从页面A到页面B的链接深度就是1。

与物理结构类似，网站的逻辑结构同样可以分为扁平式和树型两种：

扁平式逻辑结构：扁平式逻辑结构的网站，实际上就是网站中任意两个页面之间都可以相互链接，也就是说，网站中任意一个页面都包含其他所有页面的链接，网页之间的链接深度都是1。现状的网络上，很少有单纯采用扁平式逻辑结构作为整站结构的网站。

树型逻辑结构：是指用分类、频道等页面，对同类属性的页面进行链接地址组织的网站结构。在树型逻辑结构网站中，链接深度大多大于1，但为了便于用户浏览及搜索引擎收录通常小于3。

2.4 Dreamweaver CS6 基础知识

Dreamweaver CS6 是世界顶级软件厂商 Adobe 推出的一套拥有可视化编辑界面，用于制作并编辑网站和移动应用程序的网页设计软件。在业界通常将 Dreamweaver、Flash、Fireworks 称为"网页三剑客"。由于它支持代码、拆分、设计、实时视图等多种方式来创作、编写和修改网页，因此对于初级人员，无须编写任何代码就能快速创建 Web 页面。其成熟的代码编辑工具更适用于 Web 开发高级人员的创作。CS6 新版本使用了自适应网格版面创建页面，在发布前可使用多屏幕预览审阅设计，大大提高了用户的工作效率，而改善的 FTP 性能可更高效地传输大型文件。"实时视图"和"多屏幕预览"面板可呈现 HTML5 代码，用户能更方便地检查自己的工作。

2.4.1 Dreamweaver CS6 的工作窗口

Dreamweaver CS6 的工作窗口主要包括功能菜单、插入栏、文档工具栏、文档窗口、状态栏、属性面板、功能面板等，如图 2-12 所示。合理使用这几个板块的相关功能，可以使设计工作成为一个高效、便捷的过程。

读一读 2－6

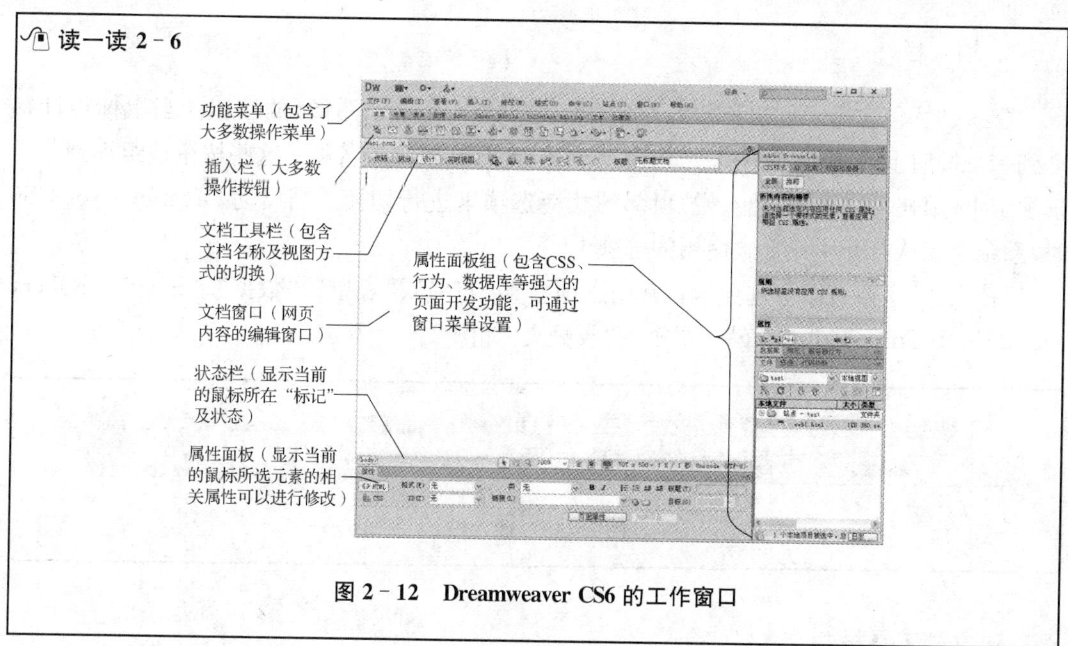

图 2－12　Dreamweaver CS6 的工作窗口

1. 功能菜单

所谓功能菜单，就是一些能够实现一定功能的菜单命令。Dreamweaver CS6 拥有“文件”、“编辑”、“查看”、“插入”、“修改”、“格式”、“命令”、“站点”、“窗口”、“帮助”等 10 个菜单分类，单击这些菜单可以打开其子菜单，如图 2－13 所示。Dreamweaver CS6 的菜单功能极其丰富，几乎涵盖了所有的功能操作。

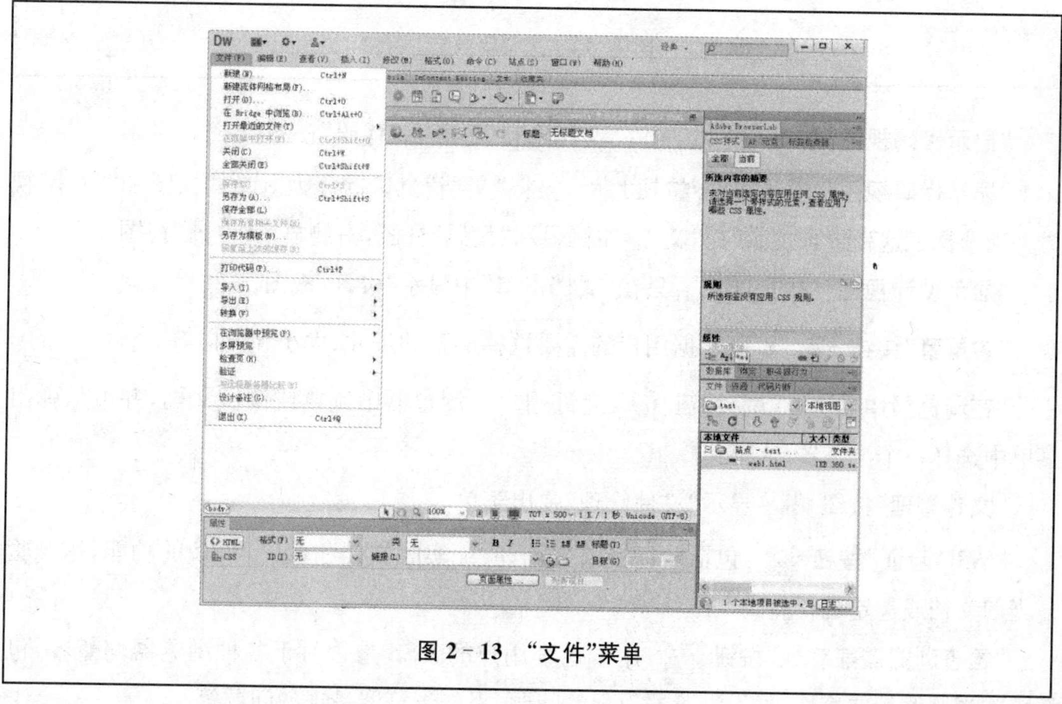

图 2－13　“文件”菜单

2. 插入栏

“插入栏”包含用于创建和插入对象(如表格、AP 元素和图像)的按钮。当鼠标指针移动到一个按钮上时,会出现一个工具提示,其中含有该按钮的名称。这些按钮被组织到若干选项卡中,用户可以单击“插入栏”顶部的相应选项卡进行切换。当启动 Dreamweaver CS6 时,系统会默认打开用户上次使用的选项卡。

“插入栏”主要有以下选项卡:“常用选项卡”、“布局”、“表单”、“数据”、“Spry”、“jQuery Mobile”、“InContent Editing”、“文本”、“收藏夹”如图 2-14 所示。

图 2-14 插入栏

3. 文档工具栏

“文档工具栏”中包含一些按钮,使用这些按钮可以在“代码”视图、“设计”视图以及“拆分”视图间快速切换。文档工具栏还包含一些与查看文档、在本地和远程站点间传输文档有关的常用命令和选项,如图 2-15 所示。

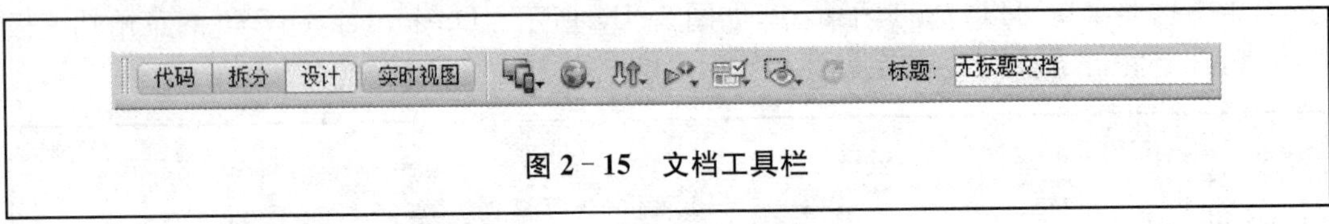

图 2-15 文档工具栏

“显示代码视图”按钮 代码 :只在“文档窗口”中显示“代码”视图。

“显示代码视图和设计视图”按钮 拆分 :将“文档”窗口拆分为“代码”视图和“设计”视图。当选择了这种组合视图时,“文档”左侧显示“代码”视图,右侧显示“设计”视图。

“显示设计视图”按钮 设计 :只在“文档窗口”中显示“设计”视图。

“多屏幕”按钮 :可以根据用户的需要选择屏幕的尺寸、大小和方向等。

“在浏览器中预览/调试”按钮 :允许用户在浏览器中预览或调试文档,并可从弹出菜单中选择一个浏览器。

“文件管理”按钮 :显示“文件管理”弹出菜单。

“W3C 验证”按钮 :包括验证当前文档、验证实时文档和设置 W3C 的功能,用于验证当前文档或选定的标签。

“检查浏览器兼容性”按钮 :用于检查用户的 CSS 是否对于各种浏览器均兼容,包括检查浏览器的兼容性、显示浏览器出现的问题、报告浏览器呈现的问题等。

“可视化助理”按钮 :用户可以使用各种可视化助理来设计页面。

“刷新设计视图”按钮 :在“代码”视图中对文档进行更改后,单击此按钮刷新文档的“设计”视图,因为只有在执行某些操作(如保存文件或单击该按钮)之后,在“代码”视图中所作的更改才会自动显示在“设计”视图中。

“标题”文本框:允许为文档输入一个标题,该标题将显示在浏览器的标题栏中。如果文档已经有标题了,则该标题将显示在该区域中。

4. 文档窗口

“文档窗口”用于显示当前文档,可以选择下列任一视图。

设计视图:一个用于可视化页面布局、可视化编辑和快速进行应用程序开发的设计环境。在该视图中,Dreamweaver 显示文档的完全可编辑的可视化表示形式,类似于在浏览器中查看页面时看到的内容。用户可以配置“设计”视图以在处理文档时显示动态内容。

代码视图:一个用于编写和编辑 HTML、JavaScript、服务器语言代码(如 PHP 或 ColdFusion 标记语言(CFML))以及任何其他类型代码的手工编码环境。

拆分视图:使用户可以在一个窗口中同时看到同一文档的“代码”视图和“设计”视图。

当“文档窗口”有标题栏时,标题栏显示页面标题,并在括号中显示文件的路径和文件名。如果用户对文档作了更改但尚未保存,则 Dreamweaver 会在文件名后显示一个星号。

当“文档窗口”在集成工作区布局(仅适用于 Windows 系统)中处于最大化状态时,它没有标题栏,页面标题以及文件的路径和文件名则显示在主工作区窗口的标题栏中。并且“文档窗口”顶部会出现选项卡,上面显示了所有打开文档的文件名。若要切换到某个文档,则可单击它的选项卡。

5. 状态栏

“文档窗口”底部的“状态栏”提供与正在创建的文档有关的其他信息,如图 2-16 所示。

图 2-16　状态栏

“标签选择器”图标 <body>:显示环绕当前选定内容的标签的层次结构。单击该层次结构中的任何标签可以选择该标签及其全部内容。单击“标签选择器”图标可以选择文档的整个正文。若要在标签选择器中设置某个标签的 class 或 id 属性,则可右击(适用于 Windows 系统)或按住 Ctrl 键并单击(适用于 Macintosh 系统)该标签,然后从弹出的快捷菜单中选择一个“类”或 ID。

“选取工具”图标 :用于启用或禁用手形工具。

“手形工具”图标 :用于在“文档”窗口中单击并拖动文档。

“缩放工具和设置缩放比率”下拉列表框 :可以为文档设置缩放比率。

“窗口大小”图标 :用于将“文档窗口”的大小调整到预定义或自定义的尺寸。

“文档大小和下载时间”图标 :显示页面(包括所有相关文件,如图像和其他媒体文件)的预计文档大小和预计下载时间。

6. 功能面板

Dreamweaver CS6 的功能面板位于文档窗口边缘。常见的功能面板包括“属性”面板、“CSS 样式”面板、“应用程序”面板、“文件”面板等。

(1) “属性”面板

“属性”面板并不是将所有的对象和属性都加载到面板上,而是根据用户选择的不同对象来动态地显示对象的属性。制作网页时,可以根据需要随时打开或关闭“属性”面板,或者通过拖动属性面板的标题栏将其移到合适的位置。

选定页面元素后系统会显示相应的“属性”面板(见图 2-17)。例如,图像“属性”面板、表格“属性”面板、框架“属性”面板、Flash 影片“属性”面板、表单元素“属性”面板等。

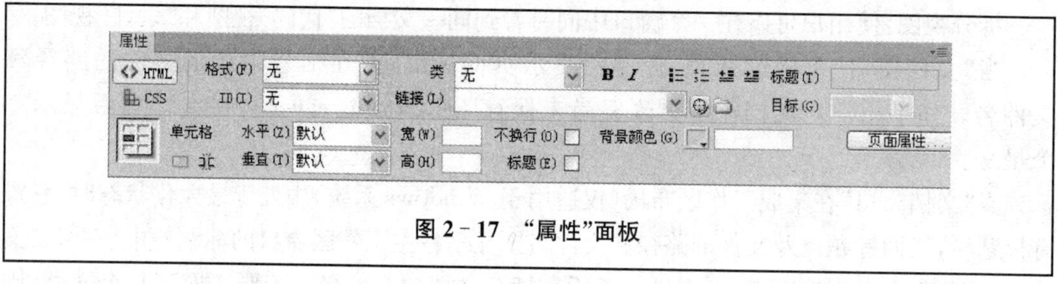

图 2-17 “属性”面板

(2) “CSS 样式”面板

使用“CSS 样式”面板可以跟踪影响当前所选页面元素的 CSS 规则和属性(“当前”模式),或影响整个文档的规则和属性(“全部”模式)。单击“CSS 样式”面板顶部的相应按钮可以在两种模式之间切换,在“全部”和“当前”模式下还可以修改 CSS 属性,如图 2-18 所示。

在“当前”模式下,“CSS 样式”面板包括三个窗格:“所选内容的摘要”窗格,显示文档中当前所选内容的 CSS 属性;“规则”窗格,显示所选属性的位置(或所选标签的层叠规则);“属性”窗格,允许用户编辑、定义所选内容的规则的 CSS 属性。

在“全部”模式下,“CSS 样式”面板包括两个窗格:“所有规则”窗格(顶部)和“属性”窗格(底部)。“所有规则”窗格显示当前文档中定义的规则以及附加到当前文档的样式表中定义的所有规则的列表。使用“属性”窗格可以编辑“所有规则”窗格中任一所选规则的 CSS 属性。

对“属性”窗格所作的任何更改都将立即应用,用户在操作的同时便可预览效果。

图 2-18　“CSS 样式”面板

(3)“应用程序”面板

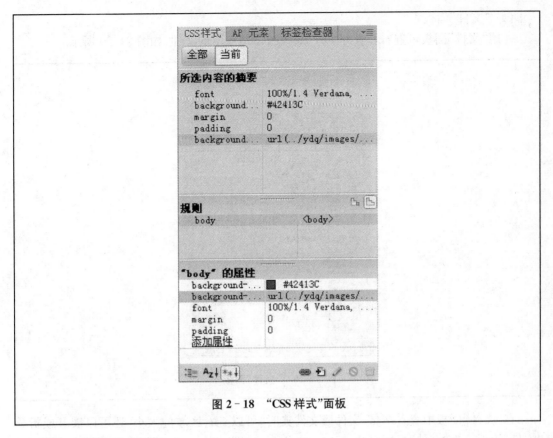

“应用程序”面板包含了数据绑定、数据库和服务器行为，是制作网页数据库时的重要面板，如图 2-19 所示。

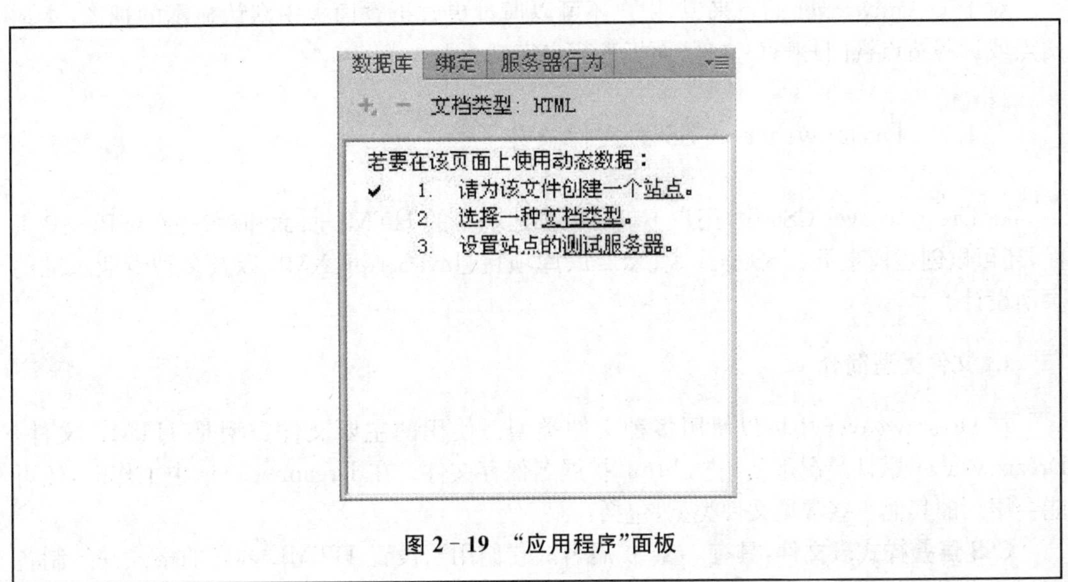

图 2-19　“应用程序”面板

(4)"文件"面板

使用"文件"面板可查看和管理 Dreamweaver 站点中的文件,如图 2-20 所示。

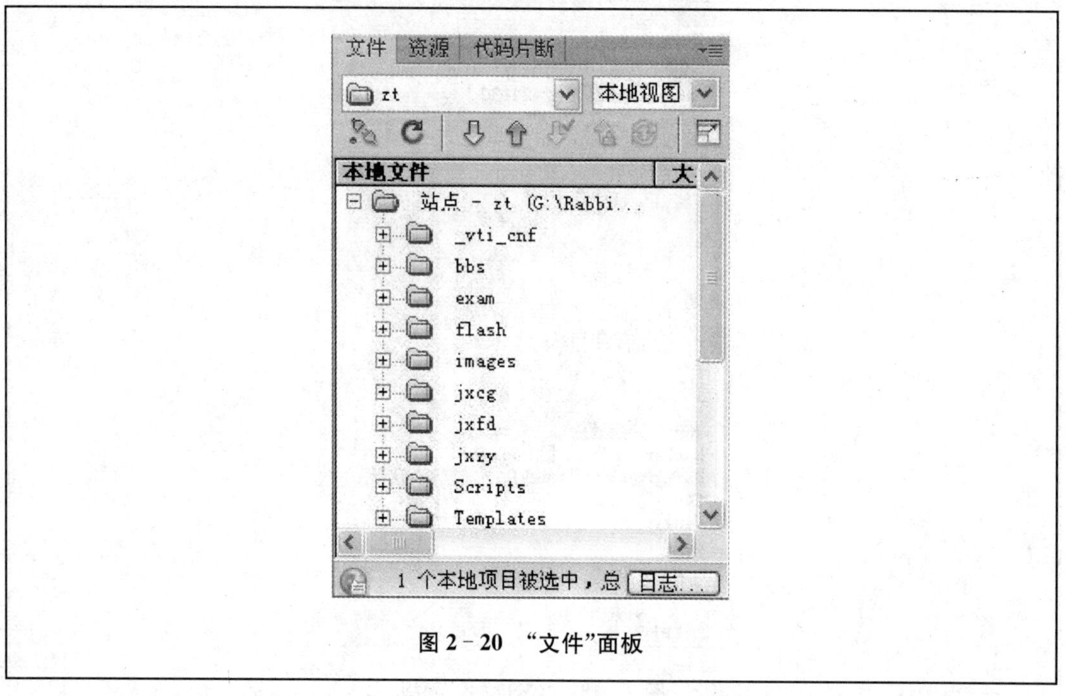

图 2-20 "文件"面板

在"文件"面板中查看站点、文件或文件夹时,可以查看区域的大小,还可以展开或折叠"文件"面板。当"文件"面板折叠时,它以文件列表的形式显示本地站点、远程站点或测试服务器的内容。在展开时,它显示本地站点和远程站点或者显示本地站点和测试服务器。"文件"面板还可以显示本地站点的视觉站点地图。

对于 Dreamweaver 站点来说,用户还可以通过更改折叠面板中默认显示的视图(本地站点或远程站点视图)来对"文件"面板进行自定义。

2.4.2 Dreamweaver CS6 的文件操作

在 Dreamweaver CS6 中,用户不仅可以创建基本的 HTML 页面和动态的 ASP、JSP 页面,还可以创建模板页、CSS 样式表、XSLT、库项目、JavaScript、XML 以及多种专业水准的页面设计。

1. 文件类型简介

在 Dreamweaver 中可以使用多种文件类型。使用的主要文件类型是 HTML 文件。Dreamweaver 默认情况下使用".html"扩展名保存文件。在 Dreamweaver 中工作时,还可能会用到的其他一些常见文件类型,包括:

CSS 层叠样式表文件:具有 .css 扩展名。它们用于设置 HTML 内容的格式并控制各个页面元素的位置。

GIF 图形交换格式文件:具有 .gif 扩展名,用于卡通、徽标、具有透明区域的图形、动画的常用 Web 图形格式。GIF 最多包含 256 种颜色。

JPEG 联合图像专家组文件：根据创建该格式的组织命名，具有 .jpg 扩展名，通常是照片或色彩较鲜明的图像。JPEG 格式最适合用于数码照片或扫描的照片、使用纹理的图像、具有渐变色过渡的图像以及需要 256 种以上颜色的任何图像。

XML 可扩展标记语言文件：具有 .xml 扩展名，包含原始形式的数据，可使用 XSL（可扩展样式表语言）设置这些数据的格式。

XSL 可扩展样式表语言文件：具有 .xsl 或 .xslt 扩展名，用于设置要在 Web 页中显示的 XML 数据的样式。

CFML ColdFusion 标记语言文件：具有 .cfm 扩展名，用于处理动态页面。

ASPX ASP. NET 文件：具有 .aspx 扩展名，用于处理动态页面。

PHP 超文本处理器文件：具有 .php 扩展名，用于处理动态页面。

2. 新建文档

在 Dreamweaver CS6 中新建文档的具体操作步骤如下。

(1) 依次选择"文件"|"新建"菜单命令，打开"新建文档"对话框，如图 2－21 所示。

(2) 在"空白页"选项卡内的"页面类型"列表框中选择所要创建的文档类型，然后在"布局"列表框中选择想要创建的样式，然后单击"创建"按钮即可。

读一读 2－7

"创建新文档"的操作

选择"文件"→"新建"→在打开的"新建文档"对话框中选择"空白页"→在"页面类型"列表中选择"HTML"→在"布局"列表中选择需要的布局类型或"无"→点击"文件""保存"→在弹出的"另存为"对话框中输入文件名→"保存"。

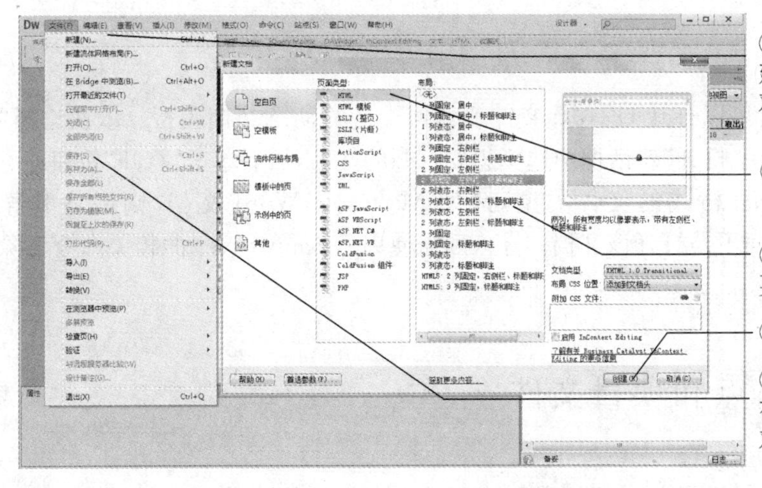

图 2－21　创建新文档

提示

布局中的列液体是指该区域宽度不定义为具体的数值，而是以整体页面宽度的百分比为单位；列固定是指以具体数值定义宽度。

用户可在新建文档中选择不同的类别，其中常见的类别有：

“空白页”：空白的文档(HTML、HTML 模板、CSS、库、JavaScript、XML 等)；

“空模板”：没有内容的空白 Dreamweaver ASP JavaScript 模板文档；

“流体网络布局”：是用于设计自适应网站的系统。它包含了移动设备、平板电脑和桌面电脑等 3 种布局和排版规则预设，全部都基于大一的流体网格；

“模板中的页”：创建站点中基于模板的页面；

“示例中的页”：创建基于预设的“CSS 样式表”或“Mobile 起始页”的文档。

3. 保存文档

在 Dreamweaver CS6 中保存文档的方法大致和其他应用程序相同，如果要将设计好的文档保存为模板，则依次选择“文件”|“另存为模板”菜单命令，打开如图 2 - 22 所示的“另存模板”对话框，进行相应的设置后，单击“保存”按钮即可将模板保存在所选择的站点内。

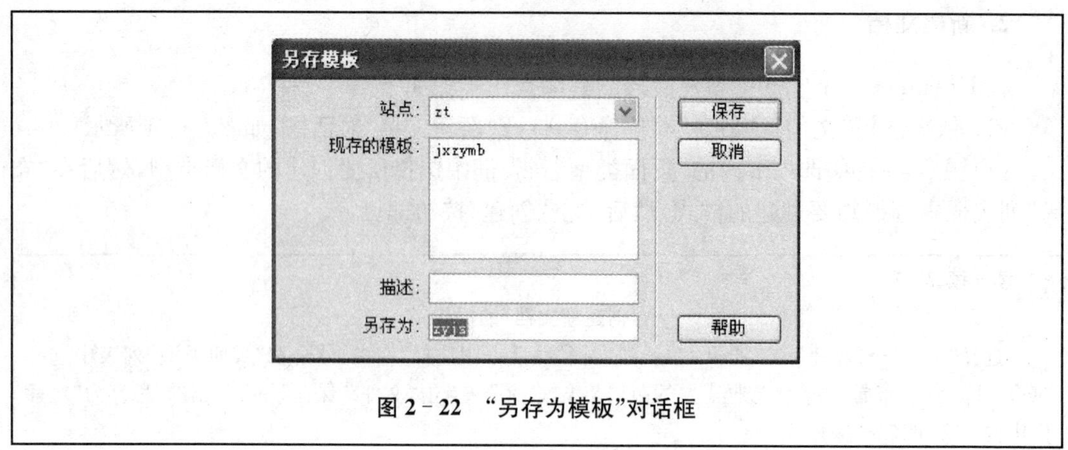

图 2 - 22 “另存为模板”对话框

4. 打开现有文档

Dreamweaver CS6 可以打开 HTML 文件或任何支持的动态文档类型。依次选择“文件”|“打开”菜单命令，在“打开”对话框中选择想要打开的文件，然后单击“打开”按钮即可。

有些保存为 HTML 格式的文件类型，诸如 Microsoft Word 文档，则需将其导入 Dreamweaver CS6 中，而不是打开该文档。导入后需使用 Dreamweaver 的相关命令清除无用的标签。

2.5 设置站点和项目文件

Dreamweaver CS6 提供了对本地站点和远程站点强大的管理功能。在 Dreamweaver 中，“站点”一词既表示 Web 站点，又表示属于 Web 站点的文档的本地存储位置。在开始建立 Web 站点之前，首选需要建立站点文档的本地存储位置。Dreamweaver 站点可组织与 Web 站点相关的所有文档，跟踪和维护链接，管理文件、共享文件以及将站点文件传输到 Web 服务器。

2.5.1　了解站点

站点就是存放在网站中网页文件及其相关资源的文件夹。网站设计者可以通过该文件夹对网站中文件和资源进行管理。

Dreamweaver 将站点分成了本地站点、远程站点和测试服务器三部分。

本地站点:本地文件夹是设计者的工作目录,Dreamweaver 将此文件夹称为本地站点。本地文件夹通常是硬盘上的一个文件夹。

远程站点:远程文件夹是运行在 Web 服务器的计算机上的某个文件夹,这些文件用于测试、生产、协作和发布等,Dreamweaver 将此文件夹称为远程站点。运行 Web 服务器的计算机通常是使该站点可在 Web 上公开访问的计算机。

测试服务器:"测试服务器"文件夹又称"动态页文件夹",是 Dreamweaver 用于处理动态页的文件夹。此文件夹与远程文件夹可能是同一文件夹。

2.5.2　创建站点

使用 Dreamweaver 中的"站点"菜单,就可以在本机上方便快捷地创建本地站点。

读一读 2-8

定义本站点

选择"站点"→"新建站点"→打开"站点设置对象 未命名站点 1"对话框→选择或输入站点名称→输入站点对应的 URL 地址(如无,暂时忽略)→"保存"。

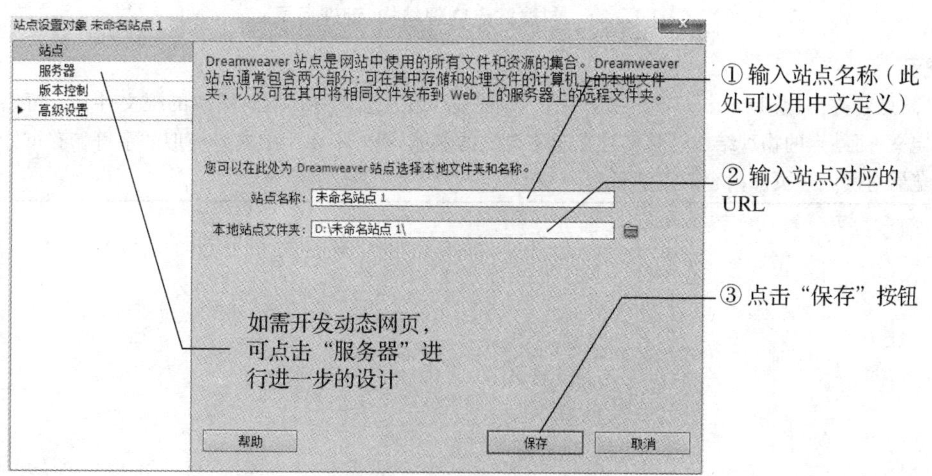

图 2-23　定义本地站点

提示

站点名称用于区别本地站点的称谓,是 DreamweaverCS6 中对本地站点的标志。一个合适的站点名称通常概括了该站点的目的或特色;

申请域名后,应设置站点对应的 URL 地址,否则可以空缺;

如需或进一步设置"如站点默认图像文件夹"位置等,可点击高级设置。

2.5.3 构建站点物理结构

定义本地站点后，本地站点文件夹就出现在 Dreamweaver 的“文件”面板中，可以在“文件”面板中选择站点文件夹利用右键的快捷菜单进一步建立站点的物理结构。

读一读 2-9

创建站点物理结构（在文件面板中选择站点文件夹图标点击右键弹出快捷菜单→选择“新建文件夹”→修改文件夹名称→重复新建文件夹操作创建所有根文件夹下的一级目录文件夹→打开创建的一级文件夹创建二级目录）

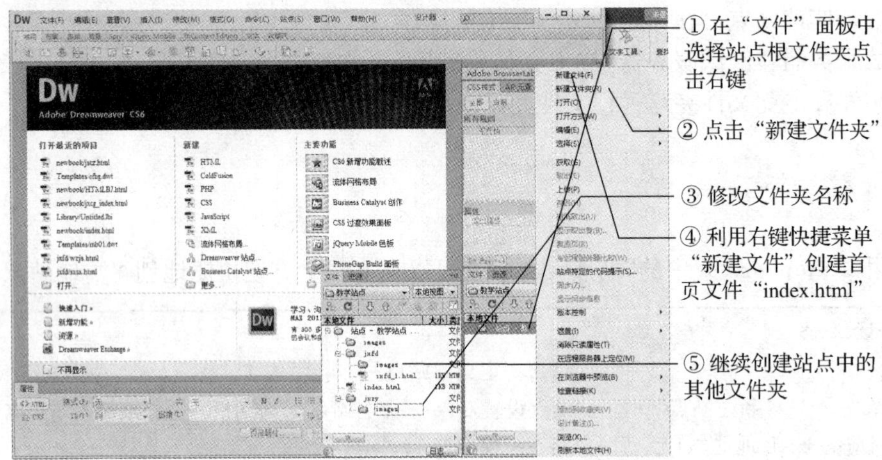
① 在“文件”面板中选择站点根文件夹点击右键
② 点击“新建文件夹”
③ 修改文件夹名称
④ 利用右键快捷菜单“新建文件”创建首页文件“index.html”
⑤ 继续创建站点中的其他文件夹

图 2-24 创建站点物理结构(管理目录)

提示

“站点名称”只是 Dreamweaver 中的一个工作任务，通过定义将其指向站点的根文件夹。可以使用中文定义；而站点的物理结构是真实存在于磁盘上的实体，最好不要用中文或类似的字符。有可能会影响浏览器对网站中页面内容的正确显示。

任务三　设计制作基本网页

任务描述

制作《网页制作与发布》课程教学网站的首页。要求结合设计草样，利用表格布局，将文字、图像、视频等基本元素合理整合在首页中。相关素材来源可以结合主题，利用网络搜集或结合主题制作。

技能要求

掌握如何在 Dreamweaver CS6 中创建基于表格的页面布局；熟悉“表格属性”对话框各区域的功能；掌握设置表格属性的方法，使表格更美观；掌握网页元素如文本、图像等内容在网页中的添加与格式设置。

任务实施

利用表格进行页面布局及制作网站首页的任务实施可以分解为 3 个子任务，具体分解如下：

任务 1：分析设计图结构，布局首页（建立布局表格，设置布局背景及插入图像占位符）。

具体操作

步骤一：分析设计草图规划布局表格（分析图 3－1，该页面为“回”字形布局。可将页面分成上、中、下三个区域。上部为页面头部图片及主导航，中间分成左、中、右三个区域，底部为版本信息。）

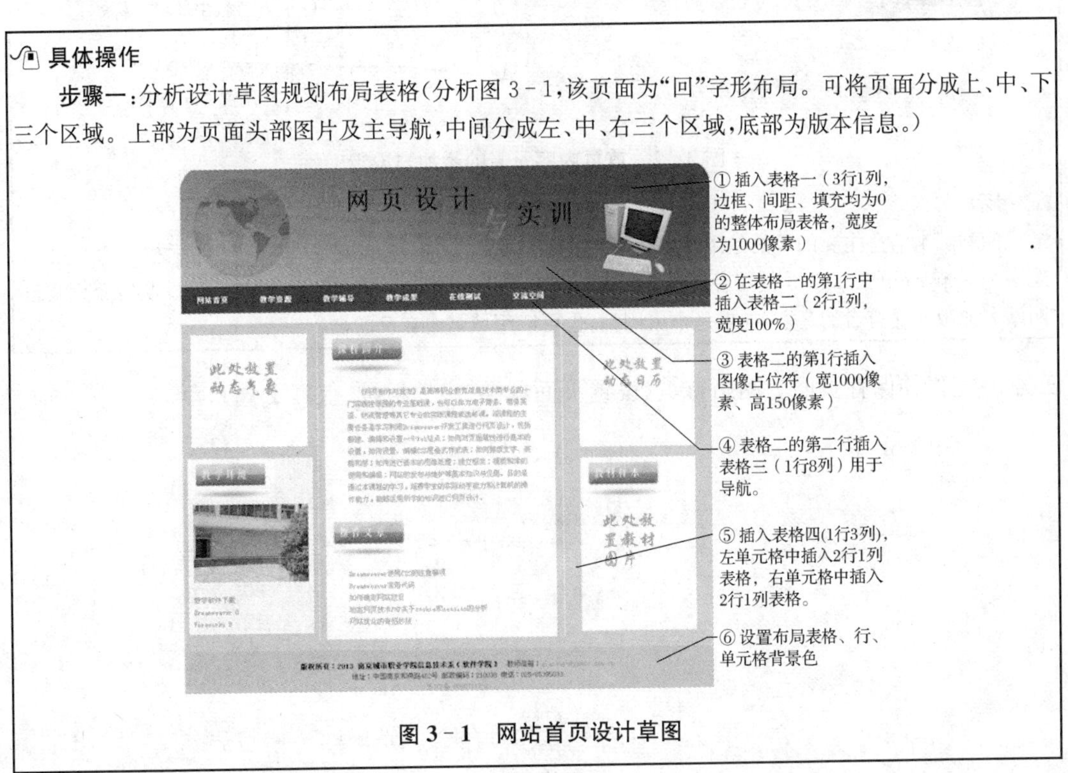
网页设计
与实训
网站首页
教学资源
教学辅导
教学成果
在线测试
交流空间
此处放置动态气象
此处放置动态日历
此处放置教材图片
①插入表格一（3行1列，边框、间距、填充均为0的整体布局表格，宽度为1000像素）
②在表格一的第1行中插入表格二（2行1列，宽度100%）
③表格二的第1行插入图像占位符（宽1000像素、高150像素）
④表格二的第二行插入表格三（1行8列）用于导航。
⑤插入表格四(1行3列)，左单元格中插入2行1列表格，右单元格中插入2行1列表格。
⑥设置布局表格、行、单元格背景色

图 3－1　网站首页设计草图

📖 **提示**

"表格一"将页面区域划分成上、中、下三个区域;"表格二"将"上"区域进一步划分成头部图片及下部主导航;"表格三"用于设置主导航;"表格四"将"中"部分分隔成左、中、右三个区域。

任务 2:插入并设置页面基本元素(文字、图像、Flash 及视频)。部分动态的内容,先以醒目单元格背景色及简单说明文字为主。待后面动态部分再进一步实现。

具体操作

在布局页面中输入、插入与设计草图对应页面元素。

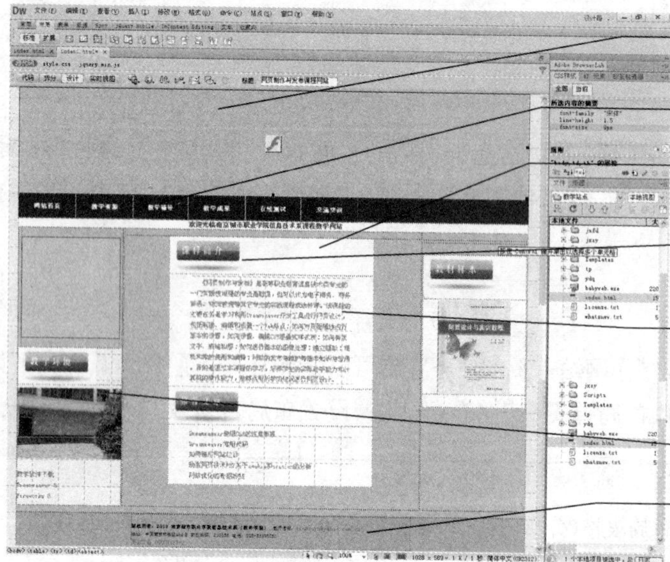

① 将图像占位符替换成插入头部Flash "swf" 文件

② 输入导航文字,并设置文字格式

③ 插入4行1列,边框、填充、间距均为0的表格;

④ 在第1、3行插入"课程简介"、"推荐文章"标题图片

⑤ 在第2行导入或输入课程简介内容文字;第4行输入推荐的文章标题列表;分别设置文字格式。

⑥ 插入"教学环境"标题图片及视频文件。

⑦ 输入网站版本信息等内容,并设置文字格式。

图 3-2 首页内容元素的添加与设置

📖 **提示**

网站版本信息主要的目的是用来表达网站信不可随意传播,说明网站所用程序的版权。书写格式通常为 Copyright ? 2008[使用者网站] Powered By[网站程序名称] Version 1.0.0。日期后面只能跟网站名或版权拥有者的名字,如果是个人网站,也可以用域名或自己的名称。

任务 3:完善并保存页面为网站首页(设置页面属性、文档标题、保存文档)

具体操作

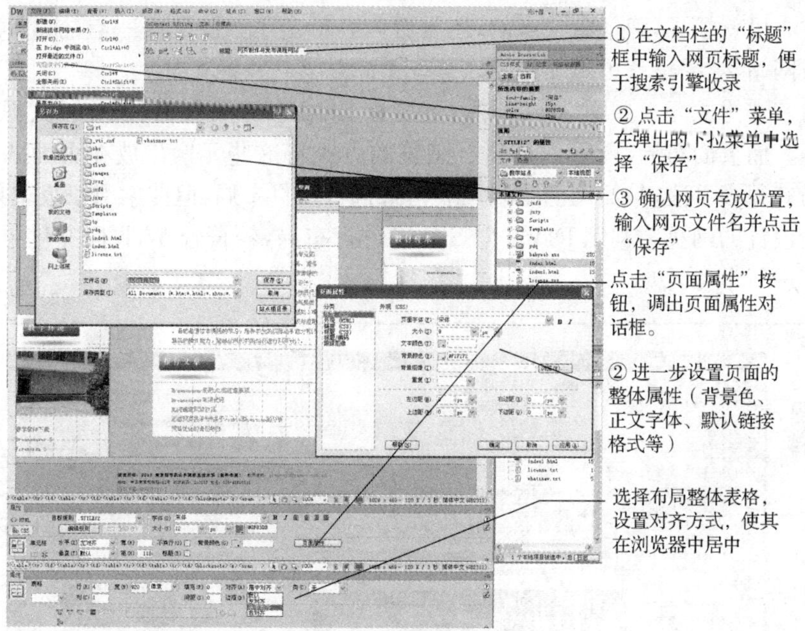
①在文档栏的“标题”框中输入网页标题，便于搜索引擎收录
②点击“文件”菜单，在弹出的下拉菜单中选择“保存”
③确认网页存放位置，输入网页文件名并点击“保存”
点击“页面属性”按钮，调出页面属性对话框。
②进一步设置页面的整体属性（背景色、正文字体、默认链接格式等）
选择布局整体表格，设置对齐方式，使其在浏览器中居中

图 3-3　首页的整体设置

提示

搜索引擎收录网页的具体工作：

抓取网页——每个独立的搜索引擎都有自己的网页抓取程序(Spider)。Spider 顺着网页中的超链接，连续地抓取网页(页面标题、文章标题、meta 中的关键词以及页面中大量出现的关键词)。

处理网页——搜索引擎抓到网页后，即进行提取关键词、建立索引库和索引、去除重复网页、分词(中文)、判断网页类型、分析超链接、计算网页的重要度/丰富度等工作。

提供检索服务——用户输入关键词进行检索，搜索引擎从索引数据库中找到匹配该关键词的网页；为了用户便于判断，除了网页标题和 URL 外，还会提供一段来自网页的摘要以及其他信息。

知识链接

网络中存在大量的网页，但只有那些有特色的网页才能吸引网民的眼球。有大量的网站，其访问者寥寥无几，引不起网民的兴趣，究其原因，除了站点内容不丰富、没有及时更新外，网页设计不精美、导航不流畅也是重要原因。

3.1　页面的布局设计

就像报纸杂志的设计编辑一样，制作网页的第一步就是布局。布局是整个网站构思过程中最重要的一部分，因为好的布局不但会给浏览者留下美好的第一印象，而且还会带来一个好心境。所谓好的心境，是指网站希望给浏览者带来的心情。如果所做的是娱乐站点，那么布局应该明快、亮丽，让浏览者一进入该网站，就能产生很愉快的心情，从而带着这种愉快

的心情去浏览网站。同样，如果所做的是一个历史文化站点，那么布局应该古朴、大方；如果是一个军事、政治站点，布局应该凝重、整齐。反之，如果版面设计混乱，观赏性不够，浏览者一进该网站心里就烦了，脾气急一点的，还没看内容就走了。脾气好一点的，带着乱七八糟的心情看该网站，效果也就可想而知了。

网页的基本构成元素如图 3-4 所示，主要有 LOGO、导航栏、文字、图片、视频、表单及超级链接等。而页面布局，就是以最适合浏览的方式将这些元素排放在页面的不同位置。网页的布局有很多手段，最简单的是利用表格来进行网页布局，但搜索引擎很难自动搜索利用表格布局设计的网页。利用 DIV+CSS 技术进行布局，较符合 Web 标准化要求，这将在以后的章节进行学习。

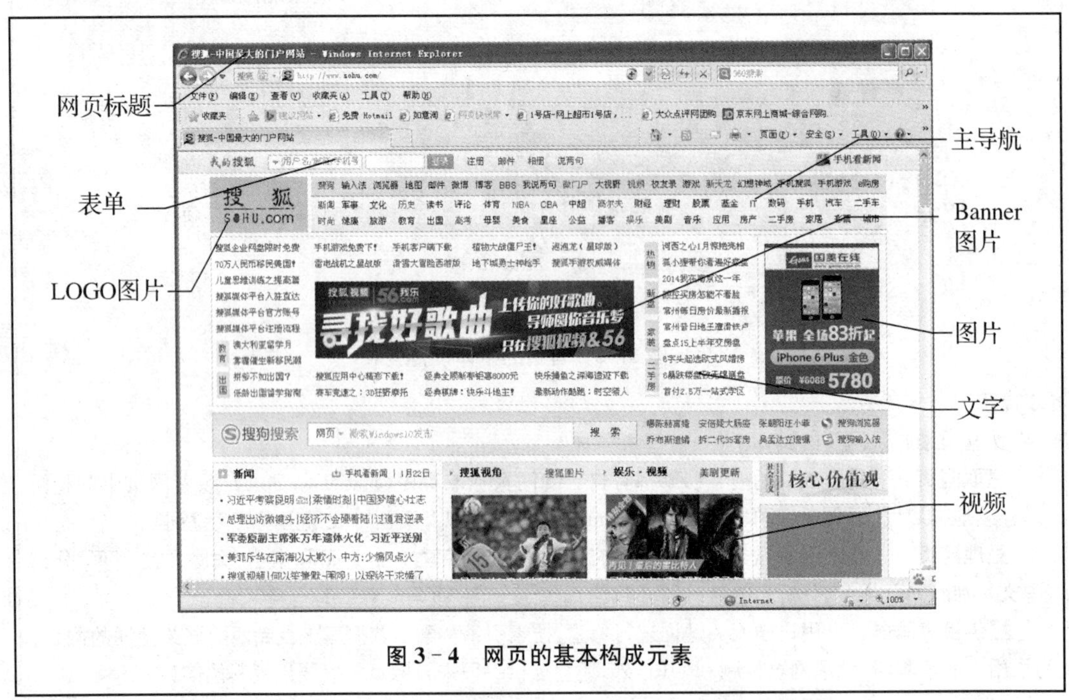

图 3-4　网页的基本构成元素

在设计网页布局前，一般应结合网站的制作需求，画出 Web 站点草图，即设计草样。设计草样时，不仅要考虑 Web 站点基本功能和页面元素，还要考虑网站的标志(LOGO)、导航、Banner(旗帜图像广告)和版权信息等。设计人员对所有内容进行规划，并采用手绘或 Photoshop 等工具软件，设计制作页面草图。如图 3-5 即为网页的设计草样。

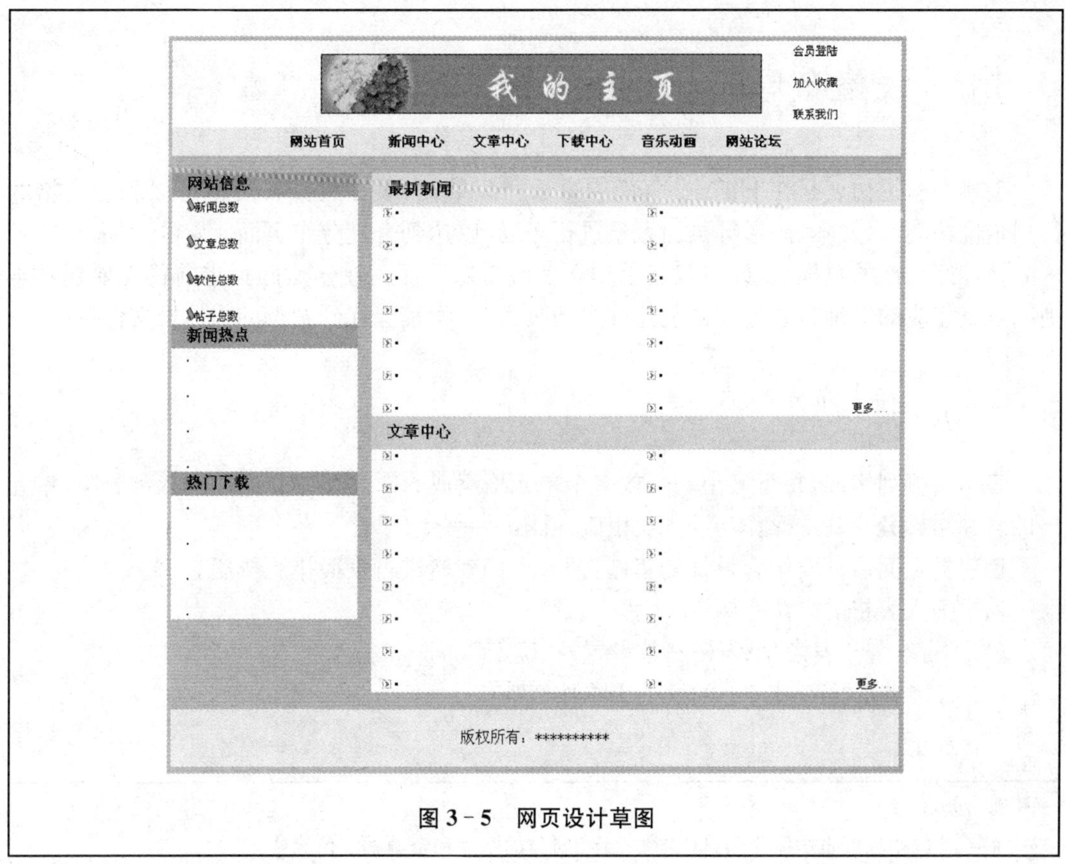

图3-5　网页设计草图

常见的网页布局形式：

● "T"、"厂"字形结构——页面顶部为横条网站标志，下方左面为主菜单，右面显示内容的布局，整体效果类似英文字母"T"或"厂"字形状。

● "三"字形结构——页面上横向两条色块，将页面整体分割为三部分，色块中大多放广告条。

● "匡"字形结构——页面分为上中下三栏，中间又分为作用两栏，左面是主菜单，右面是主要内容。

● "同"字形结构——页面分为上下两栏，下栏又分为左中右三栏。

● "回"字形结构—页面分为上中下三栏，中间栏又分为左中右三栏。

● 对称对比结构——采取左右或者上下对称的布局，一半深色，一半浅色，一般用于设计型站点。优点是视觉冲击力强，缺点是将两部分有机的结合比较困难。

● POP 结构——POP 引自广告术语，就是指页面布局像一张宣传海报，以一张精美图片作为页面的设计中心。

每台计算机显示器分辨率不同，目前比较常用的显示器分辨率为 800＊600 像素，1024＊768 像素。所以网页的页面大小应该与此对应。根据人们的浏览习惯，页面长度原则上不应超过 3 屏，宽度不应超过 1 屏。页面标准按 800＊600 分辨率制作，实际设计尺寸应为 778 以内，高度是 434—440px 之间；按 1024＊768 分辨率制作，实际设计尺寸应为 1 002 以内，高度是 612—615 之间。

3.2 表格布局

创建表格的初衷是在 HTML 页面中显示行列数据，页面设计人员也可以利用表格的行列定位功能，对文本、图形等页面元素进行布局，以达到合理分布页面元素的效果。

设计好页面的草样后，即可以着手建立表格布局页面。在创建网页之前首先要建立本地站点及相应的管理目录。其次创建一个新页面，并将其保存到站点的本地根文件夹中。

3.2.1 插入布局表格

表格由行列构成，每行又由一个或多个单元格组成。对表格中行列的插入和删除、单元格的合并与拆分等基本操作与 Word 相似，就不一一介绍了。

创建新页面后需要结合设计的草图，插入布局表格进行页面排版排版。

通常插入表格的方法有两种：

(1)“插入”→“表格”→表格参数设置→“确定”。

(2) 直接点击“插入栏”上的插入表格按钮“▦”。

读一读 3-1

在新建的空白网页中制作与草样图 2-4 相对应的图片和资源的定位表格。

提示

操作步骤如下：“插入”→“表格”→在弹出的“表格”对话框中做相应的设置→“确定”→在相应的单元格中继续插入定位表格。见图 3-6、图 3-7。

① 利用“表格”按钮插入表格
② 设置表格的行列数。（取决于网页中内容区域的分布）
③ 设置表格的宽度。（考虑到浏览器的区域，通常设置为760像素或100%）
④ 将边框、边距和间距均设为“0” 表格只用来布局，浏览时不显示边框

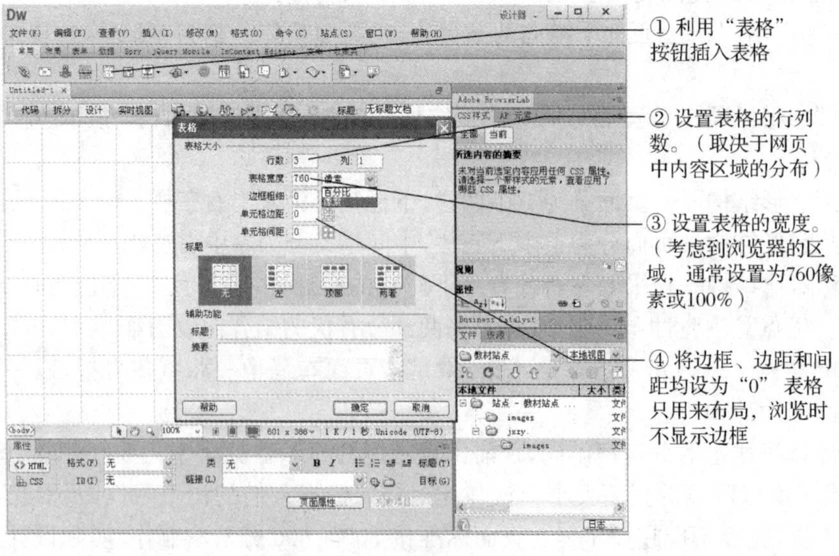

图 3-6 插入网页布局表格

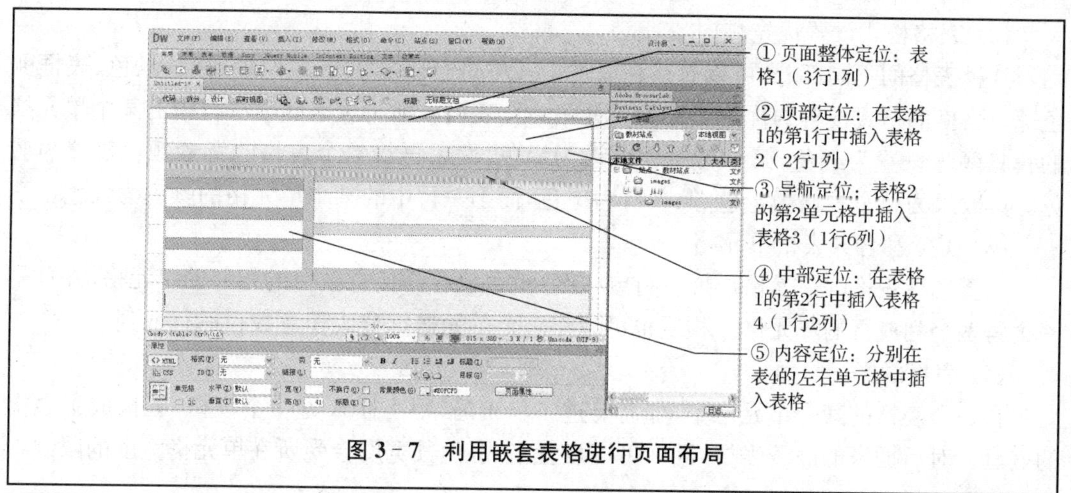
① 页面整体定位：表格1（3行1列）
② 顶部定位：在表格1的第1行中插入表格2（2行1列）
③ 导航定位：表格2的第2单元格中插入表格3（1行6列）
④ 中部定位：在表格1的第2行中插入表格4（1行2列）
⑤ 内容定位：分别在表4的左右单元格中插入表格

图 3-7　利用嵌套表格进行页面布局

3.2.2　表格的基本设置

在"文档"窗口的"设计"视图中，当选中表格或某一单元格时，Dreamweaver 会显示整个表格的宽度和每列的列宽。宽度旁边是表格标题菜单和列标题菜单的箭头，使用菜单可以快速执行一些与表格相关的常用命令，如图 3-8 所示。

常用设置：

(1) 可视宽度与代码宽度

代码宽度是表格列"td"宽度属性"width"定义的宽度，可视宽度是指屏幕上的列宽的可视宽度。如图 3-8 中，第一列的宽度为 43 像素，在第二行第一列中输入文字"Dreamweaver"，的内容将该列的宽度延长为 117 像素，则该列的宽度显示了两个数字："43"是代码宽度，即"width=43"，而带括号的"(117)"位于中间，表示该列在屏幕上的可视宽度。这时，单击表格宽度旁的表格标题菜单箭头，选择"使所有宽度一致"，就可以使代码中的列宽与可视列宽一致。

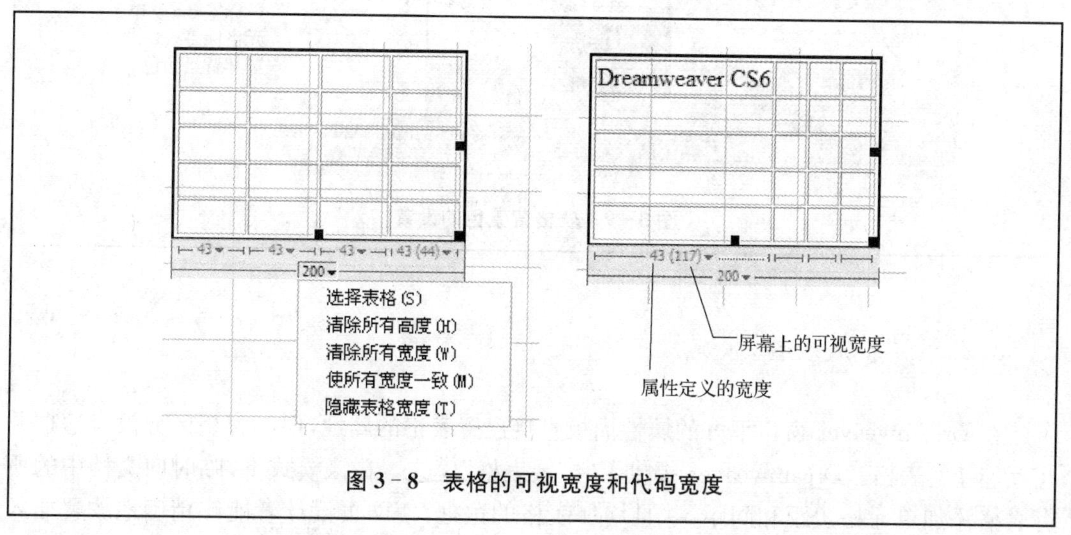
43
43
43
43 (44)
200
选择表格(S)
清除所有高度(H)
清除所有宽度(W)
使所有宽度一致(M)
隐藏表格宽度(T)
Dreamweaver CS6
43 (117)
200
屏幕上的可视宽度
属性定义的宽度

图 3-8　表格的可视宽度和代码宽度

(2) 表格格式设置优先顺序

选择表格的不同部分，可以直接在属性面板中进行基本的格式设置，如背景色、表框颜色等。表格的格式设置的优先顺序为单元格、行、表格。如将表格的第一行中的某个单元格的背景颜色设置为红色，第一行的颜色设为绿色，然后再将整个表格的背景颜色设置为蓝色。其效果为整个表格为蓝色、第一行为绿色，而第一行中的某个单元格的颜色为红色。

(3) 拆分和合并表格单元格

只要选择表格的单元格形成一行或一列，就可以合并任意数目的相邻的单元格，并且是一个跨多个列或行的单元格。相反也可以将一个单元格拆分成任意数目的行或列。

(4) 表格的嵌套

在一个表格的某个单元格中，如需要进一步布局，则可插入另一个表格，即构成了表格的嵌套。对后插入的嵌套表格，同样可以设置格式，但其宽度会受所在单元格宽度的限制。

读一读 3-2

分别设置"读一读 3-1"中布局表格和单元格的背景色。

提示

Dreamweaver CS6 中，属性面板不能直接设置表格背景色，如需设置表格背景色，需切换到拆分视图，在设计视图窗口选择设置表格，在代码视图窗口的<table>中添加并设计"bgcolor=" ＊＊ ""。本内容将在 HTML 相关章节中讲解。

将光标定位在不同的布局表格中，单击标签选择器上对应的行标签<tr>、单元格标签<td>，在属性检查器中设置该布局单元的背景颜色，如图 3-9。

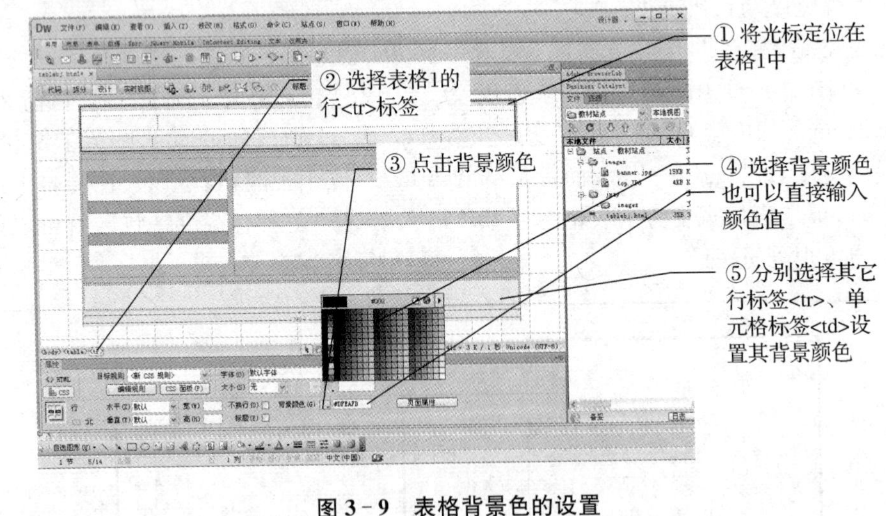

图 3-9　表格背景色的设置

3.2.3 "扩展表格"模式

在 Dreamweaver 窗口下方的属性面板直接设置表格的属性，但不容易区分没有边框并相互连接的表格。Dreamweaver 提供了"扩展表格"模式。在该模式下，临时向文档中的所有表格添加单元格边距和间距，并且增加表格的边框，使网页设计者能够精确地放置插入点，而不会意外选择错误的表格或其他表格内容。

通过 Dreamweaver 窗口插入栏的布局选项卡上的“标准”和“扩展”按钮，可以在表格的扩展模式和标准模式之间进行转换。

值得注意的是“扩展表格”模式不属于所见即所得环境，一些设置不一定会得到预期的效果。因此，在“扩展表格”模式下完成对表格属性的设置后，需要返回到“标准”模式，查看效果，并进行进一步的调整。设置结束后，保存页面。

3.2.4　页面设置

创建和编辑 Web 页面时，必须考虑用户将使用什么浏览器和操作系统来查看 Web 页面，以及可能需要支持哪些语言设置。Dreamweaver CS6 提供了许多帮助设计者创建和编辑 Web 页面的功能。例如页标题、背景图像和颜色及文本和超链接的颜色。此外，还提供了优化 Web 站点性能的工具，以及创建和测试页面以确保能够兼容不同的 Web 浏览器的功能。

(1) 页面属性的设置

页面属性的设置用于指定页面字符默认的字体、大小、颜色、页面背景、边距、超链接样式等。

读一读 3-3

设置页面的属性

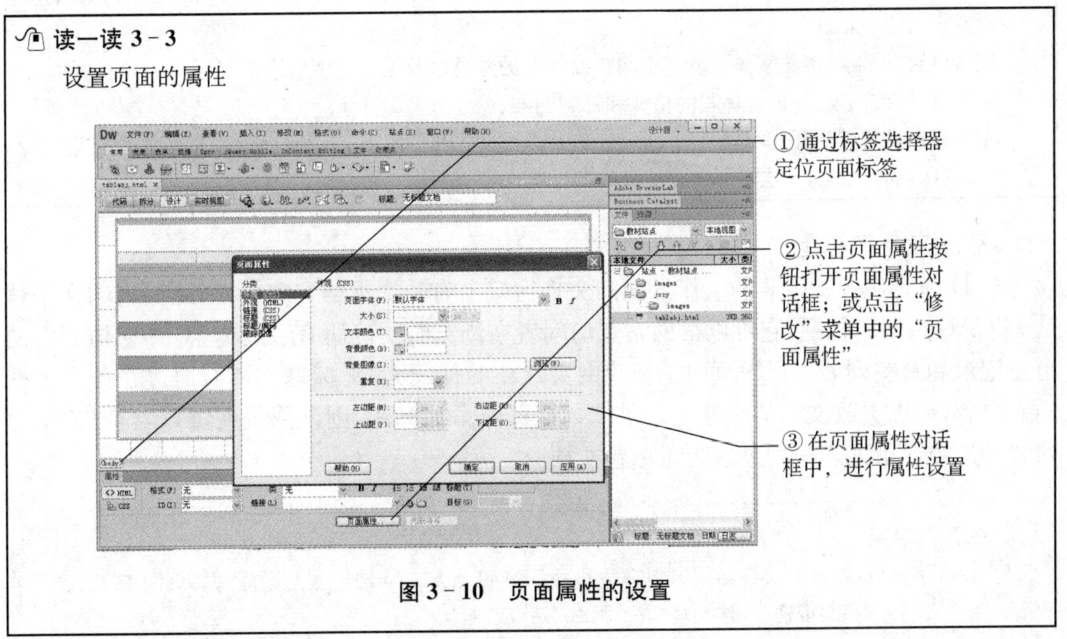
① 通过标签选择器定位页面标签
② 点击页面属性按钮打开页面属性对话框；或点击“修改”菜单中的“页面属性”
③ 在页面属性对话框中，进行属性设置

图 3-10　页面属性的设置

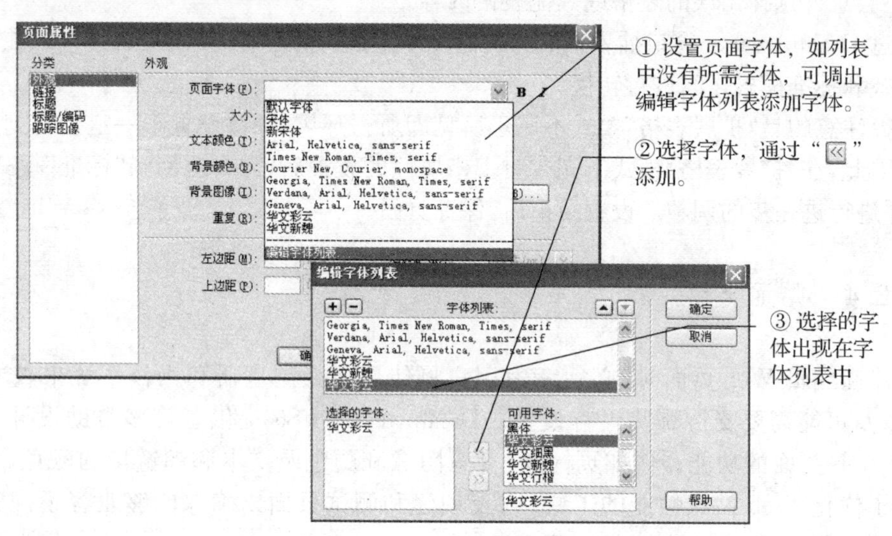

① 设置页面字体，如列表中没有所需字体，可调出编辑字体列表添加字体。
②选择字体，通过“«”添加。
③ 选择的字体出现在字体列表中

图 3-11 外观设置

📖 提示

外观设置:设置页面默认的文本属性(字体、字体大小、字体颜色),背景属性(背景颜色、背景图像),以及设置页面的边距;

链接设置:设置链接的字体、大小、不同链接状态的颜色以及是否有下划线;

标题、标题编码设置:设置标题的格式和标题图案;

跟踪图像设置:跟踪图像是放在“文档”窗口背景中的 JPEG、GIF 或 PNG 图像,仅用作网页设计标记,在浏览网页时该图像不会显示。

(2) 更改文档标题

在 Dreamweaver CS6 的工作界面的文档窗口上有一个标题文本框,在此输入的文字就是 HTML 页面的标题,它可以帮助站点访问者在浏览时明确所查看的内容,并在访问者的历史记录和书签列表中标识页面。新建网页默认的标题为“无标题文档”,通过在此文本框输入内容,可以更改文档的标题。如果没有给页面添加标题,则该网页在浏览器窗口、书签列表和历史记录列表中均显示为无标题文档。

📖 **注意**

保存网页后,网页的文件名就出现在应用程序窗口顶部的标题栏中。新建文档时可在新文档顶部的“文档标题”文本框中,键入页面标题,如“站点首页”。

文档的文件名是该文档文件存储在站点文件夹中的文件名称。网页的页面标题与文件名不同,当站点访问者在浏览器中查看该页面时会在浏览器窗口的标题栏中看到此标题。文档标题是非常重要的设置,诸如 Google 等搜索引擎的 Spide 软件进行网页采集时,会自动将文档标题和页面 URL 地址保存到搜索引擎数据库中,提供搜索引擎服务。因此,为了使网民从你的网页标题中搜索到你的网页,你必须正确命名文档标题。

(3) 在浏览器中预览网页

Dreamweaver CS6 具有随时预览和测试页面的功能，可以随时调用浏览器预览文档，查看网页制作的效果。而不必先保存文档或将文档上传到 Web 服务器。

"预览和测试文档"的操作

单击文档窗口上的预览按钮"🌐"→选择浏览器，或者选择"文件"→"在浏览器中预览"→选择浏览器。

3.3　文本和图片元素的添加与设置

网页设计者利用文本、图像、颜色、影片以及其他形式的媒体等页面内容，向浏览者传递信息。利用 DreamweaverCS6，您可以方便地在 Web 页中添加多种内容，添加资源和设计元素。

3.3.1　文本插入和设置

文本是网页中最主要的信息表达形式，Dreamweaver CS6 提供了多种向文档中添加文本和设置文本格式的方法。

读一读 3 - 4

在页面中添加文本及设置文本属性

(1) **直接输入**　将插入点确定在需要添加文本的位置，通过键盘直接输入。

(2) **插入已选择的文本**　利用剪贴板将文本复制并粘贴到正在编辑的网页中。用户可使用"编辑"中的"选择性粘贴"命令，指定所粘贴的文本的格式。

(3) **导入文档和表格式数据**　通过"文件"菜单中的"导入"功能，可以将 Word 文档、Excel 表格等文档，导入到正在编辑的文档中。

"文本属性设置"的操作

选中文本→"属性"检查器→切换到 CSS 属性→设置文本属性，见图 3 - 12 所示。

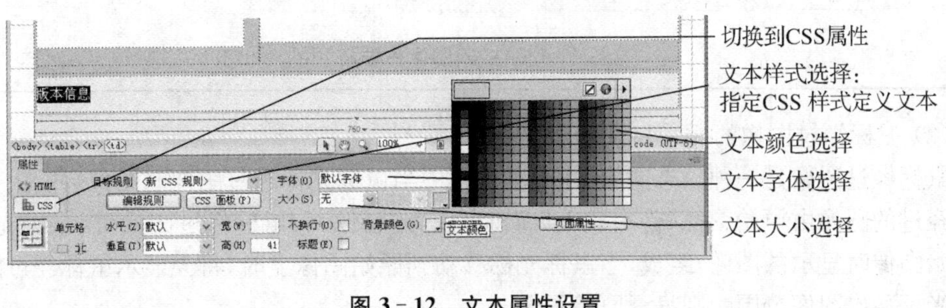

图 3 - 12　文本属性设置

3.3.2 图像对象、图像的插入与设置

网页中图像也是十分重要的信息表达方式，图像的插入，增强了网页的观赏性和生动性。图像占位符是在将图像添加到 Web 页面之前使用的临时图形，它不是显示在浏览器中的图形图像。在网页布局时，有可能还没有选择好适合的图像，可以利用图像占位符来替代图像进行布局。以帮助在创建图像之前，确定图像在页面上的位置。在发布站点之前，需要利用适用于 Web 的图像文件(例如 GIF 或 JPEG 等类型的图像文件)替换对应的图像占位符。

(1) 图像占位符的插入与设置

图像占位符不是真正存在与页面中的图像，只是在网页中插入一个"空"的图像，该图像没有真正的源文件。其作用是在网页上占据一个位置，当还没准备好要插入的图片的时候，可以先用图像占位符占一个位置，以作标记。

读一读 3-5

在页面中插入"图像占位符"

将光标定位在需要插入图像占位符的单元格中(如上面布局中间的位置)，"插入"→"图像对象"→"图像占位符" →"图像占位符"参数设置(在"名称"文本框中键入图像名称→在"宽度"文本框中输入图片预留宽度→在"高度"文本框中输入图片预留高度→单击颜色框选择颜色→设置"替换文本"文本框)。

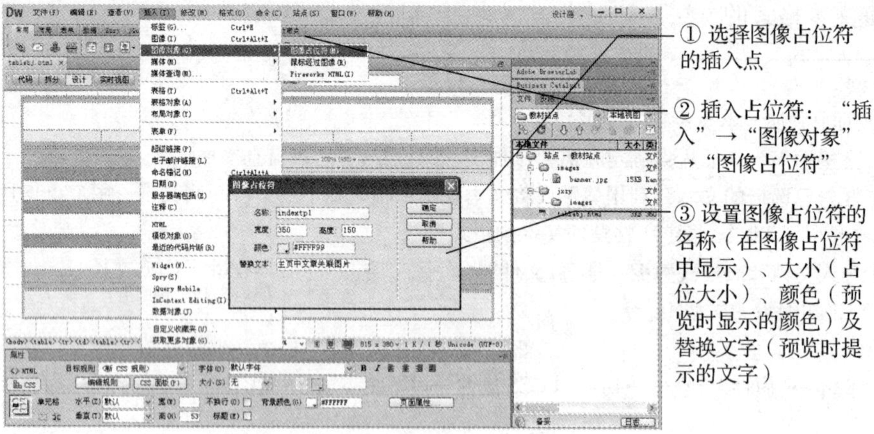

① 选择图像占位符的插入点

② 插入占位符："插入" → "图像对象" → "图像占位符"

③ 设置图像占位符的名称（在图像占位符中显示）、大小（占位大小）、颜色（预览时显示的颜色）及替换文字（预览时提示的文字）

图 3-13 插入图像占位符

(2) 鼠标经过图像的插入与设置

鼠标经过图像是一种动态图像，在浏览过程中当鼠标光标经过图像时图像会发生变化。鼠标经过的图像由原始图像(首次载入页面时显示的图像)和鼠标经过图像(当鼠标光标经过原始图像时显示的图像)组成，当鼠标光标移动到原始图像上时，将会显示鼠标经过图像，鼠标光标移出图像范围时则显示原始图像。

读一读 3-6

鼠标经过图像的插入与设置

在页面中定位光标插入点→点击“插入”→“图像对象”→“鼠标经过图像”→选择“原始图像”和“鼠标经过图像”→填写“按下时,前往的 URL”→点击“确定”

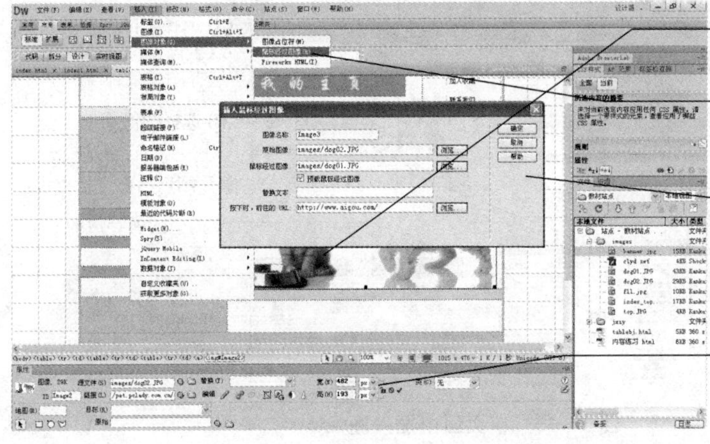

① 将光标定在插入鼠标经过图像的具体位置
② 点击“插入”菜单中图像对象下级菜单的“鼠标经过图像”
③ 在弹出的对话框中选择“原始图像”、“鼠标经过图像”并输入按下时前往的URL或选择站内文件
④ 调整鼠标经过图片的页面显示大小。

图 3-14　插入鼠标经过图像

(3) 图像的插入与设置

目前存在许多的图像文件格式,但对于网络浏览来说,仍然是以“.GIF”和“.JPEG”文件格式为主,大多数浏览器都可以查看它们。

“.GIF”(图形交换格式)文件最多使用 256 种颜色,适合显示色调不连续或具有大面积单一颜色的图像,例如导航条、按钮、图标、徽标或其他具有统一色彩和色调的图像;

“.JPEG”(联合图像专家组标准)文件可以包含数百万种颜色,是用于摄影或连续色调图像的高级格式;

“.PNG”(Portable Network Graphics)是一种新兴的网络图形格式,它结合了 GIF 和 JPEG 的优点。存储形式丰富,采用无损压缩,但压缩比较 JPG 格式要小。通常用户使用 Adobe 公司的 FIREWORKS 图像处理软件来进行编辑,并能够保存图片最初的图层、颜色等。

读一读 3-7

在页面中插入“图像”的操作

直接插入图像操作:选定插入点→在“插入栏”的“常用”类别中,单击“ ”,或者选择“插入”→“图像”→选择图像文件→“确定”。见图 3-15 中①、②

利用图像占位符插入图像操作:双击图像占位符→选择图像文件→“确定”。见图 3-15 中Ⓐ、Ⓑ

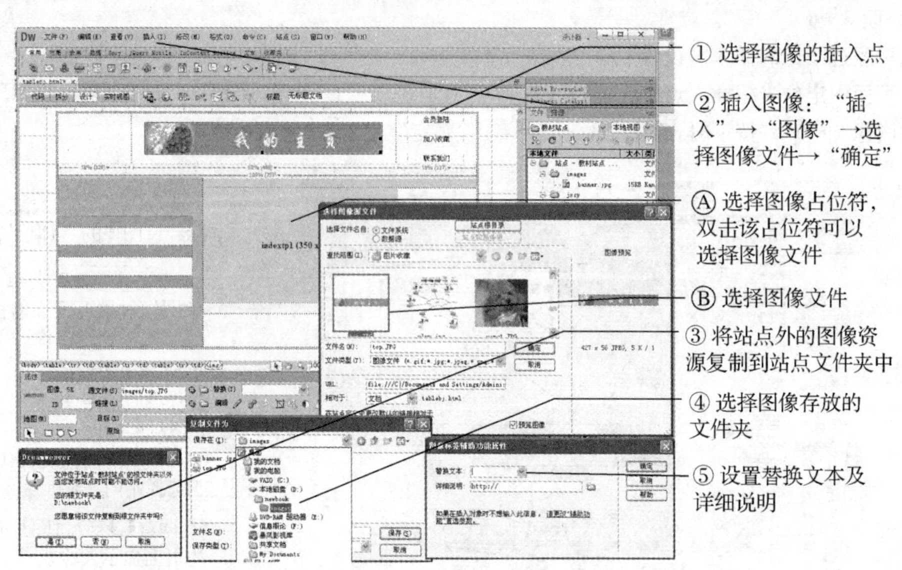
① 选择图像的插入点
② 插入图像：“插入”→“图像”→选择图像文件→“确定”
Ⓐ 选择图像占位符，双击该占位符可以选择图像文件
Ⓑ 选择图像文件
③ 将站点外的图像资源复制到站点文件夹中
④ 选择图像存放的文件夹
⑤ 设置替换文本及详细说明

图 3－15　在页面中插入图像

提示

替换文本是 Web 页面上的图像的文字描述。一般不会显示在页面上。对于大多数图像，提供替换文本是很重要的，当图像不能显示、使用屏幕阅读器或只显示文本的浏览器时，用户就可以通过替代文本了解图像的相关信息；详细说明是为图片指向一个包含图像描述信息的页面。

图像属性设置操作

选中图像→“属性”检查器→设置图像属性，见图 3－16。

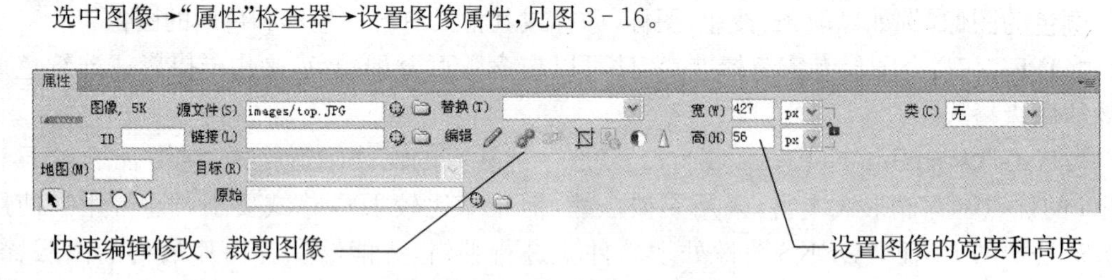
属性
图像，5K
源文件(S) images/top.JPG
替换(T)
宽(W) 427 px
类(C) 无
ID
链接(L)
编辑
高(H) 56 px
地图(M)
目标(R)
原始
快速编辑修改、裁剪图像
设置图像的宽度和高度

图 3－16　图像的属性设置

提示

调整图像大小：利用属性检查器调整图像元素的大小，也可以同样的方式调整其他一些元素如插件、Macromedia Shockwave 或 Flash 文件、applet 和 ActiveX 控件的大小。点击图像“宽”和“高”旁边的“”按钮，可以锁定或放开图像宽度和高度的约束；点击“”可以恢复到其原始大小；点击“✔”可以提交即永久改变图像的大小。

编辑图像：利用编辑工具，和修改。点击编辑中的“”可以集成电脑中安装的常用图像编辑软件，如美图秀秀、Fireworks 等，快速地对图片进行编辑；“”可以对图像进行优化；“”可以对图像进行裁剪；“”可以调整图像的亮度和对比度；“”可以对图像进行锐化。

3.4 媒体元素的添加与设置

为了更好地表达网站的主题,增加网站的活力和吸引力,可以在网页中充分的利用声音、动画、视频等元素。通过 Dreamweaver CS6,可以快速便捷地向 Web 站点添加声音和影片。可以将“设计备注”附加到这些对象上,以便于交流。

3.4.1 关于媒体文件

媒体文件是指表达信息内容的某些形式的文件体现。音频、视频和交互式元素都是由媒体文件构成的。通过 Dreamweaver 可以将以下媒体文件合并到 Web 页中,包括 Flash 和 Shockwave 影片、QuickTime、AVI、Java applet、Active X 控件以及各种格式的音频文件。

(1) Flash 文件的常用类型

Flash 文件(“. fla”) Flash 的源文件,只能在 Flash 中打开并进行编辑,而不能在 Dreamweaver 或浏览器中打开。

Flash SWF 文件(“. swf”)利用 Flash 制作出的动画文件格式。在图像的传输方面,不必等到文件全部下载才能观看,可以边下载边看。如今已经被大量应用于 Web 网页进行多媒体演示与交互。

Flash 视频文件格式(“. flv”) Flash Video 的简称,是一种新的视频格式,它包含经过编码的音频和视频数据,用于通过 Flash Player 传送。例如,如果有 QuickTime 或 Windows Media 视频文件,就可以使用编码器(如 Flash 8 Video Encoder 或 Sorensen Squeeze)将视频文件转换为 FLV 文件。

(2) 常用音频文件格式

“. midi”或**“. mid”**格式(乐器数字接口)多用于器乐,被许多浏览器支持,同时不需要插件。文件较小,而且声音品质非常好。

“. wav”格式(Waveform 文件格式)具有较好的声音品质,许多浏览器都支持此类格式文件并且不要求插件。但其文件较大,限制了其在 Web 页面上的使用。

“. aif” 格式(音频交换文件格式)与“. wav”格式类似,也具有较好的声音品质,大多数浏览器都可以播放它并且不要求插件,文件也较大。

“mp3”格式(运动图像专家组音频)一种压缩格式,它可令声音文件明显缩小。其声音品质非常好。使用时,必须下载并安装辅助应用程序或插件,例如 QuickTime、Windows Media Player 或 RealPlayer。

3.4.2 媒体对象的插入与设置

利用 DreamweaverCS6 不但可以在网页中插入音频,还可以插入 Flash SWF 文件(对象)、QuickTime 或 Shockwave 影片、Java applet、ActiveX 控件或者其他音频或视频对象。

(1).插入“. swf”媒体文件

读一读 3－8

插入“swf”媒体对的象操作

在“设计”视图中选择插入点→“插入”→“媒体”→“swf”→选择源文件→设置媒体对象参数→“确定”

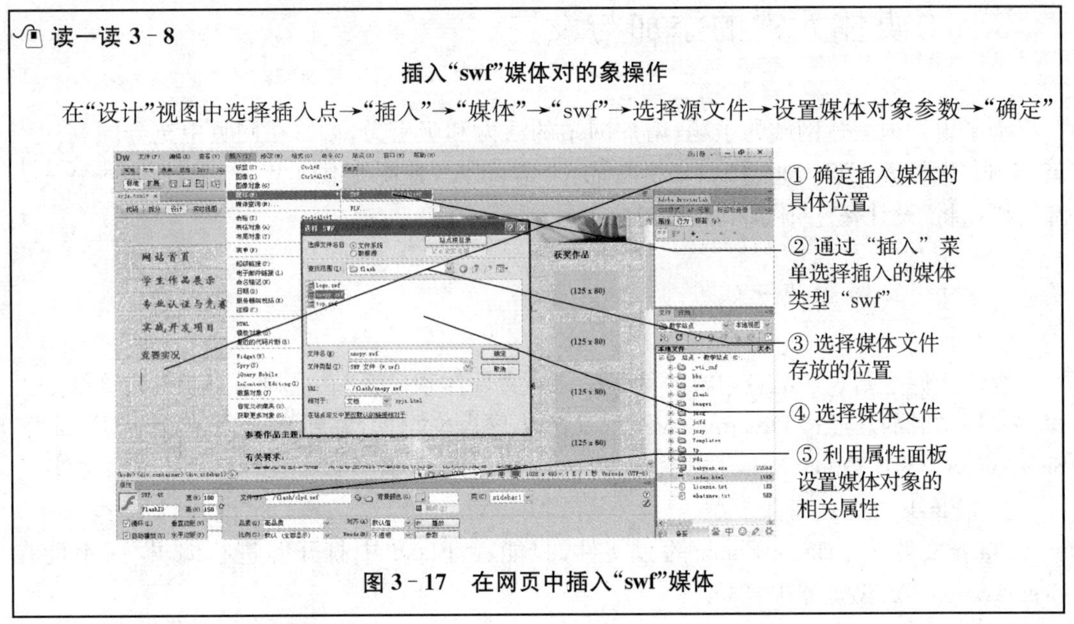
① 确定插入媒体的具体位置
② 通过“插入”菜单选择插入的媒体类型“swf”
③ 选择媒体文件存放的位置
④ 选择媒体文件
⑤ 利用属性面板设置媒体对象的相关属性

图 3－17　在网页中插入“swf”媒体

(2) 插入“. flv” 媒体文件

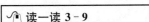

读一读 3－9

插入“flv”媒体对象的操作

“设计”视图→选择插入点→“插入”→“媒体”→“flv”→选择源文件→设置媒体对象参数→“确定”

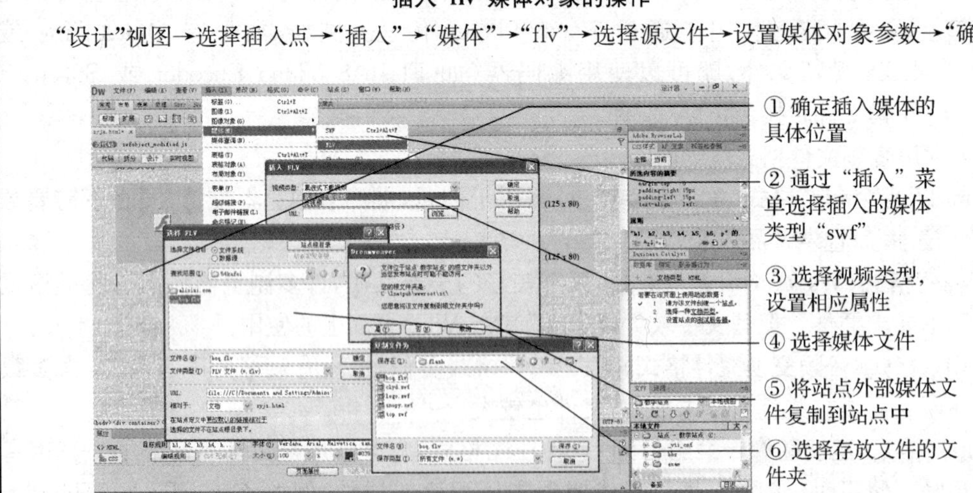
① 确定插入媒体的具体位置
② 通过“插入”菜单选择插入的媒体类型“swf”
③ 选择视频类型，设置相应属性
④ 选择媒体文件
⑤ 将站点外部媒体文件复制到站点中
⑥ 选择存放文件的文件夹

图 3－18　在网页中插入“flv”媒体

提示

视频类型：“累进式下载视频”是将 FLV 文件下载到浏览者的本地硬盘上，再播放。“流视频”将 FLV 视频内容进行流处理并立即在 Web 页面中播放；外观：页面中视频播放窗口的大小设置；检测大小：自动检测视频文件的尺寸。

(3) 插入其他媒体形式

除了上面列出的媒体形式之外，Shockwave 影片、Java applet 的插入操作与“. swf”基本相似，具体属性设置略有区别。网页中音频的使用一种是作为背景插入（利用代码来实现），页面打开后不可再控制；另一种是作为嵌入音频插入到网页中。嵌入音乐可以让用户自己控制网页中的音频，但要求网页浏览器装有相应的插件。

插入嵌入式音频（插件）的操作

将光标固定到要插入音频文件的位置，点击"插入工具栏"上 媒体按钮边上的下拉箭头，选择"插件"，在选择对话框中选择要嵌入的音乐文件并确定。在页面中插入了一个 32 * 32 像素的小图标，如需显示出控制按钮和进度条，需将其尺寸改大一些。点击已经嵌入的音频文件图标，在属性面板中点击"参数"，下输入框，输入参数"autostart"并设置值为"false"，该音频文件会自动播放。

任务四 制作导航与超链接

任务描述

利用 DreamweaverCS6 提供的布局制作如图 4－1 设计草图所示的《网页制作与发布》课程教学网站教学成果子栏目的学生作品展示、专业认证与竞赛、实战开发项目等页面。建立“任务二”完成的网站首页与子栏目主页面、子栏目中各个页面之间的超链接。相关素材来源可以结合主题，利用网络搜集或结合主题制作。

技能要求

能够利用 Dreamweaver CS6 提供的网格布局功能创建预布局空白页，并结合设计草图修改布局制作页面；能够结合实际应用制作页面中的导航；能够结合网站规划熟练制作不同类型的超链接。

任务实施

利用 DreamweaverCS6 提供的布局制作如图 4－1 设计草图所示的《网页制作与发布》课程教学网站教学成果子栏目的学生作品展示、专业认证与竞赛、实战开发项目等页面的任务实施分解为 3 个子任务，其具体操作如下：

任务 1：布局首页（选择布局，参照草图修改）。

具体操作

步骤一：分析设计草图结构（分析图 4－1，该页面为“同”字形布局。可将页面分成上、下二个区域。下部分成左、中、右三个区域。）

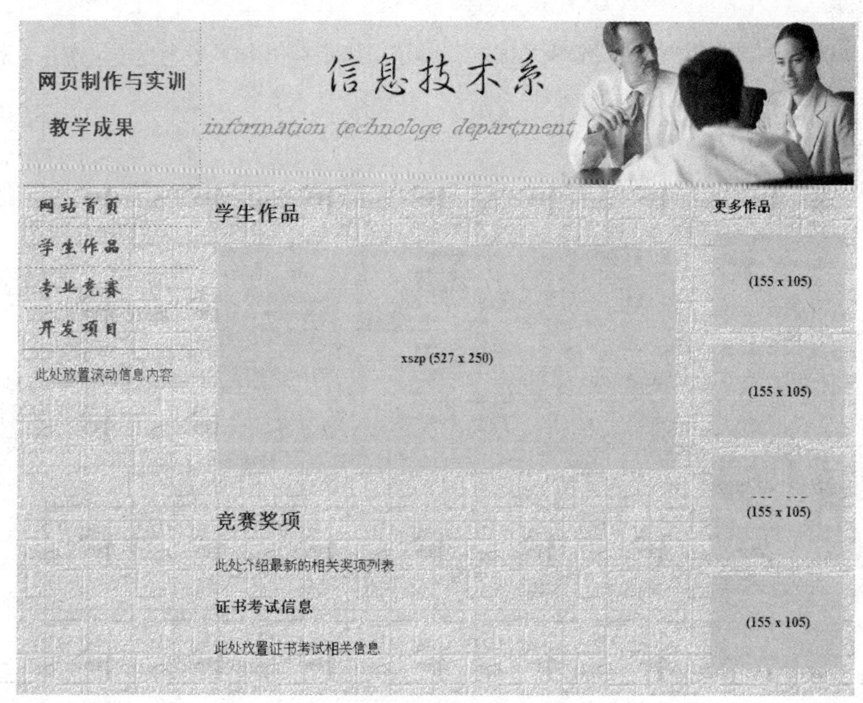

图 4－1　"教学成果"子栏目主页面设计草图

步骤二:建立结合布局的文档("文件"→"新建"在弹出的"新建文档"对话框(图 4－2)中选择对应布局)

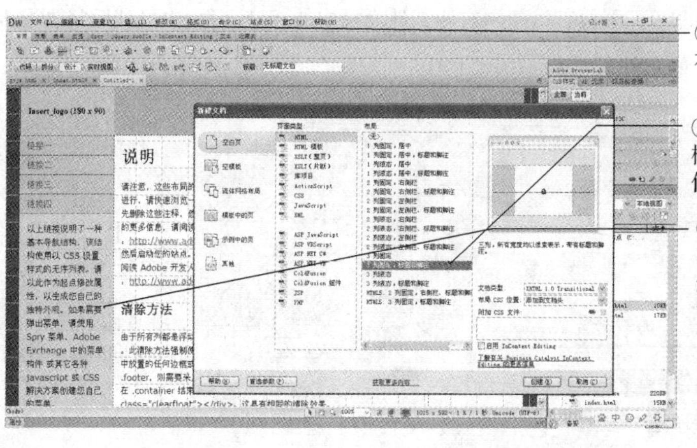

图 4－2　布局子栏目主页

📖 提示

"新建文档"对话框中"空白页"中的布局，是 DreamweaverCS6 的新功能，提供了快速响应的 CSS3 自适应网格版面。可以直观地创建复杂页面设计和页面版面，无需忙于编写代码。本书会在后面的相关章节中详细讲解。

任务 2:输入文字、图像、设置其格式，保存文档。

具体操作

输入页面图像、文本等内容并设置格式(根据设计草图如图4-1输入各个标题及内容文字、图像、导航文字,设置其格式并保存文档)

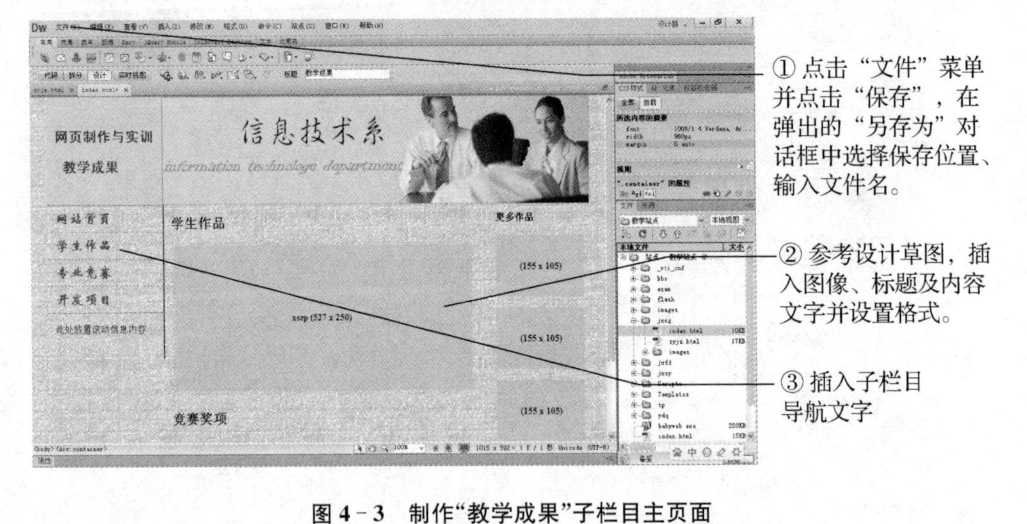
①点击“文件”菜单并点击“保存”,在弹出的“另存为”对话框中选择保存位置、输入文件名。
②参考设计草图,插入图像、标题及内容文字并设置格式。
③插入子栏目导航文字
网页制作与实训
教学成果
信息技术系
网站首页
学生作品
专业竞赛
开发项目
更多作品
竞赛奖项

图4-3 制作“教学成果”子栏目主页面

任务3:制作相应的超链接。

具体操作

步骤一:制作子栏目主页与网站首页的超链(选择子栏目的主页面导航文字,利用属性面板(HTML)属性设置中链接后的“⊕”图标直接指向右侧文件面板中的相应文件;也可利用“🗀”图标打开“选择文件”对话框,选择对应的文件)

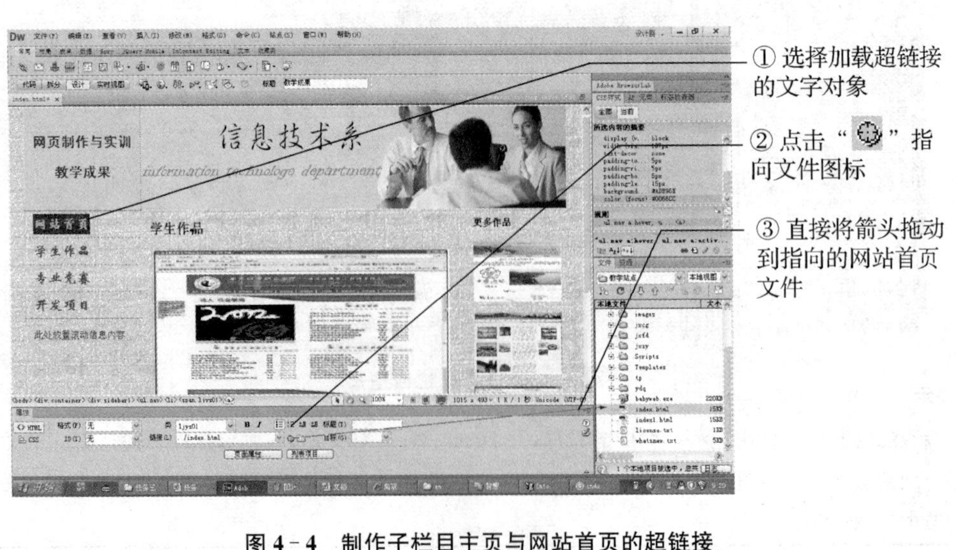
①选择加载超链接的文字对象
②点击“⊕”指向文件图标
③直接将箭头拖动到指向的网站首页文件
网页制作与实训
教学成果
信息技术系
网站首页
学生作品
专业竞赛
开发项目
更多作品

图4-4 制作子栏目主页与网站首页的超链接

步骤二：制作图片与站外资源的链接（选择需要加载外部链接的图片，在属性面板的“HTML”属性设置中，链接后的文本框中直接输入外部资源的 URL，如本任务中的“http://www.ncc.edu.cn/”）

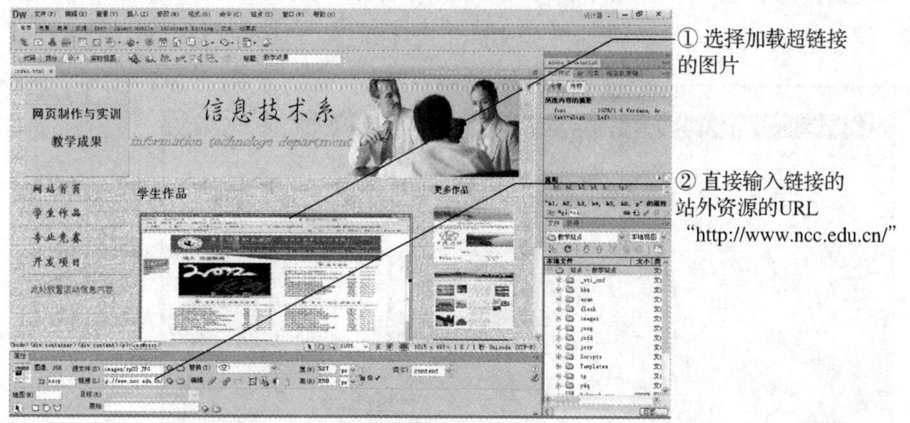

图 4－5　制作学生作品图片与站外资源的超链接

提示

加载超链接的对象除文字外，也可以是图像或图像上的热点。超链接的插入也可以通过“插入”菜单中的“超级链接”下级菜单实现。

知识链接

4.1　页面中的导航

网站的导航是网站内容架构的具体体现，正确的网站导航要做到便于浏览者的理解和使用，让浏览者无论进入网站的哪一页，都很清楚自己所在的位置，很容易返回网站首页。

导航主要表现为网页的栏目菜单设置、辅助菜单、其他在线帮助等形式。通过一定的技术手段，为网页的访问者提供相应的访问途径，使其可以方便地访问到所需的内容，其多数以超级链接的方式体现。

4.1.1　导航的分类

1. 主导航：一般位于网页页眉顶部，或者 banner 下部。第一时间引导访问者指向他所需要的信息栏目。在设计网站的主导航之前，应该事先对网站整体的内容有一个全面的了解，并且将网站内容进行归类，导航中显示的内容应该与网站内容紧密相关。

2. 次导航：一般位于页面的两侧。对于内容较多的网站，无需把所有的板块都在主导航上一一的展现出来。当用户在浏览网页的时候，如果需要浏览其他栏目，可以通过次导航进入。

3. 子栏目导航:又称为下级导航,多数以主导航中的展开式菜单形式体现。

4. 面包屑导航:是一个位置导航,可以清楚的让访问者知道,自己当前所在的网站内部的具体位置。例如:首页 > 教学辅导 >辅导内容标题。

图 4-6 页面中常见的导航

4.1.2 导航设计要求

1. 位置:主导航条最好放在网页醒目的位置,如头部横向导航,侧栏竖向导航等。

2. 体现形式:网站的导航对于搜索引擎的收录是至关重要的一部分,最好以文字加载链接的形式体现,而图片只用作导航的背景。避免在搜索引擎抓取网站的过程中存在障碍。

3. 禁忌:导航栏目内容最好不要随意修改,否则搜索引擎将认为网站不稳定,会降低排名。对于“更多”“more”等的应用,最好以更多教学辅导、更多作品等结合栏目的关键词。

4.2 超链接

超链接是一种标记，它记录了网络中的某个文件或其他URL。通过这个标记，可以"打开"相应的资源。从而实现网站的导航功能，使每个独立的网页之间产生一定的相互联系，使单独的网页形成一个有机的整体。其具体实现，就是在导航上加载超链接(简称链接)。

4.2.1 链接路径

每个文件都有自己存放的具体位置，而位置的体现即为其路径。路径就是指链接转到网页或文件的地址，或者也可以是在页面中要使用的(图片或其他)文件的地址。在网页中有3种类型的链接目标文档的路径表示方式：

1. 绝对路径：是所链接的文件在硬盘上的真正位置，它提供了所链接文档的完整URL，而且包括所使用的协议，例如"http://www.macromedia.com/support/dreamweaver/contents.html"。

2. 文档相对路径：省略当前文档和所链接文档的相同绝对URL部分，而只提供不同的路径部分，"例如../dreamweaver/contents.html"。

3. 站点根目录相对路径：从站点的根文件夹到文档的路径，例如"/support/dreamweaver/contents.html"。

> **提示**
>
> 创建本地链接(即从一个文档到同一站点上另一个文档的链接)时，通常不采用链接文档绝对路径(完整的URL)。而是采用文档相对路径，或采用站点根目录相对路径。

4.2.2 超链接的建立

文档内任意位置的文本、图像(包括标题、列表、表、层或框架中的文本或图像)或图像局部(又称为图像的热点或热区)都可以建立链接。链接目标可以是文档内的一个位置，也可以是其他文档、图像、多媒体文件或可下载软件。

用户通过站点映像可以直观地查看文件是如何链接在一起的，可以向站点添加新文档、创建和删除文档链接以及检查到相关文件的链接。链接的方式有如下几种：

1. 创建与其他文件的链接

此类链接是页面中最常见的链接，可以打开其他网页文档或文件(如图像、影片、PDF

或声音文件)。

读一读 4-1

创建与其他文件的链接

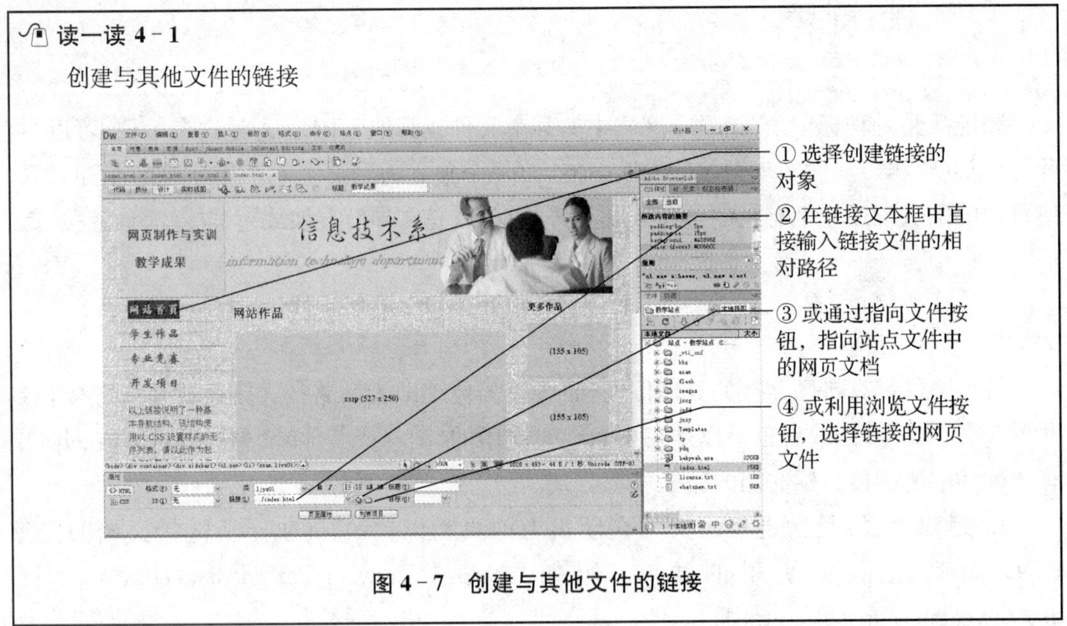
① 选择创建链接的对象
② 在链接文本框中直接输入链接文件的相对路径
③ 或通过指向文件按钮，指向站点文件中的网页文档
④ 或利用浏览文件按钮，选择链接的网页文件
网页制作与实训
教学成果
信息技术系
网站作品
更多作品

图 4-7　创建与其他文件的链接

2. 创建文档内特定位置链接

即链接到锚记,对于内容较多的长页面,可以利用此类链接跳转至当前文档内的特定位置。要将链接创建到文档的特定位置,首先要创建命名锚记,然后再创建到该命名锚记的链接。

读一读 4-2

创建文档内特定位置链接的操作

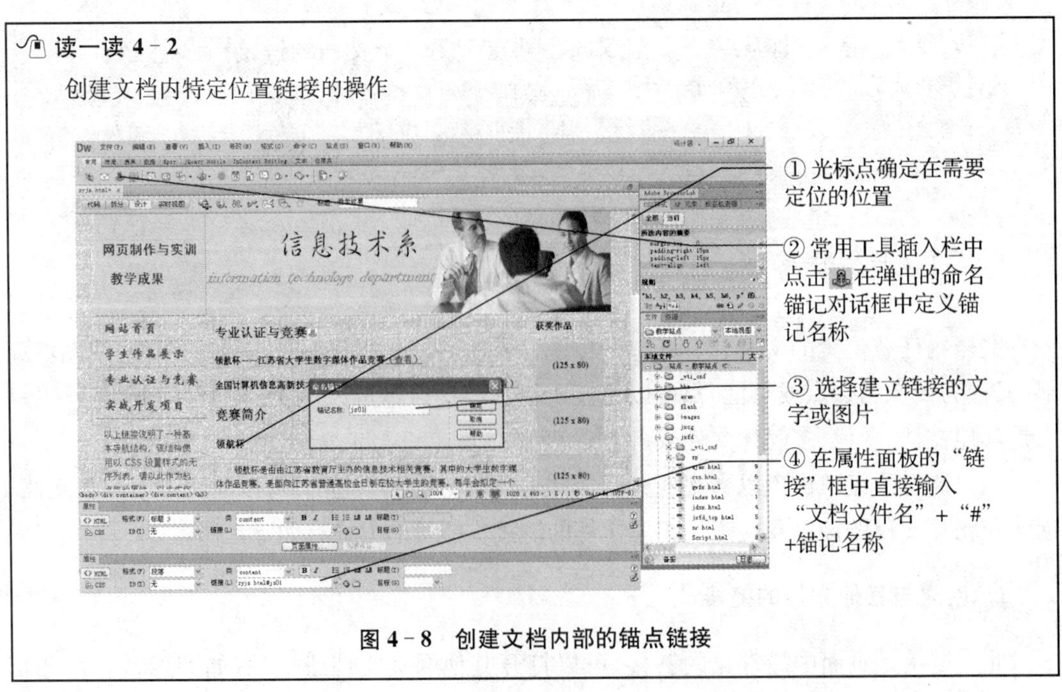
① 光标点确定在需要定位的位置
② 常用工具插入栏中点击 在弹出的命名锚记对话框中定义锚记名称
③ 选择建立链接的文字或图片
④ 在属性面板的“链接”框中直接输入“文档文件名”+“#”+锚记名称
网页制作与实训
教学成果
信息技术系
专业认证与竞赛
竞赛简介
获奖作品

图 4-8　创建文档内部的锚点链接

📖 **提示**

命名锚记的位置(定位点):该位置是点击文档内链接,切换到的本文档页面内的定位点,通常是在文档中各个标题对应的段落位置;命名锚记也可以通过“插入”→“命名锚记”→输入锚记名称→“确定”。

在长文档的文档顶部,通常会有内容段落标题,锚记的链接即建立在这里。

链接文本框中键入“文档文件名”“#”“锚记名称”,如链接到其他网页文档的锚记需包含文档间的相对路径。

锚记名称区分大小写。如果看不到锚记标记,可选择“查看”→“可视化助理”→“不可见元素”。

3. 创建图像的热点链接

热点链接也叫图像映射,通常是对图像的某一特定区域加载链接。在图像内划分的不同区域叫做“热点”,其功能和超链接相同,单击这些“热点”可以实现目标跟踪、访问。热点的最大用途就是在地图中使用。当鼠标移向不同的部位时,其链接也会发生相应的变化。

读一读 4-3

创建图像热点链接的操作

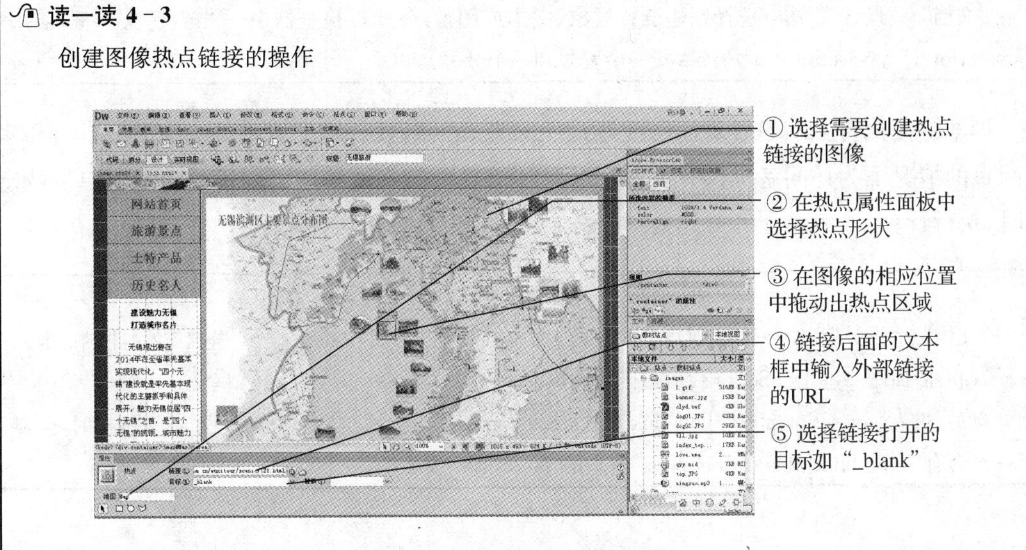

① 选择需要创建热点链接的图像
② 在热点属性面板中选择热点形状
③ 在图像的相应位置中拖动出热点区域
④ 链接后面的文本框中输入外部链接的URL
⑤ 选择链接打开的目标如“_blank”
网站首页
旅游景点
土特产品
历史名人

图 4-9　创建图像的热点链接

📖 **提示**

Dreamweaver 提供了矩形、圆形和多边形等三种形状的热点,可以根据需求选择。与其他的链接一样,热点链接也可以加载不同的链接对象。

属性面板中的“目标”为打开超链接窗口的方式,“_blank”是指在新窗口中打开被链接文档;“_self ”为默认,指在相同的框架中打开被链接文档。“_parent”是在父框架集中打开被链接文档。“_top”是在整个窗口中打开被链接文档。

4. 创建电子邮件链接

单击电子邮件链接时,就会打开一个新的空白信息窗口(使用的是与用户浏览器相关联的邮件程序)。在电子邮件消息窗口中,“收件人”文本框自动更新为显示电子邮件链接中指定的地址。

创建电子邮件链接

“文档”→“设计”视图→选择创建链接对象(文本或图像)→“插入栏”→“常用”→“”,或“插入”→“电子邮件链接”→设置“电子邮件链接”属性→“确定”

提示

也可在属性检查器的“链接”文本框中,键入“mailto:”,后面输入正确的电子邮件地址。

5. 创建空链接和脚本链接

利用此类链接能够在对象上附加行为,或者创建执行 JavaScript 代码的链接。

空链接是未指派的链接。空链接用于向页面上的对象或文本附加行为。创建空链接后,可向空链接附加行为。

创建空链接

“文档”→“设计”视图→选择创建链接对象(文本或图像)→属性检查器中→ “链接”文本框,输入“javascript:;”(javascript 一词后依次接一个冒号和一个分号)

脚本链接执行 JavaScript 代码或调用 JavaScript 函数。它非常有用,能够在不离开当前网页的情况下为访问者提供有关某项的附加信息。脚本链接还可用于在访问者单击特定项时,执行计算、表单验证和其他处理任务。

创建脚本链接

“文档”→“设计”视图→选择创建链接对象(文本或图像)→属性检查器→“链接”文本框中,键入 javascript:后面跟一些 JavaScript 代码或函数调用。

例如,键入 javascript:alert(This link leads to the index) 可生成这样一个链接:单击该链接时,会显示一个含有"This link leads to the index"消息的 JavaScript 警告框。

任务五 测试与发布站点

任务描述

利用DreamweaverCS6的站点管理功能，设置《网页制作与发布》课程教学网站在开发计算机上的远程站点及测试服务器；测试、修改并发布站点。

技能要求

掌握在Dreamweaver CS6中如何创建在开发网站使用的计算机上的远程服务器及本地测试服务器；掌握Dreamweaver CS6提供的测试功能的应用，了解如何申请域名空间，并将本地网站发布到Internet的方法。

任务实施

可将测试和发布《网页制作与发布》课程教学网站的操作分成3个子任务，具体操作如下：

任务1：搭建发布与测试环境(在IIS中设置虚拟目录；在Dreamweaver CS6中为网站创建远程及测试服务器)。

具体操作

步骤一：创建IIS虚拟目录(点击“开始”菜单中的“控制面板”→“系统和安全”→双击“管理工具”中的“Internet信息服务(IIS)管理器”→选择“默认站点”点击右键→弹出快捷菜单→选择“新建”“虚拟目录”→输入虚拟目录别名如“jcweb”)

步骤二：定义远程站点服务器及测试服务器(在Dreamweaver CS6中点击“站点”→“新建站点”弹出“新建站点设置”对话框→输入站点名称如“教学站点”→选择站点文件夹如“jcweb”→点击“服务器”→点击下方的“+”按钮→设置服务器→勾选“远程”和“测试”复选框)。如站点在开发时就已经建好，则只需要修改添加服务器即可。

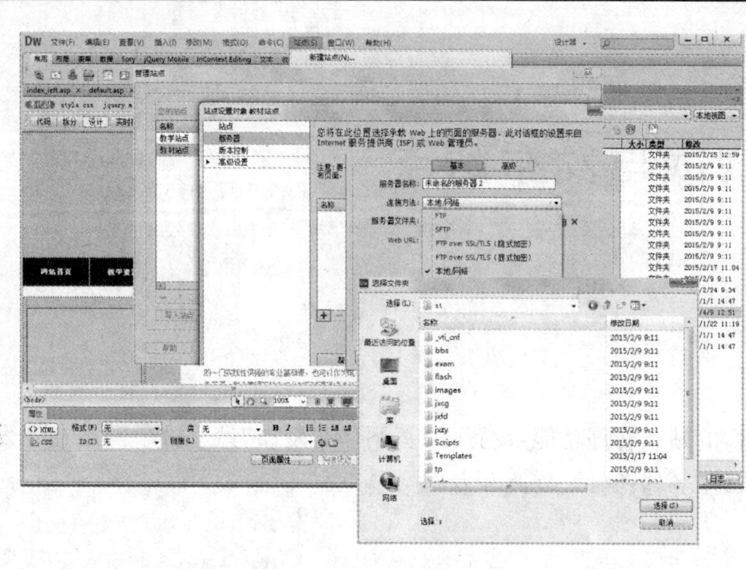

① 对于在开发时就建立好站点的，点击“站点”“管理站点”弹出“管理站点”对话框
② 双击站点名称打开“站点设置对象”对话框
③ 点击“服务器”在右侧的窗口下方点击“ + ”创建服务器
④ 选择“本地/网络”连接方法
⑤ 选择站点的物理存放位置“选择”并“保存”

图 5-1　定义远程站点

步骤三：勾选测试服务器

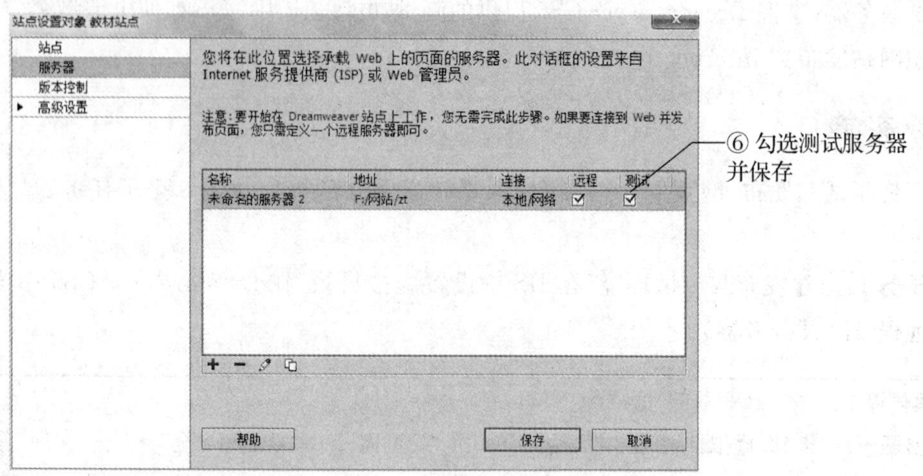

图 5-2　勾选测试服务器

📖 **提示**

通常在站点开发初期就在 Dreamweaver 中定义了本地站点，当需要制作动态交互页面时，需要先定义远程及测试服务器(本地发布站点)才能够浏览动态页面效果。

任务 2：申请域名空间发布站点(定义域名；查询是否已存在；注册申请；上传网站)

具体操作

步骤一：定义域名(域名的定义可以结合站点的主题，如 www.nccwebjx.com.cn)

步骤二：域名查询(查询该域名是否已经被注册)

步骤三：注册申请，租用空间发布网站(具体见知识链接相关部分)

步骤四：发布网站（按照申请的空间提供的上传方式上传网站，或设置申请的空间为远程服务器利用 Dreamweaver 的上传功能发布网站）

任务 3：站点测试（检查内容显示；检查链接；检查交互）

具体操作

步骤一：检查内容显示（检查页面内容是否能正常显示，如图像无法显示首选核实图像文件的相对路径）

步骤二：检查链接（利用 Dreamweaver 提供的"检查站点范围的链接"功能检查链接，利用点击浏览的形式查看链接是否正确）

步骤三：检查交互（对于动态部分按功能设计用例检查交互流程是否顺畅）。

知识链接

制作完成的网页和整体网站，尤其是包含动态网页的网站，必须经过站点的发布才能被用户正确地浏览。在互联网上被访问的站点，就是远程站点，既在 Web 服务器上发布的站点。而网站设计开发者在计算机上开发建立的站点就是本地站点。设计者需要将本地的开发站点上传到远程服务器上来发布该站点。

5.1　站点的测试

随着网页制作技术的提高和网页内容的更新，网页也会不断的修改更新。但一个网站包含众多的文件，在上传之前要对文件进行逐一检查。如检查页面的正常显示、链接关联页面的正确、CSS 样式的正确加载、特效的正确显示以及动态功能的正常使用等。测试站点可以分为开发过程中的测试（检查当前开发文档的正确）、开发后的本地测试（整体效果的查看以及利用 Dreamweaver CS6 工具的检查）、远程测试（发布到远程文件夹中的测试）等。以防止网站中的页面出现错误，印象网站效果及企业形象。

5.1.1　利用 Dreamweaver CS6 工具检查清理站点

Dreamweaver CS6 提供了一种快速有效地功能以防止手工检查容易出现的疏漏并提高了工作效率。

1. 检查站点范围的链接

读一读 5－1

可以利用 Dreamweaver CS6 在"站点"菜单中提供的"检查站点范围的链接"工具，对站点中的所有链接进行检查，修复断掉的链接及梳理孤立文件的状况。

① 在“站点”菜单中选择“检查站点范围的链接”菜单项
② 出现检查结果面板，在“链接检查器”中可查看测试结果

图 5－3　检查站点范围的链接

2. 改变站点范围的链接

要想改变众多网页中链接的其中一个，通常会涉及到很多文件，因为链接是相互的。如页面与网站首页的链接，会在大多数网页中出现，以方便用户快速回到网站入口。当对网站中的某一链接进行改变时，其他网页中有关该网页的链接也要随之进行改变。如果一个一个的更改，显然是一件非常繁琐的事情。利用 Dreamweaver CS6 的“改变站点范围的链接”则可快速无错的改变所有的链接。

读一读 5－2

在“文件”面板中选择需要改变的链接目标文件→点击“站点”“改变站点范围的链接”弹出“更改整个站点链接”对话框→点击变成新链接后的“”按钮打开“选择新链接”对话框→选择新的链接文件并“确定”

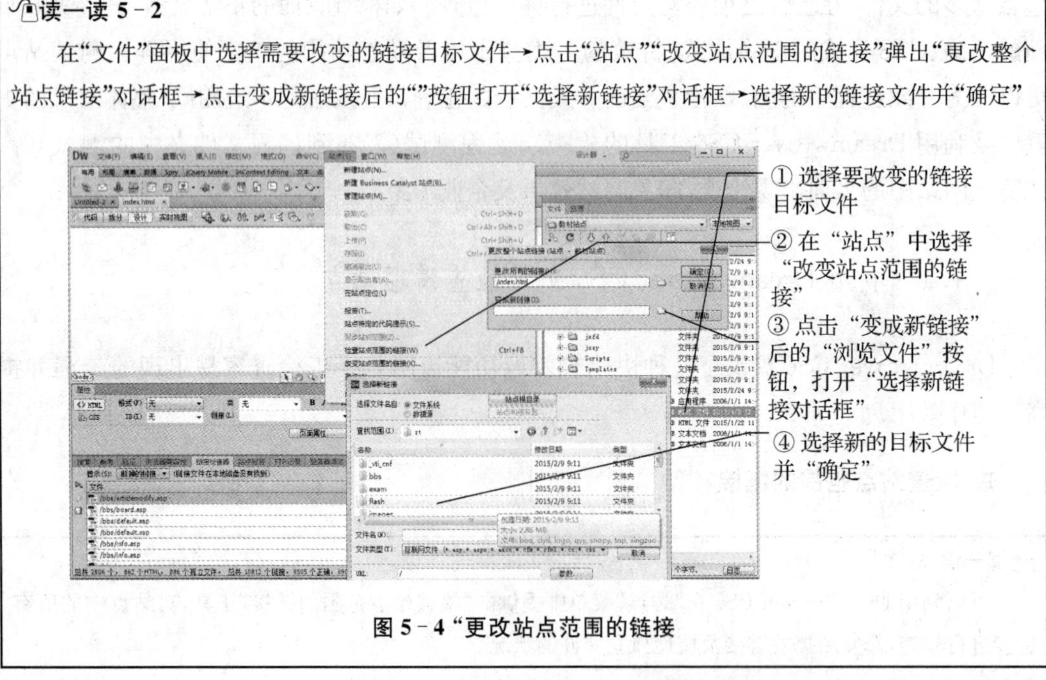
① 选择要改变的链接目标文件
② 在“站点”中选择“改变站点范围的链接”
③ 点击“变成新链接”后的“浏览文件”按钮，打开“选择新链接对话框”
④ 选择新的目标文件并“确定”

图 5－4“更改站点范围的链接

3. 清理 XHTML

在网站制作完成之后，还应改清理文档，将一些多余无用的标签去除，使网页能更好更快的被浏览者访问，最大限度地减少错误的发生。

读一读 5－3

在“命令”菜单中选择“清理 XHTML”打开“清理 HTML/XHTML”对话框→勾选对话框中的清理选项→点击“确定”→查看“清理总结”

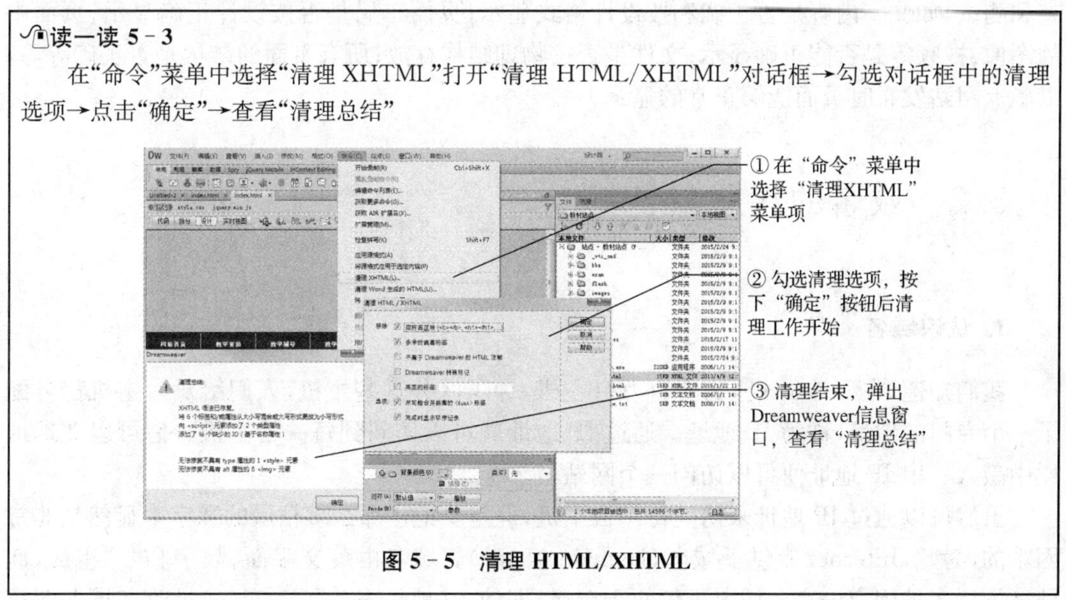

图 5－5　清理 HTML/XHTML

4. 清理 Word 生成的 HTML

很多网站建设者习惯使用微软的 Word 编辑文档，当这些文档拷贝到 Dreamweaver CS6 之后也同时加入了 Word 的标记，在网页发布前应当予以清除。

读一读 5－4

在“命令”菜单中选择“清理 Word 生成的 HTML”打开“清理 Word 生成的 HTML”对话框→勾选对话框中的清理选项→点击“确定”→查看“清理 Word HTML 结果”

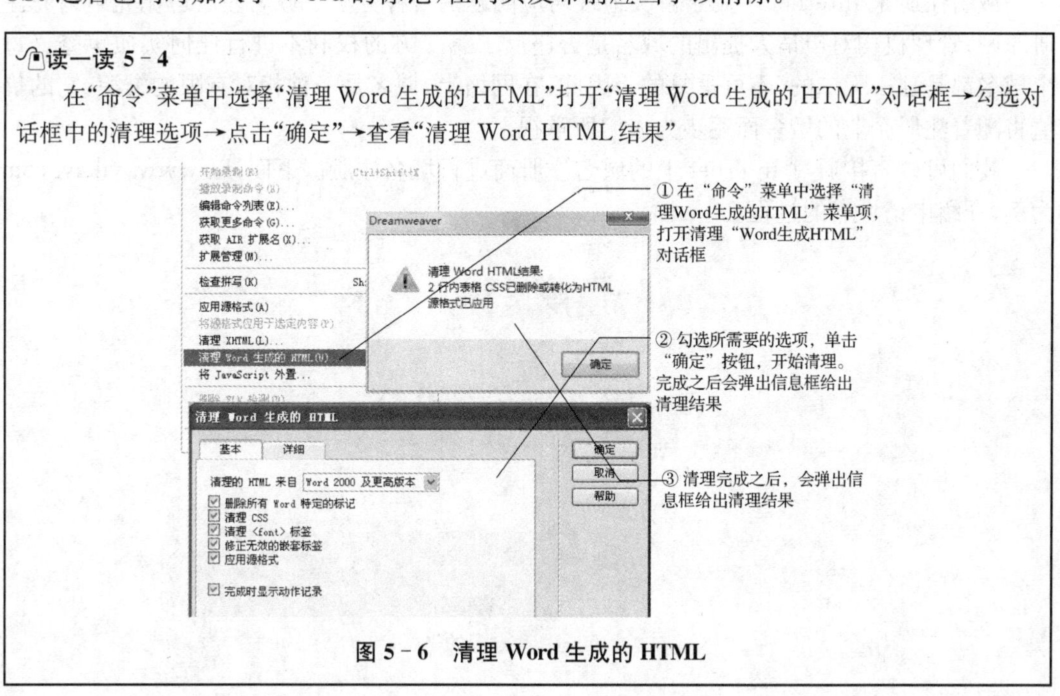

图 5－6　清理 Word 生成的 HTML

5.1.2 本地的其他测试

对站点的测试，除用 Dreamweaver CS6 提供的测试工具外，还需要对页面进行一些检查和测试，如文字内容是否正确和按设计格式显示；页面布局是否按设计正确显示；页面中的图像、视频等是否能正确显示；文件是否按物理结构存放；所有页面的链接是否正确等等，以确保网站发布时页面能够正常的显示。

5.2 域名的注册与备案

1. 认识域名

我们知道，在 Internet 上有千百万台主机，为了区分这些主机，人们给每台主机都分配了一个专门的地址，称为 IP 地址。通过 IP 地址就可以访问到每一台主机。你可以在地址栏中敲入一串 IP 地址便可以访问一个网站了。

虽然可以通过 IP 地址来访问每一台主机，但是要记住那么多枯燥的数字串显然是非常困难的，为此，Internet 提供了域名(Domain Name)。域名由英文字面、数字和“.”组成，此外还支持多种国家语言。域名不仅便于记忆，即使 IP 地址发生了改变，通过改名域名解析对应关系，域名仍可保持不变。

2. 域名的注册

域名注册是 Internet 中用于解决地址对应问题的一种方法。域名注册遵循先申请先注册原则，管理机构对申请人提出的域名是否违反了第三方的权利不进行任何实质审查。每个域名都是独一无二的，不可重复的。因此，在网络上，域名是一种相对有限的资源，它的价值将随着注册企业的增多而逐步为人们所重视。

我们可以直接通过 Internet 上的域名注册商进行域名注册。下面，以 www. yikay. com 为例，介绍申请域名的过程。

读一读 5－5

“域名查询”的操作步骤：

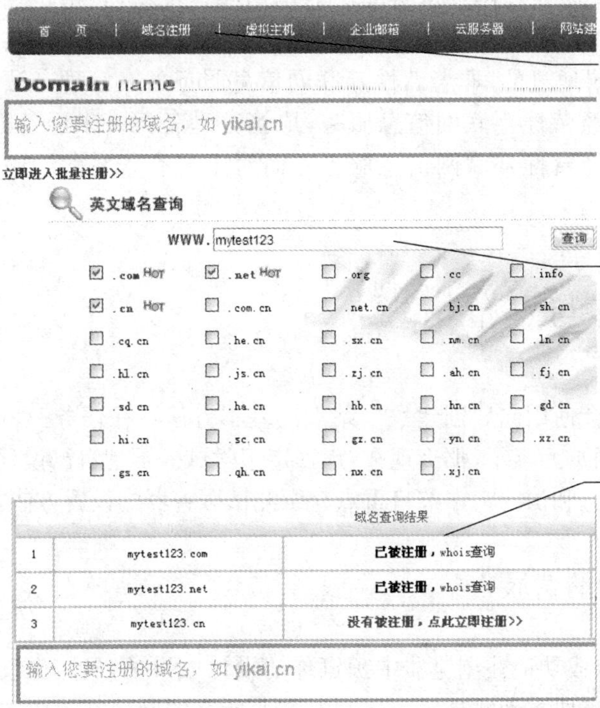

① 登陆www.yikay.com，注册成其会员，点击导航栏上的【域名注册】，

② 然后输入要注册的域名，如：mytest123，勾选要注册的后缀；

③ 如果查询结果显示没有被注册过，则点击“立即注册”；

图 5－7　域名查询

“域名申请”的操作步骤：

根据提示，填写必需的注册信息，填写完毕后单击“加入订单”，进行域名的购买。

图 5－8　域名注册

3. 域名的备案

域名备案的目的就是为了防止在网上从事非法的网站经营活动，打击不良互联网信息的传播，如果网站不备案的话，很有可能被查处以后关停。根据中华人民共和国信息产业部第十二次部务会议审议通过的《非经营性互联网信息服务备案管理办法》条例，在中华人民共和国境内提供非经营性互联网信息服务，应当办理备案。未经备案，不得在中华人民共和国境内从事非经营性互联网信息服务。而对于没有备案的网站将予以罚款或关闭。

5.3 网站的上传与发布

在任务二中，我们已经学会使用向导创建一个站点的基本方法。在任务三、任务四中，你已经学会使用比较丰富的网页元素了，那么现在，你一定想尝试一下把自己设计的网页发布到网络上，供更多的人来浏览和访问。本节将重点介绍测试服务器的设置方法。

5.3.1 是否需要本地测试服务器

大家在任务三中已经可以成功地在浏览器中预览你的设计成果了，显然也没有使用过测试服务器。那么，到底是否需要本地测试服务器呢？并非所有的网站都需要本地测试服务器，就像我们在任务三中一样，因为大家制作的页面都只包含静态的 HTML、CSS 和 JavaScript，无需测试服务器即可在实时视图中直接测试页面了。所以，只有当你设计的站点文件中包含了 ASP、PHP、JSP 等服务器端技术时，才需要用到测试服务器。因为这些技术中的服务器脚本需要测试服务器进行“翻译”，从而转换成可在实时视图或浏览器中显示的 HTML。

5.3.2 如何获得测试服务器

对于网站的个人开发者来说，获取测试服务器最便捷的方法就是在本地计算机上创建一个测试环境：安装一个 IIS(Internet Information Services)，在 Dreamweaver CS6 中配置一个测试服务器。ASP 使用 IIS，IIS 一般和 Windows 操作系统捆绑在一起，只需安装即可。PHP 一般使用 Apache。IIS 和 Apache 都是免费的。

5.3.3 定义本地测试环境

本地测试环境的构建可以在开发者的计算机上运行，也可以在独立安排一台计算机上运行。

1. 在 Dreamweaver CS6 中创建测试服务器

读一读 5－6

设置本地站点信息，创建名为“教材站点”的本地站点，并创建测试服务器。

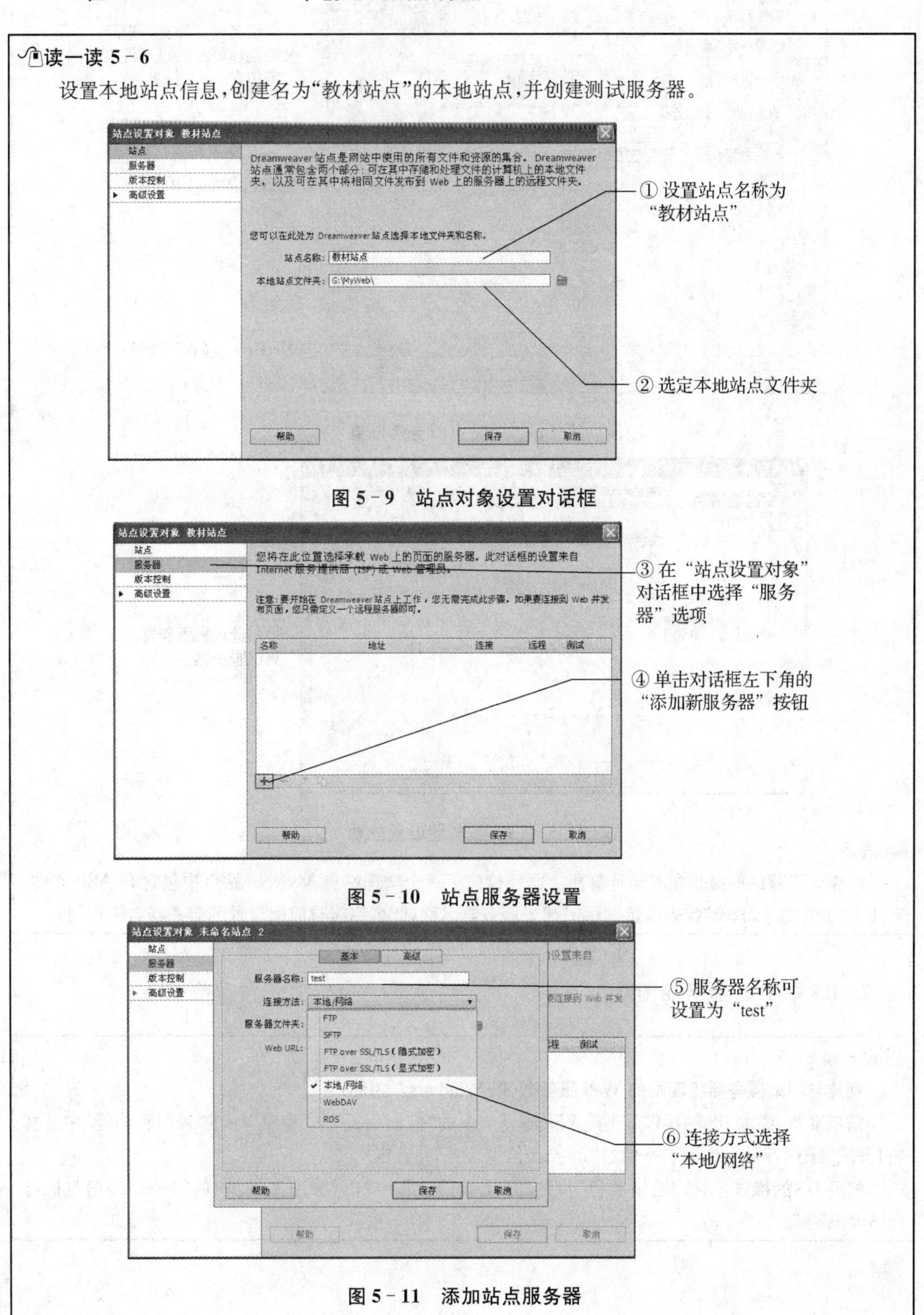

图 5－9　站点对象设置对话框

图 5－10　站点服务器设置

图 5－11　添加站点服务器

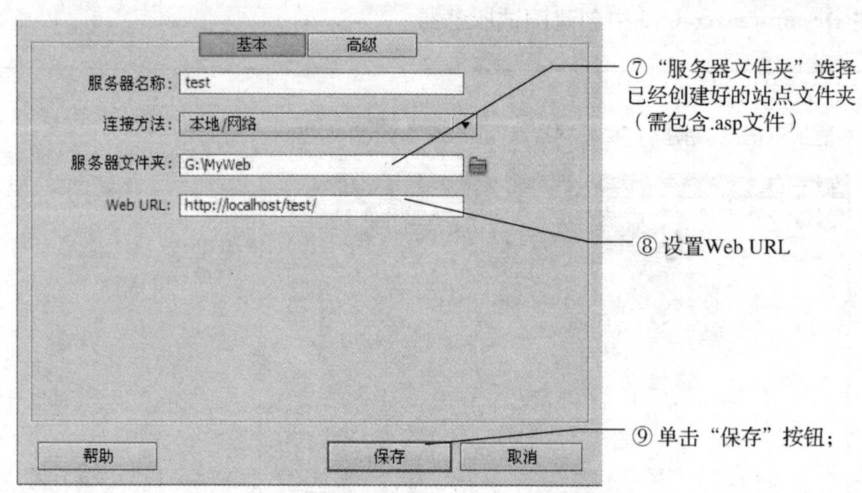

图 5-12　站点服务器设置

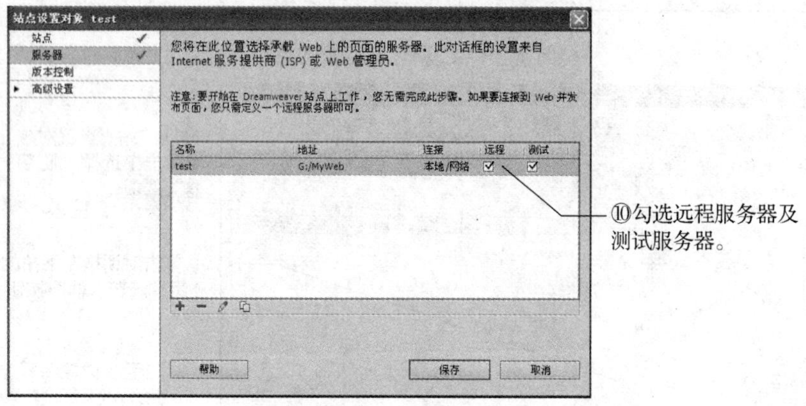

图 5-13　服务器设置成功

📖 提示

操作此步骤的前提是在本地计算机上已经构建了一个物理站点 Myweb，站点中包含有 ASP 文件；Web URL 中“localhost”代表本机，“test”代表服务器名称，此名称需与前面设置的服务器名称相同。

2. IIS 中 Web 服务器创建

读一读 5-7

创建与测试服务器相匹配的 Web 服务器（以 Windows 7 为例）

前期准备：添加 IIS 的操作（选择 Windows 7 中的“控制面板”→“程序”→在“程序和功能”中选择“打开或关闭 Windows 功能”→勾选“Inernet 信息服务”并确定）

打开 IIS 的操作：选择“控制面板”中的“系统和安全”→双击“管理工具”中的“Internet 信息服务(IIS)管理器”

创建虚拟目录的操作如下图所示：

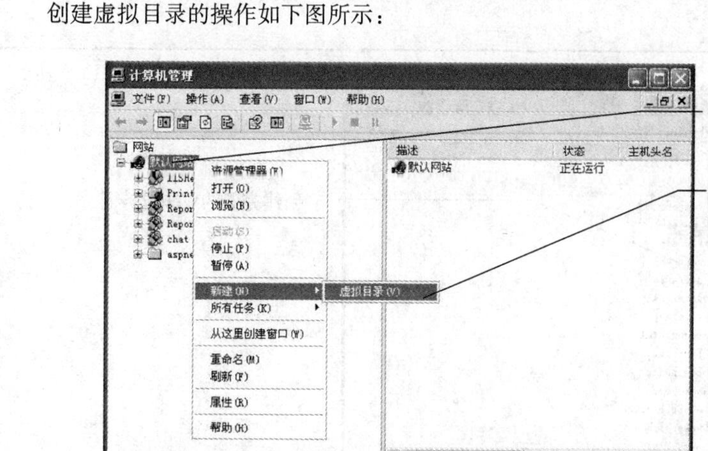

①选择“默认网站”点击右键

②在弹出的快捷菜单中选择→“新建”→“虚拟目录”

图 5－14　创建虚拟目录

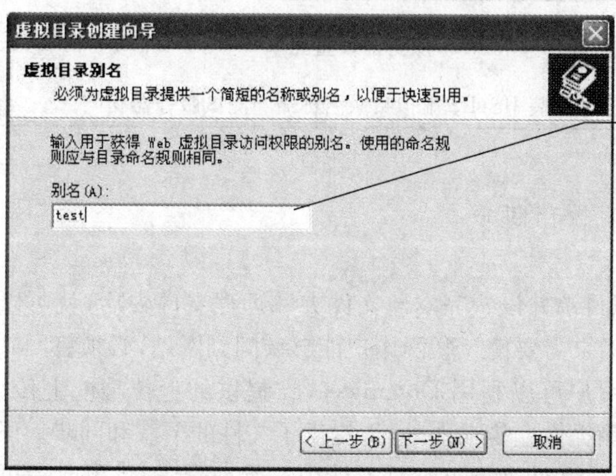

③别名设置为“test”，与测试服务器名称相同；单击“下一步”

图 5－15　设置虚拟目录的别名

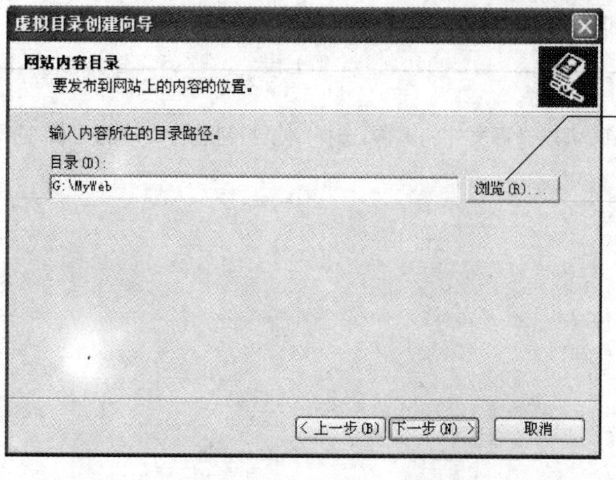

④单击“浏览”按钮，选择测试站点所在的文件夹；单击下一步

图 5－16　设置虚拟目录路径

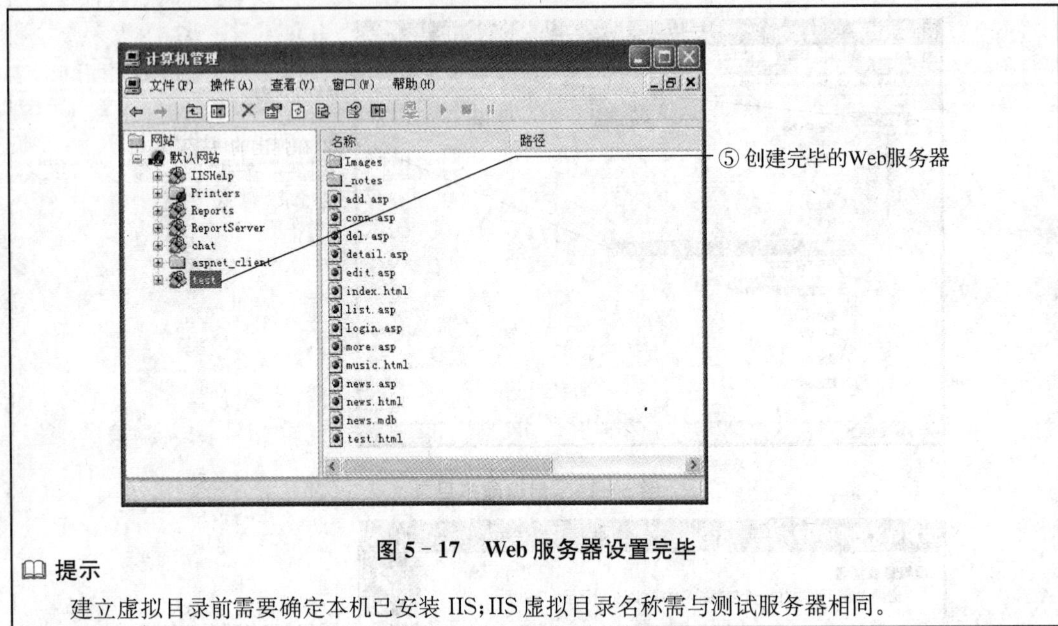

图 5－17　Web 服务器设置完毕

提示

建立虚拟目录前需要确定本机已安装 IIS;IIS 虚拟目录名称需与测试服务器相同。

5.3.4　文件的上传、下载和同步

在搭建好 IIS,添加好虚拟目录并设置完本地文件夹和远程文件夹后,就可以将本地文件夹上传到 Web 服务器上。如果需要使互联网用户能够访问到网站,必须将网站上传到基于互联网的 Web 服务器上。用户可以利用 Dreamweaver 提供的上传功能上传、也可以利用 FTP 上传。Dreamweaver 除提供上传功能外,还提供了文件的下载和同步。下载是为了以便于设计者对远程服务器上的文件进行更改时不被用户所查看,一旦更改后可重新选择"上传",将修改过的文件上传到远程服务器上。当在本地和远程站点上创建文件后,还可以选择"同步",在这两种站点之间进行文件同步。

读一读 5－8

选择"文件"面板中的"⇧"按钮,可以进行文件的上传;选择"⇩"按钮进行文件的下载;选择"⟳"按钮进行站点的同步。

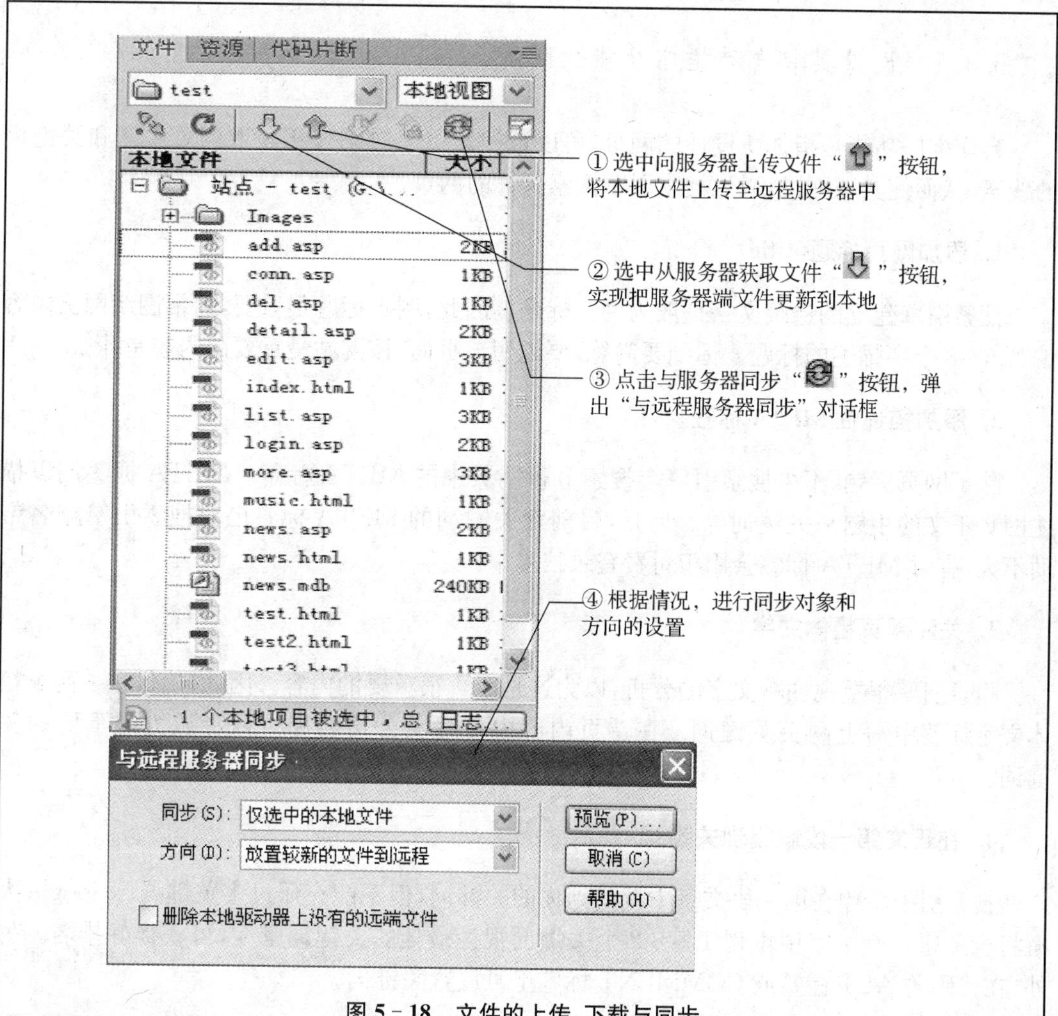

图 5－18　文件的上传、下载与同步

提示

同步方式的选择：选择“整个站点名称站点”，同步整个站点；只同步选定的文件，可选择“仅选中的本地文件”。

复制文件的方向：“放置较新的文件到远程”，上传在远程服务器上不存在或自从上次上传以来已更改的所有本地文件；“从远程获得较新的文件”下载本地不存在或自从上次下载以来已更改的所有远程文件；“获得和放置较新的文件”将所有文件的最新版本放置在本地和远程站点上。

5.4　网站的推广

网页设计的目的是期望全球的网民能够通过互联网找到你的网页。在网页设计时，应该考虑适应搜索引擎的自动抓取规则，便于搜索软件自动抓取网页。简单快速的宣传方法是到知名搜索引擎服务网站、门户网站、行业门户网站进行搜索引擎免费注册。如果要你的网站在搜索引擎的搜索结果排名前列，还就需利用搜索引擎排名服务。

5.4.1 设计具有自动推广功能的网页

自动推广功能是指你所设计的网页,可以被搜索引擎自动分析获取网页主题和关键词的线索,从而使其他网民,通过搜索引擎搜索到你的网页。

1. 添加网页标题(title)

搜索引擎建立的链接文字一般为网页标题。因此,网页标题很重要,通常围绕网页内容编写5~8个字描述的标题。标题要简练,要说明该页面、该网站最重要的内容是什么。

2. 添加描述性META标签

除了网页标题,不少搜索引擎会搜索分析网页中的META标签。META标签用以描述网页正文的主题和关键词等。但是,目前含关键词的META标签已对搜索引擎排名帮助不大,有时META标签会用于付费登录技术中。

3. 关注网页粗体文字

搜索引擎很重视加粗文字的分析,以为这是本页很重要的内容。因此,确保在一两个粗体文字标签中写上网页关键词。在首页内容中可写上公司名和设计者认为最重要的关键词。

4. 在正文第一段就出现关键词

搜索引擎希望在第一段文字中就找到你的关键词,但不能充斥过多关键词。Google大概将全文每100个字中出现1.5~2个关键词视为最佳的关键词密度,可获得好排名。另外,在代码的ALT标签或COMMENT标签里可放置关键词。

5.4.2 利用搜索引擎免费服务,推广网站

给每个网页加上与正文相关的标题,可增加网页被搜索引擎收录的机会。如果是网站首页,则标题建议使用站点名称或者站点代表的公司/机构名称;其余内容页面,标题建议做成正文内容的提炼和概括。这可以让潜在用户快速地访问到您的页面,不要在标题中堆积与正文无关的关键词。确保每个页面都可以通过一个文本链接到达。搜索引擎无法识别Flash中的链接,这些单元上的链接所指向的网页,搜索引擎无法收录。如果是动态网页,需控制参数的数量和URL的长度。搜索引擎更偏好收录静态网页。在同一个页面上,不要有过多链接。在那些站点地图类型的页面上,请把重要的内容给出链接,而不是所有细枝末节。链接太多,也可能会导致无法被搜索引擎收录。

5.4.3 利用搜索引擎排名服务,推广网站

百度竞价排名是百度首创的一种按效果付费的网络推广方式,用少量的投入就可以

给企业带来大量潜在客户，有效提升企业销售额。每天有超过 1 亿人次在百度查找信息，企业在百度注册与产品相关的关键词后，就会被查找这些产品的潜在客户找到。竞价排名按照给企业带来的潜在客户访问数量计费，企业可以灵活控制网络推广投入，获得最大回报。

Google AdWords 是一种快速简单的购买广告服务的方式，这种广告服务的针对性强，它按每次点击计费 (CPC)。AdWords 广告随搜索结果一起显示在 Google 上，这些广告还会显示在不断扩大的与 Google 联网的搜索网站和内容网站上，包括 AOL，EarthLink，HowStuffWorks 和 Blogger。每天都有为数众多的用户在 Google 上进行搜索，并在 Google 联网上浏览网页，因此，大量的用户将看到该 Google AdWords 广告。

搜狐搜索引擎排名目前有三种服务：固定排序登录，所付费的关键词搜索页面在第 1～10 位出现；推广型登录，所付费的关键词(普通词)搜索页面第一页显示；普通型登录，网站加入到搜狐网站分类目录，不保证在关键词搜索结果中排序位置，搜索结果很多时可能查找不到。

新浪搜索引擎排名目前有四种服务：固定排序登录，所付费的关键词搜索页面在第 1～10 位出现；推广型登录，在所在类目和所付费的两个关键词搜索页面第一页显示；普通型登录，网站加入到网站分类目录；竞价广告。

提高篇

想让自己的网页能够被搜索引擎自动捕获吗？

想让自己的网站整体风格一致，并能快速变换风格吗？

想减少网页制作的工作量吗？

想为网页添加特效和动作吗？

请继续学习提高篇。

任务六　使用 HTML 代码制作网页

任务描述

使用“代码”视图显示文档基础代码，在代码区域中手动添加和编辑代码。制作如图6-1设计草图所示页面。

图 6-1　教学辅导页面设计草图

技能要求

能够利用 Dreamweaver CS6 提供的代码视图窗口，借助代码提示，直接输入表格标记，布局页面;利用图片标记、段落标记、项目列表标记及超链接标记等在页面中插入图像、文本、表格及超链接。能够合理利用相应标记的属性设置页面元素的格式。

任务实施

分析图 6-1 设计草图,可以得出页面的基本布局为上下结构;页面中的主要元素包含文字、图像及存放内容的表格。文本的格式除字体、字号外还应用了项目列表。本任务可以分解为 5 个子任务,具体步骤如下:

任务 1:新建代码视图的空白页面(启动 Dreamweaver CS6,新建空白的无布局页面,切换到代码视图窗口,查看分析 Dreamweaver 生成的基本页面结构代码,确认代码编辑页面环境)。

具体操作

"文件"→"新建"在弹出的"新建文档"对话框中选择页面类型为"HTML",布局为"无"。利用代码提示功能输入整体布局表格标记。

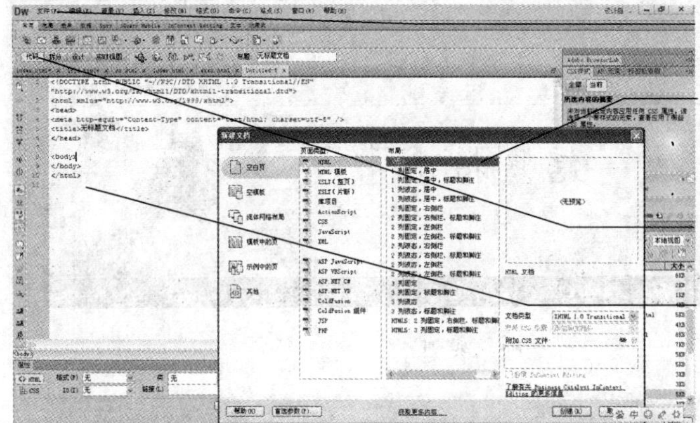
① 点击"文件"菜单,在子菜单中选择"新建"
② 在"新建文档"对话框中选择"空白页",页面类型为"HTML",布局为"无"
③ 切换视图方式为"代视图"
④ 代码视图窗口中显示了页面的"HTML"基本结构

图 6-2　新建页面并切换到代码视图

提示

"HTML"超文本标记语言的最基本编辑工具为"记事本",用户可以快速编辑代码。而 DreamweaverCS6 的代码视图,则是具有代码提示的代码编辑窗口,用户可以在提示的辅助下,方便地编辑代码。同时还可以查看设计窗口操作后自动生成的代码。如需结合设计操作,随时查看对应生成的代码,可以切换成拆分视图设计结果和对应代码同时查看。

任务 2:分析图 6-1 设计草图的页面结构,利用代码提示输入基本布局表格标记,并设置其属性。

具体操作

分析图 6-1,可以将页面分成上下两部分,头部图片及文字的总长度为 1000 像素,即布局表格为宽度"1000 像素"的 2 行 1 列表格,且表格的填充、边框及间距均为"0"。借助代码提示可以快速输入相应标记,并设置属性。

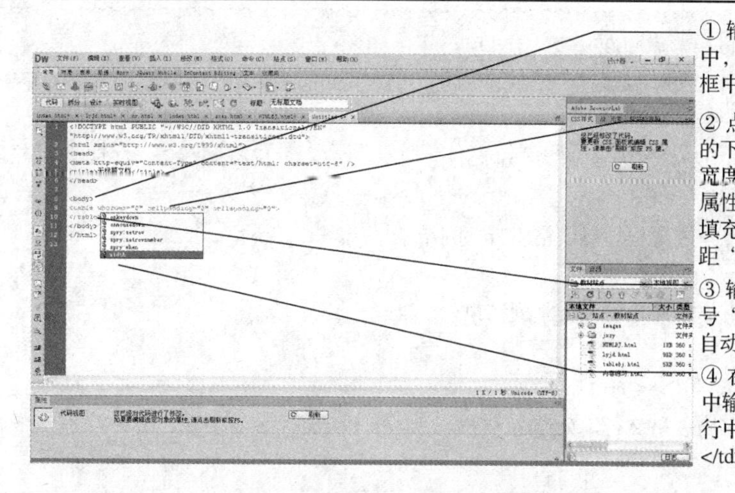

① 输入点定位在<body>区域中，输入“<”在弹出的下拉框中选择表格标记“table”
② 点击“空格”键，在弹出的下拉框中选择并设置表格宽度“width="100%"”边框属性“border="0"”类似设置填充“cellpadding="0"”及间距“cellspacing="0"”
③ 输入表格结束标记起始符号“</”，对应的结束标记自动输入到代码窗口
④ 在<table>及</table>标记中输入行标记<te></tr>，在行中输入的单元格标记<td></td>

图 6－3　插入布局表格代码的操作

📖 **提示**

每一组标记只能是包含，如表格的标记包含行的标记，行的标记包含单元格的标记。

标记的属性需添加在起始标记中。

布局代码结果如下：

```
<body>
<table width="1000" border="0" cellspacing="0" cellpadding="0">
    <tr> <td> </td> </tr>
    <tr> <td> </td> </tr>
</table>
</body>
```

任务 3：结合设计草图的页面结构，进一步输入布局表格标记，并设置其属性。

布局代码结果如下：

```
<body>
<table width="1000" border="0" cellspacing="0" cellpadding="0"><！－－基础布局表格 2 行 1 列起始－－>
    <tr><td>
    <table width="100%" border="0" cellspacing="0" cellpadding="0"><！－－头部布局表格 2 行 1 列起始－－>
        <tr><td>
        <table width="100%" border="0" cellspacing="0" cellpadding="0"><！－－放置头部文字及图片表格 1 行 2 列起始－－>
            <tr bgcolor="#F3F3F3"><td> </td><td> </td></tr>
        </table><！－－放置头部文字及图片表格 1 行 2 列结束－－>
        </td></tr>
```

```
        <tr><td bgcolor="#000099">
        <table width="100%" border="0" cellspacing="0" cellpadding="0"><!--放置头导航表格1行5列起始-->
        <tr><td> </td><td> </td><td> </td><td> </td><td> </td></tr>
        </table><!--放置头导航表格1行5列结束-->
        </td></tr>
    </table><!--头部布局表格2行1列结束-->
    </td></tr>
    <tr><td> </td></tr>
</table><!--基础布局表格2行1列结束-->
</body>
```

提示

<!——…——>为注释标签用于在源代码中插入注释。注释不会显示在浏览器中。

布局表格的具体设置，没有标准。只需结合设计草图合理布局即可。

bgcolor="…"为背景色属性，在表格中既可放在<table>的表格标记中，也可以放在<tr>行标记、<td>表格标记中。但必须放在起始标记中。

布局表格的单元格中需要插入" "空格代码，否则表格将不能正常显示。

任务4：结合设计草图，利用代码提示进一步输入图像标记及属性，输入放置文本内容的表格标记及属性以及文本内容。结合设计草图设置文本的字体、大小及颜色等。

具体操作

步骤一：插入图像的具体操作（确定图像插入点在图像放置的单元格起始标记后→输入图像标记"<img>"为单标记→在img后输入空格打开代码提示下拉列表选择"src="→点击"浏览"选择图像文件→设置图像属性）

①输入点定位在<td>后，输入"<"在弹出的下拉框中选择图像标记"img"
②插入空格在弹出下拉框中选择"src"出入"="，点击"浏览"
③在弹出的选择文件对话框中选择图像

图6-4 利用代码插入图像的操作

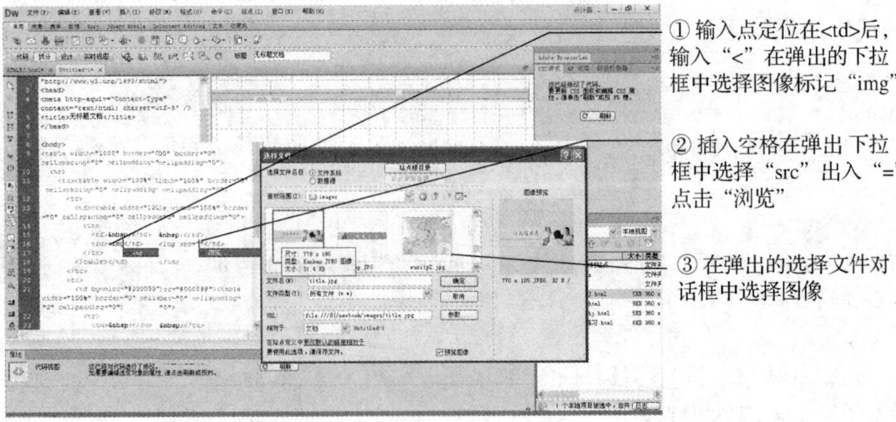

步骤二：插入文本的具体操作(确定文本插入点如导航文本、内容文本→直接输入文本→利用<font>标记或“style="font-family:华文新魏'等属性”设置文本格式。)结果代码及页面效果如图 6-5

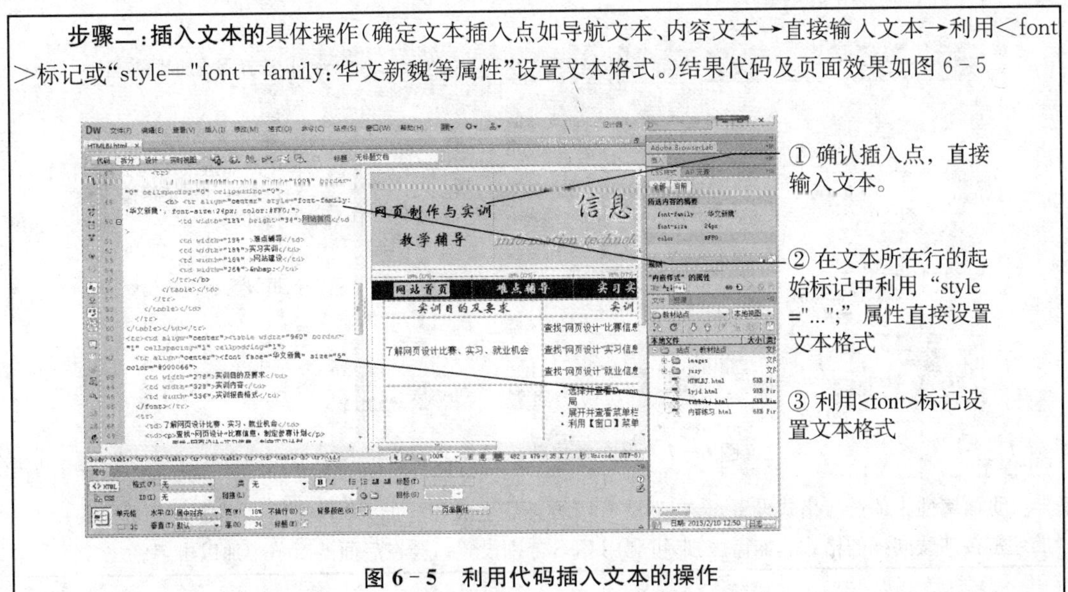

① 确认插入点，直接输入文本。
② 在文本所在行的起始标记中利用 “style="...";” 属性直接设置文本格式
③ 利用<font>标记设置文本格式

图 6-5　利用代码插入文本的操作

任务 5：利用拆分视图，在设计窗口设置文本的项目列表；设置超链接；观察代码在区域对应生成的标记并进一步设置其格式。

具体操作

步骤一：设置项目列表的具体操作(切分到拆分视图，在设计视图窗口选择添加项目列表的文本，在属窗口中点击“☰”给文本添加项目列表。)

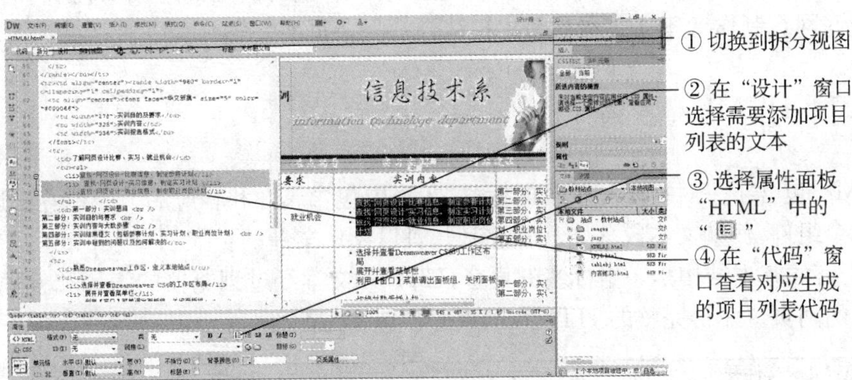

① 切换到拆分视图
② 在 “设计” 窗口选择需要添加项目列表的文本
③ 选择属性面板 “HTML” 中的 “☰”
④ 在 “代码” 窗口查看对应生成的项目列表代码

图 6-6　利用“拆分”视图为文本添加项目列表

步骤二：插入超链接及超链接格式设置的具体操作(选择需要加载超链接的文本→在属性面板中输入或选择超链接的文件→利用“页面设置”中的“链接”设置超链接格式)

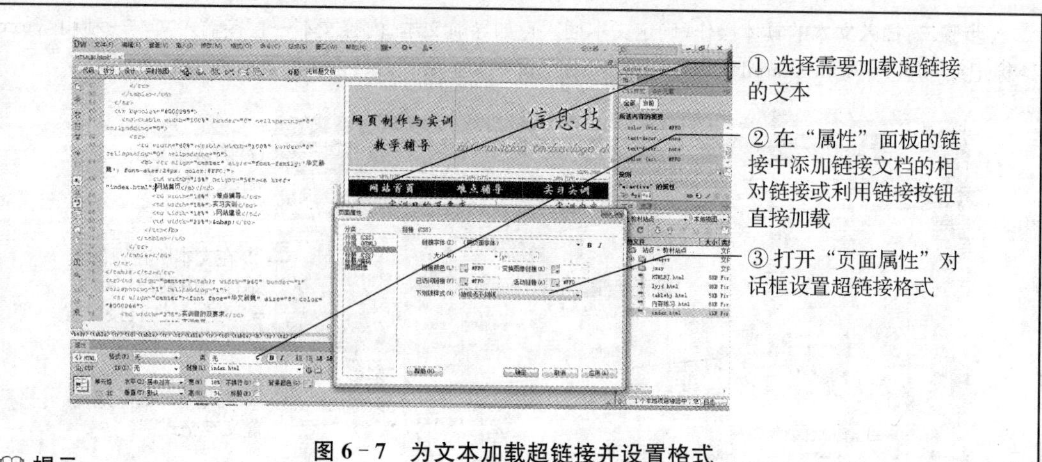

图 6－7　为文本加载超链接并设置格式

📖 **提示**

页面属性中的链接格式设置，会在当前文档的头部生成相应的 CSS 样式，该样式会对文档中所有的超链接加载同样的格式。如需区别，可利用 CSS 分别设置。会在后面的章节中加以讲解。

知 识 链 接

6.1　HTML 语言

HTML(Hypertext Markup Language,超文本标记语言)是描述网页内容和外观的标准。它允许网页制作者建立文本与图片相结合的复杂页面。

6.1.1　HTML 语言简介

HTML 包含了一对打开和关闭的标签，在当中包含属性和相应的值。标签描述了在网页上的每个组件，例如文本段落、表格或图像。HTML 文件的扩展名是“. html”或“. htm”。HTML 语言的基本结构是一组标签的集合，HTML 文本经过浏览器的编译和整理，便成了风格各异的网页。一份完整的 HTML 网页通常包含三个部分：

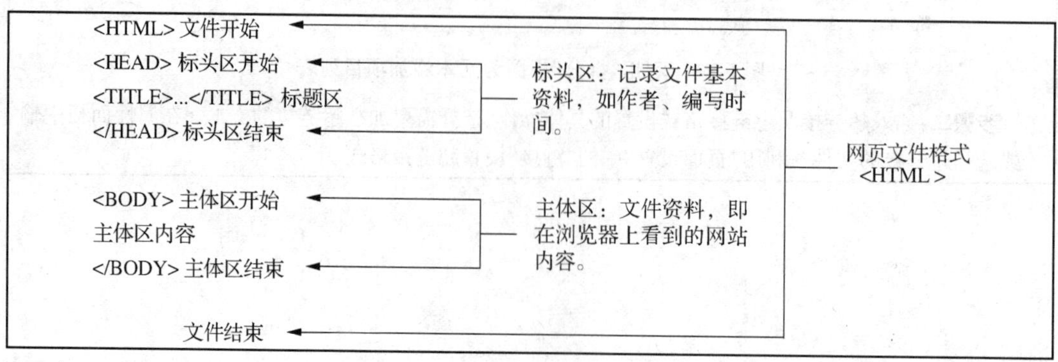

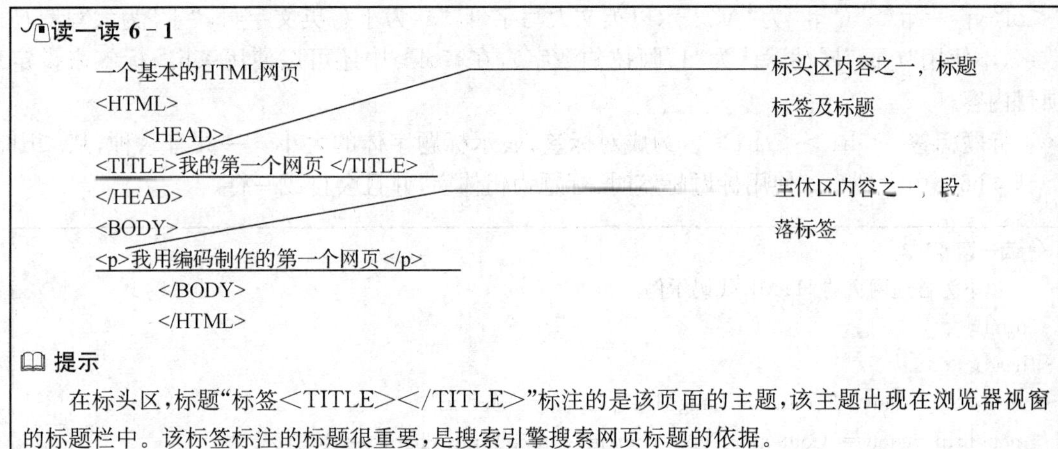

读一读 6-1

一个基本的HTML网页

```
<HTML>
    <HEAD>
<TITLE>我的第一个网页 </TITLE>
</HEAD>
<BODY>
<p>我用编码制作的第一个网页</p>
      </BODY>
      </HTML>
```


📖 **提示**

在标头区，标题“标签<TITLE></TITLE>”标注的是该页面的主题，该主题出现在浏览器视窗的标题栏中。该标签标注的标题很重要，是搜索引擎搜索网页标题的依据。

6.1.2　HTML 语言常用标签

HTML 标签格式有两种：成对标签和非成对标签。

成对标签　形式为“<标签[属性标签=属性值]>....</标签>”，如“<html>...</html>”“<body bgcolor="green">...</body>”“<p>...</p>”“<font>...</font>”等；

非成对标签　形式为“<标签[属性标签=属性值]>”，如“
”“<hr>”等。

📖 **提示**

标签不分大小写，多个标签可以写成一行，甚至整个文档都可以写成一行。

1. 常用的标签

文档区标签“<html></html>”为成对标签，用于标签 HTML 文档的开始和结束；

文档标头区标签“<head></head>”为成对标签，用于标签标识文档区的开始和结束；

文档标头区的标题标签“<title>、</title>”为成对标签，用于标识文档的标题；

文档标头区的元数据标签“<meta>”为单标签（非成对标签），用于标识网页的系统信息；

文档主体区标签“<body></body>”，为成对标签，用于标签文档的主体。

2. 常用的格式变化标签

强制换行标签“
”为非成对标签，标识强制换行，该标签前后文本内容为同一段落；段落标签“<p></p>”为成对标签，标识文本段落；

项目列表标签“<ul></ul>”，为成对标签，类似文档编辑中的项目符号，其描述形式为“<ul type="circe">”("circe"为“○”，"square"为“■”，不使用“type”属性默认为“●”)，在<ul>中还可以使用<li>标签来设定项目内容；

项目编号标签“<ol></ol>”，为成对标签，类似文档编辑中的项编号，其描述形式为

“<ol type=＃>”(“＃”为“A”表示以英文大写字母，“a”为小写英文字母，“Ⅰ”为大写罗马数字，不使用“type”属性默认为“1”阿拉伯数字)，在<ol>中还可以使用<li>标签来设定项目内容；

标题标签 “<h1></h1>”，为成对标签，表示标题字体的大小。一共有六种，从<h1>到<h6>由大到小。使用标题标签时，标题为粗体字，并且会自成一行。

读一读 6－2

以下为普通网页的 HTML 代码示例。

```
<html>
<head>
<meta http-equiv="Content-Language" content="zh-cn">
<meta http-equiv="Content-Type" content="text/html; charset=gb2312">  ┐
<meta name="GENERATOR" content="Microsoft FrontPage 4.0">              ├系统信息
<meta name="ProgId" content="FrontPage.Editor.Document">               ┘
<title>温馨港湾</title>
</head>
<body>
<p align="center"><font face="华文彩云" size="6" color="#0000FF"><b>温馨港湾</b>
</font></p>
<p align="center"> </p>
<ul> ——————————————————————————————————————项目列表
    <li>——————————————————————————————————————项目编号
      <p align="left">——————————————————————————— 段落标签和对齐属性
      <font face="隶书" size="5">热门话题</font>————————————————————字体标签
    </li>
    <li>
    <p align="left"><font face="隶书" size="5">生活指南</font>
    </li>
    <li>
      <p align="left"><font face="隶书" size="5">心灵鸡汤</font>
    </li>
</ul>
<p align="left">慢慢地说，但要迅速地想。</p>
<p align="left">当别人问你不想回答的问题时，
                    笑着说“你为什么想知道?”<br>——————————————————强制换行标签
记住那些敢于承担最大风险的人才能得到最深的爱和最大的成就。
<br>给妈妈打电话。如果不行，至少在心里想着她。<br>
当别人打喷嚏时，說一声“上帝保佑”。<br>
如果你失败了，千万不要忘记汲取教训记住三个“尊”：<br>
尊重你自己；尊重别人；保持尊严，对自己的行为负责
</p>
```

</body>

</html>

该网页代码的浏览效果，如图 6-8 所示。

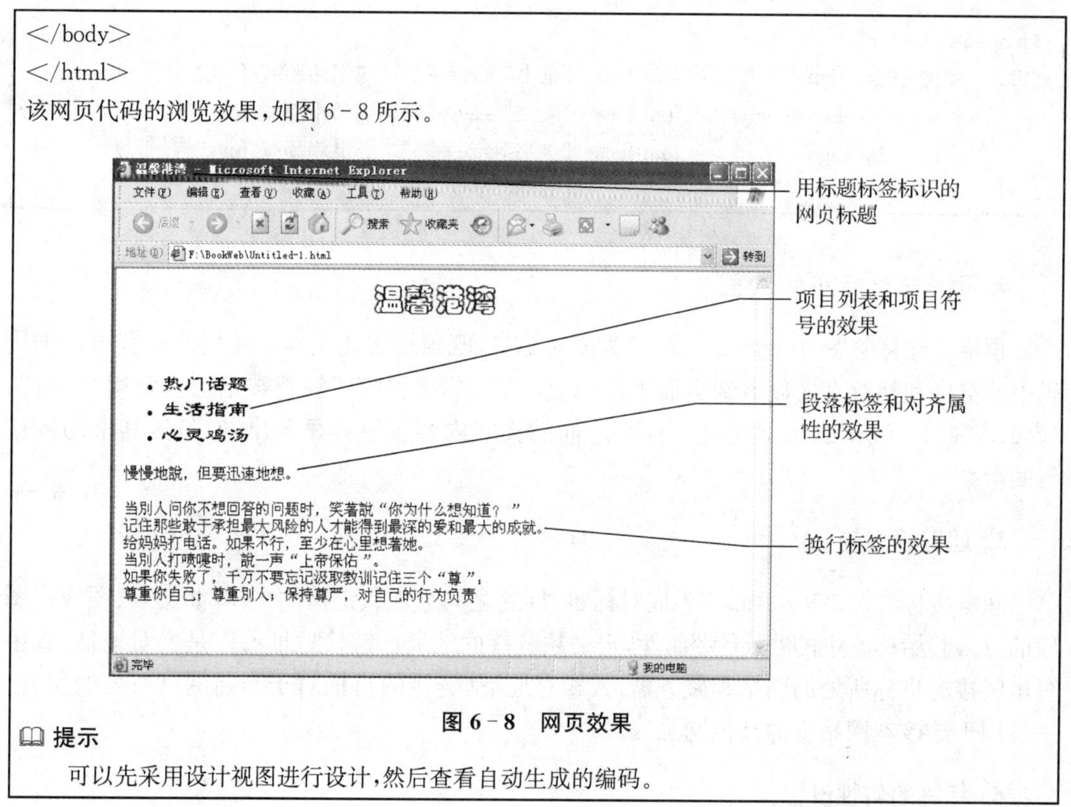

图 6-8　网页效果

提示

可以先采用设计视图进行设计，然后查看自动生成的编码。

3. 字体标签

“<font></font>”为成对标签，用于指定文字的大小、字型、颜色等。

字体大小属性　“size”标识字体大小。一共有七种大小，从 1 到 7，字体由小到大。例如“<font size=1>文字内容</font>”。“<font size=+1>文字内容</font>”表示比预设字大一级；“font size=+2”指比预设字大二级；“font size=-1”指比预设字小一级）。用户还可以直接在“=”后面输入需要的值如“30px”。

字型变化标签　“<b></b>”、“<i></i>”、“<u></u>”均为成对标签，分别表示粗体、斜体、下划线。

字型属性设定　“face”标识字体是字型，如<font face="字型名称"

指定文字　设定字型　大小　颜色

— 指定文字<p align="center">< font face="华文彩云" size="6" color="#0000FF">

加粗　指定文字结束

<b>温馨港湾</b></font> </p>

```
<p align="center">        </p>
<ul> <li> <p align="left"><font face="隶书" size="5">  热门话题</font></li>
     <li> <p align="left"><font face="隶书" size="5">  生活指南</fo nt></li>
   <li> <p align="left"><font face="隶书" size="5">  心灵鸡汤</font></li>
</ul>
```

```
<p align="center">  </p>
<ul>  <li> <p align="left"><font face="隶书" size="5">热门话题</font></li>
       <li> <p align="left"><font face="隶书" size="5">生活指南</font></li>
       <li> <p align="left"><font face="隶书" size="5">心灵鸡汤</font></li>
</ul>
```

4. 预格式化标签

预格式化标签“<pre></pre>”为成对标签,既预格式化文本。使用此标签可以把代码中的空格和换行直接显示到页面上。但是“<”、“>”和“&”等特殊字符需要用“<”、“>”和“&”的方式记述。标签之间的文字内容按原样显示出来,包括其中的换行与回车。

5. 超链接标签

超链接标签“<a></a>”为成对标签,标签之间为加载链接的主体,如文本、图像或图像的点。起始标签中的“href=”属性,定义超链接的地址。链接地址可以是绝对地址(直接写出链接的目标所处的网站和服务器)或相对地址(链接的目标对于当前网页所处的位置,一般用于链接本网站中的其他网页)。

6. 标签的属性设置

常用的标签属性有如下几种:

背景色属性 “bgcolor=”,定义对象的背景颜色,对象可以是文本、表格、行和单元格等。其中颜色的值用颜色对应的英文单词或 RGB 颜色的十六进制值表示,例如“<body bgcolor="green">”或“<body bgcolor="00FF00">”,表示定义页面的背景颜色为绿色。

超链接对象的颜色属性 定义超链接文本的颜色,该属性需定义在<body>标签中,具体设置如下:

- 未访问的超链接对象颜色属性 “link=”,标识尚未访问过的超链接对象的颜色;
- 悬停的超链接对象颜色属性 “alink=”标识悬停的超链接对象的颜色;
- 已访问的超链接对象颜色属性 “vlink=”标识已被链接操作的超链接对象的颜色。

排版属性 “align=”,定义对象的对齐情况。属性值“left”“center”“right”,分别为“靠左”“居中”“靠右”;

颜色属性 “color=”,定义对象的颜色属性,主要用于文本颜色的设置。如<font color="#fefecd">文字颜色</font>,“#fefecd”为颜色的值。

6.1.3 图像的标签

图像标签的格式为 “<img [属性标签=属性值]>”,为非成对标签,用于在 HTML 中插入图像。其属性包括:

Scr 描述图像的存放位置和文件名;

align　描述图像与周围文字的对齐方式，值可以为“left”“right”“center”“bottom”“top”“middle”“sbmiddle”；

Vspace　描述图像与文本之间的上下距离；

Hspace 描述图像与文本之间的左右距离；

Width　设置图像的宽度；

Height　设置图像的高度；

Alt　设置图像文件名称，当浏览器无法显示图像时，显示相关文字。

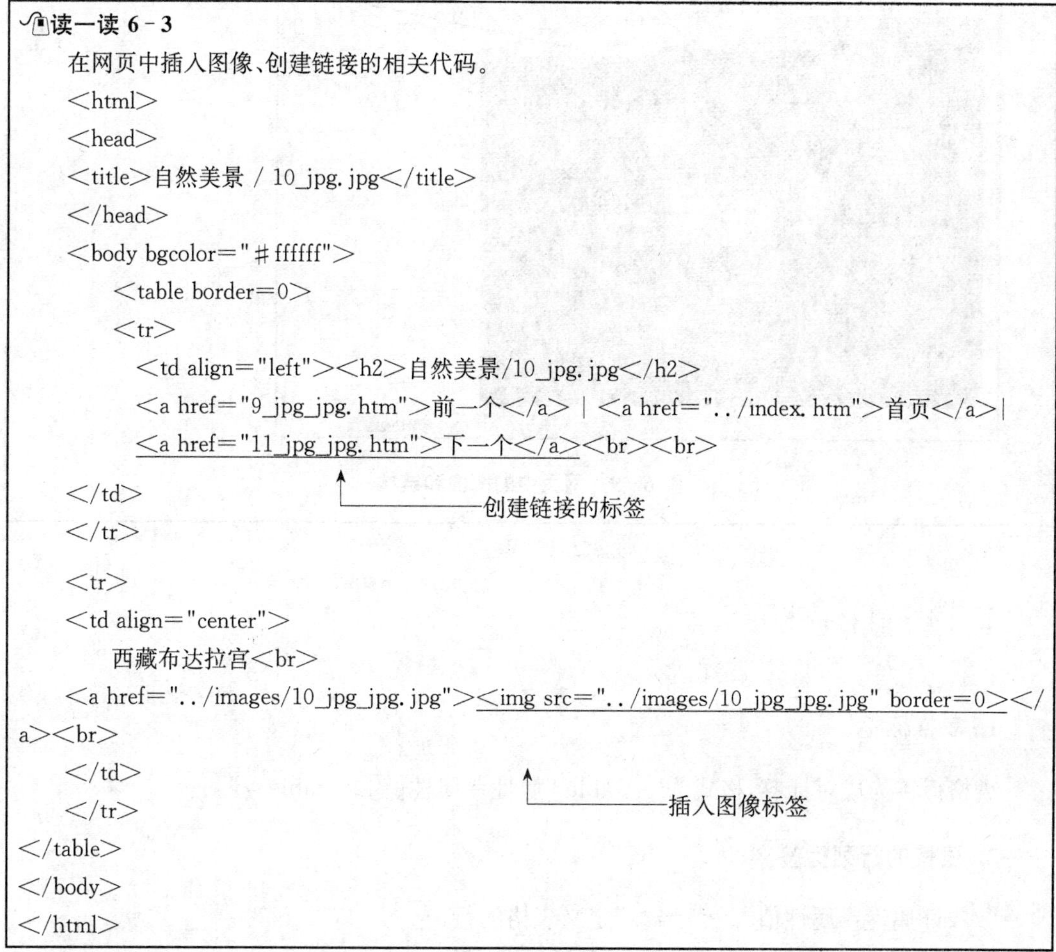

读一读 6－3

在网页中插入图像、创建链接的相关代码。

```
<html>
<head>
<title>自然美景 / 10_jpg. jpg</title>
</head>
<body bgcolor="#ffffff">
    <table border=0>
    <tr>
      <td align="left"><h2>自然美景/10_jpg. jpg</h2>
      <a href="9_jpg_jpg. htm">前一个</a> | <a href="../index. htm">首页</a>|
      <a href="11_jpg_jpg. htm">下一个</a><br><br>
</td>                        创建链接的标签
</tr>
<tr>
<td align="center">
    西藏布达拉宫<br>
<a href="../images/10_jpg_jpg. jpg"><img src="../images/10_jpg_jpg. jpg" border=0></a><br>
</td>
</tr>                                  插入图像标签
</table>
</body>
</html>
```

该代码的浏览效果，如图 6－9 所示：

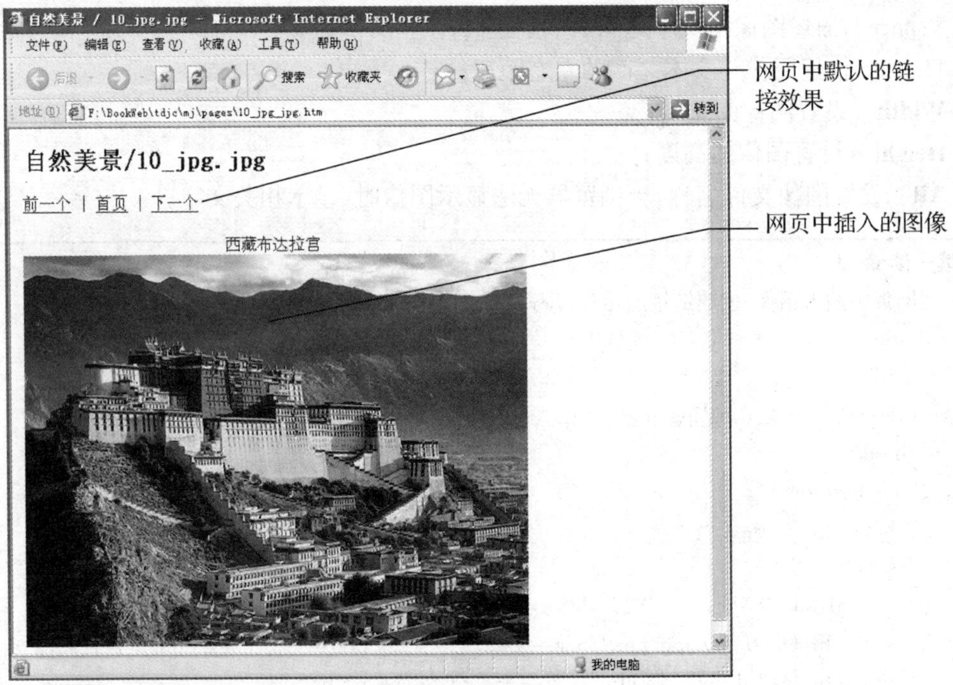

网页中默认的链接效果

网页中插入的图像

图 6－9　网页中的图像和链接

6.1.4　表格的标签

1. 表格标签

表格标签为成对标签，格式为“<table [属性＝属性值]>/table>”。

2. 表格的行列标签

“<tr [属性＝属性值]></tr>”定义表格的行；
“<tb [属性＝属性值]></tb>”定义表格的列。

3. 定义行列属性

rowspan　定义单元格所跨行数；

colspan　定义单元格所跨列数；

border　定义表格的边框，比如“border＝1”表示表格边框的粗细为 1 个像素（默认值），为“0”表示没有边框；

cellspacing　定义单元格间距；

cellpadding　定义单元格填充，指该单元格里的内容与单元格边框之间的距离；

width　定义表格的宽度,取值从“0”开始,默认以像素为单位;

height　定义表格的高度,取值方法同 width。如果不是特别需要,建议不专门设置,系统会根据内容自动设置高度,行或单元格也有此属性;

bgcolor　定义表格的背景色,行和单元格也有此属性;

background　定义表格的背景图。具值为一个有效的图片地址。行和单元格也有此属性;

bordercolor　定义表格的边框颜色,当 border 值不为“0”时,此设置有效,行和单元格也有此属性;

bordercolorlight　定义亮边框颜色,当 border 值不为“0”时,此设置有效,亮边框指表格的左边和上边的边框,行和单元格也有此属性;

bordercolordark　定义暗边框颜色,当 border 值不为“0”时,此设置有效,暗边框指表格的右边和下边的边框,行和单元格也有此属性;

align　定义表格的对齐方式,值有“left”(左对齐,默认)、“center”(居中)以及“right”(右对齐),行和单元格也有此属性。

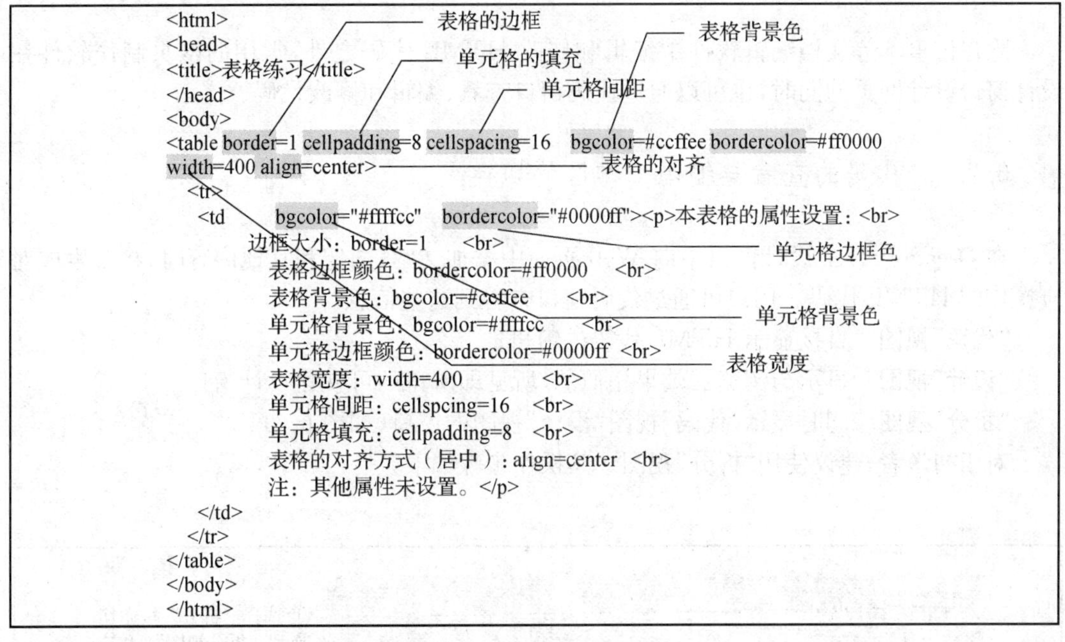

```
<html>
<head>
<title>表格练习</title>
</head>
<body>
<table border=1 cellpadding=8 cellspacing=16  bgcolor=#ccffee bordercolor=#ff0000
width=400 align=center>
  <tr>
    <td       bgcolor="#ffffcc"   bordercolor="#0000ff"><p>本表格的属性设置：<br>
          边框大小：border=1       <br>
            表格边框颜色：bordercolor=#ff0000     <br>
            表格背景色：bgcolor=#ccffee       <br>
            单元格背景色：bgcolor=#ffffcc       <br>
            单元格边框颜色：bordercolor=#0000ff  <br>
            表格宽度：width=400              <br>
            单元格间距：cellspcing=16   <br>
            单元格填充：cellpadding=8   <br>
            表格的对齐方式（居中）：align=center  <br>
            注：其他属性未设置。</p>
    </td>
  </tr>
</table>
</body>
</html>
```


下面为一个包含表格的网页的代码:

该网页在浏览器中的效果如图 7－3 所示。

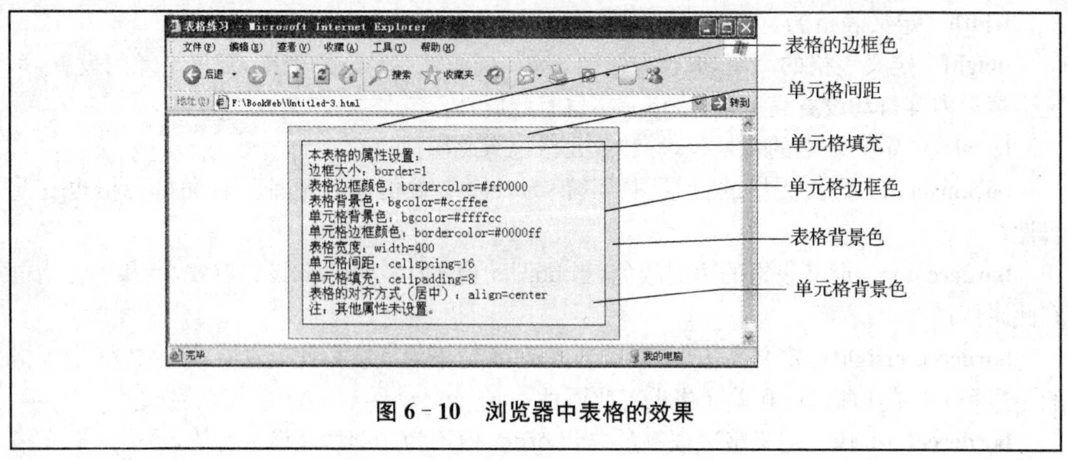

图 6-10　浏览器中表格的效果

6.2　在 Dreamweaver 中使用 HTML 代码

除在记事本等文档编辑软件中编辑和修改 HTML 代码之外，常用的网页制作软件在设计窗口设计网页的同时，也可以通过代码窗口查看、编辑和修改代码。

6.2.1　代码的查看与编码工作区的切换

在 Dreamweaver 设计窗口中向 Web 页面中添加文本、图像和其他内容时，将会生成对应操作的 HTML 代码。用户可通过代码窗口查看到这些信息。

“代码”视图　直接显示 HTML 代码的窗口；

“设计”视图　显示与浏览器效果相似的，所见即所得的可视化设计窗口；

“拆分”视图　同时显示“代码”视图“设计”视图的窗口(如图 6-11)。

对于初学者，建议使用“拆分”视图。其操作步骤如下：

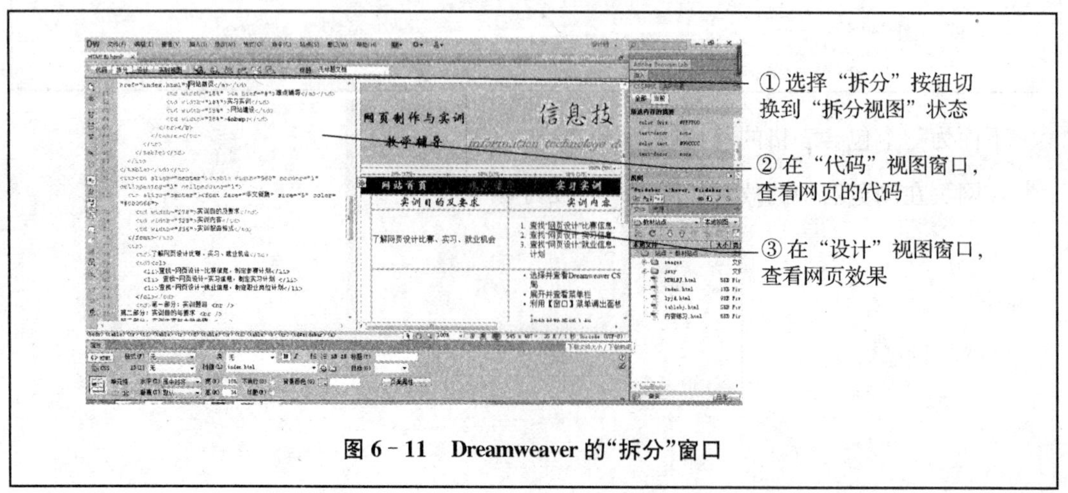

图 6-11　Dreamweaver 的“拆分”窗口

6.2.2　使用标签选择器添加标签

通过 Dreamweaver 提供的标签选择器，用户可以在页面中插入任何标签。例如，选择页面中的某个对象，在其两侧添加 div 标签。其具体操作如下：

“插入标签”的操作

打开一个网页文件→“拆分”视图→在“设计”视图窗口中→选择网页中的对象→在“代码”视图中被选中的代码上单击右键→选择“插入标签”→“标签选择器”→选择“HTML 标签”类别→选择标签→“插入”→标签编辑器→在“ID”文本框中输入对象的名称如“banner”→单击“确定”。如图 6-12

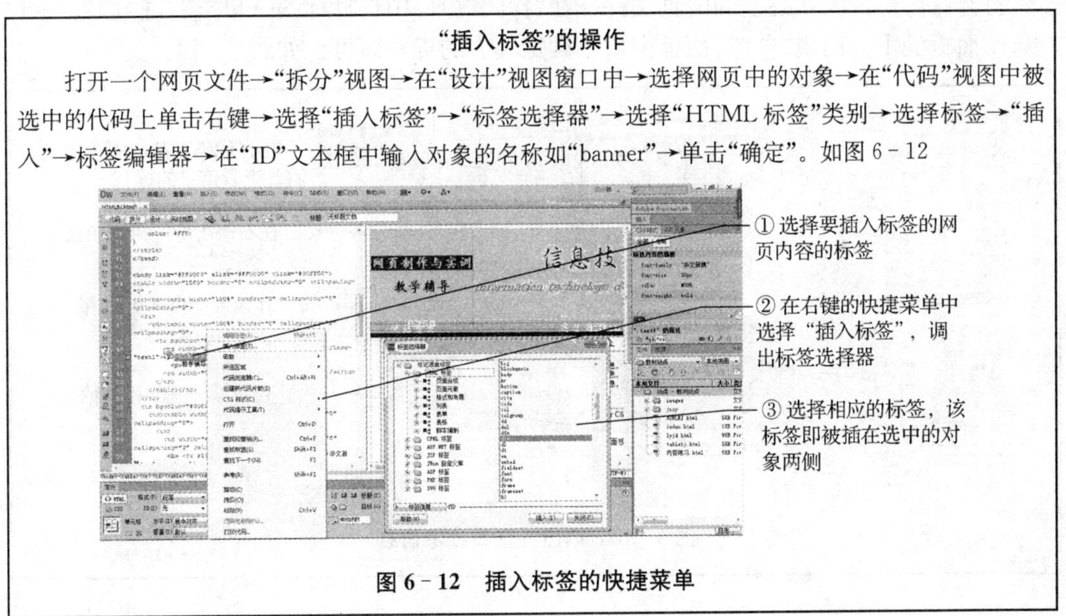

图 6-12　插入标签的快捷菜单

6.2.3　编辑标签

利用标签选择器，用户可以方便快速地添加或修改标签的属性值。例如，为网页中某一段文字添加背景颜色。

“添加或修改标签属性”的操作

在“拆分”视图的状态下打开网页文件→“窗口”→“标签检查器”→设置相应的标签属性值(图 6-13)。

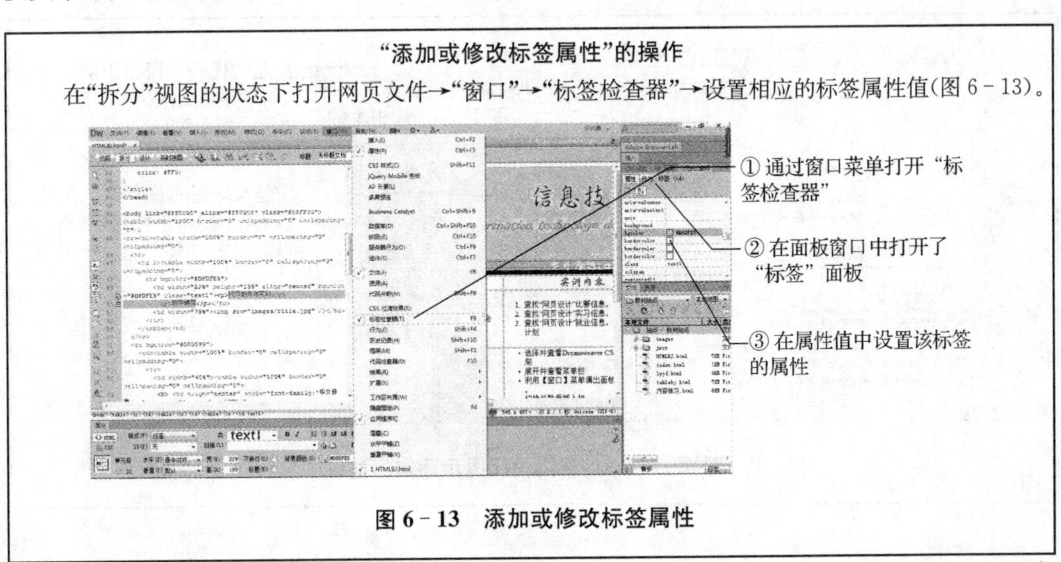

图 6-13　添加或修改标签属性

6.2.4 查找与标签有关的信息

如果需要对某一标签的属性或属性值进一步了解，可以在 Dreamweaver 中查找相关帮助信息。具体操作如图 6－14 所示。

打开“拆分”视图状态下的网页文件→在“代码”窗口中选择标签→单击右键“参考”→在“设计”面板的下方出现“参考”面板窗口→浏览其中的资料即可。如图 6－14。

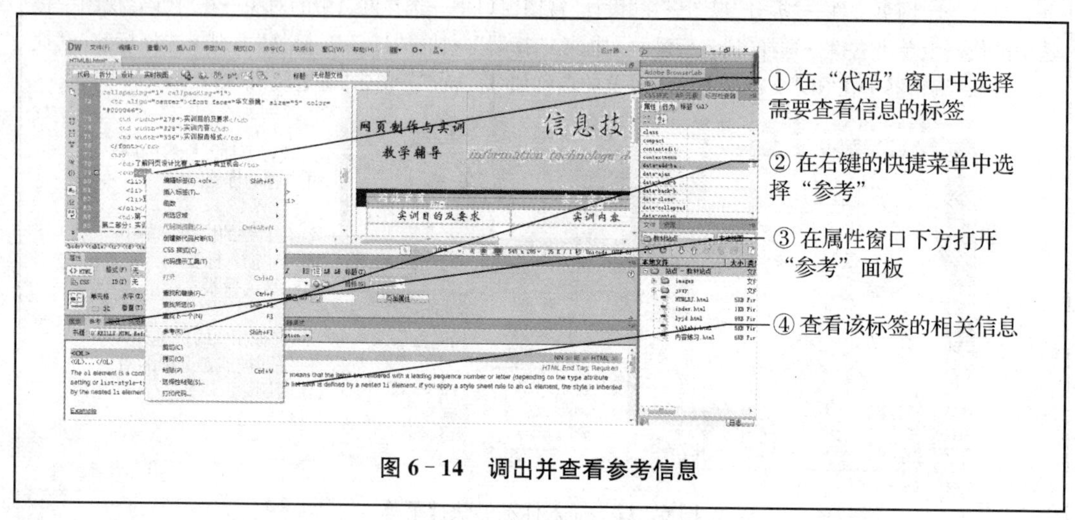

图 6－14 调出并查看参考信息

6.2.5 使用代码提示添加标签或属性

如果要手动编辑代码，可在设计窗口中直接键入。为了帮助设计者提高编写代码的速度，Dreamweaver 提供了代码提示功能，系统在设计者键入标签的时候提供标签和其属性的提示，如图 6－15(a)、图 6－15(b)、图 6－15(c)所示。

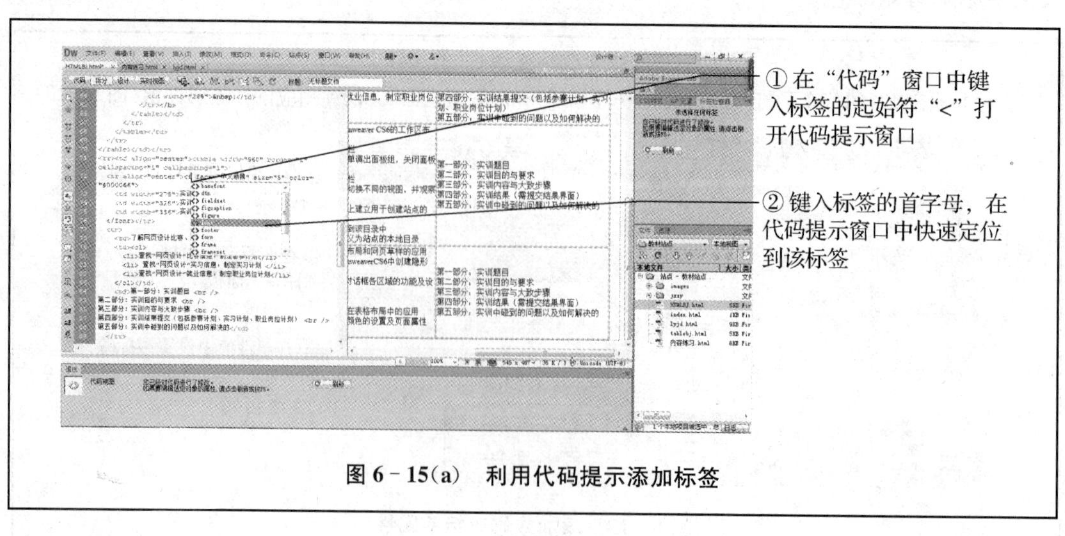

图 6－15(a) 利用代码提示添加标签

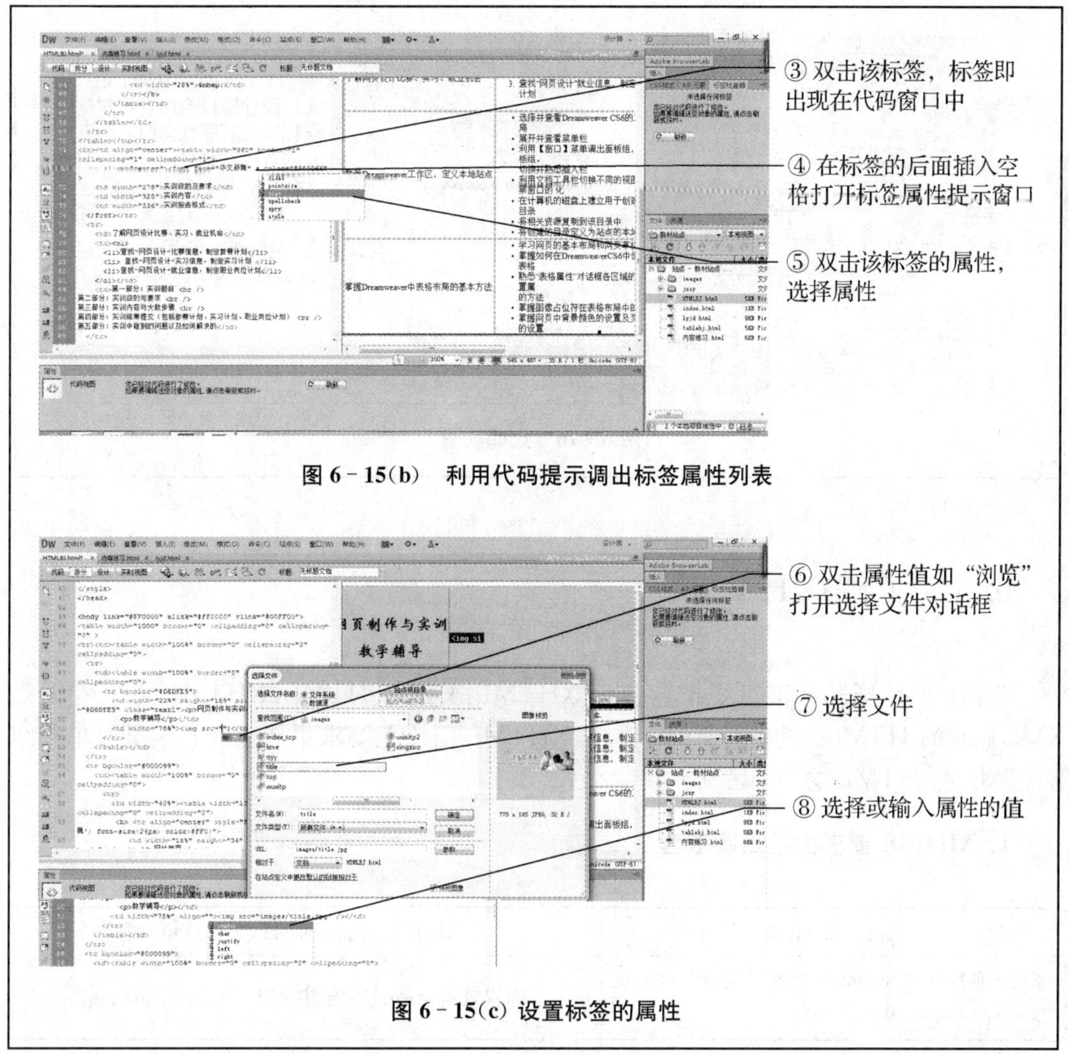
③ 双击该标签，标签即出现在代码窗口中
④ 在标签的后面插入空格打开标签属性提示窗口
⑤ 双击该标签的属性，选择属性
⑥ 双击属性值如“浏览”打开选择文件对话框
⑦ 选择文件
⑧ 选择或输入属性的值

图 6-15(b)　利用代码提示调出标签属性列表

图 6-15(c) 设置标签的属性

6.2.6　检查更改

对代码进行更改之后，用户可以立即获得可视化的反馈。如果代码更改存在错误，反馈信息会立即指出，并且在设计窗口中用醒目的颜色标记出来，同时在属性窗口中指出错误的原因(图 6-16)。

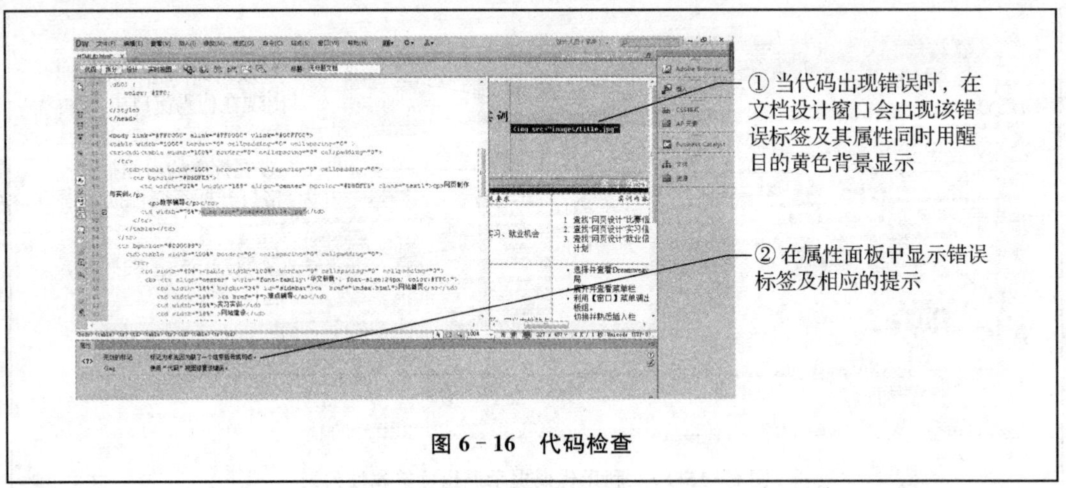

图 6-16　代码检查

6.3　了解 XHTML

当前，W3C 国际标准组织推荐使用 XHTML 来代替 HTML，XHTML 可以看做是 XML 版本的 HTML。为符合 XML 要求，XHTML 语法上要求更严谨些。这里简单介绍 XHTML 与 HTML 的一些区别。

1. XHTML 要求标签正确嵌套

XHTML 正确	XHTML 错误(但 HTML 认可)
<p>你喜欢<strong>独树一帜</strong></p>	<p>你喜欢<strong>独树一帜</p></strong>

2. XHTML 要求所有标签必须关闭

在 HTML 中，“<p>”“<li>”这些标记，可以不写关闭标记“</p>”“</li>”，但是在 XHTML 里，必须要求写关闭标记。举例：

XHTML 正确	XHTML 错误(但 HTML 认可)
<p>你喜欢独树一帜</p>	<p>你喜欢独树一帜

3. 非成对标签元素处理方法

非成对标签，又称空元素，在 XHTML 里的写法是在“>”之前加空格和斜杠。比如“
”，应该写成“
”。

以下是非成对标签的 XHTML 例子：


```
    <hr />
<img src="/images/adpics/1/b027.jpg" alt="blabla" />
<link rel="stylesheet" href="/styles/blabla.css" tyle="text/css" />
<meta http-equiv="content-type" content="text/html;charset=UTF-8" />
```

4. XHTML 区分大小写

HTML 的标签不区分大小写，但是 XHTML 的标签是区分大小写的。XHTML 的所有元素和属性都要小写。

XHTML 正确	XHTML 错误(但 HTML 认可)
<img src="/images/adpics/1/b027.jpg" alt="blabla" />	<IMG SRC="/images/adpics/1/b027.jpg" Alt=" blabla" />

5. XHTML 要求属性值和双引号

HTNL 并不强制要求属性值加双引号，但是 XHTML 要求属性值加双引号。

XHTML 正确	XHTML 错误(但 HTML 认可)
<table cellspacing="0"> <input checked="checked" />	<table cellspacing=0> <input checked=checked >

6. XHTML 用"id"属性代替"name"属性

HTML 的很多元素，比如"a""applet""frame""iframe""img"和"map"，都有"name"属性。在 XHTML 里，用"id"属性代替"name"属性。

XHTML 正确	XHTML 错误(但 HTML 认可)
<img src="blabla.gif" id="blabla logo" />	<img src="blabla.gif" name="blabla logo" >

总之，掌握 HTML 后，学习 XHTML 是比较容易的，用户可以从百度等搜索引擎中输入"XHTML 与 HTML"关键词，搜索相关教程。

任务七　使用 CSS 修饰美化页面

任务描述

利用 CSS 样式设置统一的页面风格，修饰项目网站首页中的导航格式及设置页面标题、内容等文字的格式。导出“CSS 规则”建立外部样式表文件，使“CSS 规则”可以应用到网站的其他页面。

技能要求

掌握在 Dreamweaver CS6 中利用 CSS 样式修饰美化页面的技巧；熟悉 CSS 样式表文件的建立修改和加载；了解 CSS 的基础应用。

任务实施

分析项目首页的页面设计，可以看到该页面中格式设计如下：导航的格式为，字体“华文新魏”、大小“20px”、颜色“白色”、无下划线；正文文字格式为、字体“宋体”、文字大小“12px”、颜色“ #124793”。本任务可以分解为个子任务，具体实施步骤如下：

任务 1：利用“属性”面板关联的 CSS 样式窗口，设置导航文字格式。

具体操作

步骤一：建立 CSS 规则(选择导航文字所在行标签“<tr>”→在“属性”面板“CSS”中设置字体“华文新魏”→弹出“新建 CSS 规则”对话框→输入“类”选择器名称如“dh01”→新建“仅限该文档”的 CSS 规则)

① 选择导航文本所在行标签“<tr>”
② 在属性面板“CSS”中设置字体
③ 在弹出的“新建CSS规则”对话框中输入“类”选择器名称
④ 建立“仅限该文档”的CSS规则

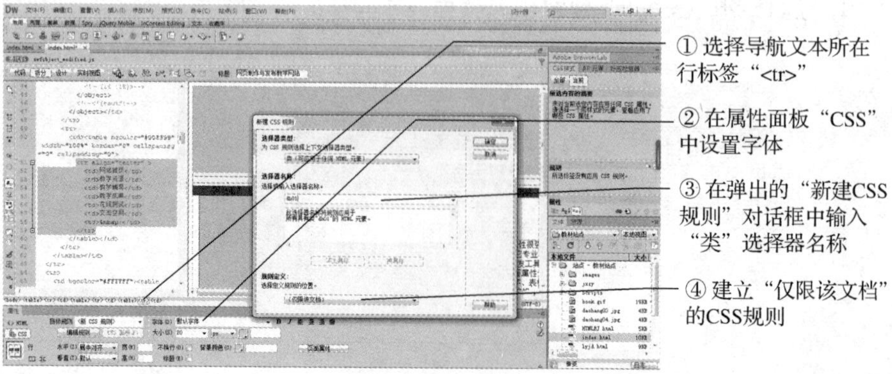

图 7－1　建立导航格式 CSS“类”规则

步骤二:进一步编辑"CSS 规则"(通过"窗口"菜单调出"CSS 样式"面板→点击" "打开刚刚建立的 CSS 规则定义对话框→在"类型"分类中进一步设置字符大小、颜色)

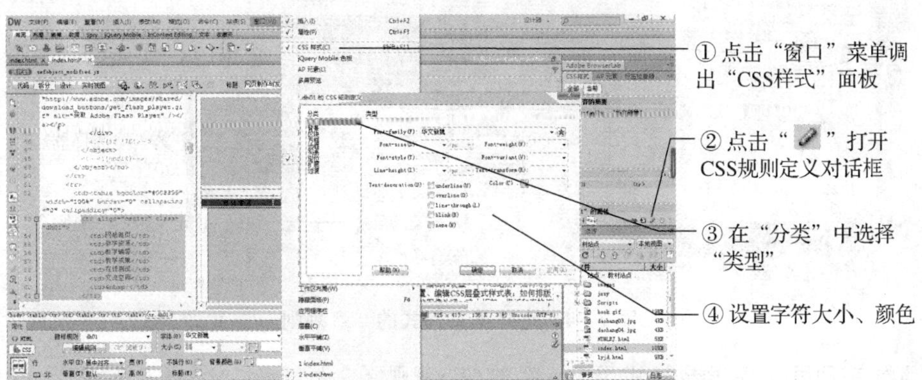
① 点击"窗口"菜单调出"CSS样式"面板
② 点击" "打开CSS规则定义对话框
③ 在"分类"中选择"类型"
④ 设置字符大小、颜色

图 7－2　编辑 CSS 规则

步骤三:添加超级链接规则(点击属性面板中的" 页面属性... ",打开"页面属性"对话框→选择"链接"→设置超链接格式)

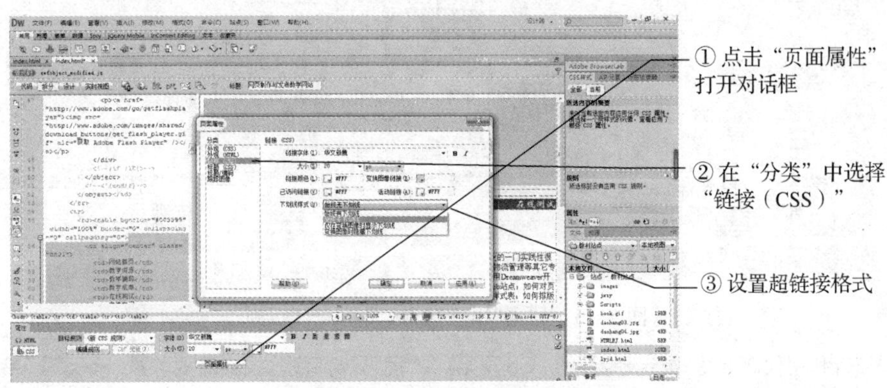
① 点击"页面属性"打开对话框
② 在"分类"中选择"链接(CSS)"
③ 设置超链接格式

图 7－3　添加超链接 CSS 规则

提示

未定义超链接格式时,其采用常见的默认格式。为了使页面整体风格一致、美观,通常会将导航的超链接格式设置为与导航格式一致不变,或与整体风格匹配的变化。

定义"CSS 规则"后,如是"仅限该文档",则会在当前文档代码的头部区域中插入"＜style type＝"text/css"＞定义规则＜/style＞"标记,并将规则定义与标签中。

任务 2:利用代码窗口,直接编辑代码,定义正文文字格式,及超链接格式。

具体操作

步骤一:定义正文格式的 CSS 规则(切换到"拆分"窗口→在"代码"窗口的"＜head＞＜/head＞"标签区域的"＜style type＝"text/css"＞＜/style＞"中输入". text01"→输入"{"利用代码提示功能输入文本格式设置代码"font－family:"宋体";font－size:12px;color:＃124793;"→输入规则结束代码"}")

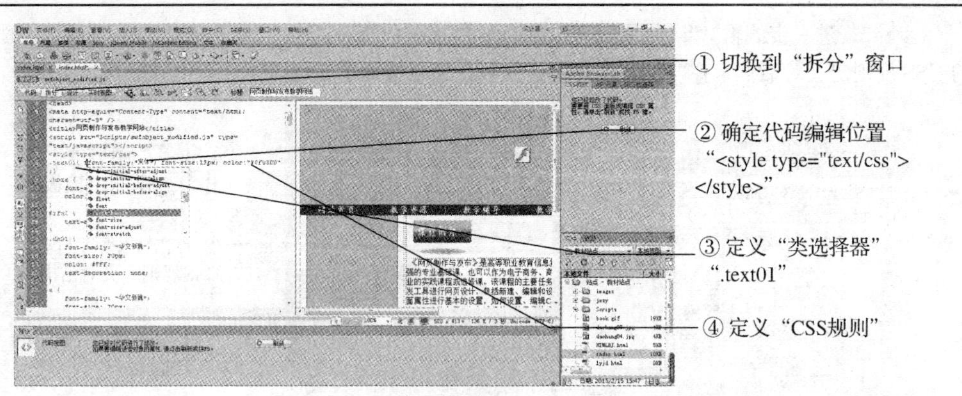

图 7-4　定义正文格式的 CSS 规则

步骤二：利用“属性”面板调用“类选择器”的 CSS 规则(在“设计”窗口中选择需要加载“. text01”规则的文本内容→在“属性”面板的“目标规则”中选择“text01”)

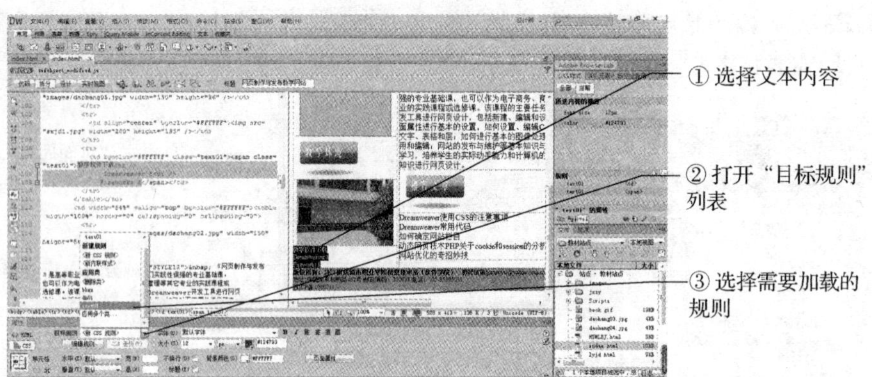

图 7-5　利用“属性”面板调用 CSS 规则

步骤三：利用代码调用“类选择器”的 CSS 规则(在“代码”窗口中，找到需要加载“. text01”规则的文本→在文本前的标记中输入空格→在弹出的下拉代码提示中选择“class”→弹出已定义的规则名称列表→选择“text01”，也可以直接输入调用代码字符“class="text01"”)

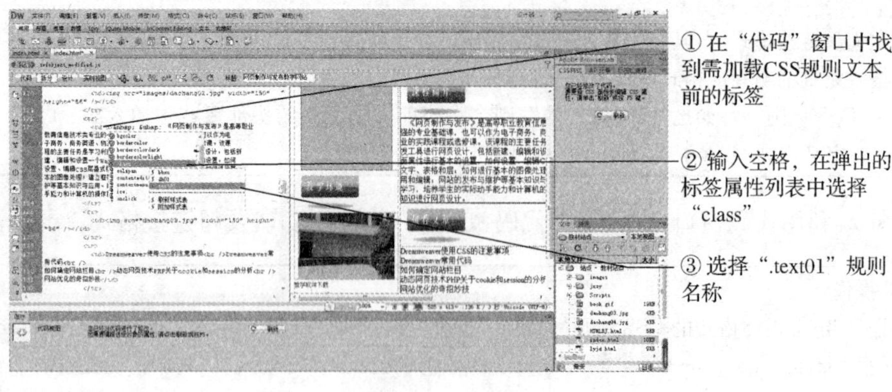

图 7-6　在“代码”窗口中加载 CSS 规则

知识链接

7.1　CSS基础

每个Web设计者和开发人员几乎都经历过这样的痛苦时刻：当您小心滴布置好页面，客户要求进行一点“小小的”修改，可能只是：“能不能把那个图像稍微移动一点?”，“能把标题的字体改大一点、颜色也变一下吗?”，看似要求十分简单。即使这样的修改只涉及几个页面，设计者也要花上大半个小时完成，如果涉及的页面较多，这个“简单”的修改就会花费很大的工作量。而CSS的广泛应用，就能很好地解决这个问题。

CSS是Cascading Style Shet的缩写，可翻译为“层叠样式表”或“级联样式表”，简称样式表。它是用来装饰HTML的一种标签的集合，是一系列格式设置规则，它控制Web页面内容的外观。使用CSS设置页面格式时，内容与表现形式是相互分开的。使用CSS的主要优点是容易对网站中的页面批量更新，只要对一个CSS规则进行更新，则使用该CSS定义的所有网页的格式都会自动更新为新的样式。CSS的主要作用有以下几点：

(1) 灵活控制页面中字符的字体、大小、颜色、间距、位置及风格；

(2) 可以将文本区快化，便于设置其特殊的显示形式(行高、缩进及三维边框等)；

(3) 便于定位网页中的任何元素，设置不同背景色和背景图像；

(4) 支持大量网页格式的统一和动态更新；

(5) 支持网页元素的排版和定位；

(6) 减少网页的代码量，提高网页的浏览速度。

7.1.1　CSS语法规则

网页中的内容主要用HTML代码描述，位于HTML文档中，而定义页面内容表现形式的CSS规则可以存于一个外部样式表文件中，或者存于HTML文档其他部分(标头区或主体区)中。

CSS的定义由三部分构成：选择符(selector)，属性(properties)和属性值(value)。

CSS语法规则

CSS格式：选择符{属性1：属性值1；属性2：属性值2}

如：p{ffont－family："宋体"；font－size：12px；color：＃124793}

📖 提示

属性和属性值间用冒号相连；用单一选择符设置多个属性的声明时，各属性之间必须用分号隔开。

7.1.2　选择符的分类

CSS是由一系列规则组成的，而每条规则又是由选择符和声明组成，声明就是属性和属性值的组合。CSS的选择符主要分为标签选择符、类选择符、ID选择符和伪类选择符四种。

1. 标签选择符

HTML中任何标签都可以作为标签选择符。如果想让HTML标签中标记的内容都用个性化的形式表现出来，就可以用网页中的标签名称为选择符名定义CSS规则。例如："H1{font-size:16px;font-family:"黑体";font-weight:bold;}"。其中"H1"就是一个标签选择符。

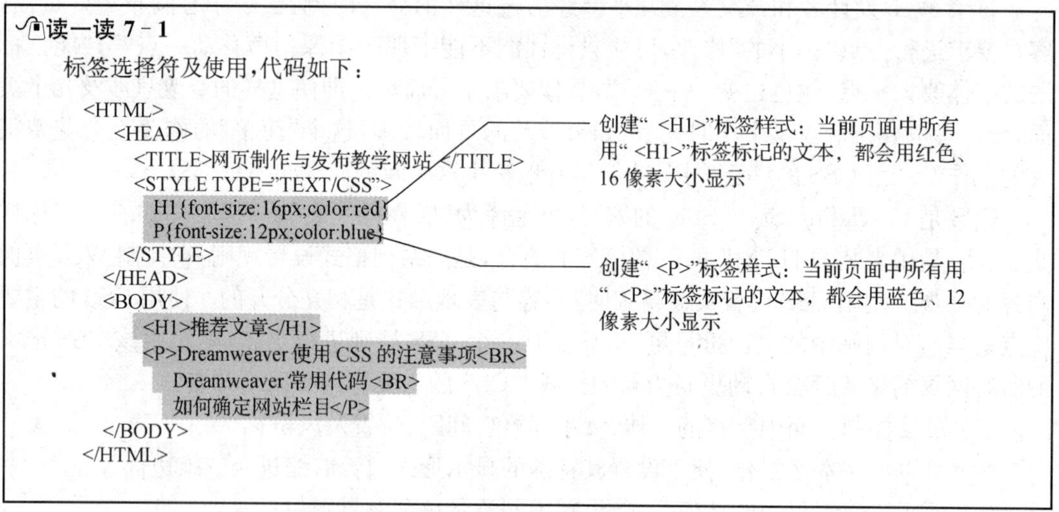

读一读 7-1

标签选择符及使用，代码如下：

```
<HTML>
  <HEAD>
    <TITLE>网页制作与发布教学网站</TITLE>
    <STYLE TYPE="TEXT/CSS">
      H1{font-size:16px;color:red}
      P{font-size:12px;color:blue}
    </STYLE>
  </HEAD>
  <BODY>
    <H1>推荐文章</H1>
    <P>Dreamweaver 使用 CSS 的注意事项<BR>
      Dreamweaver 常用代码<BR>
      如何确定网站栏目</P>
  </BODY>
</HTML>
```

创建"<H1>"标签样式：当前页面中所有用"<H1>"标签标记的文本，都会用红色、16像素大小显示
创建"<P>"标签样式：当前页面中所有用"<P>"标签标记的文本，都会用蓝色、12像素大小显示

2. 类选择符

用类选择符定义的规则，可以定义网页中任何特定范围或文本的格式属性，也可以定义网页中的任何标签。例如让一段文字中的个别词用特殊的格式显示，或让段落、表格中的特定内容以相同的格式显示等，都可以使用类选择符。

定义类选择符时，必须在自定义类的名称前面加一个点号，既". 类名"，然后在HTML标签中用"class="类名""引用类规则。

读一读 7-2

类选择符及使用，代码如下：

```
<HTML>
  <HEAD>
    <TITLE>网页制作与发布教学网站</TITLE>
    <STYLE TYPE="TEXT/CSS">
      .text01{font-size:16px;color:red}
      .PBLUE{font-size:12px;color:blue}
    </STYLE>
  </HEAD>
  <BODY>
    <DIV class=".text01">推荐文章</DIV>
    <P class=".PBLUE">Dreamweaver 使用 CSS 的注意事项</P>
      <P class=".text01">Dreamweaver 常用代码<BR>
      如何确定网站栏目</P>
  </BODY>
</HTML>
```

定义类选择符名称

定义类选择符样式

通过类选择符引用类样式

通过类选择符引用不同的类样式

通过类选择符引用不同的类样式

3. ID选择符

在HTML页面中，设计者可以用ID参数指定某个单一元素，引用ID选择符来对某一元素定义单独的样式。ID选择符的应用和类选择符相似，只是把“class=”类名””换成“ID=”＃名字””即可。样式名定义格式为“＃名字”，设计者用“ID=”＃名字””引用选择符。

读一读 7-3

类选择符及使用，代码如下：

```
<HTML>
  <HEAD>
    <TITLE>网页制作与发布教学网站</TITLE>
    <STYLE TYPE="TEXT/CSS">
      #text01{font-size:16px;color:red}
      #PBLUE{font-size:12px;color:blue}
    </STYLE>
  </HEAD>
  <BODY>
    <DIV ID=" #text01">推荐文章</DIV>
    <P class=" .PBLUE">Dreamweaver 使用 CSS 的注意事项</P>
      <P class=" .text01" > Dreamweaver 常用代码<BR>
      如何确定网站栏目</P>
  </BODY>
</HTML>
```

定义ID选择符名称

定义ID选择符样式

通过ID选择符引用ID样式

通过ID选择符引用不同的ID样式

通过ID选择符引用不同的ID样式

4. 伪类选择符

伪类选择符可以看成是一种特殊的类选择符，是能被支持CSS的浏览器自动识别的特殊选择符。但它们所指定的对象在文档中并不存在，只是指定元素的某种状态。例如对文档中超链接状态的定义。

读一读 7-4

伪类选择符及使用，代码如下：

```
<HTML>
  <HEAD>
    <TITLE>网页制作与发布教学网站</TITLE>
    <STYLE TYPE="TEXT/CSS">
      a:link {   text-decoration: none;  color:#124793;}
      a:visited {text-decoration: none;  color::#124793;}
      a:hover { text-decoration: none;color: :#124793;}
      a:active { text-decoration: none;  color::#124793;}
    </STYLE>
  </HEAD>
  <BODY>
    <P>推荐文章</P>
    <P><a href="http://www.knowsky.com/442161.html">Dreamweaver 使用 CSS 的注意事项</a></P>
      <P class=" .text01" > Dreamweaver 常用代码<BR>
      如何确定网站栏目</P>

  </BODY>
</HTML>
```

为超链接的不同于默认格式的显示形式定义伪类选择符

加载超链接的文字格式将不同于默认的超链接格式

5. 选择符的包含与组合

如需单独对某种元素中包含的元素定义样式，可以采用选择符的包含。例如：只对表格中的超链接样式单独定义，可以写成“table a{font－size20px;color=＃00ff00;}”；

可以把相同属性和属性值的选择符组合起来书写，以减少样式的重复定义，但选择符之间必须用逗号“，”分隔开。例如：对网页中的不同标题及表格中的文字都定义同样的字体和颜色可以写成“h1，h2，h3，h4，table{font－family：”隶书”；color＝＃00ff00；}”

7.1.3 添加 CSS 样式

在网页中引用 CSS 样式，可以直接对网页中元素的显示方式进行格式化。样式表的使用方式有 3 种：行内样式表、内部样式表、外部样式表。

1. 行内样式表

行内样式表也可以称为内联样式表，既将样式规则直接定义在标签里面，只针对自己所在的标签起作用。

读一读 7－5

内联样式表，直接定义在＜body＞区域中的标签中，代码如下：

```
<HTML>
   <HEAD>
      <TITLE>网页制作与发布教学网站</TITLE>          以标签的一个属性“ style=”的形式，
   </HEAD>                                          直接定义在标签中
   <BODY>
      <P style="font-famil:宋体; font-size:14px; color:#999999;">推荐文章</P>
      <P>Dreamweaver 使用 CSS 的注意事项</P>
        <P class=" .text01" > Dreamweaver 常用代码<BR>
         如何确定网站栏目</P>
   </BODY>
</HTML>
```

2. 内部样式表

将样式表写在当前 HTML 网页文档中，通过 style 标签设置的样式规则。内部样式一般放在文件头部“＜head＞＜/head＞”标签内。

读一读 7－6

内部样式表，通常定义在＜head＞区域中的＜styletype＝"text/css"＞＜/stype＞标签中，代码如下：

```
<HTML>
      <TITLE>网页制作与发布教学网站</TITLE>          以<style>标签开始定义，用 TYPE="
   <STYLE TYPE="TEXT/CSS">                          TEXT/CSS"指定性质
      .text01{font-size:16px;color:red}
      .PBLUE{font-size:12px;color:blue}             定义样式属性及属性值
   </STYLE>
   </HEAD>
   <BODY>                                           以</style>结束标签结束定义
      <P class="text01">推荐文章</P>
      <P>Dreamweaver 使用 CSS 的注意事项</P>          在页面<body>区域中应用 CSS 样式
        <P class=" .text01" > Dreamweaver 常用代码<BR>
         如何确定网站栏目</P>
   </BODY>
</HTML>
```

3. 外部样式表

对于多数网站，存在大量的网页文档需要用统一的格式显示，并且格式需要动态更新，应用外部样式表是其最佳的选择。外部样式表是将样式规则定义在独立的样式表文件中，通过“link”标签链接或“@import”语句导入到网页文档中。外部样式文件的扩展名为“.css”。例如下面的CSS样式文件及在页面中的应用。

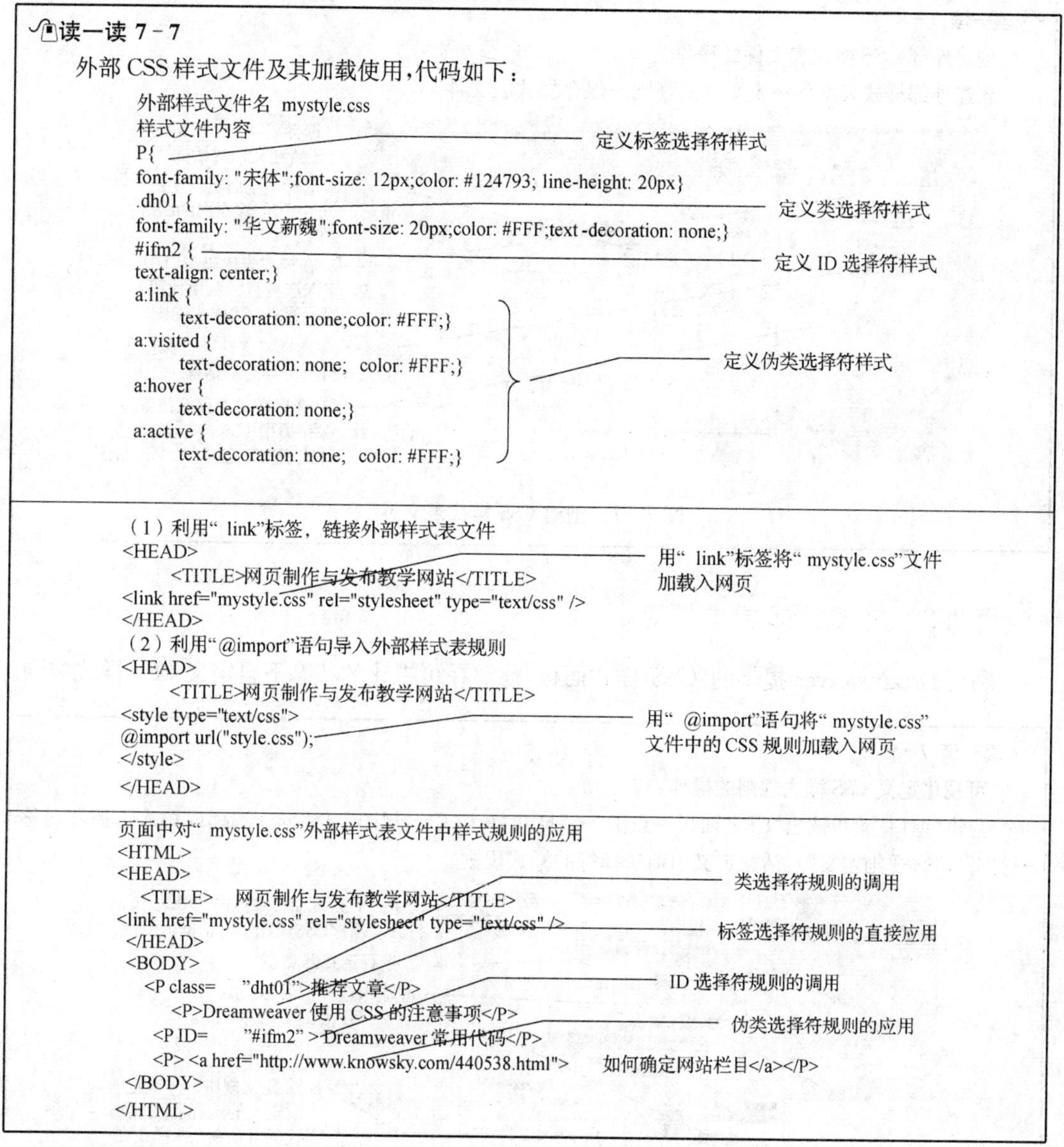

读一读 7-7

外部CSS样式文件及其加载使用，代码如下：

```
外部样式文件名 mystyle.css
样式文件内容
P{
font-family: "宋体";font-size: 12px;color: #124793; line-height: 20px}
.dh01 {
font-family: "华文新魏";font-size: 20px;color: #FFF;text-decoration: none;}
#ifm2 {
text-align: center;}
a:link {
    text-decoration: none;color: #FFF;}
a:visited {
    text-decoration: none;  color: #FFF;}
a:hover {
    text-decoration: none;}
a:active {
    text-decoration: none;  color: #FFF;}
```



```
(1) 利用“ link”标签，链接外部样式表文件
<HEAD>
    <TITLE>网页制作与发布教学网站</TITLE>
<link href="mystyle.css" rel="stylesheet" type="text/css" />
</HEAD>
(2) 利用“@import”语句导入外部样式表规则
<HEAD>
    <TITLE>网页制作与发布教学网站</TITLE>
<style type="text/css">
@import url("style.css");
</style>
</HEAD>
```



```
页面中对“ mystyle.css”外部样式表文件中样式规则的应用
<HTML>
<HEAD>
  <TITLE>  网页制作与发布教学网站</TITLE>
<link href="mystyle.css" rel="stylesheet" type="text/css" />
 </HEAD>
 <BODY>
   <P class=    "dht01">推荐文章</P>
      <P>Dreamweaver 使用CSS的注意事项</P>
    <P ID=       "#ifm2" >Dreamweaver 常用代码</P>
    <P> <a href="http://www.knowsky.com/440538.html">    如何确定网站栏目</a></P>
 </BODY>
</HTML>
```


7.2　CSS样式的可视化操作

虽然可以利用记事本直接编写CSS样式规则代码，但这种操作的过程并不直观，Dreamweaver CS6提供了创建、编辑和应用CSS样式的可视化操作界面。

7.2.1 创建CSS样式表文件

此操作旨在结合网站整体规划设计，创建独立的外部样式表文件。以备创建一批基于同样风格的网页文档所用。同时也提高了网页修改和更新速度。

读一读 7-8

创建外部CSS样式表文件的操作：

新建外部样式表文件→定义样式规则→保存样式表文件。

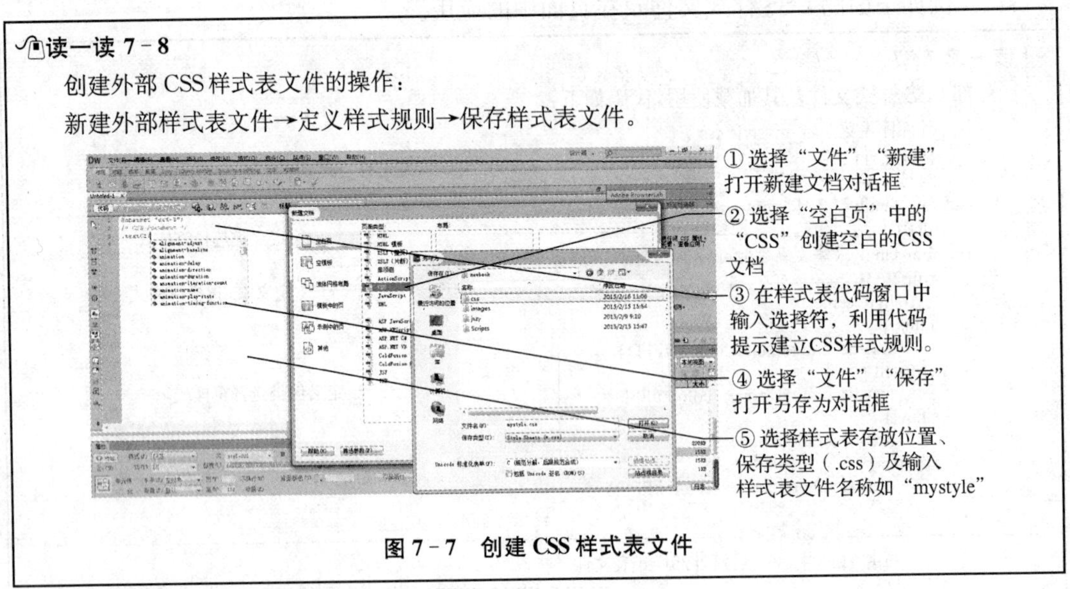
① 选择"文件""新建"打开新建文档对话框
② 选择"空白页"中的"CSS"创建空白的CSS文档
③ 在样式表代码窗口中输入选择符，利用代码提示建立CSS样式规则。
④ 选择"文件""保存"打开另存为对话框
⑤ 选择样式表存放位置、保存类型（.css）及输入样式表文件名称如"mystyle"

图 7-7　创建CSS样式表文件

7.2.2　定义CSS样式规则

利用Dreamweaver提供的"CSS"样式面板，能够在可视化的状态下自定义CSS样式规则。

读一读 7-9

可视化定义CSS样式规则的操作：

点击"窗口"菜单调出"CSS"面板→点击"![]"打开"新建CSS规则"对话框→选择或输入选择器名称→打开"CSS规则定义"对话框定义当前选择符的样式规则。

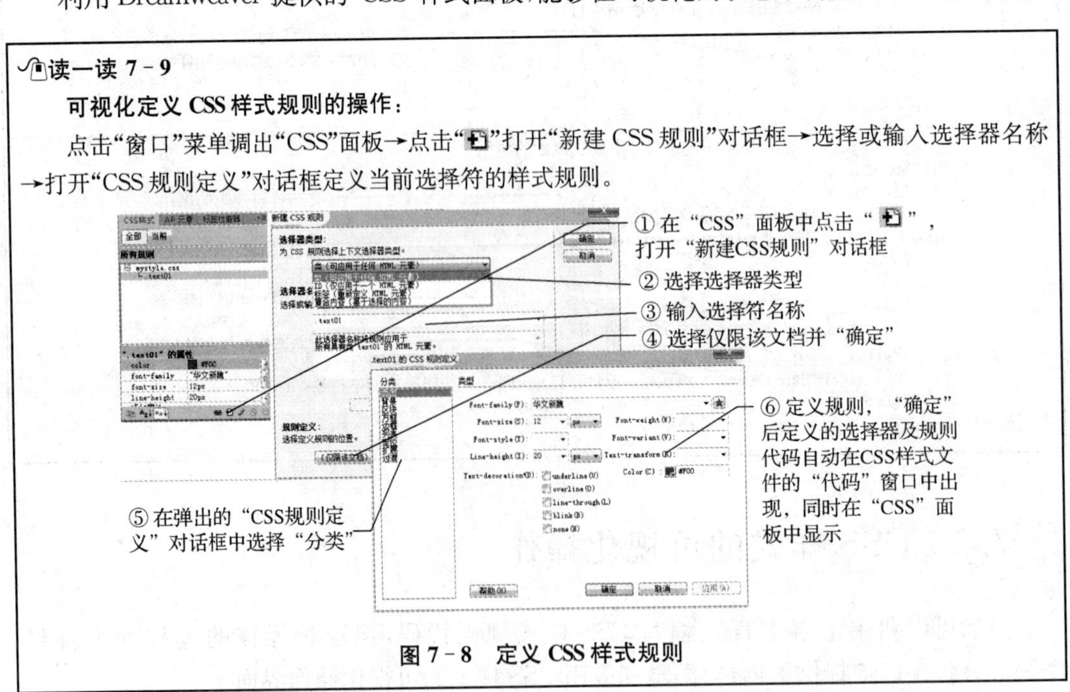
① 在"CSS"面板中点击"![]"，打开"新建CSS规则"对话框
② 选择选择器类型
③ 输入选择符名称
④ 选择仅限该文档并"确定"
⑤ 在弹出的"CSS规则定义"对话框中选择"分类"
⑥ 定义规则，"确定"后定义的选择器及规则代码自动在CSS样式文件的"代码"窗口中出现，同时在"CSS"面板中显示

图 7-8　定义CSS样式规则

7.2.3 “新建 CSS 规则”对话框

在“新建 CSS 规则”对话框中，提供了可视化的不同选择器类型的建立方式。

读一读 7-10

利用“新建 CSS 规则”对话框创建不同选择器的 CSS 样式：

点击“选择器类型”下方“▼”展开选择器类型列表→点击“选择器名称”下方“▼”在展开的列表中选择标签或伪类名称→选择定义规则的位置→打开“CSS 规则定义”对话框定义当前选择符的样式规则。

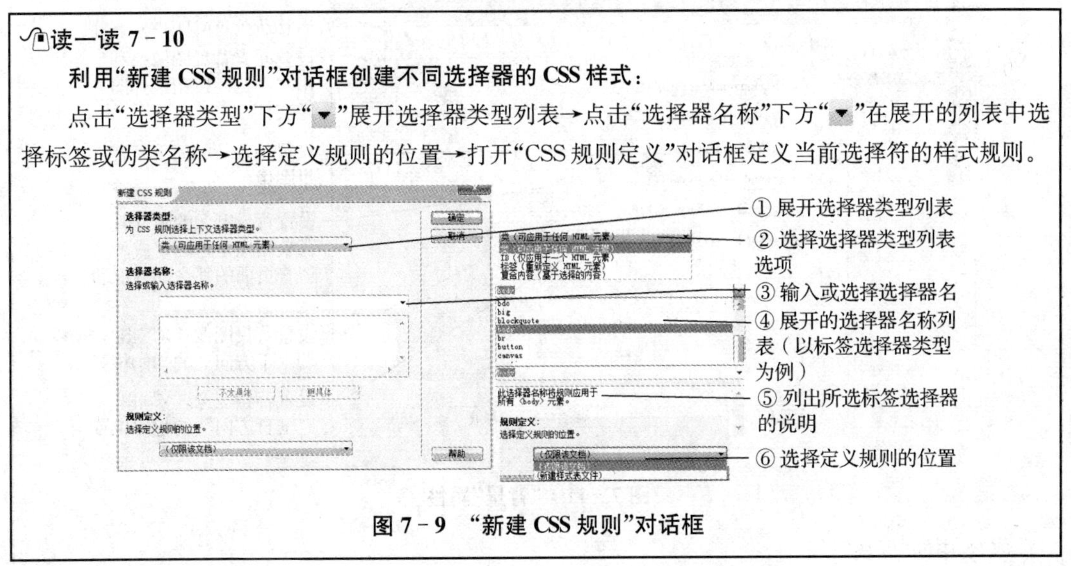

图 7-9　“新建 CSS 规则”对话框

7.2.4 “CSS 规则定义”对话框

创建选择器类型后，弹出了“CSS 规则定义”对话框，提供了进一步定义规则中属性和属性值的可视化窗口。

读一读 7-11

“CSS 规则定义”对话框中属性和属性值：

CSS 中的“类型”

CSS 规则定义中的“类型”样式主要是设置字体的 CSS 样式。

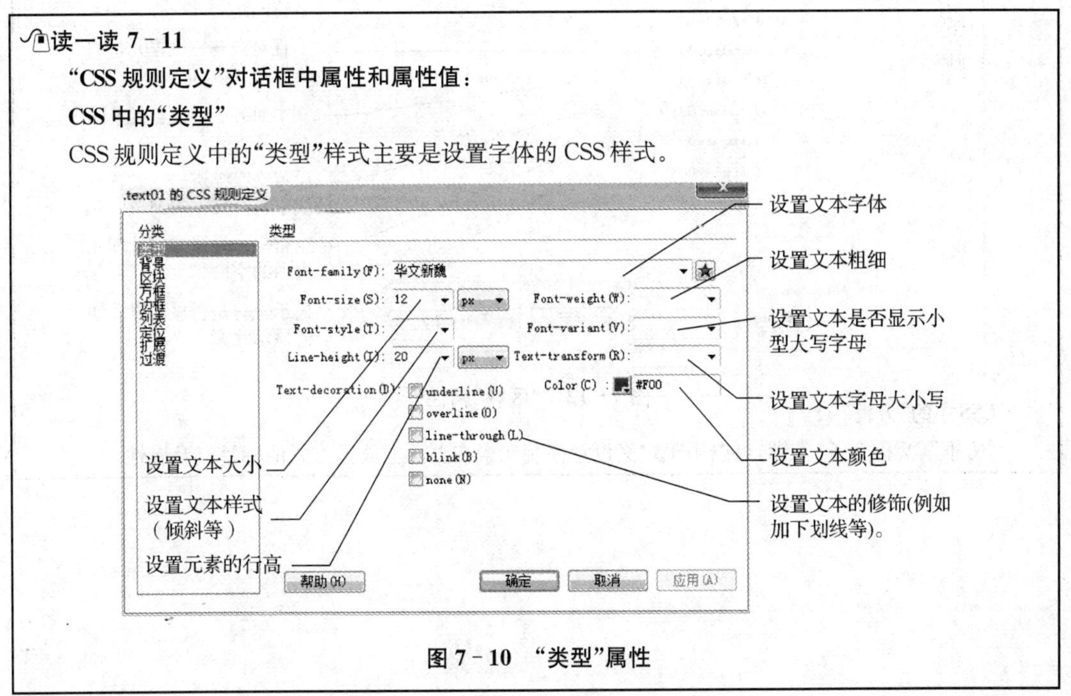

图 7-10　“类型”属性

CSS 中的"背景"

CSS 规则定义中的"背景"样式主要是设置元素的背景配置如颜色、背景图像及图像的显示方式等。可以对页面中的任何元素应用"背景"属性。

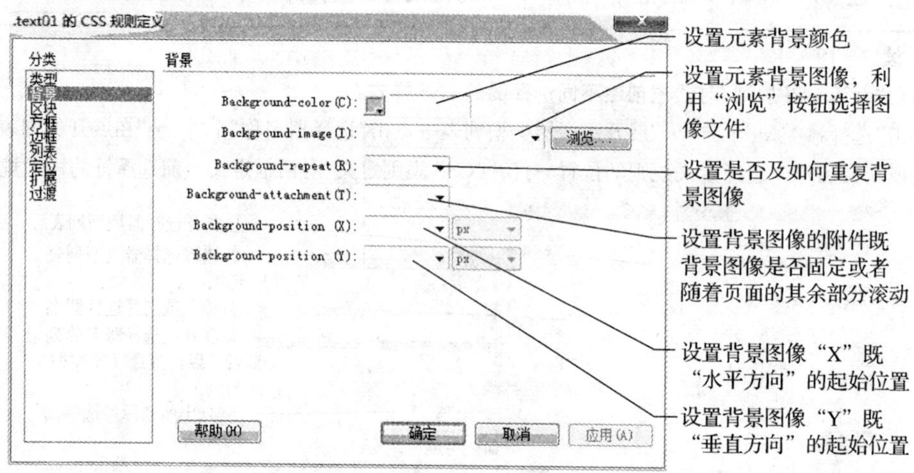

图 7－11 "背景"属性

CSS 中的"区块"

区块指的就是网页中的文本、图像、层等网页元素。该属性主要用于控制区块中内容的间距、对齐方式及文字缩进等。

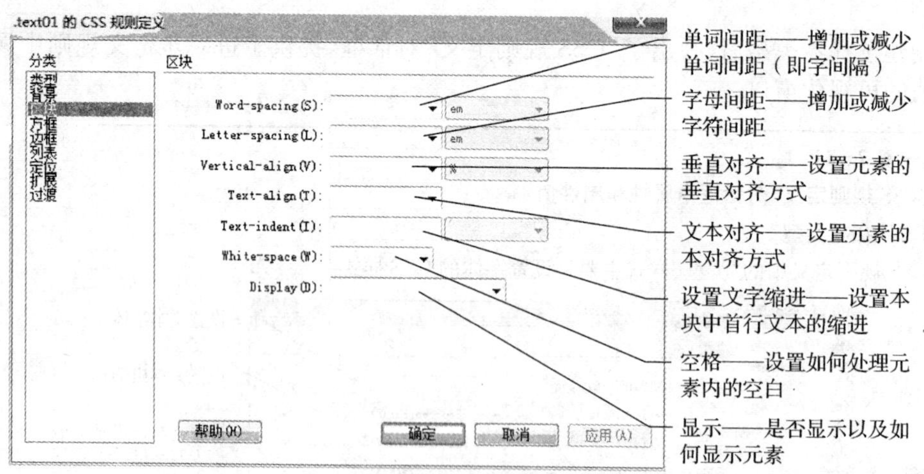

图 7－12 "区块"属性

CSS 中的"方框"

"方框"(又称盒子)类别,可以用于定义设置控制元素在页面上放置方式的标签以及属性。

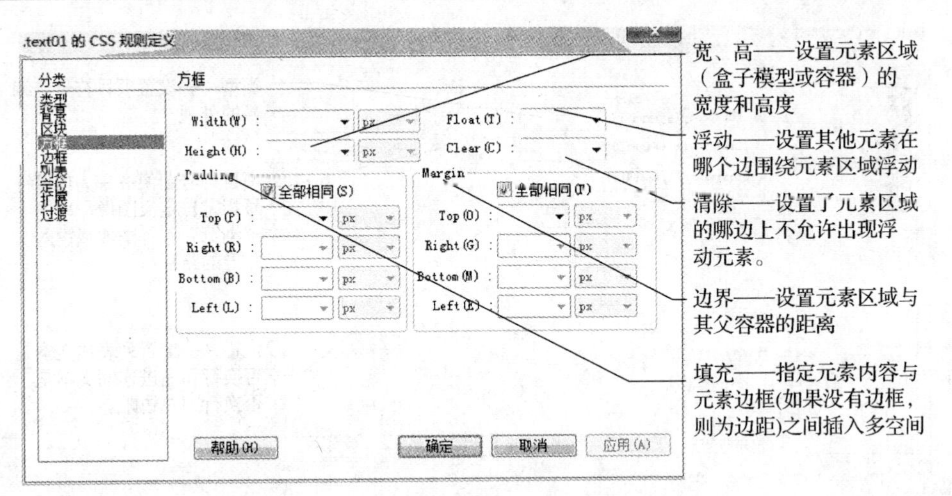

图 7－13　“方框”属性

CSS 中的“边框”

在 HTML 中，可以使用表格来创建文本周围的边框，通过使用 CSS 边框属性，不但可以创建出效果出色的边框，并且可以将边框应用于任何元素。

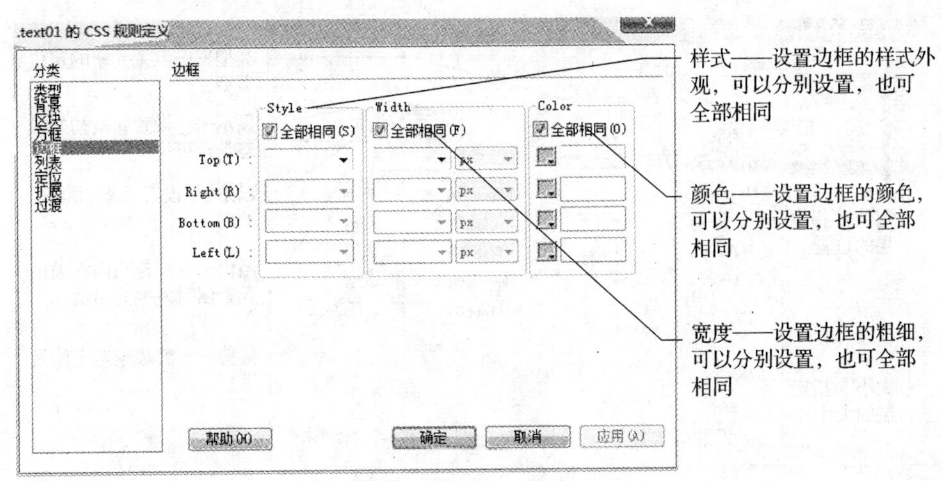

图 7－14　“边框”属性

CSS 中的“列表”

“列表”既页面中的项目列表的格式。可以定义不同于默认的项目列表，也可以用图片来做列表项目列表的标志。

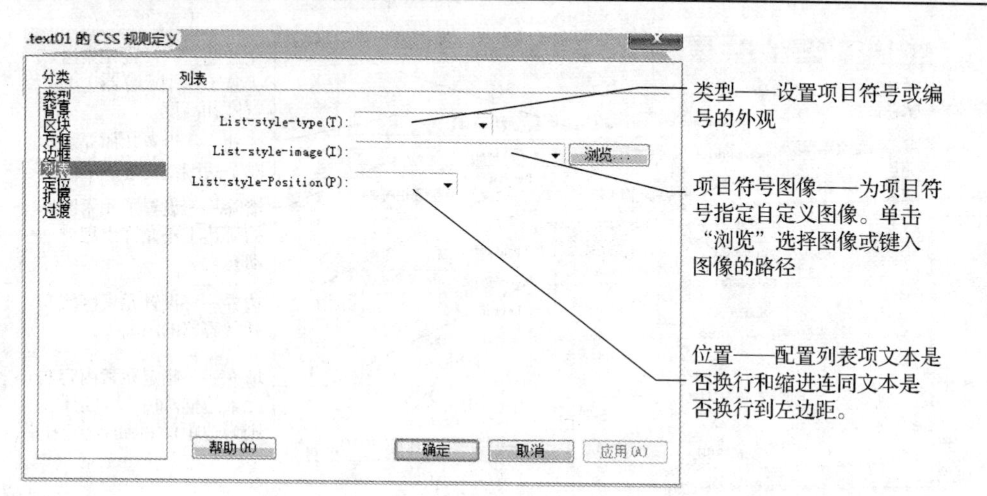

图 7-15 “列表”属性

CSS 中的“定位”

“定位”主要用于精确控制网页中的元素，主要是针对于层的。它允许定义元素框相对于其正常位置应该出现的位置，或者相对于父元素、另一个元素甚至浏览器窗口本身的位置。

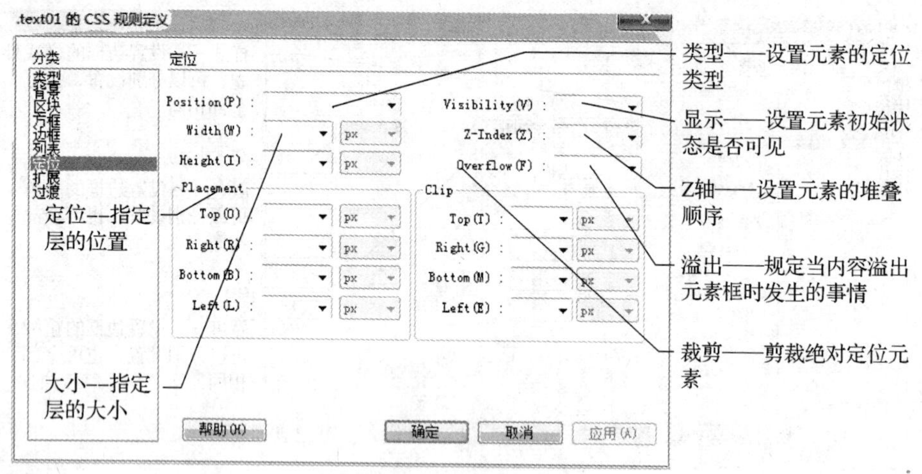

图 7-16 “定位”属性

CSS 中的“扩展”

“扩展”样式可以通过过滤器、分页和光标选项，设置元素的特殊性质。但他们中的大部分效果必须在 Internet Explorer 4.0 以上的版本支持下实现。

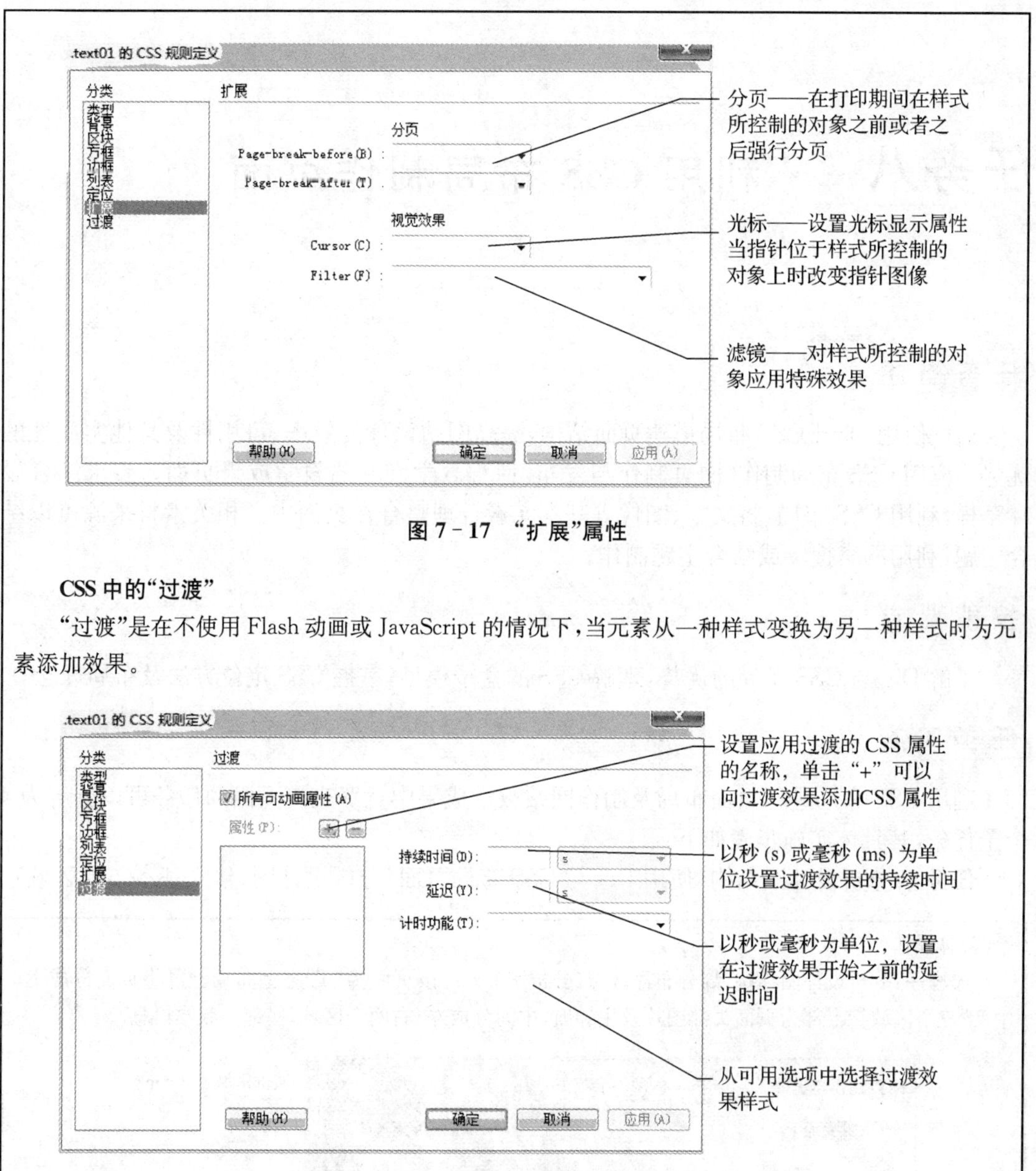

图 7－17　“扩展”属性

CSS 中的“过渡”

“过渡”是在不使用 Flash 动画或 JavaScript 的情况下，当元素从一种样式变换为另一种样式时为元素添加效果。

图 7－18　“过渡”属性

“CSS 规则”的定义内容很多，其具体应用可以结合站点规划设计的效果需求，查询“CSS 应用手册”的相应属性及属性值设置，或利用网络搜索具体应用加以设置。

任务八　利用 CSS 布局制作页面

任务描述

通过使用 Div+CSS 布局搭建页面结构，提高网站设计的效率、可用性及其他实质性的优势。应用 CSS 布局制作《网页制作与发布》课程教学网站的教学成果页面。要求结合设计草样，利用 CSS 布局，将文字、图像等基本元素合理整合在页面中。相关素材来源可以结合主题，利用网络搜集或结合主题制作。

技能要求

了解 Div 与 CSS 布局的优势，理解 CSS 的盒子模型，掌握 CSS 定位方法及布局理念。

任务实施

利用 CSS 布局进行页面布局及制作网站教学成果中竞赛交流页面的任务可以分解为 4 个子任务，其具体实施步骤如下：

任务 1：分析设计图结构；使用 Div 与 CSS 布局页面（分析设计图，建立基本布局区域）。

具体操作

步骤一：分析设计图结构，划分布局区域（分析图 8-1，该页面为"T"字型布局。可将页面分成上、中、下三个区域。上部为页面头部图片及主导航，中间分成左、右两个区域，底部为版本信息。）

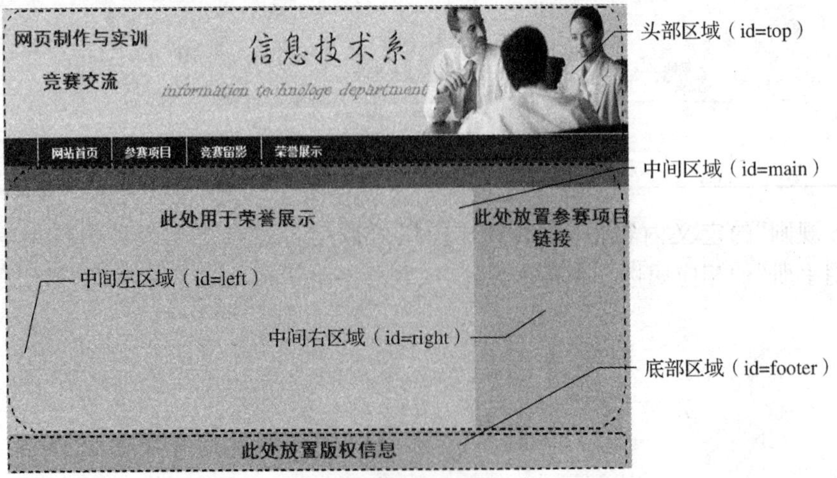

图 8-1　网站竞赛交流页面设计草图

步骤二：在“代码”视图中输入对应区域的代码（切换窗口到“拆分”状态→在“代码”视图窗口利用代码提示输入对应区域的＜div＞标记及 id 属性）

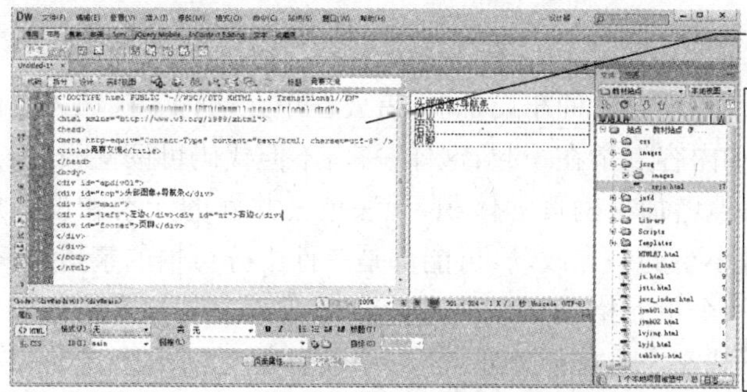

利用代码提示输入对应的区域标记及属性

具体代码如下：

```
<div id="apdiv01">
 <div id="top">头部图像+导航条
 </div>
 <div id="main">
  <div id="left">左边</div>
  <div id="right">右边</div>
 </div>
<div id="footer">页脚</div>
</div>
```

图 8－2　利用代码提示创建布局区域（DIV）

任务 2：创建对应布局区域的 CSS 规则（利用“CSS”面板创建规则，也可利用“文件”菜单中的“新建”直接创建 CSS 外部文件并定义规则，再在网页文档中链接外部样式表或导入样式规则）

具体操作

结合设计草图和素材建立对应区块的 CSS 规则（选择“窗口”菜单→调出“CSS”面板→选择区块名称→利用面板建立并编辑对应的 CSS 规则；也可直接建立外部 CSS 样式表，将所有规则定义其中，再链接或导入到当前网页文档中）

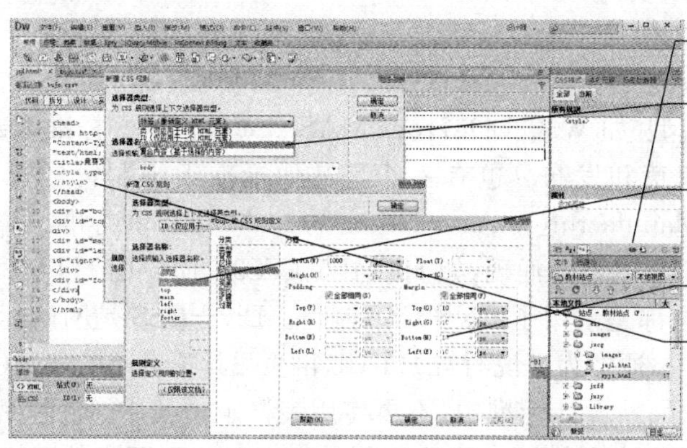

① 点击新建规则按钮，打开“新建CSS规则”对话框

② 选择选择器类型，如“标签”、“ID”、类等（对应布局主要选择的是“ID”）

③ 选择已经定义的ID名称“确定”，打开“CSS规则定义”对话框

④ 选择“分类”在右侧设置中进行定义

⑤ 定义完成，如在“新建CSS规则”中选的是仅对该文档，则CSS规则代码在文档的头部区域出现。

图 8－3　创建对应布局的 CSS 规则

样式表规则代码

```
body {font-size: 16px; text-align:center;}
#buju {margin:0 auto; padding:0;  width: 1000px;}
#top {height: 100px; width: 1000px; margin: 0 auto; height: 100px;}
#main {width:1000px;margin:0 auto;height:500px;}
 #left {float: left; width: 664px; height: 500px; }
 #right {float: right; width: 336px; height: 500px;}
#footer {height: 50px; width: 980px; line-height: 2em; text-align: center; padding: 10px;}
```

定义整个页面的默认文字大小及对其方式

定义整个页面内容区域（盒子）的规则

定义头部内容区域的规则

定义中间内容区域的整体规则

定义中间左边区域的规则

定义右边区域的规则

定义底部区域的规则

任务 3:插入并设置页面基本元素(文字、图像、Flash 及视频),参考教材的相关部分。

任务 4:完善并保存页面(设置页面属性、文档标题、保存文档),参考教材的相关部分。

知识链接

采用表格布局的页面内,为了实现设计的布局,制作者要在单元格标签<td>内设置宽高和对齐等属性,装饰性的图片和内容混杂在一起,这样一来,不但代码可读性极低,而且代码的冗余度也很高,无谓地、极大地增加了网页的体积,无法把公共性的元素和设置加以集中。而且如果页面需要做哪怕是小小的一点改动,可能都是一件十分可怕的事情,各个单元格之间的相互依赖性太大了,某一个单元格一点小小的改动,就要对其他单元格的位置进行彻底的调整。并且表格要全部下载完之后才能显示,表格中的各单元格内容之间存在强依赖关系。由于以上的种种原因,加上表格布局所没有的优点,催生了 Div+CSS 布局方案,而且这种布局还顺应联合了 web2.0 中的各项技术,所以代替了原来的表格布局成为了如今热门的技术。

8.1 Web 标准化布局基础

Web 标准,即网站标准。目前通常所说的 Web 标准一般指网站建设采用基于 XHTML 语言的网站设计语言,Web 标准中典型的应用模式是"Div+CSS"。实际上,Web 标准不是某一个标准,而是一系列标准的集合。

网页主要由三部分组成:结构(Structure)、表现(Presentation)和行为(Behavior)。对应的标准也分三方面:结构化标准语言主要包括 XHTML 和 XML,表现标准语言主要包括 CSS,行为标准主要包括对象模型(如 W3C DOM)、ECMAScript 等。这些标准大部分由万维网联盟(英文缩写:W3C)起草和发布。也有一些是其他标准组织制订的标准,比如 ECMA(European Computer Manufacturers Association)的 ECMAScript 标准。

网络时代高速发展,各种新技术不断涌现,如 HTML5、CSS3。而使用 HTML5 做网站的几乎都是高端网站,这些网站都是采用了 Div+CSS 制作。Div+CSS 是网站标准(或称"Web 标准")中常用的术语之一,通常为了说明与 HTML 网页设计语言中的表格(table)定位方式的区别,因为 XHTML 网站设计标准中,不再使用表格定位技术,而是采用 Div+CSS 的方式实现各种定位。用 Div 盒模型结构给各部分内容划分到不同的区块,然后用 CSS 来定义盒模型的位置、大小、边框、内外边距、排列方式等。

8.1.1 Div 概述

Div 是 CSS 中的定位技术,在 Dreamweaver 中将其进行了可视化操作。文本、图像和表格等元素只能固定其位置,不能互相叠加在一起。使用 Div 功能,可以将其放置在网页中的任何位置,还可以按顺序排放网页文档中的其他构成元素,体现了网页技术从二维空间向三维空间的一种延伸。将 Div 和行为综合使用,就可以不使用任何的 JavaScript 或 HTML 编码创作出动画效果。

Div 元素是用来为 HTML 文档内大块(block－level)的内容提供结构和背景的元素。Div 的起始标签和结束标签之间的所有内容都是用来构成这个块的，其中所包含元素的特性由 Div 标签的属性来控制，或者是通过使用样式表格式化这个块来进行控制。

Div 标签称为区隔标记，其作用是设定文本、图像、表格等的摆放位置。Div 标签简单来说就是一个区块容器标签，即＜div＞与＜/div＞之间相当于一个容器，可以容纳段落、标题、表格、图片等各种元素。因此，可以把＜div＞与＜/div＞中的内容视为一个独立的对象。

8.1.2　Div 与 CSS 布局优势

掌握基于 CSS 的网页布局方式，是实现 Web 标准的基础。在制作网页时采用 CSS 技术，可以有效地对页面的布局、字体、颜色、背景和其他效果实现更加精确地控制。只要对相应的代码做一些简单的修改，就可以改变网页的外观和格式。可以使用 CSS 控制页面中块级别元素的格式和定位。CSS 对块级元素执行以下操作：为它们设置边距和边框、将它们放置在页面的特定位置、向它们添加背景颜色、在它们周围设置浮动文本等。

简单地说，Div 用于搭建网站结构(框架)、CSS 用于创建网站表现(样式/美化)，实质即使用 XHTML 对网站进行标准化重构，采用 CSS 布局的优势主要表现在以下几方面：

1. 表现和内容相分离

将设计部分剥离出来放在一个独立样式文件中，HTML 文件中只存放文本信息。符合 W3C 标准，微软等公司均为 W3C 支持者。这一点是最重要的，因为这保证网站不会因为将来网络应用的升级而被淘汰。

2. 提高搜索引擎对网页的索引效率

用只包含结构化内容的 HTML 代替嵌套的标签，搜索引擎将更有效地搜索到网页内容，并可能给一个较高的评价。

3. 代码简洁，提高页面浏览速度

对于同一个页面视觉效果，采用 Div＋CSS 重构的页面容量要比 TABLE 编码的页面文件容量小得多，代码更加简洁，前者一般只有后者的 1/2 大小。对于一个大型网站来说，可以节省大量带宽。并且支持浏览器的向后兼容，也就是无论未来的浏览器大战，胜利的是 IE 或者是火狐，您的网站都能很好地兼容。

4. 易于维护和改版

内容和样式的分离，使页面和样式的调整变得更加方便。只要简单地修改几个 CSS 文件就可以重新设计整个网站的页面。现在 YAHOO、MSN 等国际门户网站，网易、新浪等国内门户网站，和主流的 WEB2.0 网站，均采用 Div＋CSS 的框架模式，更加印证了 Div＋CSS 是大势所趋。

8.1.3 Div 标签操作

可以将 Div 理解为一个文档窗口内的又一个小窗口，像在普通窗口中的操作一样，在 Div 中可以输入文字，也可以插入图像、动画影像、声音、表格等元素，对其进行编辑。Div 标签操作主要有四种类型：

1. 插入 Div 标签

可以使用 Div 标签创建 CSS 布局块并在文档中对它们进行定位。如果将包含定位样式的现有 CSS 样式表附加到文档，这将很有用。Dreamweaver 使你能够快速插入 Div 标签并对它应用现有样式。

若要向文档窗口插入 Div 标签，首先将插入点放置在要显示 Div 标签的位置。通常插入 Div 标签的方法有三种：

(1) 直接点击"插入"→"布局对象"→"Div 标签"。

(2) 直接点击"插入"面板"常用"类别中单击"插入 Div 标签"按钮"▣"。

(3) 输入 HTML 代码来创建 Div 对象。例如："＜div class＝"center"＞此处显示新 Div 标签的内容＜/div＞"

读一读 8－1

在页面中插入"Div 标签"

① 文档中选择插入点
② 插入Div标签："插入"→"布局对象"→"Div标签"
③ 选择Div标签的插入位置

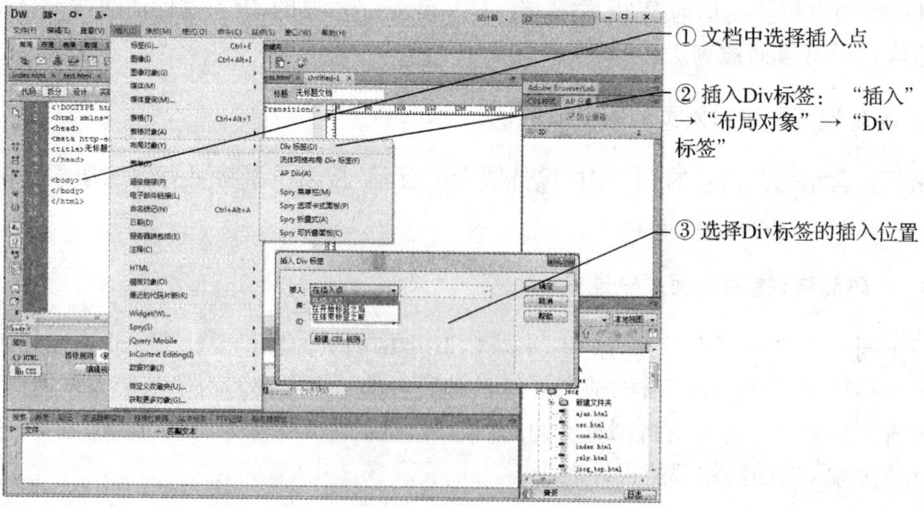

图 8－4　插入 Div 标签

提示

插入："在插入点"选项是指在当前光标所在位置插入 Div 标签，此选项仅在没有选中任何内容时可用；"在开始标签之后"选项是指在一对标签的开始标签之后，此标签所引用的内容之前插入 Div 标签，新创建的 Div 标签嵌套在此标签中；"在标签之后"选项是指在一对标签的结束标签之后插入 Div 标签，新创建的 Div 标签与前面的标签是并列关系。该对话框会列出当前文档中所有已创建的 Div 标签供用户确定新创 Div 标签的插入位置。

> **类**:为新插入的Div标签附加已有的类样式。
> **ID**:为新插入的Div标签创建唯一的ID号。

2. 在Div标签中输入内容

如需要在Div标签中进一步输入内容,可在Dreamweaver选择该标签边框内的任意位置单击,在光标插入点就可以输入内容。

3. 删除Div标签

如需要删除Div标签,可以在Dreamweaver文档窗口的"设计"视图中,选择需要删除的Div标签边框,点击键盘的删除(Delete)键。

4. Div标签嵌套

Div标签是可以嵌套的。将鼠标在插入的Div标签内单击,然后使用"插入"菜单中的"布局对象",在弹出的下级菜单中选择"Div标签",就可以插入嵌套的Div标签。

8.2　CSS的盒子模型

要想熟练掌握Div和CSS的布局方法,首先要对盒子模型有足够的了解。盒子模型是CSS布局网页时非常重要的概念,只有很好地掌握了盒子模型以及其中每个元素的使用方法,才能真正地布局网页中各个元素的位置。

网页设计中常听的属性名:内容(content)、填充(padding)、边框(border)、边界(margin),CSS盒子模式都具备这些属性。这些属性我们可以把它转移到我们日常生活中的盒子(箱子)上来理解,日常生活中所见的盒子也就是能装东西的一种箱子,也具有这些属性,所以叫它盒子模式。CSS盒子模型就是在网页设计中经常用到的CSS技术所使用的一种思维模型。

8.2.1　盒子模型的概念

一个盒子由4个独立部分组成,如图8-5、图8-6所示。

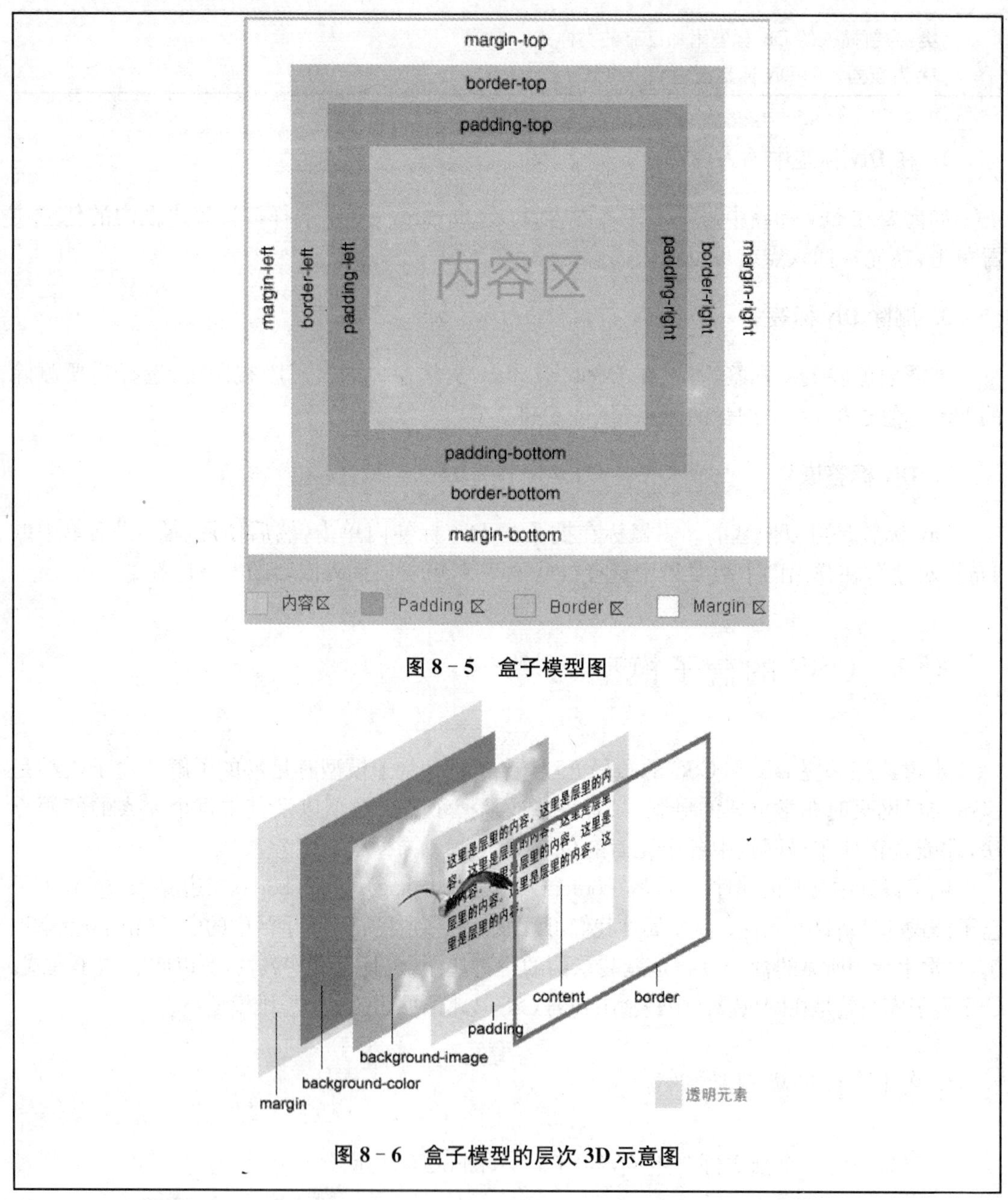

图 8-5　盒子模型图

图 8-6　盒子模型的层次 3D 示意图

所有页面中的元素都可以看作一个装了东西的盒子，盒子里面的内容(content)到盒子的边框之间的距离即填充(padding)，盒子本身有边框(border)，而盒子边框外和其他盒子之间，还有边界(margin)。在网页设计上，内容常指文字、图片等元素，但是也可以是小盒子(Div 嵌套)，与现实生活中盒子不同的是，现实生活中的东西一般不能大于盒子，否则盒子会被撑坏的，而 CSS 盒子具有弹性，里面的东西大过盒子本身最多把它撑大，但它不会损坏的。

填充、边框和边界都分为上、右、下、左 4 个方向，既可以分别定义，也可以统一定义。当使用 CSS 定义盒子的 width 和 height 时，定义的并不是内容区域、填充、边框和边界所占的总区域，实际上定义的是内容区域 content 的 width 和 height。为了计算盒子所占的实际区域，必须加上 padding、border 和 margin。

实际宽度＝左边界＋左边框＋左填充＋内容宽度(width)＋右填充＋右边框＋右边界。

实际高度＝上边界＋上边框＋上填充＋内容宽度(width)＋下填充＋下边框＋下边界。

读一读 8-2

在 CSS 中，width 和 height 指的是内容区域的宽度和高度。增加内边距、边框和外边距不会影响内容区域的尺寸，但是会增加元素框的总尺寸。

假设框的每个边上有 10 个像素的外边界和 5 个像素的内填充。如果希望这个元素框达到 100 个像素，就需要将内容的宽度设置为 70 像素，请看下图：

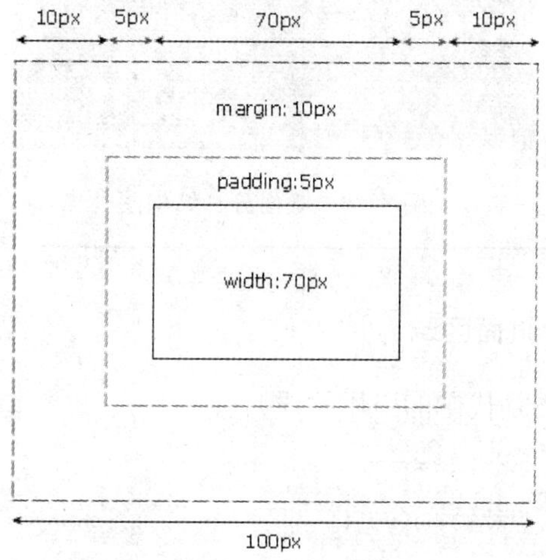

图 8-7　CSS 盒子设置

提示

背景应用于由内容和内边距、边框组成的区域；内边距、边框和外边距可以应用于一个元素的所有边，也可以应用于单独的边；外边距可以是负值，而且在很多情况下都要使用负值的外边距。

8.2.2　定义语义结构

不仅是在创建(X)HTML 结构的时候需要选择符合语义的标签，在创建自定义 CSS 的时候，也需要根据其实际的作用来命名。一般而言，CSS 中的类样式或者 ID 样式的命名方式应当考虑页面中某个相对元素的“用意”或“作用”，独立于它的“定位”或确切的特性(结构化方式)。

下面的这个例子是一个典型的版面分栏结构，即页头、导航栏、内容、版权，典型版面分栏结构如下图 8-8 所示。

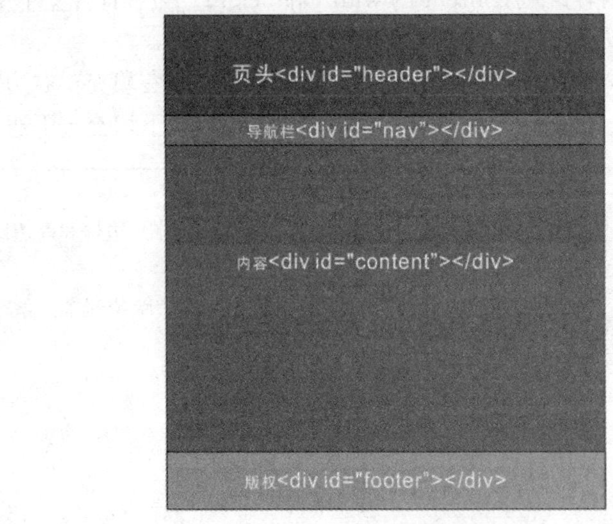

图 8-8　版面分栏结构图

1. 利用 Div 标记划分页面区域

其结构代码如下(以下是代码的引用片段)：

```
<div id="header"></div>
<div id="nav"></div>
<div id="content"></div>
<div id="footer"></div>
```

上面代码定义了四个盒子，如果要让这些盒子等宽，并从上到下整齐排列，然后在整个页面中居中对齐，则需进一步的定义。为了方便控制，可以把这四个盒子装进一个更大的盒子，这个盒子就是 BODY，其结构代码就变成(以下是代码的引用片段)：

```
<body>
<div id="header"></div>
<div id="nav"></div>
<div id="content"></div>
<div id="footer"></div>
</body>
```

2. 利用 CSS 规则定位和修饰 Div 区域

最外边的大盒子(装着小盒子的大盒子)如果要让它在页面居中，并重定义其宽度为 760 像素，同时加上边框，那么它的样式是(以下是在 CSS 规则中的引用片段)：

```
body {
font—family: Arial, Helvetica, sans—serif; font—size: 12px;
margin: 0px auto;
height: auto;
width: 760px;
border: 1px solid #006633;
}
```

为了简单起见，页头的整个区块应用了一幅背景图，并在其下边界设计定一定间隙，目的是让页头的图像不要和下面要做的导航栏连在一起，这样也是为了美观。其样式代码为(以下是在 CSS 规则中的引用片段)：

```
#header {
height: 100px; width: 760px;
background—image: url(headPic.gif);
background—repeat: no—repeat;
margin:0px 0px 3px 0px;
}
```

可以将导航栏做成好像一个个的小按钮，当鼠标移上去时，会改变按钮背景色和字体的颜色。这些小按钮也可以理解为小盒子，是在导航盒子内的嵌套，样式代码如下(以下是在 CSS 规则中的引用片段)：

```
#nav {
height: 25px; width: 760px;
font-size: 14px;
list-style-type: none;
}
#nav li {
float:left;
}
#nav li a{
color: #000000; text-decoration:none;
padding-top:4px;
display:block;
width:97px; height:22px;
text-align:center;
background-color: #009966;
margin-left:2px;
```

```
}
#nav li a:hover{
background-color:#006633; color:#FFFFFF;
}
```

内容部分主要放入文章内容,包含标题和段落。标题的格式加粗,为了规范化,标题使用<h>标签,段落要自动实现首行缩进2个字。所有内容看起来要和外层大盒子边框有一定距离,可以使用填充属性实现。内容区块样式代码为(以下是在CSS规则中的引用片段):

```
#content {
height:auto; width:740px;
line-height:1.5em;
padding:10px;
}
#content p {
text-indent:2em;
}
#content h5 {
font-size:16px;
margin:10px;
}
```

最后是版权栏,可以给它加个背景,与页头相映。里面文字要自动居中对齐,有多行内容时,行间距合适,这里的链接样式也可以单独指定。其样式代码如下(以下是在CSS规则中的引用片段):

```
#footer {
height:50px; width:740px;
line-height:2em;
text-align:center;
background-color:#009966;
padding:10px;
}
```

一般在样式开头会看到这样的样式代码(以下是在CSS规则中的引用片段):

```
* {
margin:0px;
padding:0px;
}
```

其目的是用通配符初始化各标签边界和填充。因为在HTML/XHTML中有部分标签默认会有一定的边界，如form标签。用通配符初始化后，就不用对每个标签再加以这样的控制，在一定的程度上简化了代码。

最终完成全部CSS样式代码如下（可以将其写在NTML文档代码<head>区域的CSS规则中，也可以写在外部的CSS样式表，再加载到网页文档中）：

以下是引用片段：

```
<style type="text/css">
* {
margin: 0px;
padding: 0px;
}
body {
font-family: Arial, Helvetica, sans-serif; font-size: 12px;
margin: 0px auto;
height: auto;
width: 760px;
border: 1px solid #006633;
}
#header {
height: 100px; width: 760px;
background-image: url(headPic.gif);
background-repeat: no-repeat;
margin:0px 0px 3px 0px;
}
#nav {
height: 25px; width: 760px;
font-size: 14px;
list-style-type: none;
}
#nav li {
float:left;
}
#nav li a{
color:#000000; text-decoration:none;
padding-top:4px;
display:block;
width:97px; height:22px;
text-align:center;
background-color: #009966;
margin-left:2px;
```

```
}
#nav li a:hover{
background-color:#006633;
color:#FFFFFF;
}
#content {
height:auto;
width:740px;
line-height:1.5em;
padding:10px;
}
#content p {
text-indent:2em;
}
#content h5 {
font-size:16px;
margin:10px;
}
#footer {
height:50px; width:740px;
line-height:2em;
text-align:center;
background-color:#009966;
padding:10px;
}
</style>
```

页面结构代码如下：

```
<body>
<div id="header"></div>
<ul id="nav">
<li><a href="#">首 页</a></li>
<li><a href="#">文 章</a></li>
<li><a href="#">相册</a></li>
<li><a href="#">Blog</a></li>
<li><a href="#">论 坛</a></li>
<li><a href="#">联系我们</a></li>
<li><a href="#">帮助</a></li>
</ul>
```

```
<div id="content">
<h5>前言</h5>
<p>第一段内容</p>
<h5>理解 CSS 盒子模式</h5>
<p>第二段内容</p>
</div>
<div id="footer">
<p>关于南城 |校园服务 | 校园招聘 | 客服中心 | Q Q 留言 | 网站管理 | 会员登录 | 留言
板</p><p>Copyright ?  2012 — 2014 Nanjing CITY VOCATIONAL COLLEGE. All Rights
Reserved</p>
</div>
</body>
```

根据以上全部代码制作的网页浏览效果如下图 8-9 所示。

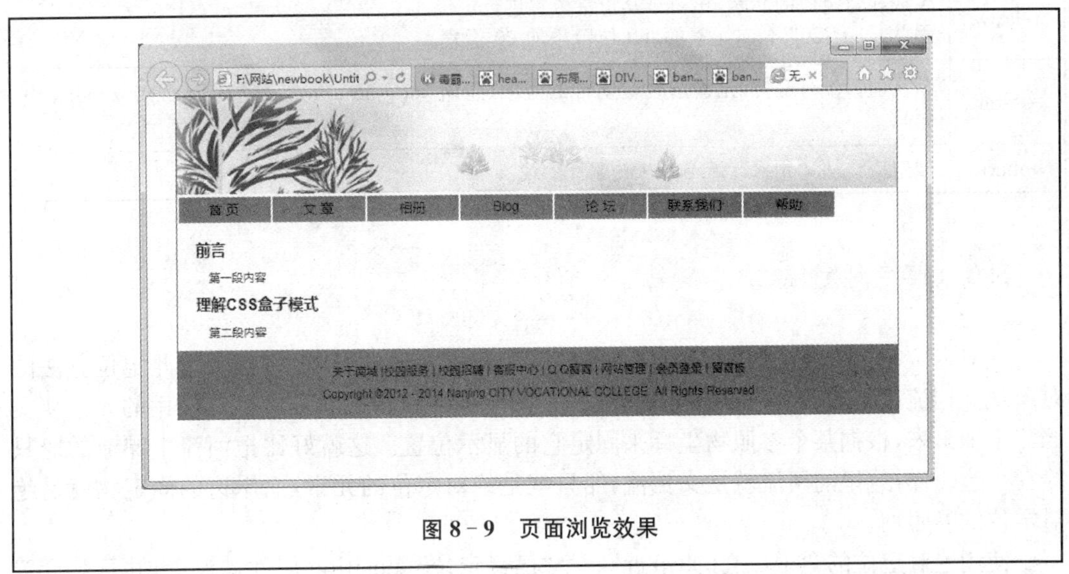

图 8-9　页面浏览效果

8.3　CSS 的定位布局

CSS 对元素的定位包括相对定位和绝对定位，同时，还可以把相对定位和绝对定位结合起来，形成混合定位。CSS 允许定义元素框相对于其正常位置应该出现的位置，或者相对于父元素、另一个元素甚至浏览器窗口本身的位置。

CSS 为定位和浮动提供了一些属性，利用这些属性，可以建立列式布局，将布局的一部分与另一部分重叠，还可以完成通常需要使用多个表格才能完成的任务。其中的 **position 属性**是精确布局的核心和关键。它与 **float 属性**的功能和作用并驾齐驱，即协同完成网页的精确性和灵活性布局设计。因此，position 属性和 float 属性是 CSS 布局中两个最基本、最重要的技术概念。

position 中文含意为“位置”。顾名思义，该属性的功能就是用来确定元素的位置。使用它可以把图片放置在栏目的右上角，或者把置顶工具条始终固定在网页的顶部等。

CSS 定位的核心正是基于这个属性来实现的。使用定位布局的时候，主要把 position 属性用在 Div 标签上，当把文字、图像或其他的放在 Div 中，它可称作为“Div block”，或“Div element”或“CSS-layer”，或干脆叫“layer”，而中文我们把它称作“层”。position 属性语法为“position ：static | absolute | fixed | relative”。

position 属性值的含义

值	描　述
absolute	生成绝对定位的元素，相对于 static 定位以外的第一个父元素进行定位。 元素的位置通过 "left", "top", "right" 以及 "bottom" 属性进行规定。
fixed	生成绝对定位的元素，相对于浏览器窗口进行定位。 元素的位置通过 "left", "top", "right" 以及 "bottom" 属性进行规定。
relative	生成相对定位的元素，相对于其正常位置进行定位。 因此，"left:20" 会向元素的 left 位置添加 20 像素。
static	默认值。没有定位，元素出现在正常的流中(忽略 top, bottom, left, right 或者 z-index 声明)。
inherit	规定应该从父元素继承 position 属性的值。

8.3.1　绝对定位

绝对定位完全忽略了(X)HTML 文档流对于元素位置的影响，将被赋予此定位方法的对象从文档流中拖出。当 position 属性取值为 absolute 时，它会强制把被应用的元素从文档流中拖出来，根据某个参照物坐标来固定它的显示位置。这就好比把河流中漂流的船只拴在岸边一样，这里的河流就是文档流，船只就是绝对定位的元素，而岸边的固定物就是绝对定位的参照物。

使用绝对定位的盒子以它的“最近”一个“已经定位”(position 属性被设置，并且被设置的不是 static)的“祖先元素”为基准进行偏移。如果没有已经定位的祖先元素，那么会以浏览器窗口为基准进行定位。

使用绝对定位的盒子从标准流中脱离，这意味着它们对其后的兄弟盒子的定位没有影响，其他的盒子就好像这个盒子不存在一样。

如果设置了绝对定位，而没有设置偏移属性，那么它仍将保持在原来的位置。这个性质可以用于需要使某个元素脱离标准流，而仍然希望它保持在原来的位置的情况。

例如，通过编写下面的代码，可以使用绝对定位的方法把<h2>标签从文档流中拖出来，固定在距离页面顶边像素，左边像素的位置，如图 8－10 所示。

```
<! DOCTYPE html PUBLIC "-//W3C//DTD XHTML 1.0 Transitional//EN" "http://www.
w3.org/TR/xhtml1
    /DTD/xhtml1-transitional.dtd">
    <html xmlns="http://www.w3.org/1999/xhtml">
    <head>
    <meta http-equiv="Content-Type" content="text/html; charset=utf-8" />
    <title>绝对定位</title>
    <style type="text/css">
    h2.pos_abs
    {
    position:absolute;              /*绝对定位*/
    left:100px;                     /*距离左边 100 像素*/
    top:150px                       /*距离顶边 150 像素*/
    }
    </style>
    </head>
    <body>
    <h2 class="pos_abs">这是带有绝对定位的标题</h2>
    <p>通过绝对定位,元素可以放置到页面上的任何位置。下面的标题距离页面左侧 100px,距
离页面顶部 150px。</p>
    </body>
    </html>
```

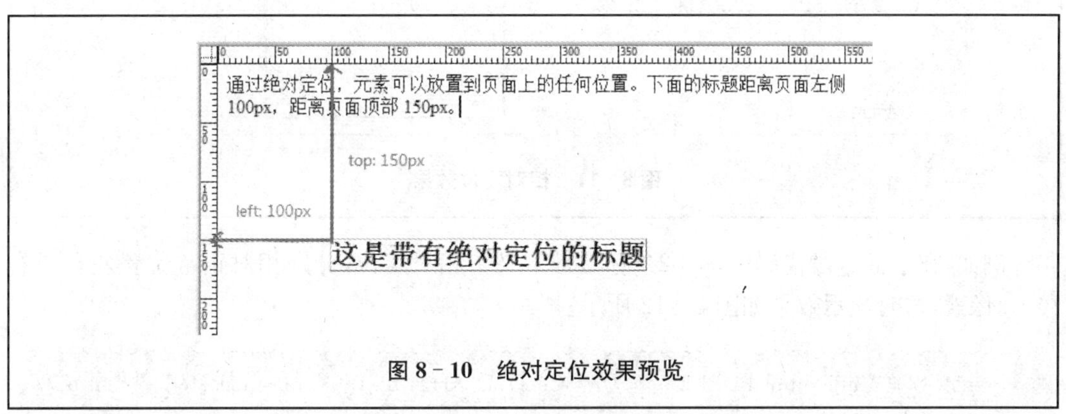

图 8-10　绝对定位效果预览

可以看到,<h2>标签完全不再受文档流的影响,始终显示在指定坐标的位置。因为绝对定位的框与文档流无关,所以它们可以覆盖页面上的其他元素,可以通过设置 z-index 属性来控制这些框的堆放次序。

绝对定位是网页精确定位的基本方法,如果再结合 left、right、top 和 bottom 标签属性进行精确定位,结合 z-index 属性对排列元素的覆盖顺序进行调整,结合 clip 和 visibility 属性裁切、显示或隐藏元素对象或部分区域,可以设计出更强大的网页布局效果。

8.3.2 相对定位

如果对一个元素进行相对定位，它将出现在它所在的位置上。然后，可以通过设置垂直或水平位置，让这个元素"相对于"它的起点进行移动。相对定位实际上被看做普通流定位模型的一部分，因为元素的位置相对于它在普通流中的位置。在使用相对定位时，无论是否进行移动，元素仍然占据原来的空间。因此，移动元素会导致它覆盖其他框。

例如将 top 设置为 20px，那么框将在原位置顶部下面 20 像素的地方。left 设置为 30 像素，那么会在元素左边创建 30 像素的空间，也就是将元素向右移动。代码和效果如下：

```
#box_relative {
    position: relative;
    left: 30px;
    top: 20px;
}
```

效果如下图 8－11 所示。

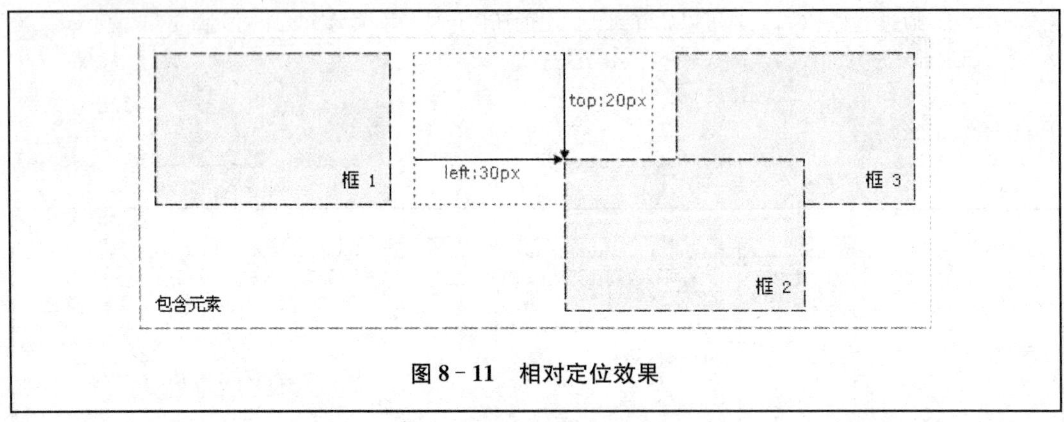

图 8－11　相对定位效果

例如，在下面这段代码中，<h2>标签被定义了相对定位，分别相对正常位置左移或右移 30 像素，这时显示效果如图 8－12 所示。

```
    <! DOCTYPE html PUBLIC "-//W3C//DTD XHTML 1.0 Transitional//EN" "http://
www.w3.org/
  TR/xhtml1/DTD/xhtml1-transitional.dtd">
    <html xmlns="http://www.w3.org/1999/xhtml">
    <head>
    <meta http-equiv="Content-Type" content="text/html; charset=utf-8" />
    <title>无标题文档</title>
    <style type="text/css">
```

```
h2. pos_left
{
position:relative;
lcft:－30px
}
h2. pos_right
{
position:relative;
left:30px
}
</style>
</head>

<body>
<h2>这是位于正常位置的标题</h2>
<h2 class="pos_left">这个标题相对于其正常位置向左移动</h2>
<h2 class="pos_right">这个标题相对于其正常位置向右移动</h2>
<p>相对定位会按照元素的原始位置对该元素进行移动。</p>
<p>样式 "left:－30px" 从元素的原始左侧位置减去 30 像素。</p>
<p>样式 "left:30px" 向元素的原始左侧位置增加 30 像素。</p>
</body>
</html>
```

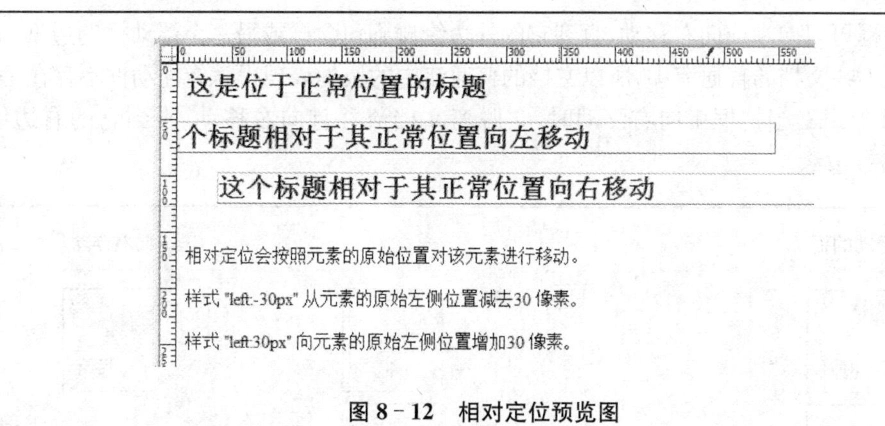

图 8－12　相对定位预览图

可以看到，相对定位元素虽然偏移了原始位置，但是它的原始位置所占据的空间还保留着，并没有被其他元素所挤占。认识并理解相对定位的这一特点对于网页布局来说非常重要，因为很多时候设计师需要通过相对定位来校正元素的显示位置，并不希望因为校正位置而影响其他元素的位置发生变化。

8.4 CSS的浮动布局

应用Web标准创建网页以后，浮动布局在网页设计中被广泛应用，得益于它的灵活性和实用性。但这种灵活性也导致了使用浮动布局时会出现很多意想不到的结果，加上不同浏览器对于浮动布局的解析不一致，有时会让设计师大伤脑筋。

在CSS中，元素的浮动是通过Float属性来实现的，Float中文含义为"浮动"，指定对象是否及如何浮动的属性。以往这个属性应用于图像，使文本围绕在图像周围，不过在CSS中，任何元素都可以浮动。浮动元素会生成一个块级框，而不论它本身是何种元素。元素对象设置了Float属性之后，它将不再独自占据一行。float是相对定位的，会随着浏览器的大小和分辨率的变化而改变。float浮动属性是元素定位中非常重要的属性，常常通过对Div元素应用float浮动来进行定位，不但对整个版式进行规划，还可以对一些基本元素如导航等进行排列。Float属性语法为"float ：left | right | none | inherit"

Float属性值的含义：

值	描　述
left	元素向左浮动。
right	元素向右浮动。
none	默认值。元素不浮动，并会显示在其在文本中出现的位置。
inherit	规定应该从父元素继承 float 属性的值。

浮动的框可以向左或向右移动，直到它的外边缘碰到包含框或另一个浮动框的边框为止。由于浮动框不在文档的普通流中，所以文档的普通流中的块框表现得就像浮动框不存在一样。

如下图8-13，当把框1向右浮动时，它脱离文档流并且向右移动，直到它的右边缘碰到包含框的右边缘。

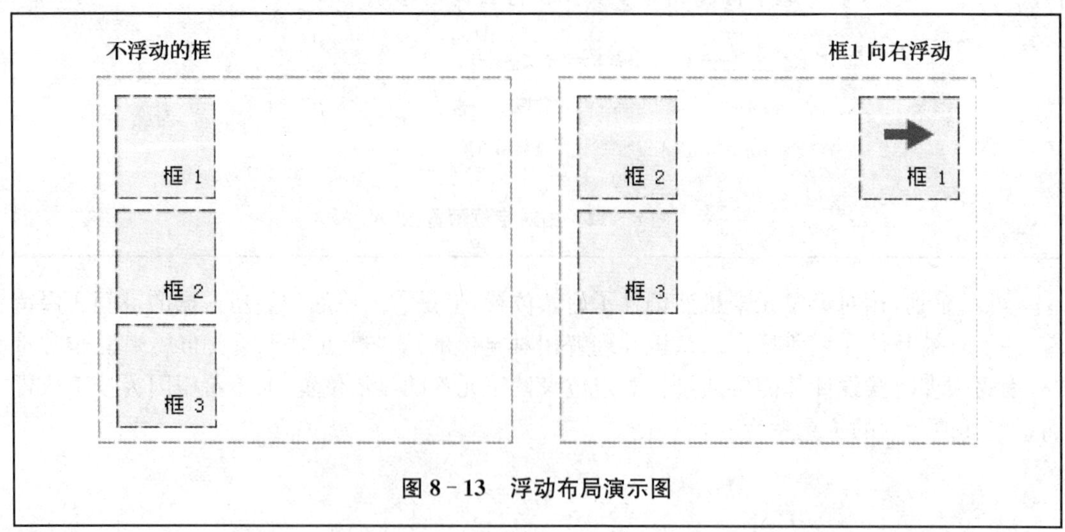

图8-13　浮动布局演示图

当框1向左浮动时，它脱离文档流并且向左移动，直到它的左边缘碰到包含框的左边缘。因为它不再处于文档流中，所以它不占据空间，实际上覆盖住了框2，使框2从视图中消失。结果如8-14左图。

如果把所有三个框都向左移动，那么框1向左浮动直到碰到包含框，另外两个框向左浮动直到碰到前一个浮动框，如图8-14右图所示。

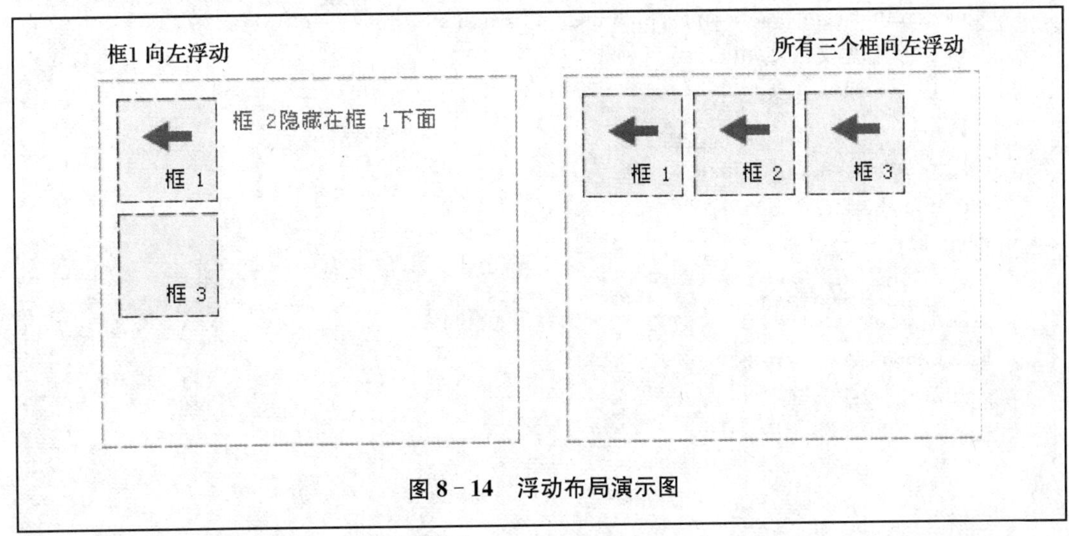

图8-14　浮动布局演示图

如下图8-15左图所示，如果包含框太窄，无法容纳水平排列的三个浮动元素，那么其他浮动块向下移动，直到有足够的空间。

如果浮动元素的高度不同，那么当它们向下移动时可能被其他浮动元素"卡住"，如图8-15右图所示。

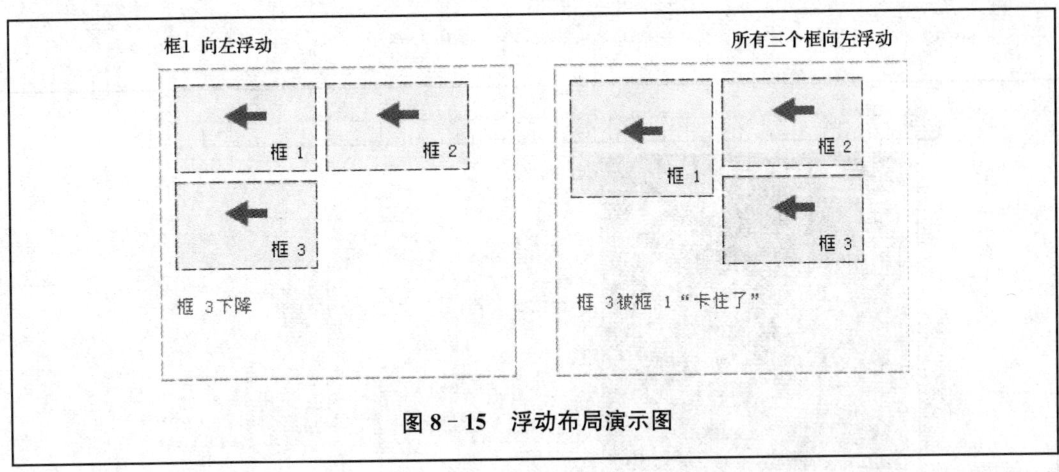

图8-15　浮动布局演示图

例如，通过编写下面的代码，使元素Divtest1向左浮动，则元素Divtest2也要向左浮动即流到第一个Div对象Divtest1的右侧，如图8-16所示。

```
<! DOCTYPE html PUBLIC "-//W3C//DTD XHTML 1.0 Transitional//EN" "http://www.w3.org/
TR/xhtml1/DTD/xhtml1-transitional.dtd">
<html xmlns="http://www.w3.org/1999/xhtml">
<head>
<meta http-equiv="Content-Type" content="text/html; charset=utf-8" />
<title>无标题文档</title>
<style type="text/css">
#Divtest1 {
height: 200px;width: 200px;
background-color: #ff0000;
float: left;
}
#Divtest2 {
background-color: #ffff00;
width: 300px;height: 180px;
float: left;
}
</style>
</head>
<body>
<div id="Divtest1">Divtest1 测试 1</div>
<div id="Divtest2">Divtest2 测试 2</div>
</body>
</html>
```

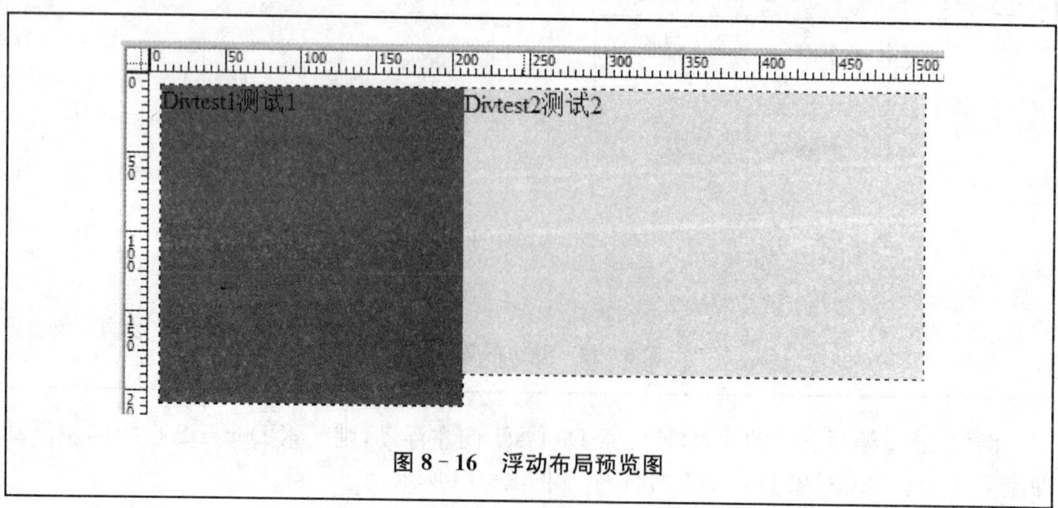

图 8-16　浮动布局预览图

任务九　应用框架进行布局设计

任务描述

用框架技术制作《网页制作与发布》课程教学网站的"教学资源"栏目。

技能要求

能够在 Dreamweaver CS6 中创建基于框架的页面布局；熟练创建框架和框架集；会保存框架和框架文件；掌握设置框架和框架集属性的方法；掌握内联框架的创建和应用方法。

任务实施

分析"教学资源"栏目主要页面的设计，结合 Dreamweaver 的框架布局及应用可将任务分解为 3 个子任务，具体步骤如下：

任务 1：分析设计图结构，规划页面框架结果（分析下图，结合 Dreamweaver 的框架技术的特点规划出整体页面结构和框架布局）

具体操作

步骤一：分析页面结构（分析图 9-1，该页面显示了一个由 3 个框架组成的框架布局：一个较窄的框架位于左侧面，其中包含了"教学资源"栏目的导航条菜单；一个框架横放在顶部，其中包含"教学资源"栏目的标题和信息技术系的徽标；右侧的大框架占据了页面的其余部分，其中包含了页面主要内容。这些框架中的每一个都显示单独的 HTML 文档。

当用户访问此页面时，在横幅框架和导航框架中显示的内容始终保持不变。单击导航框架中导航条的某一菜单；侧面导航框架本身的内容保持不变，右侧的内容框架中会显示与某一菜单链接对应的文档。）

步骤二：结合上面的分析，设计框架结构如下：

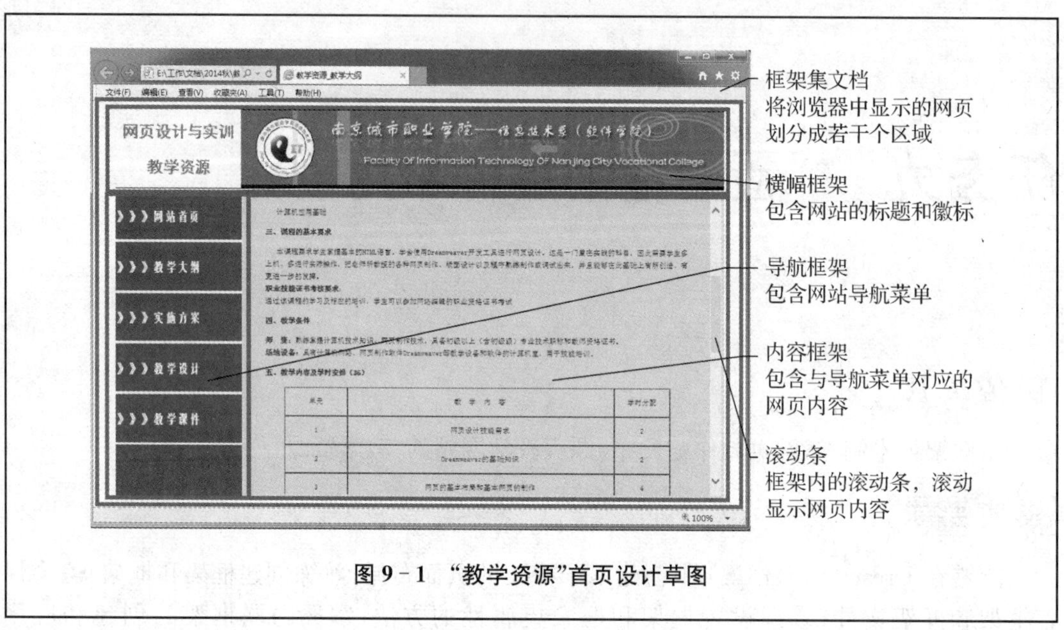
网页设计与实训
教学资源
框架集文档
将浏览器中显示的网页划分成若干个区域
横幅框架
包含网站的标题和徽标
导航框架
包含网站导航菜单
内容框架
包含与导航菜单对应的网页内容
滚动条
框架内的滚动条，滚动显示网页内容

图 9-1 "教学资源"首页设计草图

任务 2:利用 DreamweaverCS6 制作布局框架

在"设计"视图中新建空白的 HTML 无布局文档→利用"插入"菜单创建基本布局框架;分别保存框架的各个页面及整体布局的框架集文件。

具体操作

步骤一:创建基本布局框架(在新建文档的"设计"窗口中选择"插入"→"HTML"→"框架"→选择"上方及左侧嵌套"创建基本框架结构)

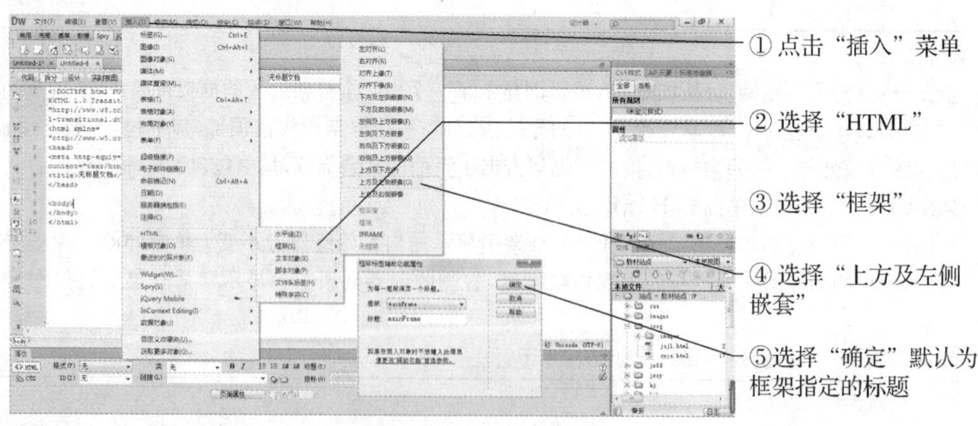
① 点击"插入"菜单
② 选择"HTML"
③ 选择"框架"
④ 选择"上方及左侧嵌套"
⑤选择"确定"默认为框架指定的标题

图 9-2(a) 创建布局的基本框架

步骤二:分别保存框架及框架集文件(点击"文件"菜单中的"保存全部按系统提示分别保存框架及框架集文件。可以将框架集页面保存为该栏目的主页面)。

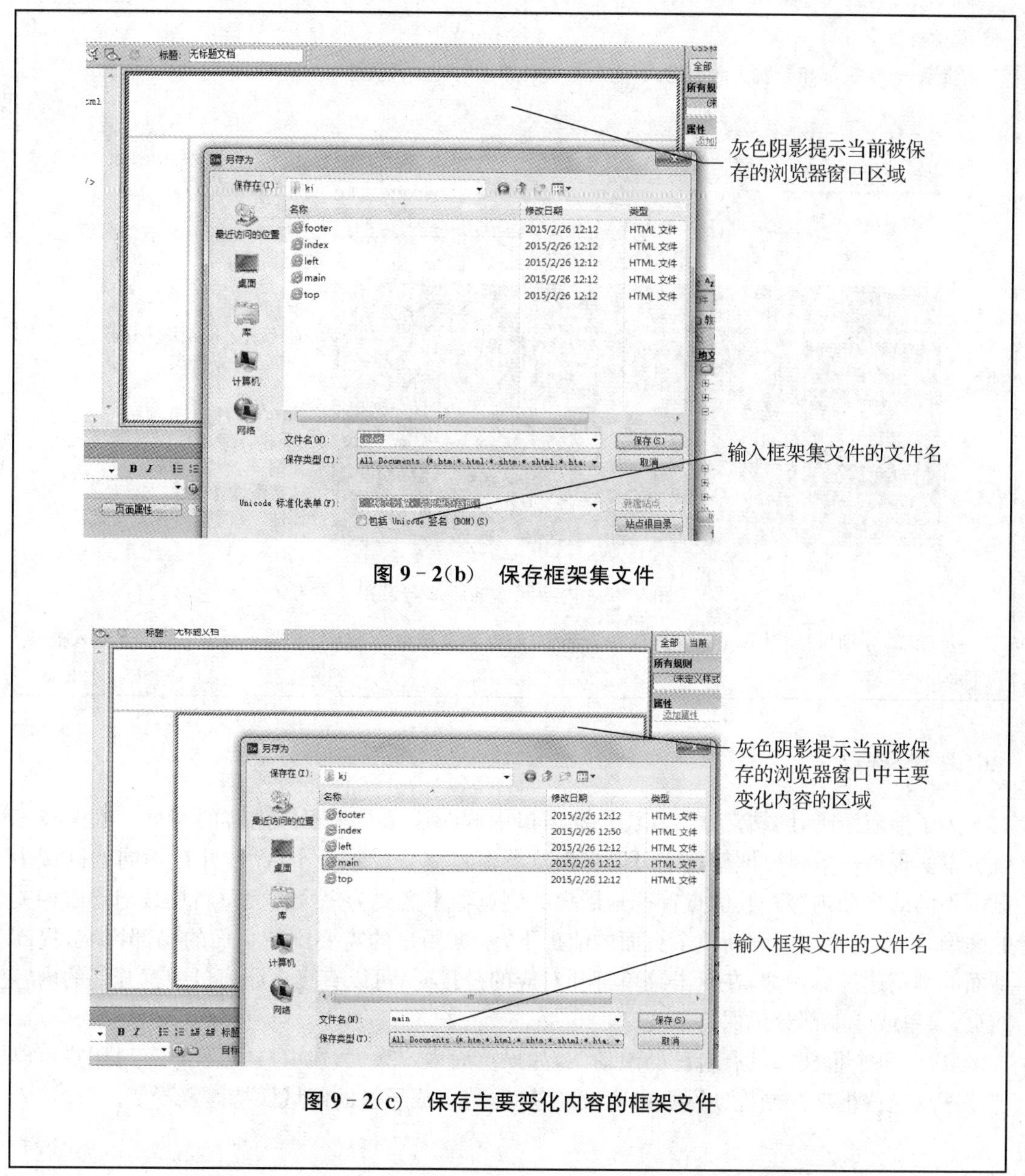

图 9-2(b)　保存框架集文件

图 9-2(c)　保存主要变化内容的框架文件

任务 3:创建头部区域和导航区域文件并保存

在框架集中将插入点放置头部区域中输入标题文字及头部 Flash 并保存该文档;在左侧区域中插入表格、输入导航文字,设置文本格式保存文档。

具体操作

步骤一：在头部和导航页面中输入、插入与设计草图对应页面元素。

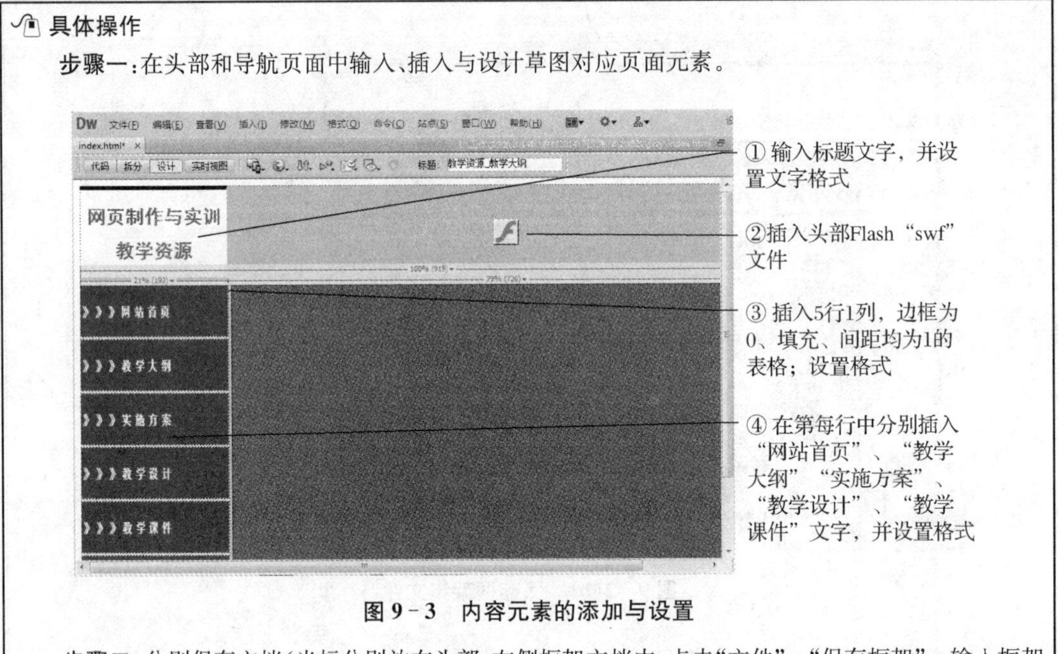

图 9-3　内容元素的添加与设置

步骤二：分别保存文档（光标分别放在头部、左侧框架文档中，点击"文件"→"保存框架"→输入框架文件名→"保存"）

知识链接

为了导航清晰，网站常常会在浏览器窗口中同时展示几个不同内容的网页。框架技术就可以实现这一效果。框架技术可以将浏览器窗口划分成若干个区域，并在不同的区域中显示不同的页面内容。其优点首选是用户的浏览器不需要为每个页面重新加载与导航相关的图形，可以在不需要刷新整个页面的前提下，根据用户的需要刷新页面的局部区域，提高页面的浏览速度。例如，在点击菜单打开对应的链接时，可以直接在原窗口中打开新的内容网页，菜单或导航部分仍保持不变。

其次，每个框架都具有自己的滚动条，如果页面内容太大，在窗口中显示不下，用户可以独立滚动这些框架。当拖动网页内容滚动条时，菜单或导航的区域保持固定不变。

9.1　框架和框架集

框架是浏览器窗口中的一个区域，它可以显示与浏览器窗口的其余部分中所显示内容无关的 HTML 文档。框架提供将一个浏览器窗口划分为多个区域、每个区域都可以显示不同 HTML 文档的方法。使用框架的最常见情况就是：一个框架显示包含导航控件的文档，而另一个框架显示包含内容的文档。

框架主要包括两个部分，一个是框架集，另一个就是框架。

1. 框架集

框架集是一个 HTML 文件，在这个文件内定义了一组框架的布局和属性，包括框架的数目、框架的大小和位置以及在每个框架中显示的页面的初始 URL。框架集文件本身不包含在浏览器中显示的 HTML 内容，但 <noframes> 部分除外；框架集文件只是向浏览器提供应如何显示一组框架以及在这些框架中应显示哪些文档的有关信息。

2. 框架

框架不是文件，框架是一个存放文档的容器。我们通常会以为当前显示在框架中的网页文档是构成框架的一部分，实际上网页文档并不是框架的一部分。框架是个空杯子，网页文档就是可以放在杯子里的白开水、或橙汁、或葡萄酒。

读一读 9-1

"页面"可以理解为一个 HTML 文档，如当前浏览器窗口中同时显示了多个 HTML 文档也可以理解为一个"页面"。"使用框架的页面"通常表示一组框架以及最初显示在框架中的文档。

如果一个站点在浏览器中显示为包含 3 个框架的单个页面，则它实际上至少由 4 个 HTML 文档组成：框架集文件以及三个文档，这三个文档包含最初在这些框架内显示的内容。

提示

在 Dreamweaver 中设计使用框架集的页面时，必须保存所有这四个文件，该页面才能在浏览器中正常显示。

9.2　创建框架集和框架

在 Dreamweaver 中有两种创建框架集的方法，既可以从 Dreamweaver 预定义的框架集中选择，也可以根据自己的需要设计自定义框架集。

选择预定义的框架集将会设置创建布局所需的所有框架集和框架，它是迅速创建基于框架的布局的最简单方法。选择预定义方式就只能在"文档"窗口的"设计"视图中插入预定义的框架集。

我们还可以通过向"文档"窗口中添加"拆分器"，在 Dreamweaver 中设计自己的框架集。

9.2.1　创建预定义框架集

Dreamweaver 预定义了 13 种框架集。使用预定义框架集，可以方便快捷的基于框架布局网页页面。

读一读 9-2

在新建的空白网页中制作与设计草图 8-1 相对应的网页页面。

操作步骤如下："插入"→"HTML"→"框架"→在弹出的对话框中选择我们需要的框架结构。见图 9-4。

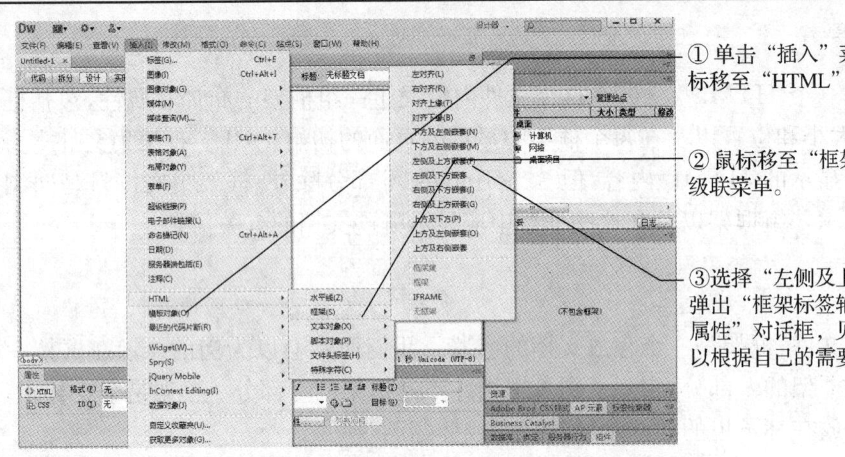
①单击“插入”菜单，鼠标移至“HTML”。
②鼠标移至“框架”弹出级联菜单。
③选择“左侧及上方嵌套”弹出“框架标签辅助功能属性”对话框，见图9-5可以根据自己的需要设置

图 9-4　通过“插入”菜单创建预定义框架集

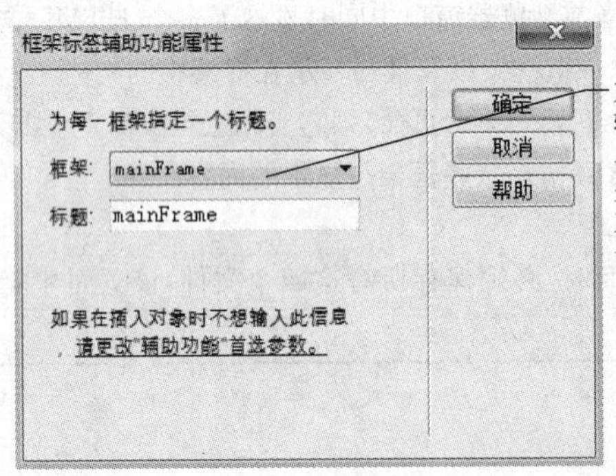
框架标签辅助功能属性
为每一框架指定一个标题。
框架：mainFrame
标题：mainFrame
确定
取消
帮助
如果在插入对象时不想输入此信息，请更改“辅助功能”首选参数。
如果我们将 Dreamweaver 设置为提示您输入框架辅助功能属性，则请从弹出菜单中选择一个框架，输入此框架的名称并单击“确定”
对于使用屏幕阅读器的访问者，屏幕阅读器在遇到页面中的框架时，将读取此名称

图 9-5　框架标签辅助功能属性

提示

在创建框架集或使用框架前，通过选择“查看”>“可视化助理”>“框架边框”，使框架边框在“文档”窗口的“设计”视图中可见

如果您在没有输入新名称的情况下单击“确定”，则 Dreamweaver 会为此框架指定一个与其在框架集中的位置(左框架、右框架等等)相对应的名称。

如果按“取消”，该框架集将出现在文档中，但 Dreamweaver 不会将它与辅助功能标签或属性相关联。

9.2.2　设计框架集

为了操作方便，在创建框架集或使用框架前，通过选择“查看”→“可视化助理”→“框架边框”，使框架边框在“文档”窗口的“设计”视图中可见。通过以下操作我们根据实际需求可以设计自定义框架集。

读一读 9-3

“设计框架集”的操作

1. 设置框架集可见性

选择“查看”→“可视化助理”→“框架边框”

2. 创建嵌套框架集

选择要操作的"文档"→点击"设计"显示设计师徒→点击"修改"菜单→选择"框架集"→选择拆分项("拆分左框架"、"拆分右框架"、"拆分上框架"、"拆分下框架"),Dreamweaver 将窗口拆分成几个框架。如果打开一个现有的文档,它将出现在其中一个框架中。

📖 提示

在另一个框架集中的框架集称为嵌套框架集。一个框架集文件可以包含多个嵌套的框架集。大多数使用框架的网页实际上都使用嵌套的框架,并且在 Dreamweaver 中大多数预定义的框架集也使用嵌套。如果在一组框架里,不同行或不同列中有不同数目的框架,则要求使用嵌套的框架集。

3. 拆分框架

将插入点放在要拆分的框架中,点击"修改"菜单→选择"框架集"→选择拆分项。

📖 提示

(1) 垂直或水平方式拆分一个框架或一组框架,请将框架边框从"设计"视图的边缘拖入"设计"视图的中间。

(2) 要使用不在"设计"视图边缘的框架边框拆分一个框架,请在按住 Alt 键的同时拖动框架边框。

(3) 要将一个框架拆分成四个框架,请将框架边框从"设计"视图一角拖入框架的中间。

(4) 要创建三个框架,请首先创建两个框架,然后拆分其中一个框架。不编辑框架集代码是很难合并两个相邻框架的,所以将四个框架转换成三个框架要比将两个框架转换成三个框架更难。

4. 删除框架

如要删除一个框架,直接将边框框架拖离页面或拖到父框架的边框上。

如要删除的框架中的文档有未保存的内容,则 Dreamweaver 将提示我们保存该文档。

📖 提示

您不能通过拖动边框完全删除一个框架集。要删除一个框架集,请关闭显示它的"文档"窗口。如果该框架集文件已保存,则删除该文件。

5. 删除框架集

我们无法通过拖动边框完全删除一个框架集。要删除一个框架集,请关闭显示它的"文档"窗口。如果该框架集文件已保存,则删除该文件。

6. 调整框架大小

如要设置框架的近似大小,可在"文档"窗口的"设计"视图中拖动框架边框。

如要指定框架的准确大小,并指定当浏览器窗口大小不允许框架以完全大小显示时浏览器分配给框架的行或列的大小,就要使用"属性检查器"进行精确设置。

9.3　选择框架和框架集

若要更改框架或框架集的属性,首先要选择到要更改的框架或框架集。我们可以在"文档"窗口中选择框架或框架集,也可以通过"框架"面板进行选择。

1. 在文档窗口中选择框架或框架集

读一读 9-4

如要在"文档"窗口选择框架,请在"设计"视图中按住 Shift 和 Alt 的同时单击框架内部;如要选择框架集,可在"设计"视图中单击框架集的内部框架边框。

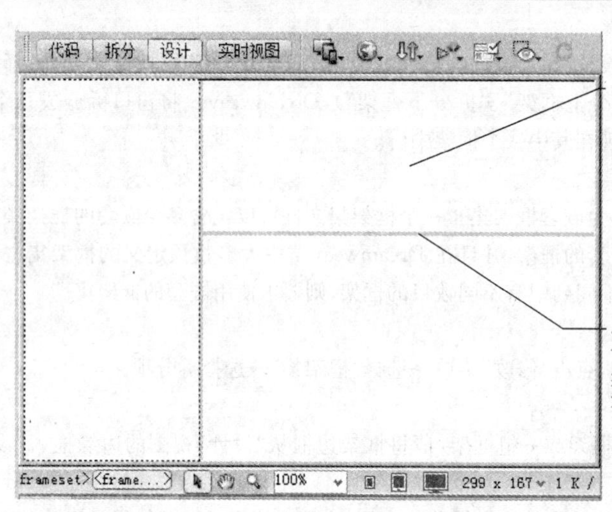
代码
拆分
设计
实时视图
在“文档”窗口的“设计”视图中，点击中间相关区域，既选定了该框架。在选定了一个框架后，其边框被虚线环绕
点击框架划分线，既选定了整个框架集。在选定了一个框架集后，该框架集内各框架的所有边框都被淡颜色的虚线环绕
frameset><frame...>
100%
299 x 167 1 K /

图 9-6　设计视图中选择框架

📖 **提示**

在文档中选择框架，要使框架边框必须可见；如看不到框架边框，则选择“查看”→“可视化助理”→“框架边框”。

2. 在“框架”面板窗口中选择框架或框架集

读一读 9-5

“框架”面板提供框架集内各框架的可视化表示形式。它能够显示框架集的层次结构，而这种层次结构在“文档”窗口中的显示可能不够直观。在“框架”面板中，环绕每个框架集的边框较粗粗的灰线；而环绕每个框架的是较细的灰线，并且每个框架由框架名称标识。

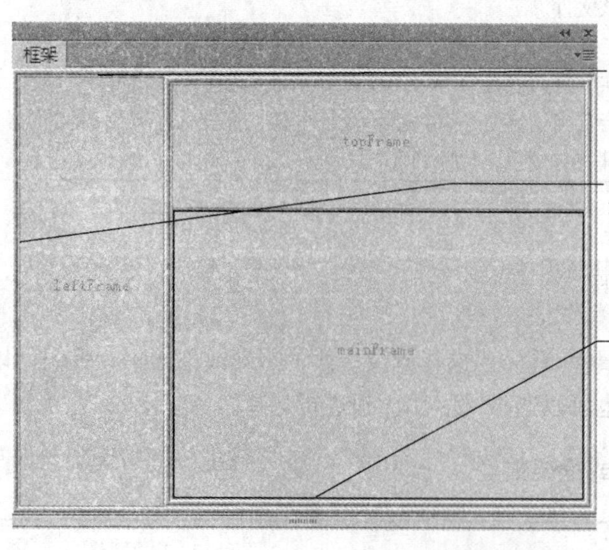
框架
若要选择框架集，请单击环绕框架集的边框。
topFrame
若要选择框架，请单击此框架。在“框架”面板中，框架周围都会显示一个选择轮廓。
leftFrame
mainFrame
当某一框架或框架集被选中时，其边框会变成黑色实线。

图 9-7　“框架”面板窗口

9.4　保存框架和框架集文件

在浏览器中预览框架集前，必须保存框架集文件以及要在框架中显示的所有文档。可以单独保存每个框架集文件和带框架的文档，也可以同时保存框架集文件和框架中出现的所有文档。

> 🕮 **提示**
>
> 在使用 Dreamweaver 中的可视工具创建一组框架时，框架中显示的每个新文档都将获得一个默认文件名。
>
> 第一个框架集文件被命名为“UntitledFrameset－1”。
>
> 框架中第一个文档被命名为“UntitledFrame－1”。

1. 保存框架文件

在“框架”面板中或文档“设计”视图中选中需要进行保存的框架，可以通过以下操作之一进行保存。

● 如果要保存框架文件，执行菜单“文件”→“保存框架页”命令，保存该框架文件。

● 如果要将框架文件保存为新文件，执行菜单“文件”→“框架另存为”命令，将该框架文件另存为新文件。

2. 保存框架集文件

在“框架”面板中或文档“设计”视图中选中需要进行保存的框架集，可以通过以下操作命令之一进行保存。如果以前没有保存过该框架集文件，则这两个命令是等效的。

● 如果要保存框架集文件，执行菜单“文件”→“保存框架集”命令，保存该框架文件。

● 如果要将框架文件保存为新文件，执行菜单“文件”→“框架集另存为”命令，将该框架文件另存为新文件。

3. 保存与一组框架关联的所有文件

使用“保存全部”命令可以同时将框架集网页文档及所有的框架页文档进行保存，这种保存方法常用于首次对框架及框架集网页文档进行保存。操作方法如下：

执行菜单“文件”→“保存全部”命令，在打开的对话框中设置保存的路径及文件名称，再单击“保存”按钮即可。

> 🕮 **注意**
>
> 该命令将保存在框架集中打开的所有文档，包括框架集文件和所有带框架的文档。如果未保存该框架集文件，则在“设计”视图中的框架集(或未保存的框架)的周围将出现粗边框，我们可以选择文件名。
>
> 在保存时通常先保存框架集网页文档，再保存各个框架网页文档，被保存的当前文档所在的框架或框架集在“框架”面板用粗线表示，我们可以据此命名文件。

9.5 设置框架和框架集属性

使用“属性”面板可以查看和设置大多数框架属性，包括边框、边距以及是否在框架中显示滚动条。设置框架属性将覆盖框架集中该属性的设置。

还可以设置某些框架属性，如 title 属性（它和 name 属性不同），以改进辅助功能。在创建框架时，可以使用用于框架的辅助功能创作选项来设置属性，或者可以在插入框架后设置属性。如果要编辑框架的辅助功能属性，可以直接使用标签检查器编辑 HTML 代码。

9.5.1 框架属性的查看和设置

1. 查看或设置框架属性

读一读 9－6

通过执行下列两种操作命令之一选择框架后，就会显示如图 9－8 所示的框架“属性”面板。

(1) 在“文档”窗口的“设计”视图中，按住 Alt 单击或按住 Shift 单击要查看或设置的框架。

(2) 在“框架”面板中单击要查看或设置的框架。

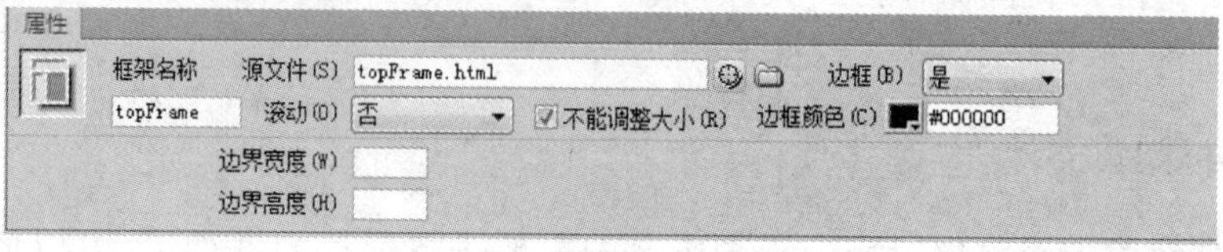

图 9－8 框架“属性”面板

2. 框架属性面板中各参数功能解释

预览

在属性面板的左上角以青色显示当前被选中的框架。

框架名称

在文本框中显示和设置框架的名称。链接的 target 属性或脚本在引用框架时所使用的名称。框架名称必须是单个单词；允许使用下划线（ _ ），但不允许使用连字符（ － ）、句点（ . ）和空格。框架名称必须以字母开头，不能以数字开头。框架名称区分大小写。应为框架名称可以被 JavaScript 引用，所以不要使用 JavaScript 中的保留字（例如 top 或 navigator）作为框架名称。

源文件

指定在框架中显示的源文档。单击文件夹图标可以浏览到一个文件并选择一个文件。也可在文本框直接输入源文件路径和文件名。

滚动

指定在框架中是否显示滚动条。

● 选项设置为“默认”将不设置相应属性的值，从而使各个浏览器使用其默认值。

● 大多数浏览器默认为“自动”，这意味着只有在浏览器窗口中没有足够空间来显示当前框架的完整内容时才显示滚动条。

● 选项设置为“是”，显示滚动条。

● 选项设置为“否”，即使无法显示框架的一部分，也不显示滚动条。

不能调整大小

这使访问网页的用户无法通过拖动框架边框在浏览器中调整框架大小。

边框

在浏览器中查看框架时显示或隐藏当前框架的边框。为框架选择“边框”选项将覆盖框架集的边框设置。

边框选项为“是”(显示边框)，为“否”(隐藏边框)和“默认设置”；大多数浏览器默认为显示边框，除非父框架集已将“边框”设置为“否”。仅当共享边框的所有框架都将“边框”设置为“否”时，或者当父框架集的“边框”属性设置为“否”并且共享该边框的框架都将“边框”设置为“默认值”时，才会隐藏边框。

边框颜色

设置所有框架边框的颜色。此颜色应用于和框架接触的所有边框，并且重写框架集的指定边框颜色。

边距宽度

以像素为单位设置左边距和右边距的宽度(框架边框与内容之间的空间)。

边距高度

以像素为单位设置上边距和下边距的高度(框架边框与内容之间的空间)。

9.5.1　框架集属性的查看和设置

1. 查看或设置框架集属性

读一读 9－7

使用框架集的“属性”可以查看和设置大多数框架集属性，包括框架集标题、边框以及框架大小。通过执行下列两种操作命令之一选择框架集后，就会显示如图 9－9 所示的框架集“属性”面板。

(1) 在“文档”窗口的“设计”视图中单击框架集中两个框架之间的边框。

(2) 在“框架”面板中单击围绕框架集的边框。

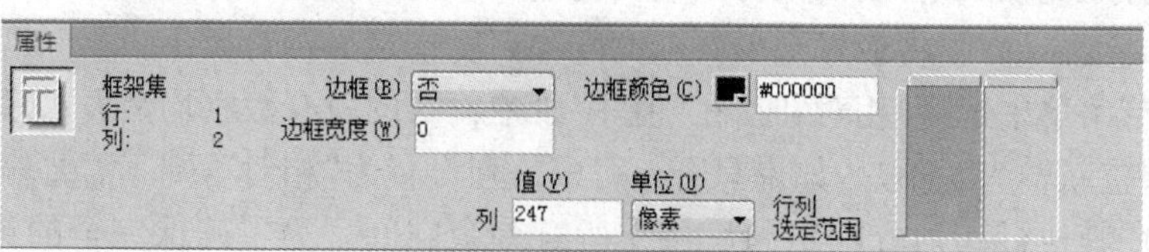

图 9－9　框架集“属性”面板

2. 框架集属性面板中各参数功能解释

预览框

在属性面板的左上角显示当前框架集的结构和该框架集中存在的行和列数，下方数据如 2 行 2 列。

边框

确定在浏览器中查看文档时是否应在框架周围显示边框。若要显示边框，请选择"是"；若要使浏览器不显示边框，请选择"否"。若要让浏览器确定如何显示边框，请选择"默认值"。

边框宽度

指定框架集中所有边框的宽度。

边框颜色

设置边框的颜色。使用颜色选择器选择一种颜色，或者键入颜色的十六进制值。

设置框架结构的拆分比例

如果拆分的形式是上下拆分，那么显示"行"项目的数据：如果拆　分的形式是左右拆分. 则显"列"项目的数据。在最右侧的框中. 可以选择要进行设置的框　架，选择后会在"值"和"单位"两项出现该框架对应的值。　"值"项目对于"行"来说指的是高度，对于"列"来说指的是宽度。"值"的取值和"单位"的设置有着密切的关系。"单位"共有 3 个选项可选。

- 像素

将选定列或行的大小设置为一个绝对值。对于应始终保持相同大小的框架(例如导航条)，请选择此选项。在为以百分比或相对值指定大小的框架分配空间前，为以像素为单位指定大小的框架分配空间。设置框架大小的最常用方法是将左侧框架设置为固定像素宽度，将右侧框架大小设置为相对大小，这样在分配像素宽度后，能够使右侧框架伸展以占据所有剩余空间。

- 百分比

指定选定列或行应为相当于其框架集的总宽度或总高度的一个百分比。以"百分比"为单位的框架分配空间在以"像素"为单位的框架之后，但在以"相对"为单位的框架之前。

- 相对

指定在为像素和百分比框架分配空间后，为选定列或行分配其余可用空间；剩余空间在大小设置为"相对"的框架之间按比例划分。

如果所有宽度都是以像素为单位指定的，而指定的宽度对于访问者查看框架集所使用的浏览器而言太宽或太窄，则框架将按比例伸缩以填充可用空间。这同样适用于以像素为单位指定的高度。因此，将最好至少一个宽度和高度指定为相对大小。

从"单位"菜单中选择"相对"时，在"值"字段中输入的所有数字均消失；如果要指定一个数字，则必须重新输入。不过，如果只有一行或一列设置为"相对"，则不需要输入数字，因为该行或列将在其他行和列分配空间后接受所有剩余空间。为了确保完全的跨浏览器兼容性，可以在"值"字段中输入 1；这等效于不输入任何值。

📖 **注意**

如要更改框架中文档的背景颜色，将插入点放置在框架中。

(1) 选择“修改”→“页面属性”。

(2) 在“页面属性”对话框中，单击“背景颜色”菜单，然后选择一种颜色。

9.6　控制具有链接的框架内容

如要在一个框架中使用链接打开另一个框架中的文档，必须设置链接目标。链接的 target 属性指定在其中打开所链接内容的框架或窗口。

在本章任务中，“教学资源”栏目首页的导航条位于左框架，要想导航菜单链接的材料显示在右侧的主要内容框架中，则必须将主要内容框架的名称指定为每个导航条链接的目标。当网站的访问用户单击导航菜单链接时，将在主框架中打开指定的内容。操作步骤如下：

(1) 在“设计”视图中，选择文本或对象。

(2) 在“属性”面板的“链接”框中，执行下列操作之一：

- 单击文件夹图标并选择要链接到的文件。
- 将“指向文件”图标拖动到“文件”面板并选择要链接到的文件。
- 在“属性”面板的“目标”菜单中，选择应显示链接文档的框架或窗口：
- _blank 在新的浏览器窗口中打开链接的文档，同时保持当前窗口不变。
- _parent 在显示链接的框架的父框架集中打开链接的文档，同时替换整个框架集。
- _self 在当前框架中打开链接，同时替换该框架中的内容。
- _top 在当前浏览器窗口中打开链接的文档，同时替换所有框架。
- 框架名称也出现在该菜单中。选择一个命名框架以打开该框架中链接的文档。

📖 **注意**

- 仅当在框架集内编辑文档时才显示框架名称。当在文档自身的“文档”窗口中编辑该文档时，框架名称不显示在“目标”弹出菜单中。如果要编辑框架集外的文档，则可以在“目标”文本框中键入目标框架的名称。
- 如果链接到自己站点以外的页面，请始终使用 target="_top" 或 target="_blank"，以确保该页面不会看起来像自己站点的一部分。

9.7　处理不支持框架的浏览器显示的内容

Dreamweaver 允许指定在基于文本的浏览器和不支持框架的旧式图形浏览器中显示的内容。此内容存储在框架集文件中，包含在<noframes>标签中。当不支持框架的浏览器加载该框架集文件时，浏览器只显示包含在<noframes>标签中的内容。

<noframes>区域中的内容应该不只是“您应升级到可以处理框架的浏览器”这样的说明。因为有部分访问网站的用户使用的系统不允许他们查看框架。所以要在<noframes>

中放一些实际的网页内容。不支持框架的浏览器提供内容时，执行下列操作：

(1) 选择“修改”→“框架集”→“编辑无框架内容”。

Dreamweaver 会清除“设计”视图中的内容，并且在“设计”视图的顶部显示“无框架内容”字样。

(2) 执行下列两种操作方法之一：

● 在“文档”窗口中，像处理普通文档一样键入或插入内容。

● 选择“窗口”→“代码检查器”，将插入点放到 <noframes> 标签内显示的 <body> 标签之间，然后键入内容的 HTML 代码。

(3) 再次选择“修改”→“框架集”→“编辑无框架内容”就可以以返回到框架集文档的普通视图。

9.8 浮动框架(内联框架)

浮动框架也称内联框架，是一种特殊的框架页面，在浏览器窗口中可以嵌套为一个子窗口，整个浏览器页面并不是框架页面，但是却包含一个框架窗口。在框架窗口内显示相应的页面内容。浮动框架可以插入在页面中的任意位置。浮动框架需要用手写代码的方式来实现。

读一读 9-8

在“教学资源”栏目首页应用“浮动框架”的操作

1. “教学资源”栏目首页添加“浮动框架”

如果需要在页面中创建一个浮动框架，需要先制作好页面的其他内容，再在页面中以手写代码的方式插入浮动框架的代码。Dreamweaver CS 6 中也可以通过菜单命令的方式插入“浮动框架”。具体操作如图 9-10 所示。

下图所示“教学资源”栏目首页中顶部和左侧部分内容是固定不变的。而右侧部分可以显示利用左侧导航菜单链接的文档。此页面利用表格来制作的布局. 在显示实际内容的右侧部分单元格中插入了内联框架。

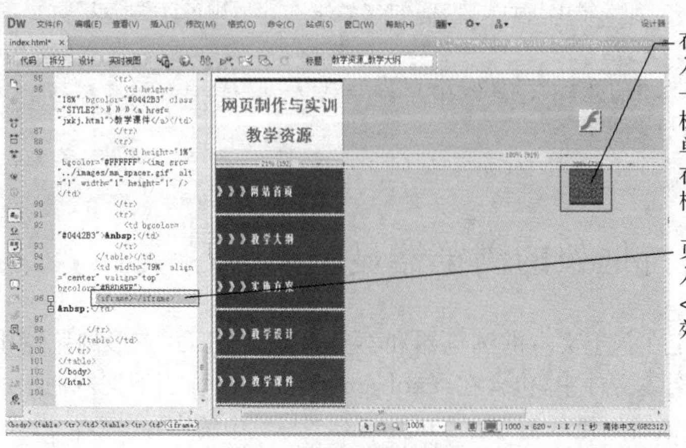

图 9-10 利用表格布局好的“教学资源”首页

2. 编写浮动框架代码

我们可用<iframe>标签定义一个内联框架。<iframe>标签在文档中定义了一个矩形的区域，在这个区域中。浏览器会显示一个单独的文档，包括滚动条和边框。<iframe>标签必备的 src 属性的值是要显示在内联框架中的文档的 URL，我们在<iframe>中填写代码如下：

```
<iframe
 Border=0 name=new marginwidth=0 framespacing=0 marginheight=0
  src="jxdg. html" frameborder=0 noresize width=720
  Scrolling=yes height=400 vspale="0"></iframe>
```

以上代码声明内联框架的名字是"new"，在页面打开时，载入 jxdg. html 文件，框架边缘的宽度和高度都为 0，框架边框为 0，宽度为 720 像素. 高度为 440 像素，滚动条为显示. 框架边缘的宽度和高度都为 0，且水平居中。

<iframe>标签属性含义如下：

- SRC：浮动框架中显示页面的源文件的路径和文件名。
- Width：浮动框架的宽度。
- Height：浮动框架的高度。
- Name：浮动框架的名称。
- Align：浮动框架的排列方式，可以取三个值：Left（表示居左）、Center（表示居中）、Right（表示居右）。
- FrameBorder：框架边框显示属性。
- FrameSpacing：框架边框宽度属性。
- Scrolling：框架滚动条显示属性。
- NOResize：框架大小调整属性。
- BorderColor：框架边框颜色属性。
- MarginWidth：框架边缘宽度属性。
- MarginHeight：框架边缘高度属性。

3. 浮动框架的链接

创建完浮动框架中，就可以制作页面之间的链接。创建链接的方式同样是先用 name 属性为浮动框架命名，再将链接的目标浏览器窗口指向命名的浮动框架。Dreamweaver CS6 指向目标的时候，除了通过编写代码方式实现，也可以通过可视化的方式实现。具体见图 9－11。

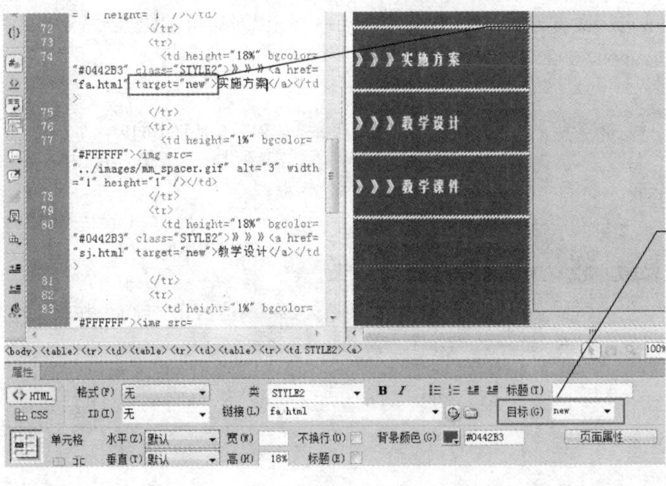

编写代码方式：
设置在导航菜单的<a></a>标签的target属性为前面定义好的浮动框架的名字"new"，即可实现浮动框架的链接
可视化操作方式：
在"设计"视图中选中"实施方案"导航菜单，在"属性"面板的"目标"参数的下拉菜单中选择前面定义好的浮动框架的名字"new"，也可实现浮动框架的链接

图 9－11　"浮动框架"链接

任务十　用共享页面设计技术制作并更新页面

任务描述

利用前面制作的教学辅导页面，将头部图像文件添加为库项目并创建包含可编辑区域的模板文件；再应用模板技术完成教学辅导栏目中的各个子栏目页面；设置页面中导航的超链接；利用库文件，同时修改教学辅导栏目中的所有头部图像及网站其他应用该头部图像的页面。

技能要求

掌握在 Dreamweaver CS6 中合理设计利用模板中可编辑区域、重复区域、重复表格，利用库项目等共享技术，实现对网站中大量页面简便、快速的制作与更新。

任务实施

结合共享技术的具体操作可将网站项目任务分解为个 4 子任务。具体实施步骤分解如下：

任务 1：基于教学辅导页面创建库项目及模板

打开教学辅导页面，选择头部图像将其添加为库项目；选择页面中变化的区域将其设定为可编辑区域，将文件另存为模板。

具体操作

步骤一：将头部图像添加为库项目（在页面中选择头部图像→点击“修改”“库”“增加对象到库”），操作参考见知识链接中的“读一读 10－10”

步骤二：将页面中间区域设置为可编辑区域（选择页面中相对需要变换的区域→“插入”“模板对象”“可编辑区域”→在弹出的 Dreamweaver 提示窗口中点击“确定”→弹出“新建可编辑区域”对话框→输入可编辑区域名称并“确定”）

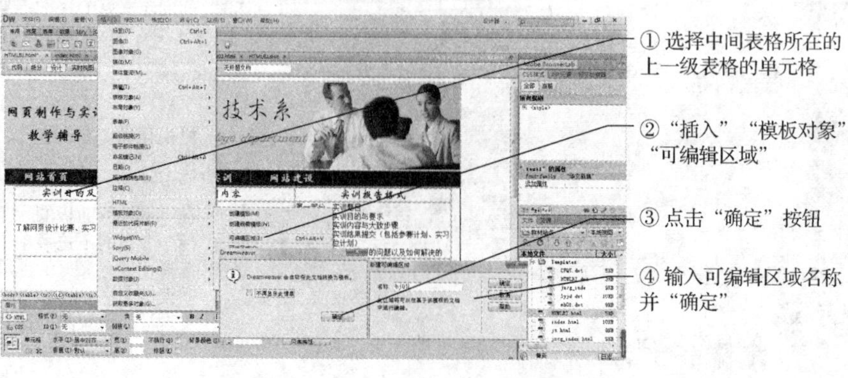

图 10－1(a)　建立模板中的可编辑区域

步骤三：将该页面另存为模板(点击"文件"菜单→选择"另存为模板"→选择站点→输入模板文件名)。

注意

选择"另存为"，只会将修改过的文档保存为一个新的网页文档。必须选择"另存为模板"，才会将修改过的文档另存成模板，并放置在自动建立的"Templates"模板文件夹中。

任务2：利用模板创建教学辅导栏目中的各个子栏目

选择"文件"菜单，新建基于模板的网页文件，修改可编辑区域内容，命名并保存新建的网页文件。

具体操作

步骤一：创建难点辅导子栏目网页(选择"文件""新建"→在弹出的"新建文档"对话框中选择"模板中的页"→选择模板所在的站点→选择模板名称→利用预览查看模板确认后点击"创建")

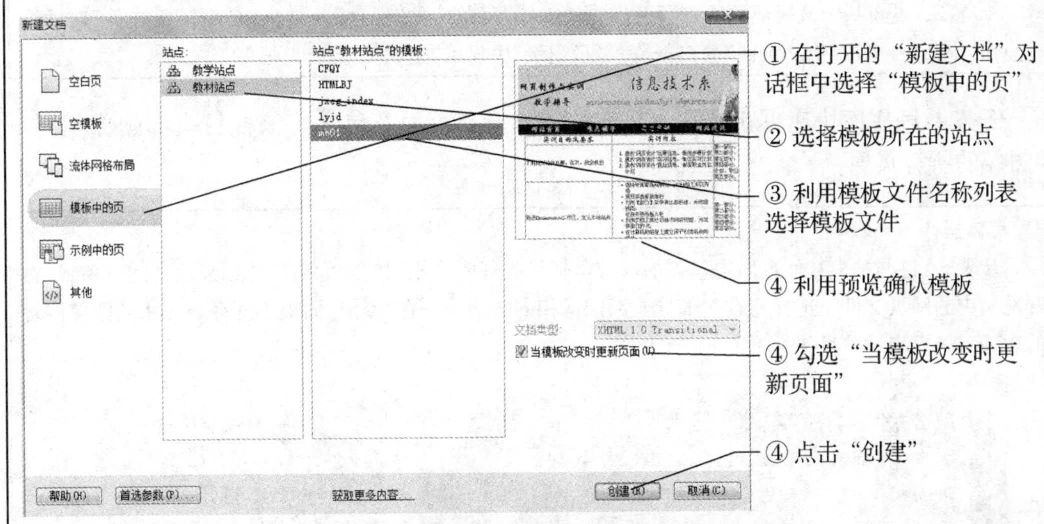

图 10-1(b)　利用模板创建子栏目各个页面

步骤二：在"可编辑区域"中输入具体内容并命名保存网页文档(删除可编辑区域中现有内容→输入结合主题的新内容→点击"文件""保存"→在弹出的"另存为"对话框中选择网页保存位置→输入网页文件名如"ndfd"文件类型默认为".html"→点击"保存")；

参考步骤一、二，继续创建教学辅导子栏目中的其他页面。

任务3：设置页面中导航的超链接

具体操作

步骤一：在模板中为导航加载超链接(打开模板文件→分别选择导航中的文字→利用"属性"面板创建超链接)

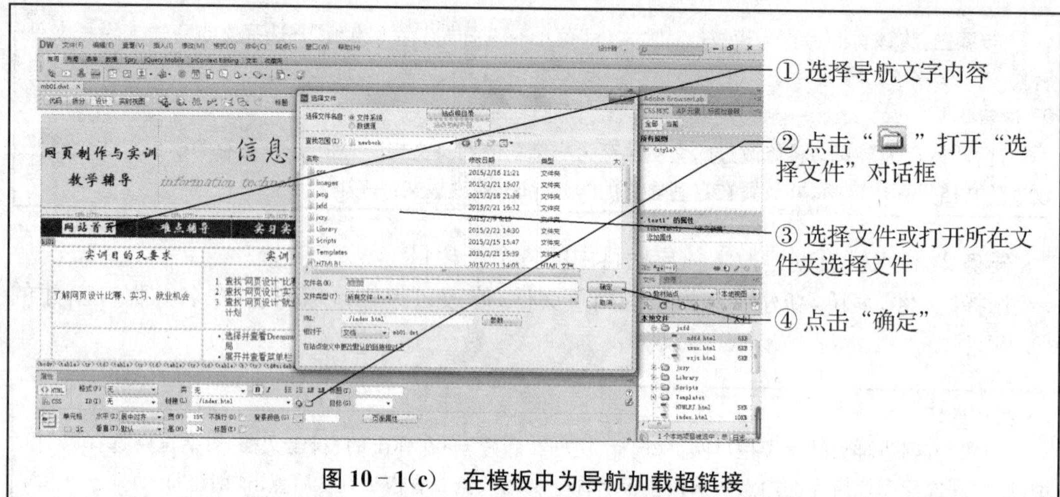
① 选择导航文字内容
② 点击“ ”打开“选择文件”对话框
③ 选择文件或打开所在文件夹选择文件
④ 点击“确定”

图 10-1(c)　在模板中为导航加载超链接

步骤二:更新基于该模板的所有网页(点击“文件”菜单中的“保存”→弹出“更新模板文件”对话框→点击“更新”→弹出“更新页面”窗口→待“显示记录”中显示“完成”后点击“关闭”)

任务 4:利用库快速更新网站中与教学辅导所有页面及包含与该栏目头部图像相同头部图像的所有页面

具体操作

步骤一:将网站中其他页面中包含的与教学辅导头部图像相同的图像修改为已经建立的库项目(打开网站中的网页文件→选择与教学辅导头部图像相同的图像→在“资源”面板中选择与之相同图像内容的库项目→点击库项目文件下方的“插入”)

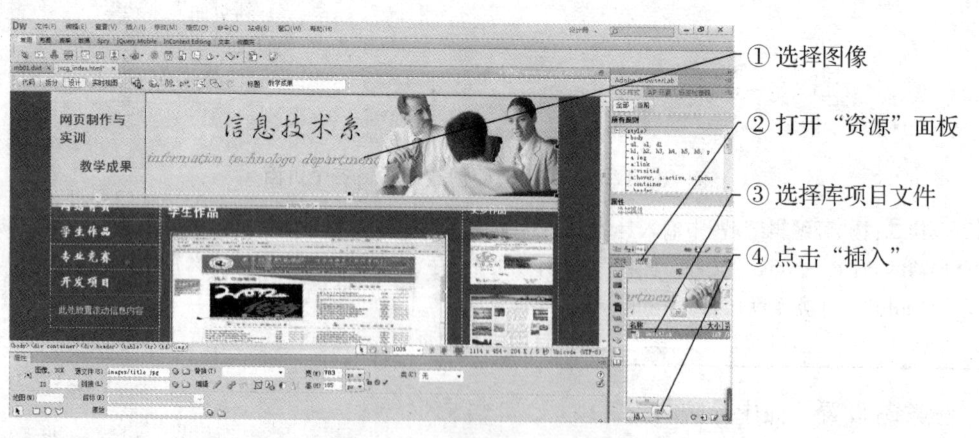
① 选择图像
② 打开“资源”面板
③ 选择库项目文件
④ 点击“插入”

图 10-1(d)　在其他网页中修改图像为库项目

步骤二:更新库项目内容(打开库项目文件→双击文件中图像→在弹出的“选择图像源文件”对话框中选择新的图像)

步骤三：更新包含库项目的模板及页面（单击“文件”“保存”弹出“更新库项目”对话框→点击“更新”弹出“更新页面”窗口→待“显示记录”中显示“完成”后点击“关闭”）

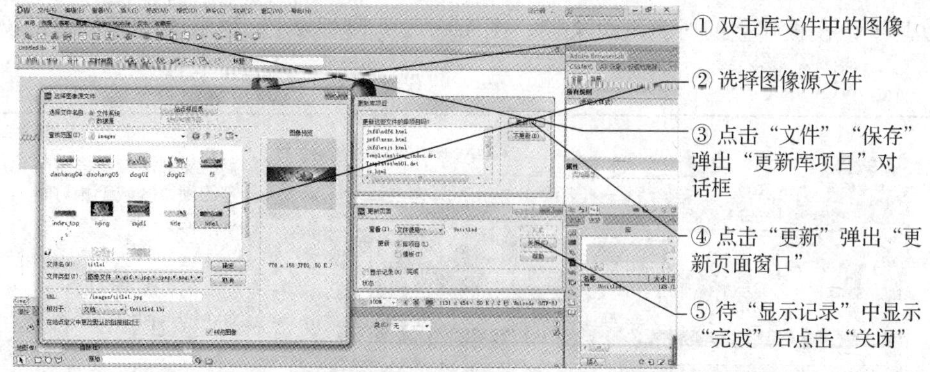

① 双击库文件中的图像
② 选择图像源文件
③ 点击“文件”“保存”弹出“更新库项目”对话框
④ 点击“更新”弹出“更新页面窗口”
⑤ 待“显示记录”中显示“完成”后点击“关闭”

图 10－1(e)　更新库项目内容并更新所有包含该库项目的文件

注意

更新库项目的内容，保存库文档后。Dreamweaver 会更新包含库项目的所有文件。包括直接应用库项目的文件和应用库项目的模板文件以及基于该模板的网页文件。

知识链接

网站创建的过程中，为了保持页面布局的统一，通常会有大量重复的操作，如页面布局结构、页面中网站的 LOGO、头部图像、导航以及底部版本声明等。如果每次都重新设定和制作，既麻烦又增加了很多开发时间。Dreamweaver 专门提供了模板和库等共享网页设计技术，很好地解决了这个问题。

模板是一种特殊类型的文件，利用它既可以快速创建相同布局的页面，又可以一次更新多个页面，达到统一布局的目的。库也是一种特殊类型的文件，是用来存储想要在整个网站上经常重复使用或更新的页面元素（如图像、文本和其他对象）的方法，这些元素称为库项目。

10.1　模板

模板是设计者在页面制作中设计的相对固定的页面布局。网站中有许多页面的版式、部分元素及色彩相同时，可以将这些风格定义为网页的模板。模板的功能就是把网页布局和内容分离，在布局设计好之后将其存储为模板，这样相同布局的页面通过模板创建，能够极大的提高工作效率。

模板的最大作用就是用来创建有统一风格的网页，省去了重复操作的麻烦，提高工作效率。它是一种特殊类型的文档，文件扩展名为“. dwt”。在设计网页时，可以将网页的公共部分放到模板中。要更新公共部分时，只需要更改模板，所有应用该模板的页面都会随之改变。在模板中可以创建可编辑区域，应用模板的页面只能对可编辑区域内进行编辑，而可编辑区域外的部分只能在模板中编辑。利用网页模板可以制作所有布局相同的页面，同时可以方便快速地进行网站的页面更新及超链接设置。

基于模板创建的网页文档与该模板保持连接的状态，一旦修改模板，就可以立即更新同步修改基于该模板建立的所有网页文档。图 10－2 为模板文档、利用该模板创建的网页如图 10－3(a)图 10－3(b)。

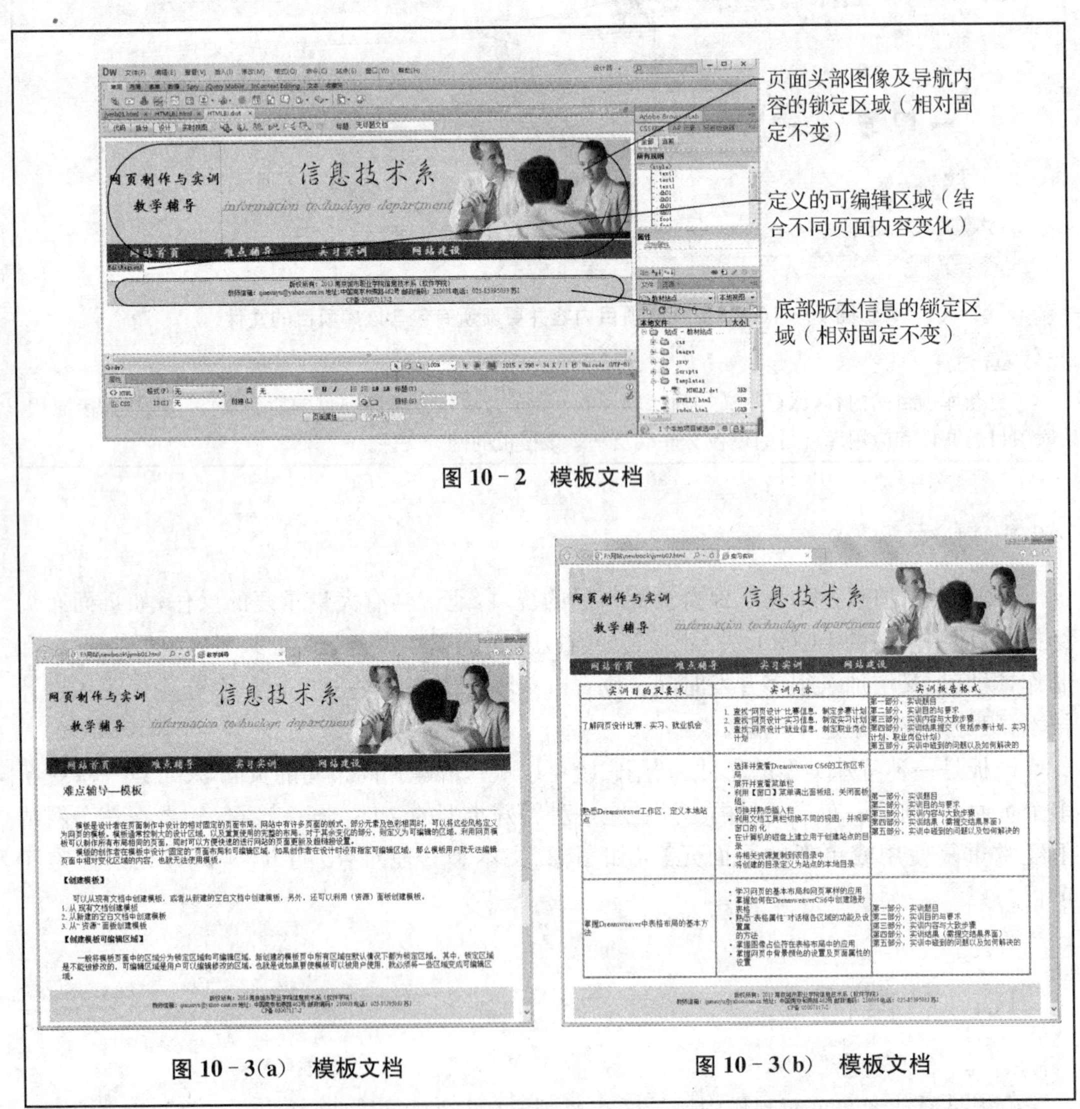

图 10－2　模板文档

图 10－3(a)　模板文档

图 10－3(b)　模板文档

10.1.1　模板区域类型

当将文档另存为模板时，文档的大部分区域将被锁定。只将可编辑的区域开放。创建模板时，可编辑区域和锁定区域都可以更改。在基于模板的文档中，模板用户只能在可编辑区域中进行更改，不能修改锁定区域。

模板区域有四种类型：

1. 可编辑区域

它是基于模板的文档中未锁定的开放区域，是模板用户可以编辑的部分。模板创作者可以将模板的任何区域指定为可编辑的。要让模板生效，它应该至少应该包含一个可编辑区域。否则，模板用户是无法编辑基于该模板的页面。

2. 重复区域

它是文档中可以重复的区域。例如，设置表格行的重复。通常重复部分是可编辑的，模板用户可以编辑重复元素中的内容，而同时使设计本身处于模板创作者的控制下。可以在模板中插入的重复区域有两种：重复区域和重复表格。

3. 可选区域

它是用户在模板中指定的可选的部分，用于放置有可能在基于模板的文档中出现的内容（如可选文本或图像），该部分在文档中可以出现也可以不出现。在基于模板的页面上，模板用户通常控制是否显示内容。

4. 可编辑标签属性区域

用户可以在对模板中解除标签属性的锁定，这样便该属性可以在基于模板的页面中编辑。例如，可以“锁定”出现在文档中的图像，而允许模板用户将对齐设置为左对齐、右对齐或居中对齐。

10.1.2　模板和基于模板的文档的表示形式

在“设计”视图中，模板和基于模板的文档其表现形式有很大的区别。

1. 模板在窗口中的表示形式

在“设计”视图窗口，模板的可编辑区域周围预设高亮颜色的矩形边框。区域的左上角有一个高亮颜色的选项卡，其中显示创建时定义的该区域的名称。窗口的文档栏中显示当前模板的文件名，模板文件的扩展名为“＊.dwt”。

在“代码”视图窗口，模板中的可编辑区域和锁定区域的 HTML 源代码都可以更改。可编辑区域在 HTML 中使用以下注释标记：“＜！ －－ TemplateBeginEditable name＝"EditRegion1" －－＞”和“＜！ －－ TemplateEndEditable －－＞”因模板的可编辑区域中没有具体内容，故放置用空格代码“ ”，注释中的任何内容都可以在基于模板的文档中编辑。

读一读 10－1

在拆分视图下的模板文件表示形式

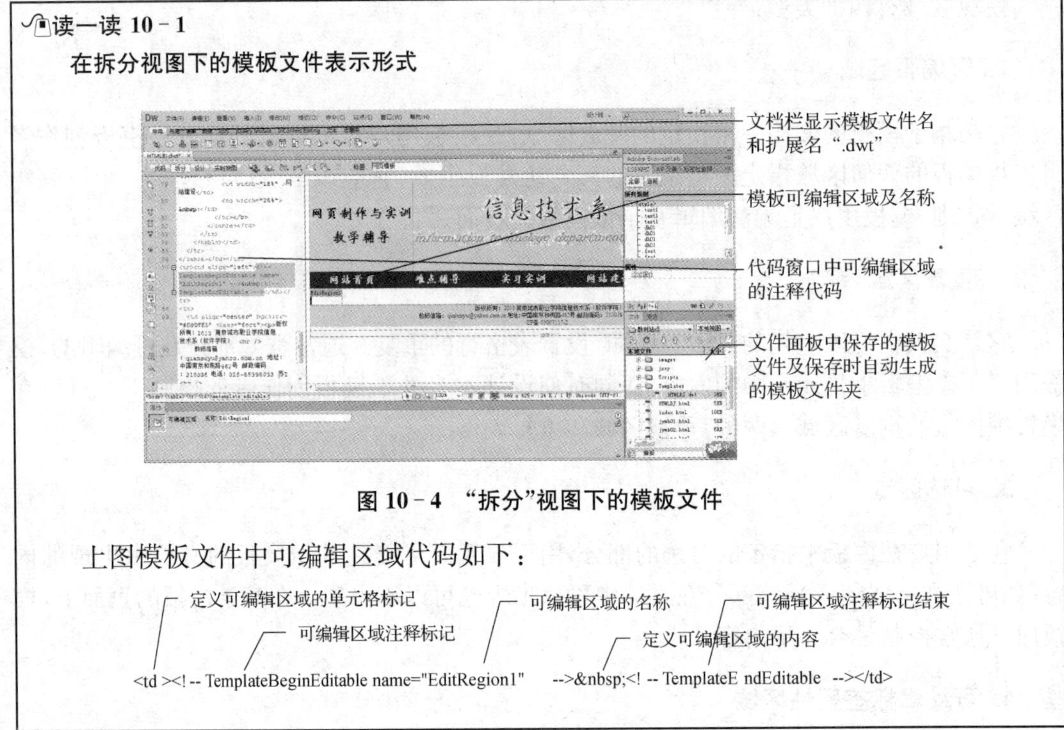

图 10－4 "拆分"视图下的模板文件

上图模板文件中可编辑区域代码如下：

定义可编辑区域的单元格标记　可编辑区域注释标记　可编辑区域的名称　定义可编辑区域的内容　可编辑区域注释标记结束

<td ><! -- TemplateBeginEditable name="EditRegion1" --> <! -- TemplateE ndEditable --></td>

2. 基于模板的网页文档在窗口中的表示形式

在"设计"视图下，基于模板的文档中，可编辑区域周围环绕预设高亮颜色的矩形边框。区域的左上角有一个选项卡，其中显示了该可编辑区域的名称。除可编辑区域的表框之外，整个页面都由一个不同颜色的边框环绕，并在右上角给出该文档所基于的模板名称。该高亮显示的矩形提醒用户：该文档是基于模板的，用户不能更改可编辑区域之外的任何内容。鼠标在可编辑区域内呈""指针状态，在锁定区域呈""指针状态。

读一读 10－2

基于模板的网页文档在窗口中的表示形式

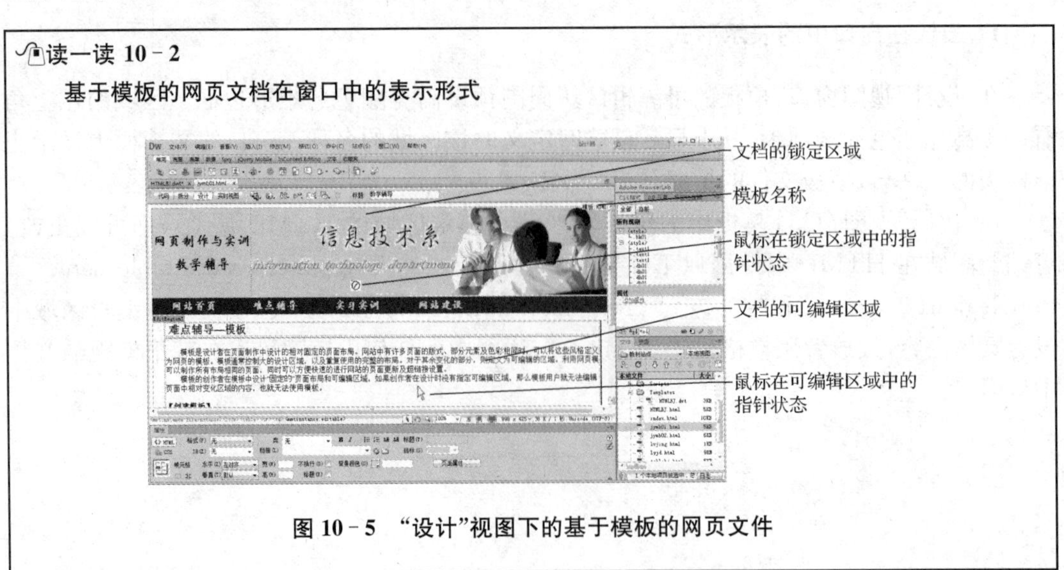

图 10－5 "设计"视图下的基于模板的网页文件

读一读 10 - 3

```
<body>
<table width="1000" border="0" align="center" cellpadding="0" cellspacing="0">
<tr><td><table width="100%" border="0" cellspacing="0" cellpadding="0">
  <tr> <td> <table width="100%" border="0" cellspac ing="0" cellpadding="0">
        <tr bgcolor="#D8DFE5">
          <td width="22%" height="189" align="center" class="text1"><p> 网页制作与实训</p>
            <p>教学辅导</p></td>
          <td width="78%"><img src="file:///F|/网站/newbook/images/title.jpg" /></td>
        </tr> </table></td>
  </tr>
  <tr bgcolor="#0033FF"> <td><table width="100%" border="0" cellspacing="0" cellpadding="0">
      <tr> <td width="40%"><table width="100%" border="0" cellspacing="0" cellpadding="0">
          <b> <tr align="center" style="font-family:'华文新魏'; font-size:24px; color:#FF0;">
              <td width="18%" height="34" ><a   href="index.html"> 网站首页</a></td>
              <td width="18%" >难点辅导</td>
              <td width="18%">实习实训</td>
              <td width="18%" >网站建设</td>
              <td width="28%"> </td>
            </tr></b> </table></td> </tr>
    </table></td> </tr>
</table></td></tr>
```

锁定区域中的网页内容代码，标记及文本等以灰色显示，内容不能修改

```
<tr><td align="left"><!-- InstanceBeginEditable name="EditRegion1" -->
    <table width="95%" border="0" align="center">
    <tr><td height="28"><h2>&nb sp;难点辅导—模板</h2></td> </tr>
    <tr> <td> <hr color="#99AAE3" />
```

基于模板的网页中可编辑区域注释标记

```
<p>        模板是设计者在页面制作中设计的相对固定的页面布局。网站中有许多页面的版式、部分元素及色彩相同时，可以将这些风格定义为网页的模板。模板通常控制大的设计区域，以及重复使用的完整的布局。对于其余变化的部分，则定义为可编辑的区域。利用网页模板可以制作所有布局相同的页面，同时可以方便快速地进行网站的页面更新及超链接设置。<br />
       模板的创作者在模板中设计 &#8220;固定的 &#8221;页面布局和可编辑区域，如果创作者在设计时没有指定可编辑区域，那么模板用户就无法编辑页面中相对变化区域的内容，也就无法使用模板。<br /> </p>
<h4>【创建模板】</h4>
<p>     可以从现有文档中创建模板，或者从新建的空白文档中创建模板，另外，还可以利用(资源)面板创建模板。<br />

        1. 从现有文档创建模板<br />
        2. 从新建的空白文档中创建模板<br />
        3. 从“ 资源” 面板创建模板   </p>
      <h4>【创建模板可编辑区域】 </h4>
```

可编辑区域内的内容代码，文本内容以黑色显示，标记以彩色显示

```
<p>       一般将模板页面中的区域分为锁定区域和可编辑区域，新创建的模板页中所有区域在默认情况下都为锁定区域。其中，锁定区域是不能被修改的，可编辑区域是用户可以编辑修改的区域。也就是说如果要使模板可以被用户使用，就必须将一些区域变成可编辑区域。<br /> </p></td> </tr></table>
<! -- InstanceEndEditable -->
```

——可编辑区域注释标记标记结束

```
</td></tr>
<tr> <td align="center" bgcolor="#D8DFE5" class="foot"><p>版权所有:2013 南京城市职业学院信息技术系(软件学院)  <br />
```

```
<tr> <td align="center" bgcolor="#D8DFE5" class="foot"><p> 版权所有：2013 南京城市职业学院信息技术系
（软件学院）  <br />
    教师信箱：qiansuyu@yahoo.com.cn 地址：中国南京和燕路 462 号 邮政编码：210038 电话：
025-85395033 苏 I<br />
    CP 备 05007117-2</p></td></tr></table>
</body>
```

锁定区域中网页内容代码，以灰色显示，内容不能修改

提示

（1）在“代码”视图中编辑模板代码时，不要更改 Dreamweaver 中既定的与模板相关的注释标记；

（2）可以通过“编辑”菜单中“首选参数”对话框相应设置改变“设计”窗口中默认的代码颜色。

10.1.2 模板中的链接

对基于模板的文件创建链接时，除可编辑区域的链接外，所有链接必须在模板文件中创建。在模板文件中创建链接，通常可以使用“属性”检查器中的“（文件夹）”图标或“（指向文件）”图标，不需要键入链接到的文件的名称。因为一旦在网站中创建了模板文件，Dreamweaver 将在站点根目录下创建名为“Templates”的模板文件夹，并将模板文件存放于该文件夹下。当向模板文件中添加文档链接时，正确的路径是从“Templates”文件夹到链接文档的路径，而不是从基于模板的文档的文件夹到链接文档的路径。用户在键入链接时，容易忽略模板文件的位置，输入错误的路径名，造成链接无效。

对于从现有页面创建模板文件并将该页面另存为模板，Dreamweaver 将更新链接，使其增加相对于模板文件夹相对路径的链接。如原页面中的链接为“<a href=index. html>”，当从该页面创建模板，另存为模板文件后，链接更新为“<a href="../index. html">”，当基于该模板创建新文档并保存新文档时，所有文档相对链接将被更新，以继续指向正确的文件。

10.2 创建模板

创建模板的方法有两种，可以利用现有文档（如 HTEL 或 Microsoft Active Server Pages 文档）创建模板，也可以直接创建新模板。

10.2.1 基于现有文档创建模板

如在创建模板前，可以选择已经存在的网页，创建基于该网页的模板。

读一读 10－4

从现有 HTML 文档创建模板的操作

打开站点中普通的 HTML 网页文件→“文件”→“另存为模板”→“另存为模板”对话框→在选择“站点”列表中选择模板应用的站点→在“另存为”后的文本框中输入模板文件名称→点击“保存”。

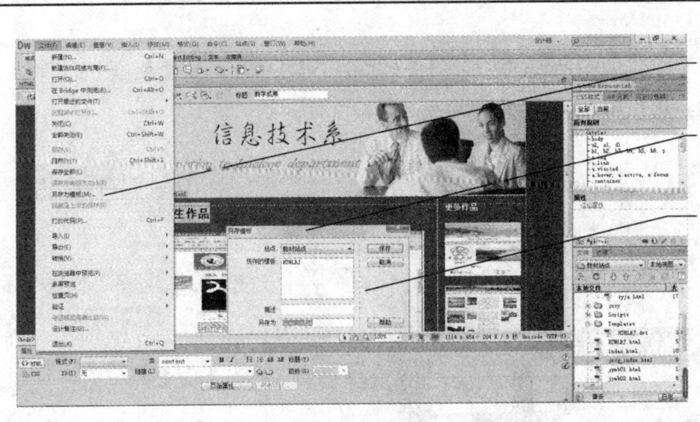

①点击“文件”菜单，选择“另存为模板”。
②在选择“站点”列表中选择模板应用的站点
③在“另存为”后的文本框中输入模板文件名称并“保存”

图 10－6　从现有文档创建模板

提示

只有在已经定义了 Dreamweaver 站点的网站中才可以创建模板。如在创建模板时，存在不止一个站点，则需在“另存为模板”对话框的站点列表中选择模板所属站点；

在创建模板时，模板中应该包含可编辑区域，否则在关闭新建的模板窗口时会弹出提示窗口，提示“此模板不含有任何可编辑区域。您想继续吗?”

10.2.2　创建新的空模板

在新建文件操作时，选择模板页，就会在文件保存时自动选择“.dwt”扩展名，将其确定为模板网页。

读一读 10－5

创建新的空模板的方法有两种：

1. 利用“新建文档”创建

“文件”→“新建”→“空模板”→HTML 模板→“布局”列表中选择“无”或某种布局。

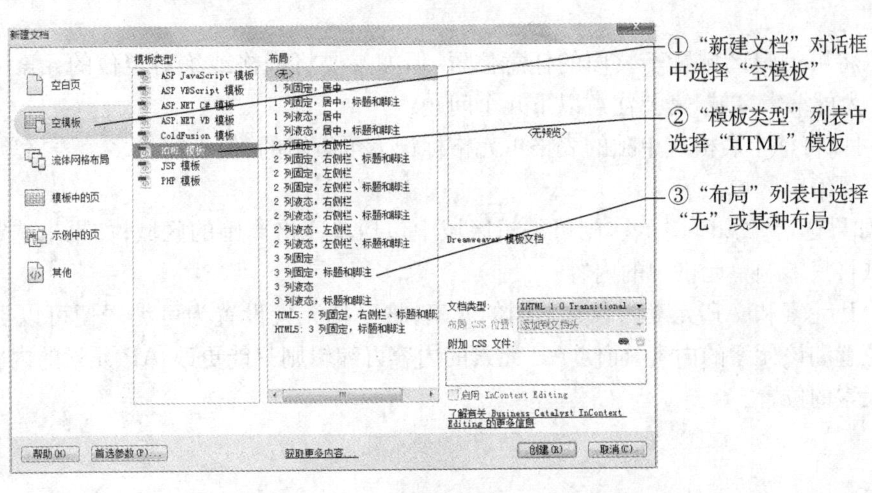

图 10－7　利用“新建文档”创建模板

2. 利用“资源”面板创建

在“文件”面板组中切换到“资源”面板→“ ”模板图标→点击右键在弹出的快捷菜单中选择“新建模板”→输入模板文件的名称，“Templates”文件夹中产生一个新模板文件。

① 切换到文件面板中的“资源面板”
② 点击“ ”模板图标
③ 选择“新建模板”
④ 新建的模板文件将出现在资源面板中，输入模板文件名即可。

图 10－8　利用“资源”面板创建模板

提示

不要将模板移动到 Templates 文件夹之外或者将任何非模板文件放在 Templates 文件夹中；不要将 Templates 文件夹移动到本地根文件夹之外。这样做将在模板中的路径中引起错误。

10.3　创建可编辑区域

设计模板时，需要将模板划分为锁定区域和可编辑区域。

10.3.1　可编辑区域的插入

可以将可编辑区域置于页面的任意位置，但如果要将表格或绝对定位的元素（AP 元素）定义为可编辑区域，需要注意以下几个问题：

1. 可以将整个表格或单独的表格单元格标记为可编辑的，但不能将多个表格单元格标记为单个可编辑区域。

2. 如果选定 <td> 标签，则可编辑区域中包括单元格周围的区域；如果未选定，则可编辑区域将只影响单元格中的内容。

3. AP 元素和 AP 元素内容是不同的元素；将 AP 元素设置为可编辑便可以更改 AP 元素的位置和该元素的内容，而使 AP 元素的内容可编辑则只能更改 AP 元素的内容，不能更改该元素的位置。

读一读 10－6

插入可编辑区域的操作

打开站点中普通的 HTML 网页文件→选择网页中需要结合内容变化的区域→“插入”→“模板对象”→“可编辑区域”→定义区域名称→“确定”

① 选择创建可编辑区域的“div”区域
② “插入”“可编辑区域”
③ 弹出Dreamweaver“自动转成模板”提示窗口。点击“确定”
④ 弹出“新建可编辑区域”对话框，可以输入区域名称
⑤ 确定后，会在①中选择的区域左上角出现可编辑区域名称选项卡

图 10－9　在文档中插入模板的可编辑区域

提示

如果在插入可编辑区域前未将该文档另存为模板，在插入模板对象时 Dreamweaver 会提出警告，并自动将该文档转换成模板。可编辑区域在模板中由高亮颜色显示的矩形边框围绕，该边框使用在首选参数中设置的高亮颜色，该区域的左上角选项卡中显示区域名称。如果插入的是空白的可编辑区域，则该区域名称字符同时会出现在该区域的内部。

注意

(1) 不能对特定模板中的多个可编辑区域使用相同的名称；

(2) 不要使用特殊字符命名可编辑区域。

10.3.2　可编辑区域的选择、修改名称与删除

通过选择可编辑区域左上角的选项卡，可以容易地在模板文档或基于模板的文档中，选择可编辑区域，并进行进一步的操作。如修改可编辑区域名称、删除可编辑区域等。

读一读 10－7

选择可编辑区域：

选择模板文档或基于模板的文档→打开“设计”视图→点击可编辑区域左上角选项卡，可编辑区域编程由灰色阴影覆盖的默认被选择状态。（或选择“修改”→“模板”→选择可编辑区域名称）；

更改可编辑区域名称：

在可编辑区域被选择的状态下，在下方属性面板的“名称”文本框中显示了当前名称→直接删除并输入新的名称→点击“Enter”键即修改完成；

删除可编辑区域：

如果想要删除可编辑区域，将其重新锁定该区域(使其在基于模板的文档中不可编辑)。在可编辑区域被选择的状态下→选择“修改”→“模板”→删除模板标记。

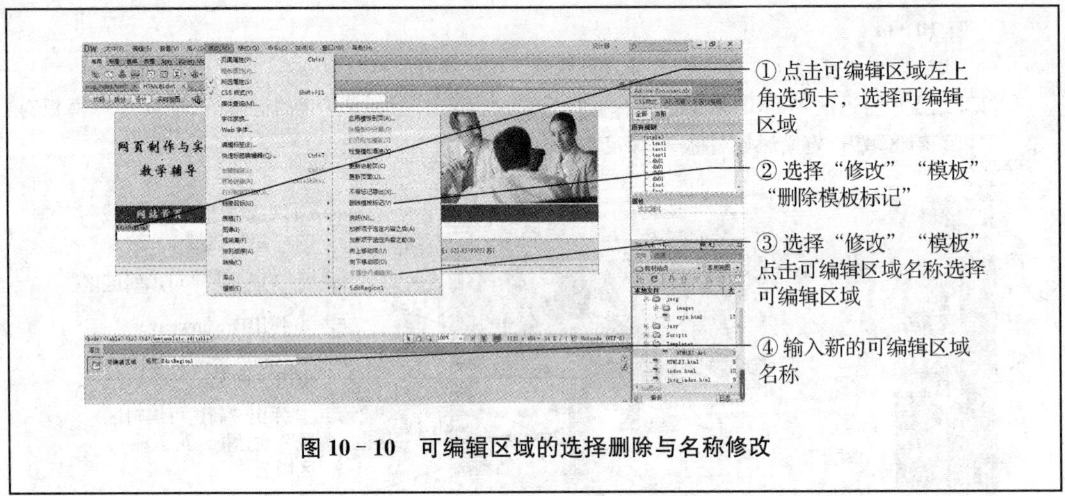
①点击可编辑区域左上角选项卡，选择可编辑区域
②选择“修改”“模板”“删除模板标记”
③选择“修改”“模板”点击可编辑区域名称选择可编辑区域
④输入新的可编辑区域名称

图 10－10　可编辑区域的选择删除与名称修改

10.4　创建基于模板的网页

在创建了模板之后，用户可以创建基于模板的新文档，也可以向空文档或已经包含内容的文档应用模板，以保证网页风格的一致。

10.4.1　创建基于模板的文档

设计者可以利用现有的模板创建新的网页文档。

创建基于模板的文档

选择“文件”“新建”打开“新建文档”对话框→在“新建文档”对话框中选择“模板”→在“站点”列表中选择包含要使用模板的 Dreamweaver 站点→从右侧的列表中选择需要应用的模板→点击“创建”→保存文档。

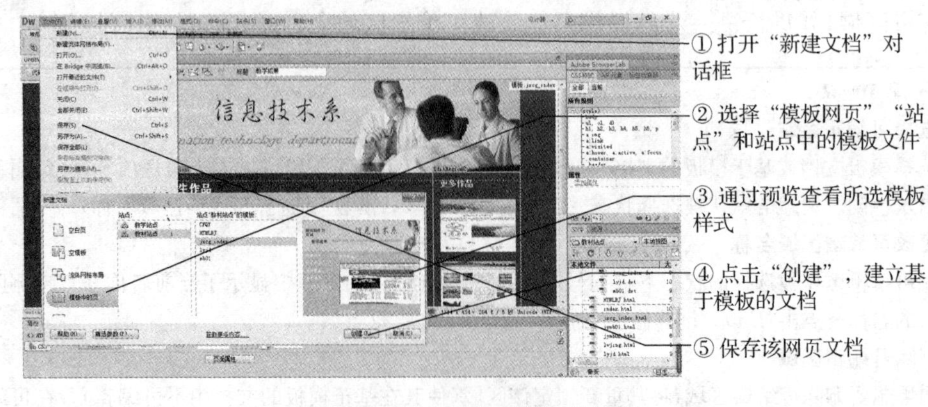
①打开“新建文档”对话框
②选择“模板网页”“站点”和站点中的模板文件
③通过预览查看所选模板样式
④点击“创建”，建立基于模板的文档
⑤保存该网页文档

图 10－11　创建基于模板的文档

10.4.2　在基于模板的文档中编辑内容

在基于模板的文档中，除可编辑区域外，所有的内容都不可以被修改。在可编辑区域内用户可以进行与普通网页文档编辑基本相同的操作，如文本、图像、视频、动画、表格等内容的插入，背景等属性的设置等等。

10.4.3　基于模板的文档中导航超链接的加载

风格相同的普通网页文档中，导航的超链接通常需要在每个页面中创建。如果页面较多，工作量相对较大，并且容易出现错误。而基于模板的文档中，导航通常包含在锁定区域中。只需在模板中创建，保存对模板的修改，基于模板的文档均可以快速地被更改。

为基于模板的文档中的导航加载超链接

打开模板文件→在锁定区域中选择需要加载导航的主体（文本、图像等）→在“属性”面板中添加超链接→点击“保存”弹出“更新模板文件”对话框→点击“更新”后弹出“更新”页面窗口显示更新结果。

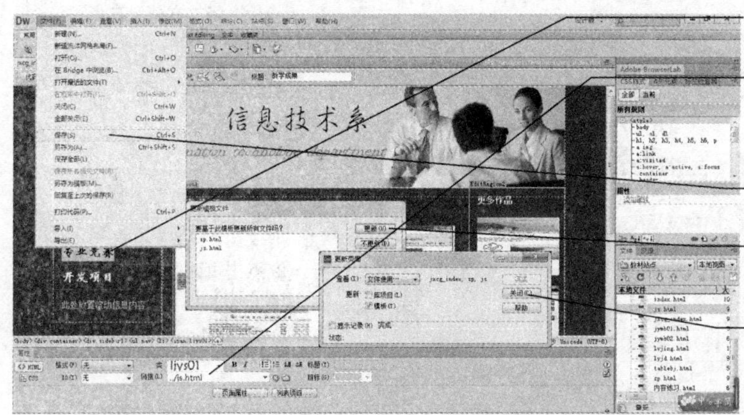
信息技术系
① 需要加载超接的主体文件
② 创建超链接（利用指针、文件夹或直接输入相对链接）
③ 点击“文件”“保存”
④ 在弹出的“更新模板文件”对话框中选择“更新”
⑤ 弹出“更新页面”窗口，查看更新结果，点击“关闭”

图 10－12　在模板中为基于模板的文档创建超链接

📖 **提示**

对于模板的任何修改，在保存修改结果时都会弹出“更新模板文件”对话框，提醒用户更新基于模板的文档。

10.5　创建重复区域

重复区域是模板的一部分，这一部分可以在基于模板的页面中重制多次。重复区域通常与表格一起使用，也可以为其他页面元素定义重复区域。在模板中定义重复区域，能够让模板用户在网页中创建可扩展的列表，并可保持模板中表格的设计风格不变。在模板中能够插入两种重复区域对象：重复区域和重复表格。

10.5.1 重复区域的创建与应用

重复区域不是可以编辑的区域,若要使重复区域中的内容可以编辑,必须在重复区域内插入可编辑区域。重复区域在模板中由淡蓝色的矩形边框围绕,左上角的选项卡显示该区域名称。

读一读 10-8

重复区域的创建与应用:

在打开的 HTML 文档中选择需要重复的区域→"插入","模板对象"→"重复区域"→"文件""另存为模板"→输入模板文件名称"确定"

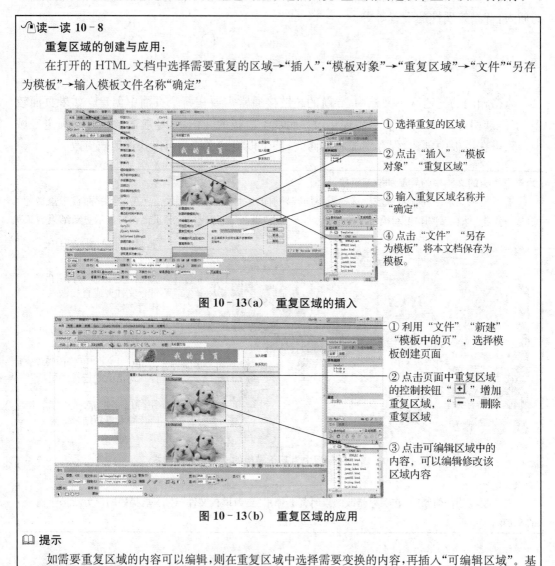

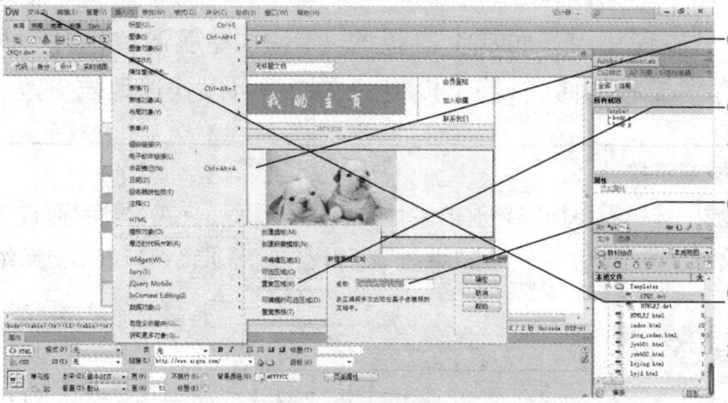

① 选择重复的区域
② 点击"插入""模板对象""重复区域"
③ 输入重复区域名称并"确定"
④ 点击"文件""另存为模板"将本文档保存为模板。

图 10-13(a) 重复区域的插入

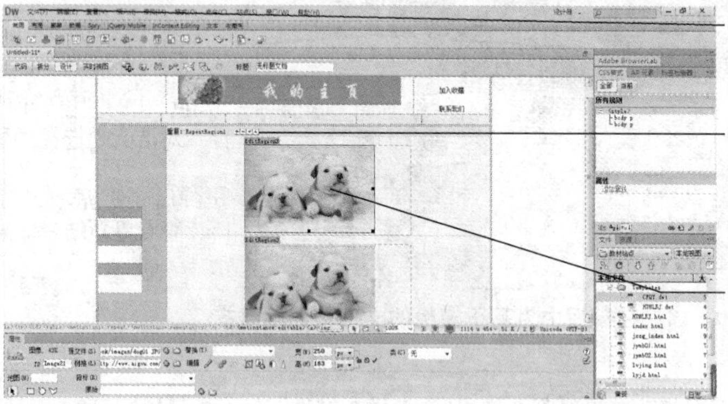

① 利用"文件""新建""模板中的页",选择模板创建页面
② 点击页面中重复区域的控制按钮"+"增加重复区域,"−"删除重复区域
③ 点击可编辑区域中的内容,可以编辑修改该区域内容

图 10-13(b) 重复区域的应用

提示

如需要重复区域的内容可以编辑,则在重复区域中选择需要变换的内容,再插入"可编辑区域"。基于重复区域模板创建的页面,其增加的重复区域内的可编辑区域允许分别编辑。

10.5.2 重复表格的创建与应用

可以使用重复表格创建包含重复行的表格格式的可编辑区域。可以定义表格属性并设置哪些表格单元格可编辑。

读一读 10－9

重复表格的创建与应用：

在“设计”视图中，将插入点放在文档中想要插入重复表格的位置→选择“插入”→“模板对象”→“重复表格”(或在“插入”面板的“常用”类别中，单击“模板”按钮，然后从弹出菜单中选择“重复表格”)→指定重复表格的相关选项并“确定”→将该文档另存为模板。

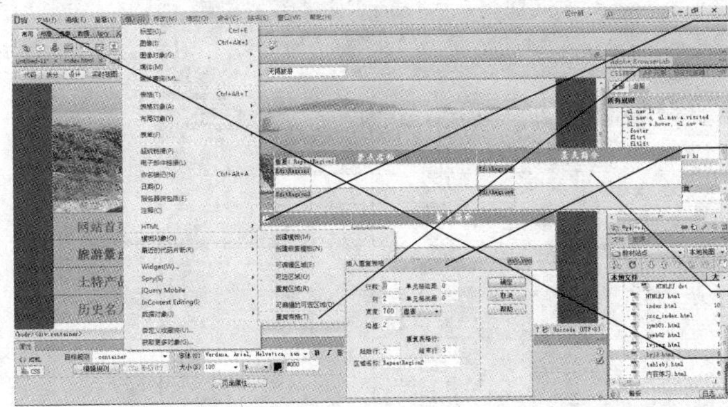
① 确定插入重复表格的位置
② 选择“插入”“模板对象”“重复表格”
③ 在“插入重复表格”对话框中设置属性并“确定”
④ 在重复表格的区域显示重复表格及表格中的可编辑区域
⑤ 选择表格，可以设置重复表格的格式
⑥ 点击“文件”“另存为模板”将本文档保存为模板

图 10－14(a)　重复表格的创建

重复表格的应用

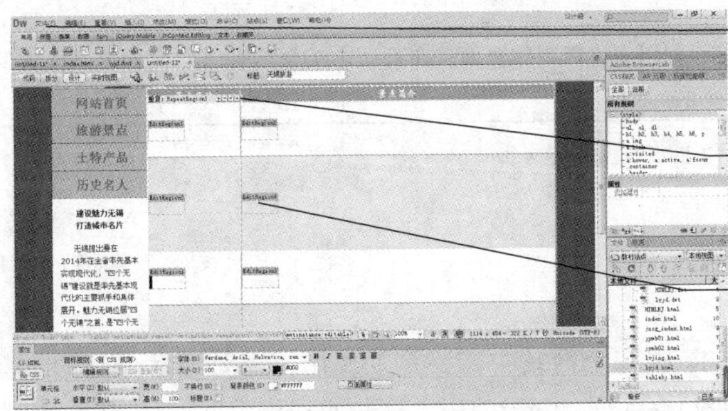
① 利用“文件”“新建”“模板中的页”，选择模板创建页面
② 点击页面中重复表格的控制按钮“ + ”增加重复表格，“ − ”删除重复表格
③ 点击可编辑区域中的内容，编辑修改该区域内容

图 10－14(b)　重复表格的应用

提示

“插入重复表格”对话框设置：

(1) 行、列数，决定重复表格中的行、列数；

(2) 单元格边距、间距，指定单元格内容与单元格边框之间像素值及相邻的单元格之间的距离像素值；

(3) 宽度以像素为单位或按占浏览器窗口宽度的百分比指定表格的宽度；

(4) 边框指定表格边框的宽度(以像素为单位)；

(5) 重复表格的行指定表格中的哪些行包括在重复区域中；

(6) 起始行将输入的行号设置为要包括在重复区域中的第一行；

(7) 结束行将输入的行号设置为要包括在重复区域中的最后一行；

(8) 区域名称用于设置重复区域的唯一名称。

重复表格应用实例

利用重复表格制作的“技术拓展”页面。

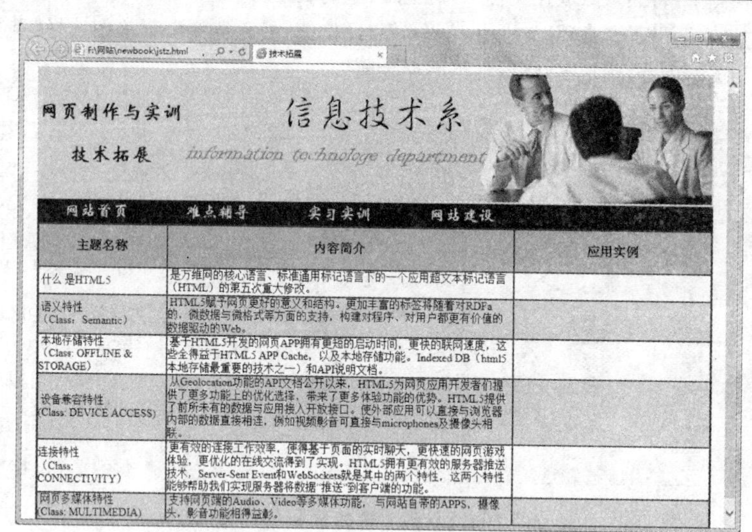

图 10－15　利用重复表格制作的页面

📖 **提示**

先制作包含重复表格的模板，利用该模板制作页面。在页面中结合需求增加包含表格格式的重复行列。

10.6　库的使用

Dreamweaver 提供库技术，将在个网站中需要重复使用或需要经常更新的页面元素（如图像、文本导航和其他对象）存入库（library）中。这些元素称为库项目，在需要时，设计者可将库项目拖放到文档中。这时 Dreamweaver 会在文档中插入该库项目的 HTML 源代码的一份拷贝，并创建一个对外部库项目引用。通过修改库项目，并使用更新命令即可实现整个网站各页面上与库项目相关的内容的一次性更新。

应用库技术时，Dreamweaver 在站点根目录下创建“Library”文件夹，并将库项目存放于此。每个网站都有自己的库，设计者可以使用资源面板的“拷贝到站点”命令将一个站点的库项目拷贝到另一个站点。

10.6.1　创建库项目

网页中包含在“<body>”标记中的任何一个元素都可以用来创建库项目，如文本、表格、表单、Java 小程序、插件、ActiveX 控件、导航条和图像等。对于 HTML 不能直接描述的链接项目，如图像等，库将只存储对该项目的一个引用。原始文件必须保留在指定的地方以使库项目可以正常工作。每个库项目都保存为站点本地根目录下“Library”文件夹中的独立文件(文件扩展名为“.lbi”)。

读一读 10－10

库项目的创建：

在页面中选择建立库项目的元素(如头部 Flash 文件)→点击“修改”“库”→“增加对象到库”→在“文件”面板中创建了“Library”库资源文件夹,并将创建的库项目放置与其中。在资源面板中出现了该库项目及默认的库项目文件名(可以对该文件名进行修改)。

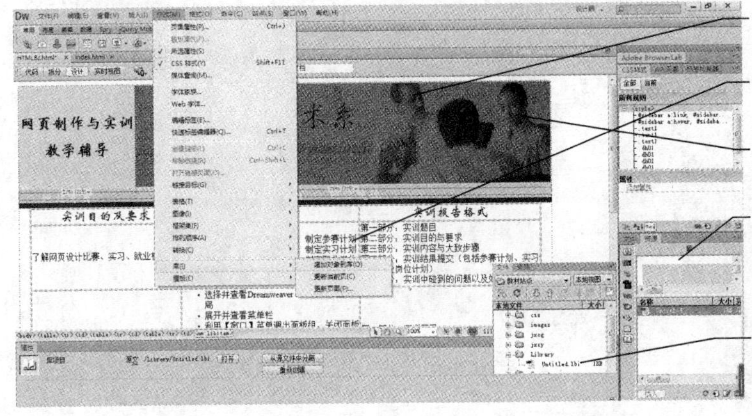

① 选择建立库项目的页面元素

② 点击“修改”“库”“增加对象到库”

③ 该被选择的图像增加了阴影

④ 资源面板中出现了库项目的预览及库项目文件详细资料。点击文件名可以对其修改

⑤ 切换到文件面板，可见添加的“Library”文件夹

图 10－16　库项目的创建

提示

也可以利用“文件”菜单中的“新建”→“新建文档”中的“库项目”直接创建库项目,再在新建的空白库项目文件中添加具体内容;

库项目技术的应用必须是在定义了“Dreamweaver 站点”的基础上才可以创建并应用。

10.6.2　在页面中插入库项目

当向网页添加库项目时,实际内容和对该库项目的引用一起被插入到文档中。

在页面中插入库项目

在“设计”视图的文档窗口中,将插入点放在需要添加库项目的位置→在“文件”面板中的“资源”中选择库项目→直接拖动到页面中的插入点处(也可以在选取了库项目后点击资源面板下方的“插入”按钮)。

10.6.3　修改库页面中项目内容

对页面中应用库项目的内容进行修改时,需要打开关联的库项目文件,直接在该文件中进行修改。但修改后保存库项目文件时,会出现提示“更新库项目”对话框,点击“更新”,则所有应用了该库项目的文件均会进行相应的修改。

修改库文件

在“资源”面板中，双击库项目（或库文件），打开该库项目文件→修改库文件内容（如修改图像或导航文字等）→保存对库文件的修改→弹出“更新库项目”对话框→修改内容（如更换图像）→保存更改→弹出“更新库项目”对话框→点击“更新”→弹出“更新页面”窗口，待更新完毕后点击“关闭”

📖 **提示**

选择“更新”，将更新本地站点中的所有包含该库项目的所有文件（包括应用了该库项目的模板文件）；选择“不更新”则不更改任何文件。

任务十一　用行为及 JavaScript 制作页面特

任务描述

用 Dreamweaver CS6 行为及 JavaScript 实现《网页制作与发布》课程教学网站首页教学环境栏目中鼠标移动到图片变化其他图片、日历等页面特效。实现教学辅导首页中，鼠标移至某导航菜单后背景色改变。

技能要求

掌握如何在 Dreamweaver CS6 中打开并使用“行为”面板；能够为网页中的文档、图像、链接等元素对象添加“行为”；熟练使用 Dreamweaver CS6 内置的行为，在网页中实现动态的效果。能够应用 JavaScript 实现网页中的一些特效。

任务实施

分析任务描述，结合行为和 JavaScript 的应用可以将其分解为 4 个子任务。具体实施步骤如下：

任务 1：在课程教学网站首页教学环境栏目中实现鼠标移动图片变换，鼠标移开图片恢复。

具体操作

步骤一：分析任务 1 的要求可以应用“交换图像”的行为实现（调出“行为面板”→页面中确定应用行为的位置→选择图像→点击“＋”→选择“交换图像”）

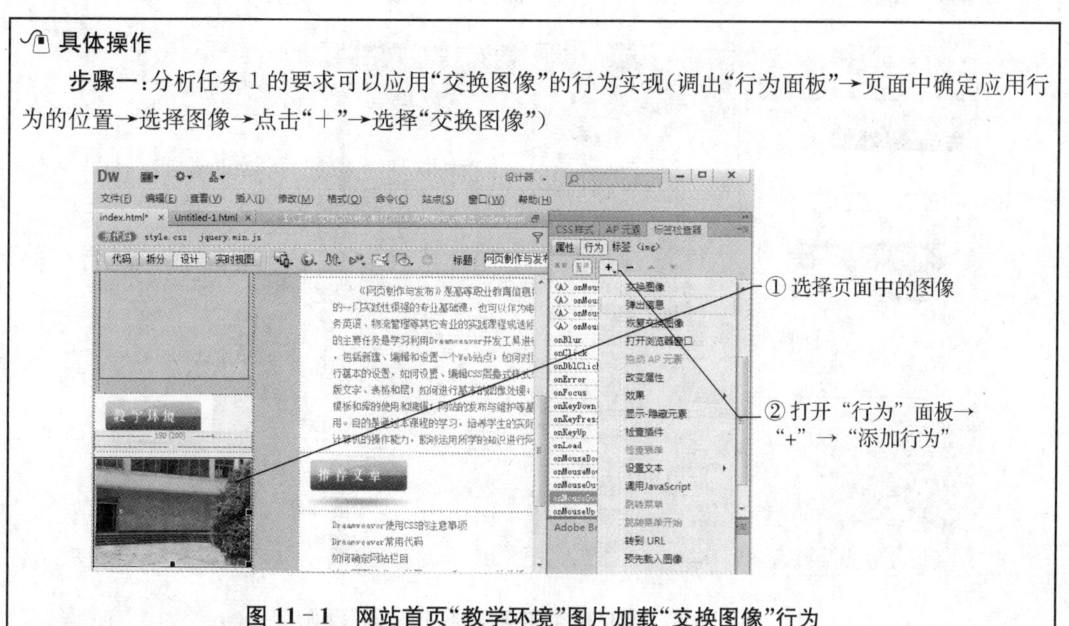

图 11－1　网站首页“教学环境”图片加载“交换图像”行为

步骤二：设置“交换图像”对话框，查看并确定触发动作的“事件”

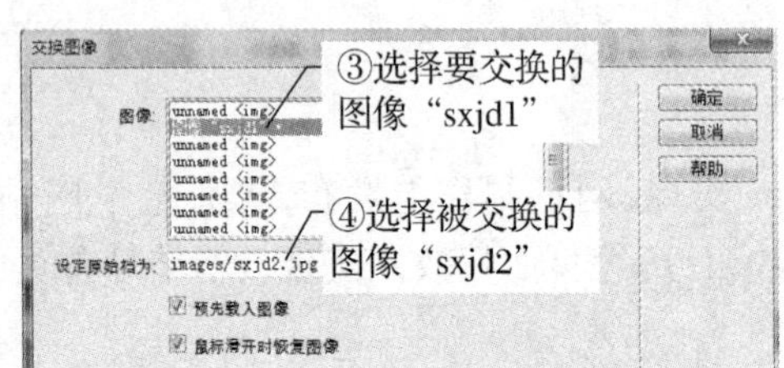

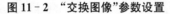

图 11－2　“交换图像”参数设置

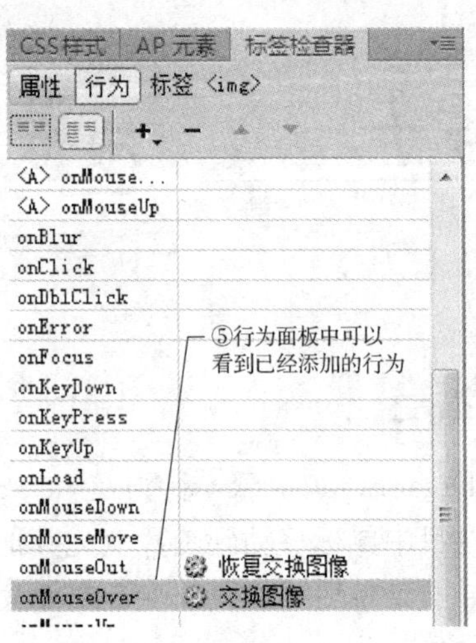

图 11－3　“交换图像”添加的行为

提示

“恢复交换图像”行为可以将最后一组交换的图像恢复为它们以前的源文件。每次将“交换图像”行为附加到某个对象时都会自动添加“恢复交换图像”行为；如果在附加“交换图像”时选择了“恢复”选项，则您就不再需要手动选择“恢复交换图像”行为。

任务 2：教学网站首页中，鼠标点击“教材样本”中的教材图片，图片会放大；鼠标再次点击图片会恢复原来大小。

具体操作

选择教材图像→在“行为”面板中点击“＋”→“添加行为”→“效果”→“增大/收缩”

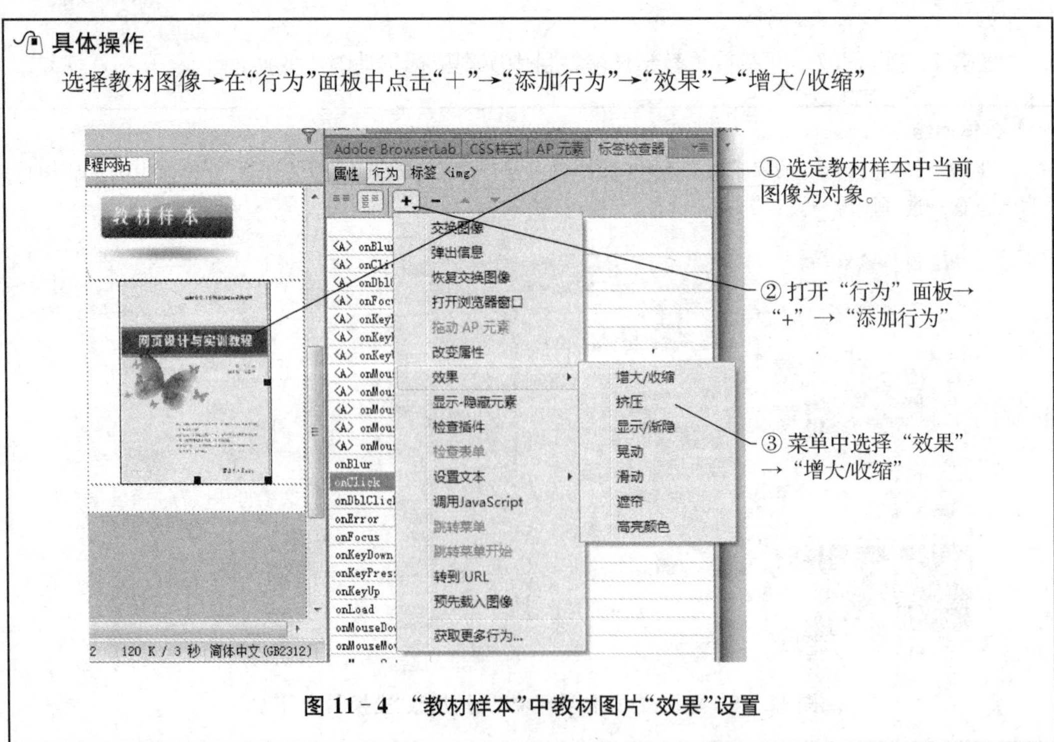

图 11－4　“教材样本”中教材图片“效果”设置

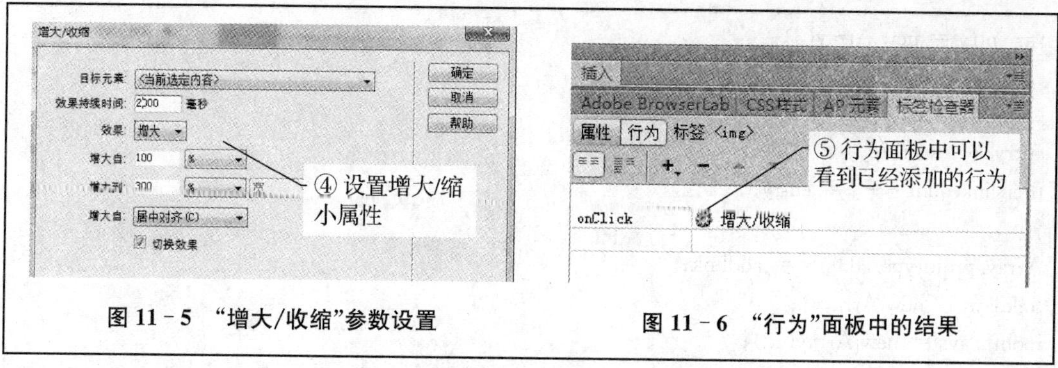

图 11 - 5 “增大/收缩”参数设置　　　图 11 - 6 “行为”面板中的结果

任务 3:教学网站首页中,显示动态日历。

具体操作

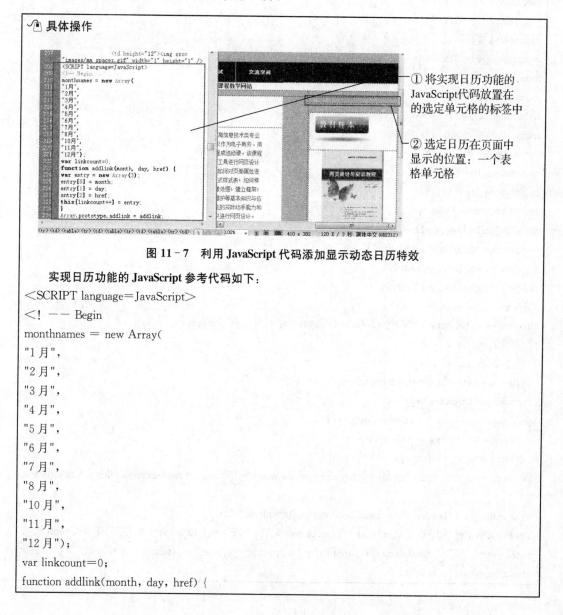

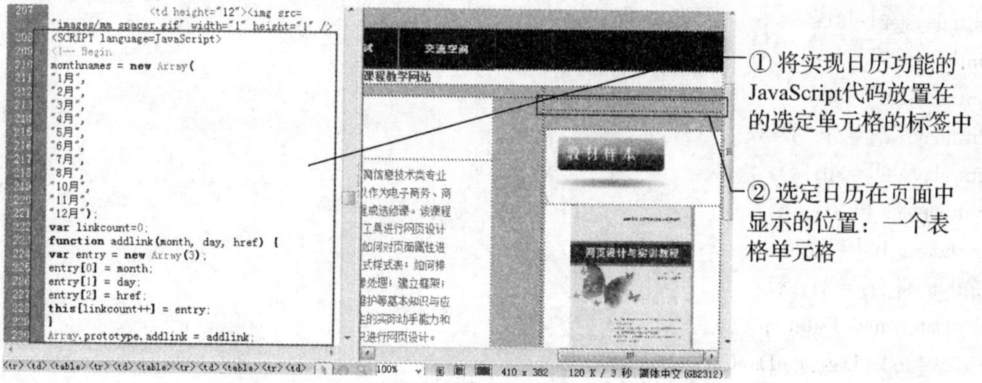

① 将实现日历功能的JavaScript代码放置在的选定单元格的标签中

② 选定日历在页面中显示的位置：一个表格单元格

图 11 - 7　利用 JavaScript 代码添加显示动态日历特效

实现日历功能的 JavaScript 参考代码如下：

```
<SCRIPT language=JavaScript>
<! -- Begin
monthnames = new Array(
"1月",
"2月",
"3月",
"4月",
"5月",
"6月",
"7月",
"8月",
"10月",
"11月",
"12月");
var linkcount=0;
function addlink(month, day, href) {
```

```
var entry = new Array(3);
entry[0] = month;
entry[1] = day;
entry[2] = href;
this[linkcount++] = entry;
}
Array.prototype.addlink = addlink;
linkdays = new Array();
monthdays = new Array(12);
monthdays[0]=31;
monthdays[1]=28;
monthdays[2]=31;
monthdays[3]=30;
monthdays[4]=31;
monthdays[5]=30;
monthdays[6]=31;
monthdays[7]=31;
monthdays[8]=30;
monthdays[9]=31;
monthdays[10]=30;
monthdays[11]=31;
todayDate=new Date();
thisday=todayDate.getDay();
thismonth=todayDate.getMonth();
thisdate=todayDate.getDate();
thisyear=todayDate.getYear();
thisyear = thisyear % 100;
thisyear = ((thisyear < 50) ? (2000 + thisyear) : (1900 + thisyear));
if (((thisyear % 4 == 0)
&& !(thisyear % 100 == 0))
||(thisyear % 400 == 0)) monthdays[1]++;
startspaces=thisdate;
while (startspaces > 7) startspaces-=7;
startspaces = thisday - startspaces + 1;
if (startspaces < 0) startspaces+=7;
document.write("<table border=0 bgcolor=white width=198 align=center cellpadding=4 cellspacing
=1");
document.write("bordercolor=black><font color=black>");
document.write("<tr><td colspan=7 bgcolor=#AFD7FF><font color=#FFFFFF><center>"
+ thisyear+"年"+monthnames[thismonth]+"</center></font></td></tr>");
document.write("<tr>");
```

```
document.write("<td align=center bgcolor=#AFD7FF height=22><font color=#FFFFFF>日</font></td>");
document.write("<td align=center bgcolor=#AFD7FF><font color=#FFFFFF>一</font></td>");
document.write("<td align=center bgcolor=#AFD7FF><font color=#FFFFFF>二</font></td>");
document.write("<td align=center bgcolor=#AFD7FF><font color=#FFFFFF>三</font></td>");
document.write("<td align=center bgcolor=#AFD7FF><font color=#FFFFFF>四</font></td>");
document.write("<td align=center bgcolor=#AFD7FF><font color=#FFFFFF>五</font></td>");
document.write("<td align=center bgcolor=#AFD7FF><font color=#FFFFFF>六</font></td>");
document.write("</tr>");
document.write("<tr>");
for (s=0;s<startspaces;s++) {
document.write("<td bgcolor=#F3f3f3></td>");
}
count=1;
while (count <= monthdays[thismonth]) {
for (b = startspaces;b<7;b++) {
linktrue=false;
document.write("<td align=center bgcolor=#F3f3f3>");
for (c=0;c<linkdays.length;c++) {
if (linkdays[c] != null) {
if ((linkdays[c][0]==thismonth + 1) && (linkdays[c][1]==count)) {
document.write("<a href=\\"" + linkdays[c][2] + "\\">");
linktrue=true;
}
}
}
if (count==thisdate) {
document.write("<font color='FF0000'><strong>");
}
if (count <= monthdays[thismonth]) {
document.write(count);
}
else {
document.write("");
}
if (count==thisdate) {
```

```
document.write("</strong></font>");
}
if (linktrue)
document.write("</a>");
document.write("</td>");
count++;
}
document.write("</tr>");
document.write("<tr>");
startspaces=0;
}
document.write("</table>");
// End -->
</SCRIPT>
```

知识链接

行为是预设的程序库，使用行为可使得设计者不用编程而实现一些网页功能，如验证表单，打开一个浏览器窗口等。而还有许多网页功能，没有提供预设的程序库，则由网页开发人员结合具体需求应用JavaScript编写而成。关于JavaScript语法学习，请参见附录A.

11.1 行为的概念

1. 行为

行为是事件和由该事件触发的动作的组合。行为是预置的JavaScript程序库。使用行为可使得网页制作人员不用编程而实现一些程序工作。比如验证表单，打开一个浏览器窗口等。Dreamweaver CS6 中的行为将JavaScript代码放置在文档中，以允许访问者与Web页进行交互，从而以多种方式更改页面或引起某些任务的执行。行为代码是客户端JavaScript代码；即它运行于浏览器中，而不是服务器上。

2. 动作

动作是由预先编写的JavaScript代码组成的，这些代码执行特定的任务，例如打开浏览器窗口、显示或隐藏层、播放声音或停止。随Dreamweaver提供的动作是由Dreamweaver工程师精心编写的，提供了最大的跨浏览器兼容性。

3. 事件

事件是由浏览器为每个页面元素定义的。实际上，事件是浏览器生成的消息，指示该页的访问者执行了某种操作。例如，当访问者将鼠标指针移动到某个链接上时，浏览器为该链接生成一个“onMouseOver”事件；然后浏览器查看是否存在当为该链接生成该事件时浏览器应该调用的 JavaScript 代码(这些代码是在被查看的页中指定的)。不同的页元素定义了不同的事件；例如，在大多数浏览器中，“onMouseOver”和“onClick”是与链接关联的事件，而“onLoad”是与图像和文档的 body 部分关联的事件。

在将行为附加到页元素之后，只要对该元素发生了所指定的事件，浏览器就会调用与该事件关联的动作(JavaScript 代码)。(可以用来触发给定动作的事件随浏览器的不同而有所不同。)例如，如果将“弹出消息”动作附加到某个链接并指定它将由 onMouseOver 事件触发，那么只要某人在浏览器中用鼠标指针指向该链接，就将在对话框中弹出您的消息。

单个事件可以触发多个不同的动作，您可以指定这些动作发生的顺序。

Dreamweaver 提供大约二十多个行为动作；可以在 Adobe 站点以及第三方开发人员站点上找到更多的动作。(请参见下载并安装第三方行为。)如果精通 JavaScript，您可以编写自己的行为动作。有关编写行为动作的更多信息，请参见“扩展 Dreamweaver”(“帮助”＞“扩展 Dreamweaver”)。

“行为和动作”这两个术语是 Dreamweaver 术语，而不是 HTML 术语。从浏览器的角度看，动作与 JavaScript 代码编写的方法(或函数)相对应。

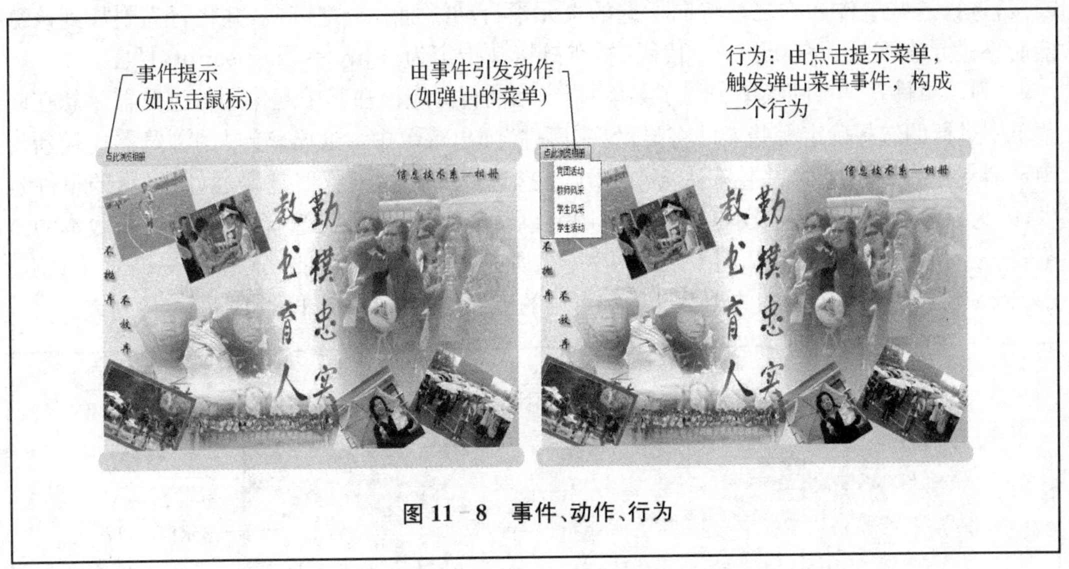

图 11-8　事件、动作、行为

11.2　使用“行为”面板

在 Dreamweaver CS6 中，对行为、事件和动作的添加和控制主要是通过“行为”面板来实现。在 Dreamweaver CS6 菜单栏中选择“窗口”菜单中的“行为”命令，就可以打开“行为”面板如图 11-9 所示。

“行为”面板具有以下功能选项：

“显示设置事件”仅显示附加到当前文档的那些事件。事件被分别划归到客户端或服务器端类别中。每个类别的事件都包含在一个可折叠的列表中，您可以单击类别名称旁边的加号/减号按钮展开或折叠该列表。“显示设置事件”是默认的视图。

“显示所有事件”按字母降序显示给定类别的所有事件。

添加动作 “+”是一个弹出菜单，其中包含可以附加到当前所选元素的动作。当从该列表中选择一个动作时，将出现一个对话框，您可以在该对话框中指定该动作的参数。如果所有动作都灰显，则没有所选元素可以生成的事件。

删除动作“-”从行为列表中删除所选的事件和动作。

“上下箭头”按钮将特定事件的所选动作在行为列表中向上或向下移动。给定事件的动作是以特定的顺序执行的。可以为特定的事件更改动作的顺序，例如更改 onLoad 事件的多个动作的发生顺序，但是所有 onLoad 动作在行为列表中都靠在一起。对于不能在列表中上下移动的动作，箭头按钮将被禁用。

“事件”(当你单击行为列表中所选事件名称旁边的箭头按钮时出现的菜单)是一个弹出菜单，其中包含可以触发该动作的所有事件。只有在选择了行为列表中的某个事件时才显示此菜单。根据所选对象的不同，显示的事件也有所不同。如果未显示预期的事件，请确保选择了正确的页元素或标签。(若要选择特定的标签，请使用“文档”窗口底部左侧的标签选择器。)同时确保您在“显示事件”子菜单中选择了正确的浏览器。括号中的事件名称只用于链接；选择这些事件名称之一将向所选的页元素自动添加一个空链接，并将行为附加到该链接而不是元素本身。在 HTML 代码中，空链接被指定为 a href="javascript:;"。

“显示事件”(“事件”菜单中的子菜单)指定当前行为应该在其中起作用的浏览器。您在此菜单中进行的选择确定哪些事件将显示在“事件”弹出菜单中。通常，较早的浏览器比较新的浏览器支持的事件要少，并且在大多数情况下您选择的目标浏览器越普通，所显示的事件越少，因为只显示在所有请求浏览器中都可用的事件。例如，如果您选择“3.0 或更高版本的浏览器”，那么您可以选择的事件仅限于那些在所有 Netscape Navigator 和 Microsoft Internet Explorer 3.0 版和更高版本的浏览器中都可用的事件，这将是一个非常有限的事件列表。

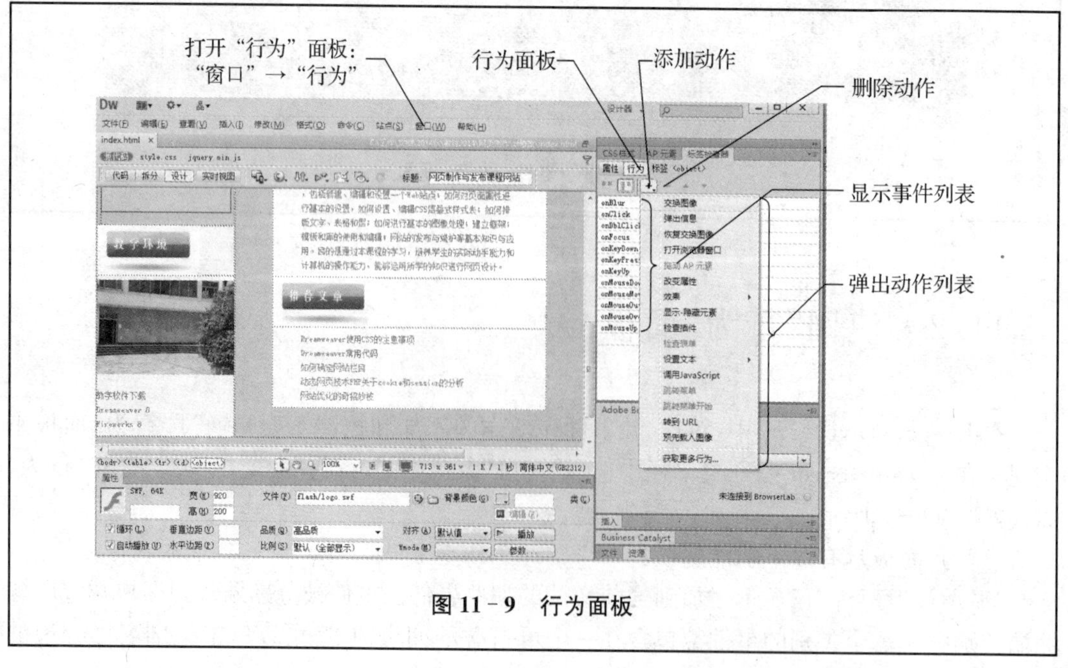

图 11-9　行为面板

11.3　添加行为

在“行为”面板中，您可以先指定一个动作，然后指定触发该动作的事件，从而将行为添加到页面中。

读一读 11－1

利用“行为”面板在页面中添加行为

选中页面对象→添加动作→设置动作参数→确定事件

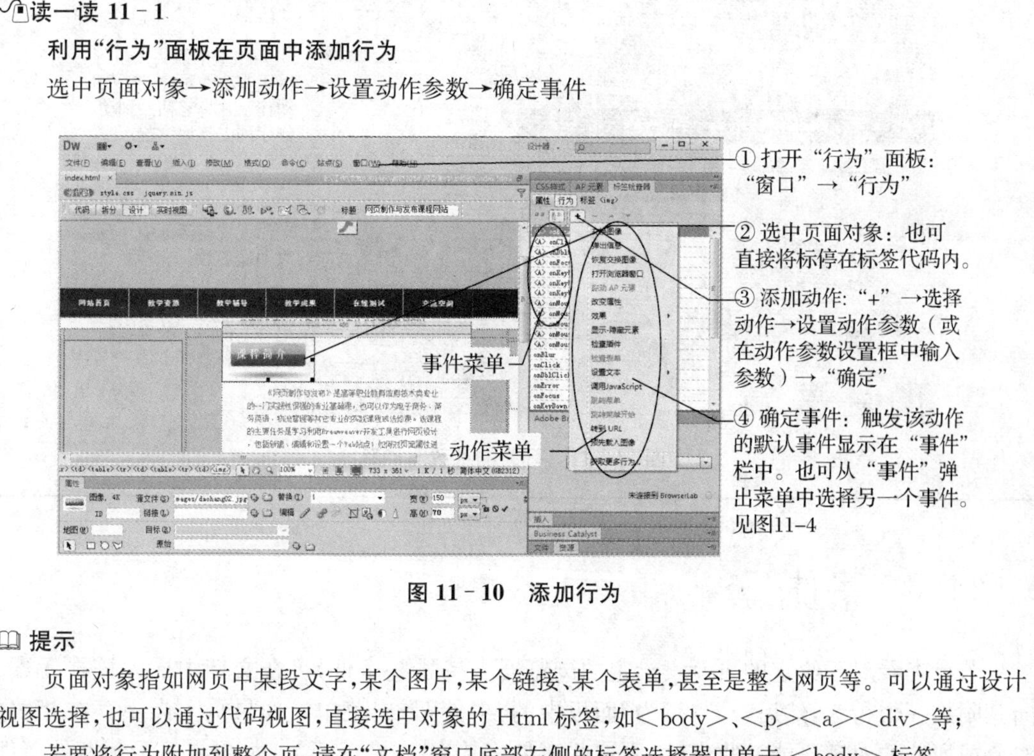

①打开“行为”面板：
“窗口”→“行为”
②选中页面对象：也可直接将标停在标签代码内。
③添加动作：“+”→选择动作→设置动作参数（或在动作参数设置框中输入参数）→“确定”
④确定事件：触发该动作的默认事件显示在“事件”栏中。也可从“事件”弹出菜单中选择另一个事件。见图11-4
事件菜单
动作菜单

图 11－10　添加行为

提示

页面对象指如网页中某段文字，某个图片，某个链接、某个表单，甚至是整个网页等。可以通过设计视图选择，也可以通过代码视图，直接选中对象的 Html 标签，如<body>、<p><a><div>等；

若要将行为附加到整个页，请在“文档”窗口底部左侧的标签选择器中单击 <body> 标签。

10.4　更改或删除行为

在附加了行为之后，可以删除标签元素附加的行为。可以更改触发动作的事件、添加或删除动作以及更改动作的参数。

读一读 11-2

在"行为"面板中更改或删除行为

选中页面对象,并打开"行为"面板→选中行为→更改与删除:更改动作(选择动作→更改动作参数或顺序);更改事件→重新选择事件;删除行为:"Delete 键"或"－"按钮。

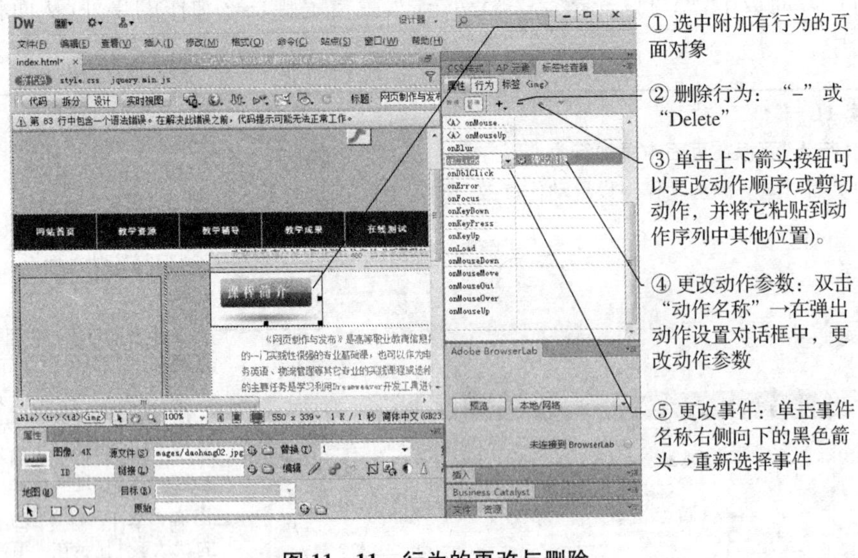

图 11-11　行为的更改与删除

11.5　事件

若要查看对于给定的页元素给定的浏览器支持哪些事件,可在文档中插入该页元素并向其附加一个行为,然后查看"行为"面板中的"事件"弹出菜单。如果页上尚不存在相关的对象或所选的对象不能接收事件,则这些事件将禁用(灰色显示)。如果未显示预期的事件,请确保选择了正确的对象。

表 11-1　事件一览表

一般事件类	
事件	说　明
onclick	鼠标点击时触发此事件
ondblclick	鼠标双击时触发此事件
onmousedown	按下鼠标时触发此事件
onmouseup	鼠标按下后松开鼠标时触发此事件
onmouseover	当鼠标移动到某对象范围的上方时触发此事件
onmousemove	鼠标移动时触发此事件
onmouseout	当鼠标离开某对象范围时触发此事件
onkeypress	当键盘上的某个键被按下并且释放时触发此事件
onkeydown	当键盘上某个按键被按下时触发此事件
onkeyup	当键盘上某个按键被按放开时触发此事件

（续表）

页面相关事件类	
事件	说　明
onabort onbeforeunload onerror onload onmove onresize onscroll onstop onunload	图片在下载时被用户中断 当前页面的内容将要被改变时触发此事件 出现错误时触发此事件 页面内容完成时触发此事件 浏览器的窗口被移动时触发此事件 当浏览器的窗口大小被改变时触发此事件 浏览器的滚动条位置发生变化时触发此事件 浏览器的停止按钮被按下，或者正在下载的文件被中断时触发此事件 当前页面将被改变时触发此事件
表单相关事件类	
事件	说　明
onblur onchange onfocus onreset onsubmit	当前元素失去焦点时触发此事件 当前元素失去焦点并且元素的内容发生改变而触发此事件 当某个元素获得焦点时触发此事件 当表单中 RESET 的属性被激发时触发此事件 一个表单被递交时触发此事件
滚动字幕事件类	
事件	说　明
onbounce onfinish onstart	在 Marquee 内的内容移动至 Marquee 显示范围之外时触发此事件 当 Marquee 元素完成需要显示的内容后触发此事件 当 Marquee 元素开始显示内容时触发此事件

表 11－1　事件及支持浏览器列表（续）

编辑事件类	
事件	说　明
onbeforecopy	当页面当前被选择内容将要复制到浏览者系统的剪贴板前触发此事件
onbeforecut	当页面中的一部分或者全部的内容将被移离当前页面[剪贴]并移动到浏览者的系统剪贴板时触发此事件
onbeforeeditfocus	当前元素将要进入编辑状态时触发此事件
onbeforepaste	内容将要从浏览者的系统剪贴板传送[粘贴]到页面中时触发此事件
onbeforeupdate	当浏览者粘贴系统剪贴板中的内容时通知目标对象
oncontextmenu	当浏览者按下鼠标右键出现菜单时或者通过键盘的按键触发页面菜单时触发的事件
oncopy	当页面当前的被选择内容被复制后触发此事件
oncut	当页面当前的被选择内容被剪切时触发此事件
ondrag	当某个对象被拖动时触发此事件［活动事件］
ondragdrop	一个外部对象被鼠标拖进当前窗口或者帧
ondragend	当鼠标拖动结束时触发此事件，即鼠标的按钮被释放了

续表

编辑事件类	
事件	说　明
ondragenter	当对象被鼠标拖动的对象进入其容器范围内时触发此事件
ondragleave	当对象被鼠标拖动的对象离开其容器范围内时触发此事件
ondragover	当某被拖动的对象在另一对象容器范围内拖动时触发此事件
ondragstart	当某对象将被拖动时触发此事件
ondrop	在一个拖动过程中,释放鼠标键时触发此事件
onlosecapture	当元素失去鼠标移动所形成的选择焦点时触发此事件
onpaste	当内容被粘贴时触发此事件
onselect	当文本内容被选择时的事件
onselectstart	当文本内容选择将开始发生时触发的事件
数据绑定事件类	
事件	说　明
onafterupdate	当数据完成由数据源到对象的传送时触发此事件
oncellchange	当数据来源发生变化时
ondataavailable	当数据接收完成时触发事件
ondatasetchanged	数据在数据源发生变化时触发的事件
ondatasetcomplete	当来子数据源的全部有效数据读取完毕时触发此事件
onerrorupdate	当使用 onBeforeUpdate 事件触发取消了数据传送时,代替 onAfterUpdate 事件
onrowenter	当前数据源的数据发生变化并且有新的有效数据时触发事件
onrowexit	当前数据源的数据将要发生变化时触发的事件
onrowsdelete	当前数据记录将被删除时触发此事件
onrowsinserted	当前数据源将要插入新数据记录时触发此事件
外部事件类	
事件	说　明
onafterprint	当文档被打印后触发此事件
onbeforeprint	当文档即将打印时触发此事件
onfilterchange	当某个对象的滤镜效果发生变化时触发的事件
onhelp	当浏览者按下 F1 或者浏览器的帮助选择时触发此事件
onpropertychange	当对象的属性之一发生变化时触发此事件
onreadystatechange	当对象的初始化属性值发生变化时触发此事件

11.6　Dreamweaver 内置行为

Dreamweaver 内置动作是经过精心编写的,以便在尽可能多的浏览器中发挥作用。如果您从 Dreamweaver 动作中手工删除代码,或用您自己的代码将其替换,则可能会失去跨浏览器兼容性。尽管 Dreamweaver 动作经过了精心的编写以提供最大的跨浏览器兼容性,但某些动作仍不能在较早的浏览器中发挥作用。另外,某些浏览器根本不支持 JavaScript,

还有很多人在浏览 Web 时经常关闭浏览器中的 JavaScript 功能。为了获得最佳的跨平台效果,可提供一个包括在 noscript 标签中的替换界面,以使没有 JavaScript 的访问者仍然能够使用您的站点。

1. "交换图像"

"交换图像"动作指通过更改<img>标记的 src 属性将一个图像和另一个图像进行交换。实现图像交换效果的方法是,使用行为中的交换图像动作可以创建鼠标经过图像,当鼠标经过图像时会自动将一个交换图像行为添加到指定的网页中。"交换图像"也可以实现其他图像效果,例如一次交换多个图像。

读一读 11－3

"交换图像"的设置操作

选择一个页面图像对象,并打开"行为"面板→"＋"→"添加行为"菜单中选择"交换图像"

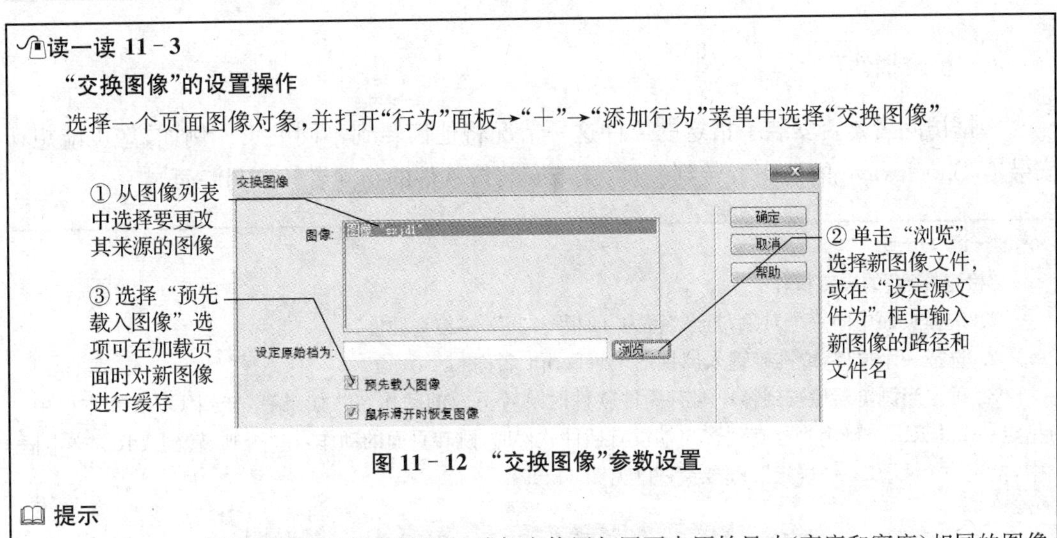
① 从图像列表中选择要更改其来源的图像
③ 选择"预先载入图像"选项可在加载页面时对新图像进行缓存
交换图像
图像:
确定
取消
帮助
设定原始档为:
浏览...
预先载入图像
鼠标滑开时恢复图像
② 单击"浏览"选择新图像文件,或在"设定源文件为"框中输入新图像的路径和文件名

图 11－12　"交换图像"参数设置

提示

因为只有 src 属性会受到此行为的影响,我们应使用与网页中原始尺寸(高度和宽度)相同的图像进行交换。否则,换入的图像在网页中显示时会被压缩或扩展,以使其适应原图像的尺寸。

2. "恢复交换图像"

"恢复交换图像"行为可以将最后一组交换的图像恢复为它们以前的源文件。每次将"交换图像"行为附加到某个对象时都会自动添加"恢复交换图像"行为;如果在附加"交换图像"时选择了"恢复"选项,就不再需要手动选择"恢复交换图像"行为。

3. "改变属性"

当发生某事件时,将执行更改属性动作。例如点击菜单时,更改层的背景颜色或表单的动作的值。可以更改的属性是由浏览器决定的。

读一读 11－4

"改变属性"的设置操作

选择一个页面对象,并打开"行为"面板→"＋"→"改变属性"打开"改变属性"对话框进行设置→"确定"→确定事件(具体操作见图 11－9)

"改变属性"值的设置如下：

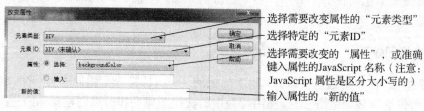

改变属性
元素类型：DIV
元素 ID：DIV <未确认>
属性：选择：backgroundColor
输入：
新的值：
确定
取消
帮助

选择需要改变属性的"元素类型"
选择特定的"元素ID"
选择需要改变的"属性"，或准确键入属性的JavaScript 名称（注意：JavaScript 属性是区分大小写的）
输入属性的"新的值"

图 11－13 "改变属性"参数设置

4. "检查插件"

根据访问者是否安装了指定的插件这一情况将他们转到不同的页。例如，您可能想让安装有 Shockwave 的访问者转到一页，让未安装该软件的访问者转到另一页。

读一读 11－5

"检查插件"的设置操作

1. 选择页面中的一个对象，打开"行为"面板→"＋"→"检查插件"
2. 选择一个插件，或准确键入属性的 JavaScript 名称
3. 确定当浏览器检查到客户端有插件软件时跳转页面的动作：在"如果有，转到 URL"文本框中，指定一个 URL；→确定当检查到客户端没有插件软件时，跳转页面的动作：在"否则，转到 URL"文本框中，指定一个 URL；→"确定"→选定事件(见图 11－9)

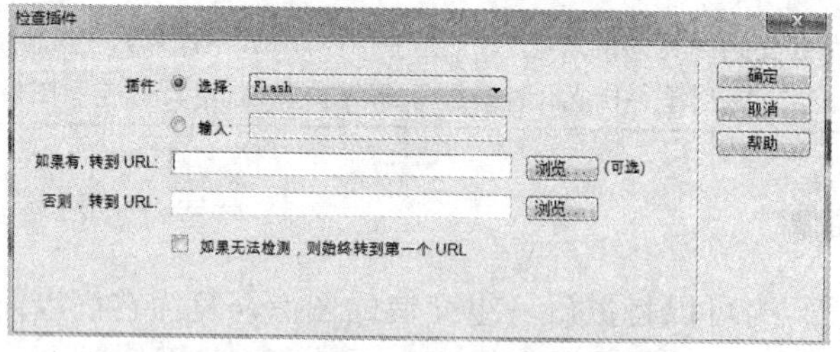

图 11－14 "检查插件"参数设置

提示

"如果无法检测，总是转到第一个 URL"选项说明：

默认情况下，当浏览器不具备检测功能时，访问者被发送到"否则"文本框中列出的 URL。若要改为将访问者发送到第一个"如果有"URL，则选择"如果无法检测，总是转到第一个 URL "选项。意味着"假设访问者具有该插件，除非浏览器显式指出该插件不存在"。如果插件内容是必不可少的一部分，请选择"如果无法检测，总是转到第一个 URL"选项；浏览器通常会提示"不具有该插件的访问者下载该插件"。如果插件内容不是必要的，请保留此选项的未选中状态。

5. "检查表单"

该动作检查指定文本域的内容以确保用户输入了正确的数据类型。使用 onBlur 事件

将此动作分别附加到各文本域，在用户填写表单时对域进行检查；或使用 onSubmit 事件将其附加到表单，在用户单击“提交”按钮时同时对多个文本域进行检查。将此动作附加到表单防止表单提交到服务器后任何指定的文本域包含无效的数据。

读一读 11－6

“检查表单”的设置操作

1. 插入表单：“插入”→“表单”→“表单”→设置表单属性。

2. 选择“插入”>“表单”>“文本域”或单击“插入”面板上的“文本域”按钮以插入一个文本域。重复此步骤以插入其他文本域。

3. 选择验证方法：

若要在用户填写表单时分别验证各个域，请选择一个文本域并选择“窗口”>“行为”。

若要在用户提交表单时检查多个域，请在“文档”窗口左下角的标签选择器中单击 <form> 标签并选择“窗口”>“行为”。

4. 从“添加行为”菜单中选择“检查表单”。

5. 执行下列操作之一：

如果您要验证单个域，请从“域”列表中选择您已在“文档”窗口中选择的相同域。

如果您要验证多个域，请从“域”列表中选择某个文本域。

6. 设置检查表单参数：

如果表单域是必需的但不需要包含任何特定类型的数据，则使用“任何数据”。（如果没有选择“必需”选项，则“任何数据”选项就没有意义了，也就是说它与该域上未附加“检查表单”动作一样。）

使用“电子邮件地址”检查该域是否包含一个 @ 符号。

使用“数字”检查该域是否只包含数字。

使用“ 数字从”检查该域是否包含特定范围内的数字。

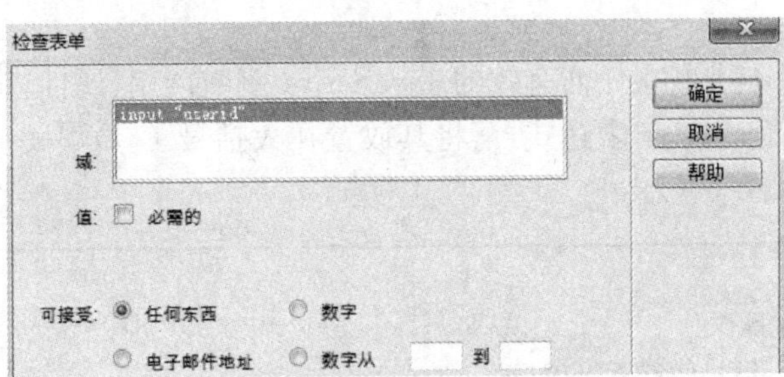

图 11－15　“检查表单”参数设置

7. 如果选择验证多个域，请对要验证的任何其他域重复第 6 步。

8. 单击“确定”。

9. 如果在用户提交表单时检查多个域，则 onSubmit 事件自动出现在“事件”菜单中。

如果要分别验证各个域，则检查默认事件是否是 onBlur 或 onChange。如果不是，请选择其中一个事件。

当用户从该域移开焦点时，这两个事件都会触发“检查表单”行为。不同之处在于：无论用户是否在字段中键入内容，onBlur 都会发生，而 onChange 仅在用户更改了字段的内容时才会发生。如果需要该域，最好使用 onBlur 事件。

6. “调用 JavaScript”

“调用 JavaScript”行为在事件发生时执行自定义的函数或 JavaScript 代码行。你可以自己编写 JavaScript，也可以使用 Web 上各种免费的 JavaScript 库中提供的代码。

读一读 11－7

“调用 JavaScript 动作”的设置操作

1. 选择一个页面对象，并打开“行为”面板→“＋”→“调用 JavaScript”。
2. 准确键入要执行的 JavaScript 方法名(本页面方法或外部 js 文件的方法均可)(见图 11－9)。
3. 确定事件(见图 11－3)

提示：事先将 JavaScript 方法代码，插入页面的相应位置，或外部 js 文件中。

图 11－16　“调用 JavaScript”参数设置

7. “弹出消息”

“弹出消息”行为显示一个包含指定消息的 JavaScript 警告。因为 JavaScript 警告对话框只有一个“确定”按钮，所以使用此行为可以为访问网站的用户提供信息，但不能为用户提供选择操作。

我们也可以在文本中嵌入任何有效的 JavaScript 函数调用、属性、全局变量或其他表达式。若要嵌入一个 JavaScript 表达式，请将其放置在大括号（{}）中。若要显示大括号，请在它前面加一个反斜杠（\{）。

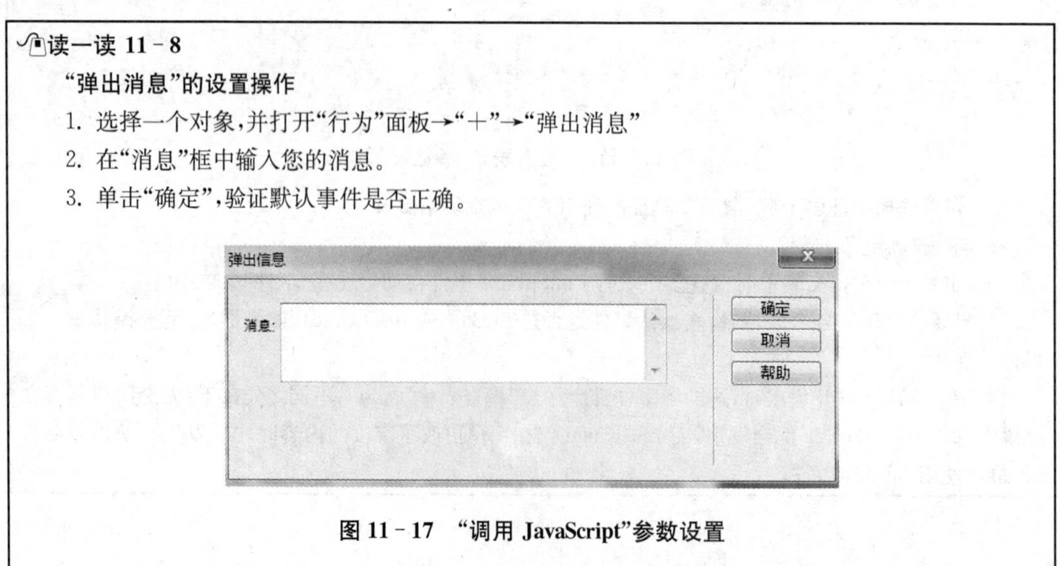

读一读 11－8

“弹出消息”的设置操作

1. 选择一个对象，并打开“行为”面板→“＋”→“弹出消息”
2. 在“消息”框中输入您的消息。
3. 单击“确定”，验证默认事件是否正确。

图 11－17　“调用 JavaScript”参数设置

📖 提示

浏览器会控制警告消息的显示外观。如果想要对消息的外观进行更多的控制，就要使用“打开浏览器窗口”行为来实现。

8. “打开浏览器”

“打开浏览器窗口”行为可在一个新的窗口中打开一个关联页面，可以指定新窗口的属性如新窗口的大小，还可以指定新窗口的特性，例如是否可以调整大小、是否具有菜单栏和名称等。使用此行为，可以让访问网站的用户单击缩略图时在一个新的浏览器窗口中打开一个较大的图像；这样可以方便用户在新窗口浏览实际大小的图像，也可以给网站添加如“动态消息”、“最新公告”等信息。

读一读 11－9

“打开浏览器”的设置操作

1. 选择一个对象，然后从“行为”面板→“＋”→“打开浏览器窗口”。

2. 单击“浏览”选择一个文件，或输入要显示的 URL。

3. 设置相应选项，指定窗口的宽度和高度(以像素为单位)以及是否包括各种工具栏、滚动条、调整大小手柄等一类控件。

如果需要将该窗口用作链接的目标窗口，或者需要使用 JavaScript 对其进行控制，请指定窗口的名称(不使用空格或特殊字符)。

4. 单击“确定”，验证默认事件是否正确。

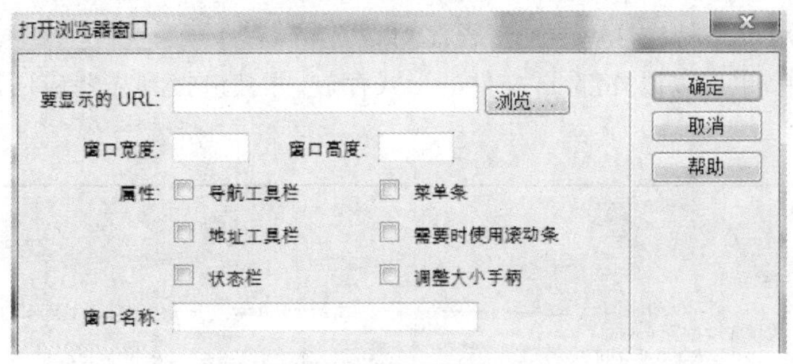

图 11－18　“打开浏览器”参数设置

📖 提示

如果不指定该窗口的任何属性，打开新窗口的大小和属性与原窗口相同；

指定窗口的任何属性都将自动关闭所有其他未明确打开的属性。

例如，如果不为窗口设置任何属性，新窗口将以 1024 x 768 像素的大小打开，并具有导航条(显示“后退”、“前进”、“主页”和“重新加载”按钮)、地址工具栏(显示 URL)、状态栏(位于窗口底部，显示状态消息)和菜单栏(显示“文件”、“编辑”、“查看”和其他菜单)。

如果将宽度明确设置为 640、将高度设置为 480，但不设置其他属性，则新窗口将以 640 x 480 像素的大小打开，并且不具有工具栏。

9. 其他行为的应用

请参见 Dreamweaver CS6 帮助文档。如：转到 URL、拖动 AP 元素、预先载入图、设置框架文本、设置容器的文本、设置状态栏文本、设置文本域文本、显示—隐藏元素、效果等动作。

11.7 JavaScript 与行为

行为是预置的 JavaScript 程序库。但所包含的动作毕竟是有限的。在网站开发时可能还需要一些特殊功能或效果，可以编写 JavaScript 来实现。也有可能开发人员对编程不太在行，这时就可以借鉴别人编写的或网上找到的源代码，经过分析修改后也可以实现特定的效果。因为 JavaScript 写的程序都是以源代码的形式出现的，也就是说在一个网页里看到一段比较好的 JavaScript 代码，恰好也用得上。可以直接拷贝，然后放到网页中稍加修改。

浏览器在处理某个页元素（html 标签）时，通过标签中的行为设置语句中设置的事件（如捕捉鼠标移动、捕获点击、捕获文件打开等），捕获访问者触发的事件，再调用 JavaScript 代码，触发一系列动作进行事件响应。因此，用 JavaScript 可以设计出靓丽十足的网页。

1. 识别页面中的 Javascript

JavaScript 语句需要插入在<script type ="text/javascript"></script>之间。在基于 W3C 的 HTML 标准中，已经不再推荐使用<script language="text/javascript"></script>。

在 HTML 网页文档中 Javascript 程序可以放的<body></body>区域、<head></head>区域中，也可以以外部.js 文件的形式存放，并被链接到需要应用该 JavaScript 程序的文档中。

读一读 11-10

```
<html>
<head>
<script src="   外部文件名.js"
type="text/JavaScript"></script>        —— 浏览器处理<head > 标签时，运行外部 js 文件中的语句
<script ty   pe="text/JavaScript">        —— 浏览器处理<head> 标签，直接运行的语句
      …..;//JavaScript     语句
    function   方法名()//  即事件触发的动作程序
        { …..;//JavaScript      语句      —— 由事件触发的,嵌入在本页面中的方法（动作）
    }
</script>
</head>
<body   事件名=方法名（）>                  —— 浏览器处理<body> 标签时，需要处理的行为
 <script type="text/javascript">
 ....;// JavaScript        语句            —— 浏览器处理<body> 标签时，直接执行的 JavaScript 语句
 </script>
 <  标签 事件名=方法名（）>                 —— 浏览器处理 html 标签时，需要处理的行为
</body>
</Html>


外部文件名.js  中的内容：
…..;//JavaScript     语句                   —— 外部 js 文件中直接运行的语句
function   方法名()//  即事件触发的动作程序
     { …..;//JavaScript      语句           —— 由事件触发的外部 js 文件中方法（动作）
  }
```

📖 **提示**

1）“<script type="text/javascript">、</script>”之间是 JavaScript 代码。

2）当某个 Javascript 方法需要被多个 HTML 网页调用时，最好将这个 Javascript 方法程序放到一个后缀名为.js 的外部文本文件里。这就不必将相同的 Javascript 代码拷贝到多个 HTML 网页里，将来一旦程序有所修改，也只要修改.js 文件就可以。

3）当发生某个事件触发动作的行为时，需要调用的 Javascript 方法，一般放在<head></head>之间。浏览器在处理某个 html 标签时，检查是否有行为设置—捕获访问者引起的事件，再调用 JavaScript 编写的方法（或称函数）。

4）当浏览器载入网页 Body 部分的时候，就执行放在<body ></body >之间的 JavaScript 语句，执行结果就显示在网页中。

5）行为设置：当浏览器处理 html 标签时，发生某个事件，触发某个动作（即调用 Javascript 方法，可以是本页面中的方法，也可以调用外部 js 文件中的方法。

读一读 11－11

```
<html>
  <head>
  <title>     我的 JavaScript</title>
  <script src="        test.js     " type="text/JavaScript"></script>
  <script type="text/JavaScript">
      <! --
      function MM_popupMsg(msg) { //v1.0
       alert(msg);
      }
      // -- >
  </script>
  </head>
<body >
  <script type="text/javascript">
document.write("<h2>  这是直接执行并显示的 JavaScript    语句  </h2>")
  </script>
  <p    onClick="MM_popupMsg('你触发了一个本网页中的弹出信息显示动作 ')">  我是段落标签  p, 点
我!</p>
  <p    onMouseOver="helloOutFile()"    >  我是段落标签 p, 划我! </p>

</body>
</html>

test.js    文件内容如下：
 function helloOutFile()
   {     alert(  “你好，欢迎调用外部文件 ！” );
   }
```

由 onClick事件触发的本页面中方法（动作）:MM_popupMsg(msg)

浏览器处理<body> 标签时，直接执行的 JavaScript 语句

由 onMouseOver 事件触发的外部 js 文件中方法（动作）: function helloOutFile()

📖 **提示**

① 外部文件的创建办法：“新建”→“基本页”→“JavaScript”

② 行为设置 onMouseOver="helloOutFile()表示，当发生鼠标划过事件时，检查本网页是否包含 helloOutFile()方法，否则调用外部文件中的 helloOutFile()方法，完成弹出新的窗口的动作。见图 10－12。

③ 行为设置 onclick="MM_popupMsg('你触发了一个本网页中的弹出信息显示动作')"被插入<p>标签中，发生鼠标点击时，调用本网页中 MM_popupMsg(msg)方法，完成弹出新的窗口的动作。见图 11－13。

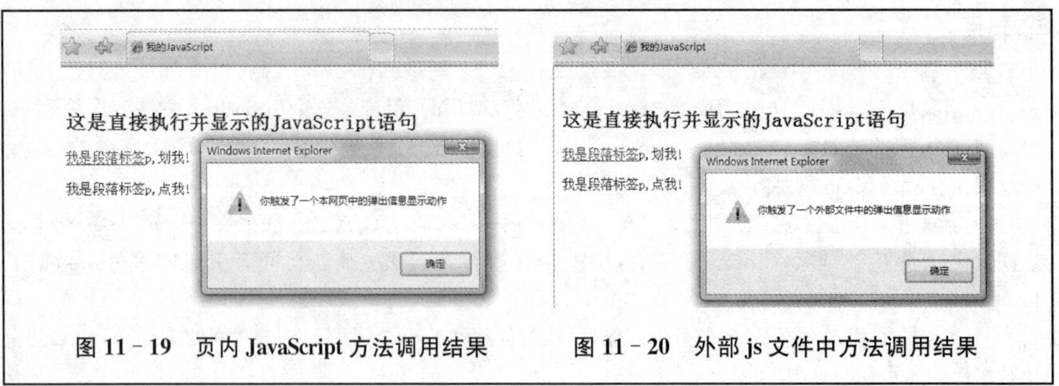

图 11－19　页内 JavaScript 方法调用结果　　**图 11－20　外部 js 文件中方法调用结果**

行为设置操作与 JavaScript 程序对应分析：在图 11－3 中，“选中页面对象”，就是确定行为设置在那个网页对象上，即确定“事件名＝方法名()”语句插入在 Html 代码中标签元素的位置。添加动作“＋”、进行动作参数设置等，就是自动生成“function 方法名(){}”的方法名和程序体(参见读一读 11－10 中自动生成程序“function MM_popupMsg(msg)”)，或调用事先编写好的 JavaScript 方法(本页面中方法或外部 js 文件中的方法)。“确定事件”，就是确定“事件名＝方法名()”中的事件名，将事件与动作结合起来。

2. 查看 Dreamweaver CS6 应用行为生成的 JavaScript

打开读一读 11－3 应用行为“交换图像”生成的页面代码如下：

读一读 11－12

```
<html>
<head>
<meta http-equiv="Content-Type" content="text/html; charset=utf-8" />
<title>交换图像行为的应用实例</title>
<script type="text/javascript">
function MM_preloadImages() { //v3.0
 var d=document; if(d.images){ if(!d.MM_p) d.MM_p=new Array();
  var i,j=d.MM_p.length,a=MM_preloadImages.arguments; for(i=0; i<a.length; i++)
  if (a[i].indexOf("#")!=0){ d.MM_p[j]=new Image; d.MM_p[j++].src=a[i];}}
}
function MM_swapImgRestore() { //v3.0
 var i,x,a=document.MM_sr; for(i=0;a&&i<a.length&&(x=a[i])&&x.oSrc;i++) x.src=x.oSrc;
}
function MM_findObj(n, d) { //v4.01
 var p,i,x;  if(!d) d=document; if((p=n.indexOf("?"))>0&&parent.frames.length) {
  d=parent.frames[n.substring(p+1)].document; n=n.substring(0,p);}
 if(!(x=d[n])&&d.all) x=d.all[n]; for (i=0;!x&&i<d.forms.length;i++) x=d.forms[i][n];
 for(i=0;!x&&d.layers&&i<d.layers.length;i++) x=MM_findObj(n,d.layers[i].document);
 if(!x && d.getElementById) x=d.getElementById(n); return x;
}
function MM_swapImage() { //v3.0
 var i,j=0,x,a=MM_swapImage.arguments;document.MM_sr=new Array;for(i=0;i<(a.length-2);i+=3)
  if ((x=MM_findObj(a[i]))!=null){document.MM_sr[j++]=x; if(!x.oSrc) x.oSrc=x.src;
x.src=a[i+2];}
}
</script>
</head>
<body onload="MMpreloadImages('images/dog02.JPG')">
<img src="images/dog01.JPG" width="439" height="271" id="Image1"
onmouseover="MM_swapImage('Image1','','images/dog02.JPG',1)"
onmouseout="MM_swapImgRestore()" />
</body>
</html>
```

头部区域自动生成的预先写好的 JavaScript 程序

触发动作的事件

3. 应用收集的 JavaScript 实例

可以利用网上收集的 JavaScript 程序实现页面中的特效，但大多数需要结合需求和特效说明进行更改。下面的实例中为一个简单的图片倒影特效。

读一读 11－13

特效下载地址：http://www.blueidea.com/tech/web/2006/3530.asp

特效应用说明：

(1) 此 js 支持 IE5.5＋，Firefox1.5＋，Opera9＋，Safari 等浏览器，对于老版本的浏览器无任何影响。

(2) 使用简单方便。不需要其他程序的支持，外部调用 js 文件。然后在需要倒影效果的图片上添加：class＝"reflect"即可。

(3) 倒影自动渐变至背景色，效果自然。可支持 jpg，gif，png 等图片格式。IE 还支持 gif 动画。不支持链接图片。

网页代码片段如下：

<script src＝"css/reflection.js"></script>－－－－－－－－－－<head>中调用外部 js 文件

<img class＝"reflect" src＝"images/fj02.jpg" width＝"483" height＝"240" />－－－<body>中增加图像属性

运行结果：

图 11－21　应用收集的 JavaScript 程序实现页面特效

任务十二　页面开发常用技巧

任务描述

学习 CSS、行为和 JavaScript 等经验技巧，综合开发网站页面。实现如下设计草图中的页面。

图 12－1　综合应用页面设计草图

说明：

整体采用 CSS 布局；

导航采用 CSS 导航设计，包含鼠标移上导航链接的背景及文字均发生变化；

其他内容的风格与头部图像匹配；

特效展示区域结合主题搜集代码实现特效。

技能要求

掌握 CSS、行为和 JavaScript 的应用技巧，掌握 CSS，使用 CSS 完善网页的布局与导航；能够结合不同设计合理应用，制作出交互功能丰富的网页。

任务实施

分析任务描述，结合 CSS 布局实例、行为和 JavaScript 实例可以将其分解为 4 个子任务。具体实施步骤如下：

任务 1：结合综合应用页面设计草图选择 CSS 布局实例布局页面

具体操作

步骤一：分析设计草图并选择下面“更多实例”实例中给出的布局实例，选择适合的实例布局页面（分析后得出设计布局与实例中的“两列居中”对应。在 Dreamweaver 中“新建”空白无布局页面→切换到“拆分”视图→将实例中给出的代码分别输入到“代码”窗口的对应区域）

步骤二：结合头部图像素材修改布局属性（如果头部图像的宽度、高度及色彩与实例属性不同，需结合实际属性修改布局属性。如布局区域的宽度、高度及背景色等）

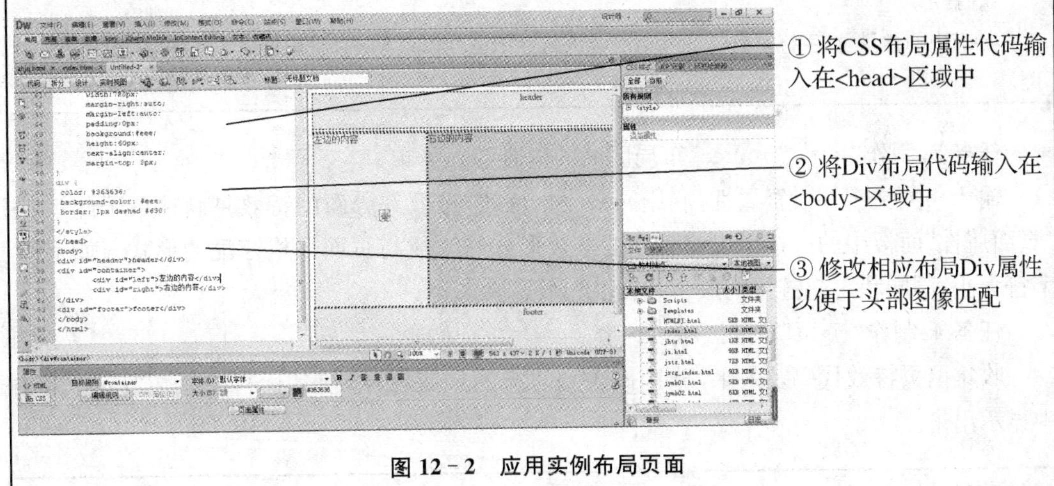
① 将CSS布局属性代码输入在<head>区域中
② 将Div布局代码输入在<body>区域中
③ 修改相应布局Div属性以便于头部图像匹配

图 12－2　应用实例布局页面

提示

可先插入头部图像，结合头部图像，查看并修改布局 Div 宽度、高度属性，利用颜色属性中的“拾取器”选择与图像匹配的布局背景色。

任务 2：制作头部区域内容

在头部布局区域中插入图像及“更多实例”中的“横向导航菜单”；修改菜单内容及属性使其与设计草图匹配。

具体操作

步骤一：插入图像及导航（在“设计”窗口中插入图像→在“设计”窗口的图像代码的下方插入“横向导航菜单”相关布局代码→将“横向导航菜单”实例中的CSS属性设置部分输入到<head>中的相应位置）

步骤二：结合头部图像素材修改导航的布局属性（如导航区域的背景色、字体、字符颜色，鼠标悬停时的背景色、字符颜色等）

图12-3 头部制作修改后的效果

提示

导航中的背景色、字符颜色等可以利用颜色属性中的“拾取器”选择，以使其与头部图像的色彩匹配。

任务3：制作“left”、“footer”布局区域的内容

输入相关文字并设置属性；利用网络收集特效，选取部分新的特效复制粘贴于此；利用“页面属性”面板中的链接可以将默认的链接形式修改成与页面风格匹配的形式。如字体、字符大小、不同状态超链接的颜色、有无下划线等。

任务4：制作“right”布局区域的内容

收集网页特效代码及效果，分别插入到对应的代码区域，使其运行结果在“right”区域中显示出来。

具体操作

步骤一：准备滚动图像所需图像文件（可以上网收集，图像文件最好放置到站点的图像文件夹中，以保证修改路径的方便）

步骤二：收集并插入代码（利用网络收集滚动图像效果代码→下载并结合说明将其插入到对应的代码位置）

步骤三：修改代码预览结果（修改代码如图像的相对路径及文件名、图像的大小、滚动区域的大小、滚动速度等）

参考代码如下：

```
<div id=demo style="overflow:hidden;height100;width:405px; height:73px">
    <div align="center">
```

```
<table border="0" width="100%" id="table15" cellspacing="0" height="100%">
  <tr>
    <td id=demo1 valign=top width="150">
    <table width="82%" height="99%" border="0" align="center" cellpadding="0"
cellspacing="0" id="table20" >
        <tr>
        <td width="130" align="center" style="font-size: 12px"><img src="images/021.jpg"
width="99" height="73"> </td>
        <td width="130" align="center" style="font-size: 12px"><img src="images/05.jpg"
width="99" height="73"></td>
        <td width="65" align="center" style="font-size: 12px"><img src="images/031.jpg"
width="99" height="73"></td>
        <td width="65" align="center" style="font-size: 12px"><img src="images/08.jpg"
width="99" height="73"></td>
        <td width="65" align="center" style="font-size: 12px"><img src="images/04.jpg"
width="99" height="73"></td>
    </tr>
   </table>
  </td>
 <td id=demo2 ></td>
 </tr>
 </table>
 </div>
</div>
<script>
  var speed=3//速度数值越大速度越慢
  demo2.innerHTML=demo1.innerHTML
  function Marquee(){
  if(demo2.offsetWidth-demo.scrollLeft<=0)
  demo.scrollLeft-=demo1.offsetWidth
  else{
  demo.scrollLeft++  }  }
  var MyMar=setInterval(Marquee,speed)
  demo.onmouseover=function() {clearInterval(MyMar)}
  demo.onmouseout=function() {MyMar=setInterval(Marquee,speed)}
</script>
```

效果如下：

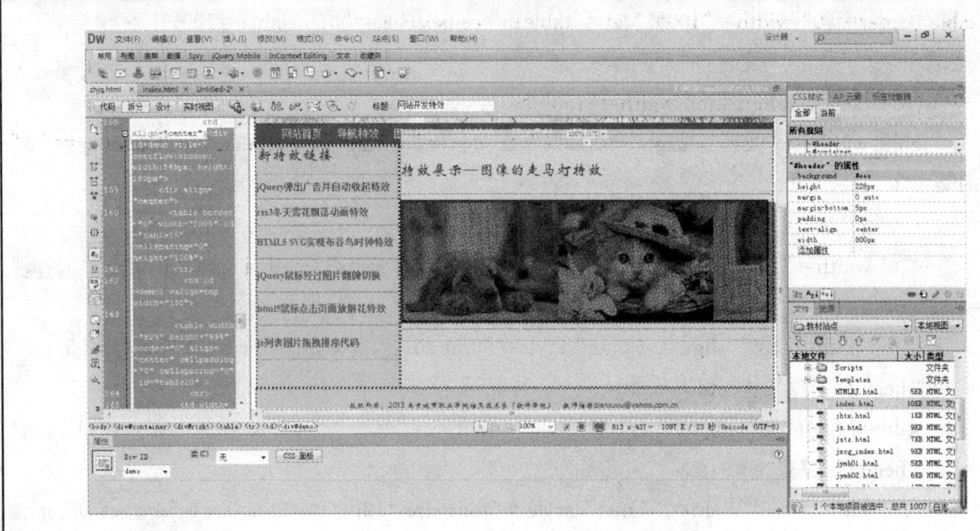

图 12-4　简单实用的滚动图像

📖 提示

只需将代码全部输入在“代码”窗口的“right”区域中，注意修改添加阴影部分的内容。

更多实例

要想使网站中的布局、文字、图片等在网页中变得更加完美、简练，可通过 CSS 样式实现对网页的外观和排版进行更灵活、更精确地控制，使网页更美观；可通过 JavaScript 行为事件在静态网页中制作出简单的交互功能来丰富网页。

本章节以实例的形式向大家讲解 CSS 对网页布局与导航和行为事件应用特效以及本课程相应的基本实例。

12.1　网页布局模式

网页布局是 CSS 设计的最新领域之一，在很长一段时间内，Web 开发者一直使用 HTML 表格布局，并经常嵌套表格创建多行多层式布局。但这种嵌套表格没有 CSS 表现更为美观。

12.1.1　两列居中

两列居中是网站中常用到的网页布局模式，通过固定整个内容部分居中显示在屏幕上达到居中的效果，首先定义了顶部区域＃header，这里关键是 header 中的“margin：0 auto;”作用是使 header 区域在浏览器中居中显示。代码如下：

```
<style type="text/css">
#header{
        Width:780px;
        Margin:0 auto; /* 头部DIV居中显示 */
        Padding:0px;
        Background:#eee;
Height:60px;
Text-align:center;        /* 内容居中显示 */
Margin-bottom:5px;}
```

接下来是 left 和 right 区域。为了使这两列也能居中，先在其外部嵌套一层 container，并且设置 margin:auto，道理和上面一样。这样 left 和 right 整体也居中了。代码如下：

```
#container{
        margin-left:auto;
        margin-right:auto;
        width:780px;}
#right{
        float:right;
        margin:2px 0px 2px 0px;
        padding:0px;
        width:574px;
        background:#ccd2de;
        text-align:left;
        height:300px;}
#left{
        float:left;
        margin:2px 2px 0px 0px;
        padding:0px;
        background:#f2f3f7;
        width:200px;
        text-align:left;
        height:300px;}
```

最后定义的是底部的 footer 层。该层的关键点在于“clear:both;”这句话的作用是取消 footer 层的浮动继承。否则，会看到 footer 紧贴着 header 显示。

读一读 12－1

```
    #footer{
        clear:both;
        width:780px;
        margin-right:auto;
        margin-left:auto;
        padding:0px;
        background:#eee;
        height:60px;
        text-align:center;
        margin-top: 5px;}
div {
 color: #363636;
 background-color: #eee;
 border: 1px dashed #630;}
</style>
</head>

<body>
<div id="header">header</div>
<div id="container">
        <div id="left">左边的内容</div>
        <div id="right">右边的内容</div>
</div>
<div id="footer">footer</div>
</body>
```

（<body> 至 </body> 部分旁注：写在页面内容区域的布局 Div）

通过定义 DIV 背景色和边框样式，观察显示效果。效果如图 12－5：

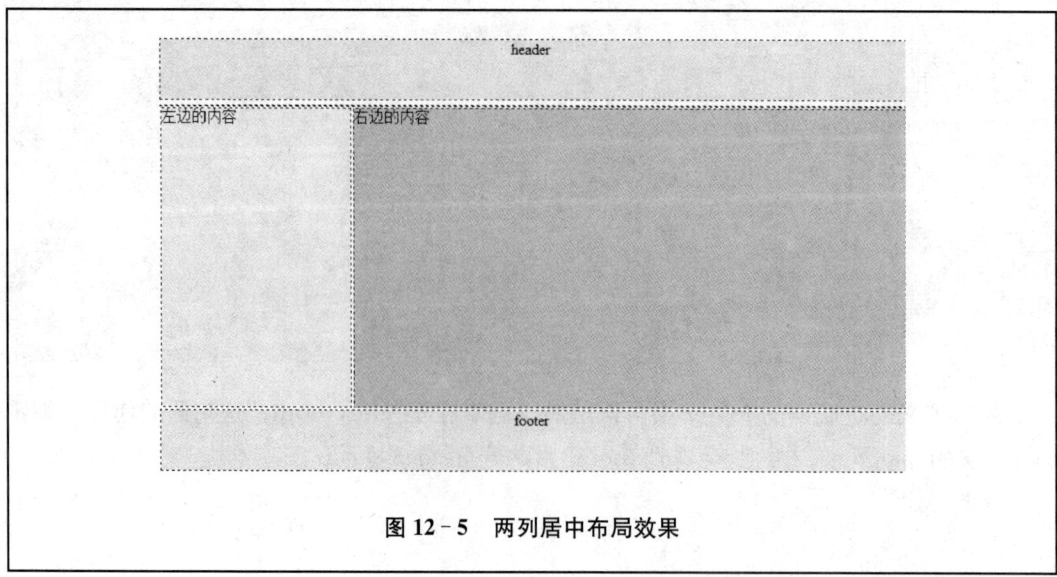

图 12－5　两列居中布局效果

12.1.2　三列布局

三列式的CSS布局在网页开发中是非常常见的一种布局方式，这种布局主要出现在网站的首页或频道页，如新浪的首页，就是典型的三列式布局结构。在以前的表格布局中，没有主次之分，不能突出重点。在网络很慢时，也不能优先显示页面的主要内容。对于三列式布局，中列往往是网页主体内容所在，也就是说中列是重点，在编写 HTML 代码时，可以将中列写在 HTML 文档较前的位置，次的内容往后面写。可以通过以下代码来实现：

```
<style type="text/css">
body {
        margin: 0px;
        padding: 0px;}
div#header {
        clear: both;
        height: 50px;
        background-color: #999999;
        padding: 1px;}
div#left {
        float: left;
        width: 150px;
        background-color: #666666;
        color: #FFFFFF}
div#right {
        float: right;
        width: 150px;
        background-color: #666666;
        color: #FFFFFF}
div#middle {
        padding: 0px 160px 5px 160px;
        margin: 0px;
        background-color: #CCCCCC;
        height:300px;}
div#footer {
        clear: both;
        text-align:center;
      background-color: #999999;}
</style>
<body>
<div id="header">
    <h1>CSS三列布局</h1>
```

```
</div>
<div id="left">
    左边的内容...
</div>
<div id="right">
    右边的内容...
</div>
<div id="middle">中间的内容...</div>
<div id="footer">
    Footer CSS三列布局</div>
</body>
```

上述代码，在 div ＃middle 样式中，clear 申明允许中栏的内容保持在左、右两边栏之间。“padding：0px 160px 5px 160px”申明设置了到左栏和右栏的填充，这样允许 150 像素宽度的栏 DIV，再加上 10 像素的间距。效果如图 12－6：

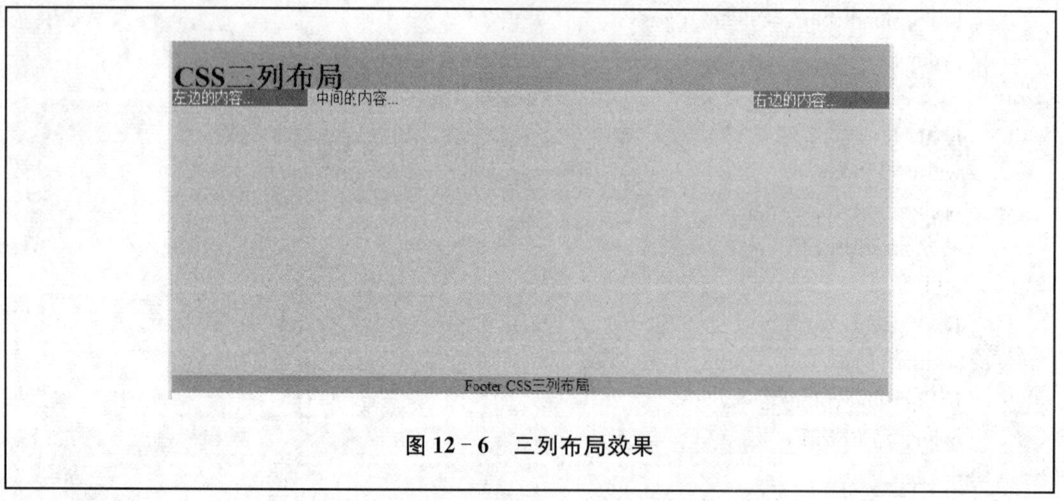

图 12－6　三列布局效果

根据以上所讲的内容，下面我们具体的详解两个实例：

12.1.3　制作一个页面的顶部

1. 实验目的

利用 CSS 布局制作一个页面的顶部。

2. 实验步骤

(1) 通过构思分析，可以先在白纸上画出本例欲建立的页面布局示意图，如图 12－7 所示。

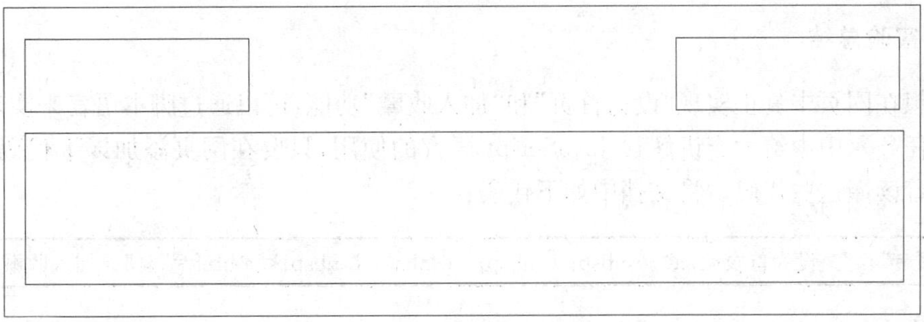

(2)新建 Dreamweaver 空白文档,在 body 标记之间输入下列代码:

```
<div id="top">
<div id="logo">
<img src="image/logo.gif"  />
</div>
<div id="menu">
<a href="#">设为首页</a>  |   <a href="#">加入收藏</
a>
</div>
<div id="banner">
<img src="image/banner.png"/>
</div>
</div>
```

(3)在 head 标记间输入 CSS 代码:

```
#top{
Margin:0 auto;            /*使整个内容居中显示*/
Width:850px;}
#logo{
Float:left;               /*设置向左浮动*/
}
#menu{
Float:right;
Margin-right:20px;        设置右、上边距
Margin-top:10px;}
#menu a{
Font-size:12px;
Text-decoration:none;}    设置超链接字号与无下划线
#banner{
Clear:both;}
```

这样一个简单的页面顶部就做好了,浏览一下吧!

3. 实验总结

要想在网页中真正实现“设为首页”和“加入收藏”功能，可以通过脚本语言来实现，在提高篇的任务六中中给大家讲解过 JavaScript 语言的使用，只要在网页添加以下代码即可实现。试着读懂这些代码。将文档中如下代码：

```
<a href="#">设为首页</a>   |    <a href="#">加入收藏</a>
```

替换为：

读一读 12－2

```
<a onclick="sethome('网址')" href="javascript:void(0)" title="设为首页">
设为首页</a>
<a onclick="addfavorite('网址','网站名称')" href="javascript:void(0)" title="加入收藏">
加入收藏</a>
<script language="javascript">
//加入收藏
Function addfavorite (surl, stitle){
Surl=encodeuri(surl);
Try{
Window. external. addfavorite(surl, stitle);
} catch (e) {
Try{
Window. sidebar. addpanel(stitle, surl, "")}
  catch (e) {
Alert("加入收藏失败，请使用 ctrl+D 进行添加，或手动在浏览器里进行设置。");}
}
}
//设为首页
Function sethome(url){
If (document. all) {
  Document, body. style. behavior='url(#default#homepage)';
} else {
Alert("您好，您的浏览器不支持自动设置页面为首页功能，请您手动在浏览器里设置该页面为首页!");}
}
</script>
```

通过上面两步的操作，即可实现网页的“设为首页”和“加入收藏”功能。效果如图 12－7

图 12-7　头部功能添加效果

12.1.4　制作一个页面的底部

1. 实验目的

录用 CSS 布局制作一个页面的底部。

2. 实验步骤

(1) 通过构思分析，可以先在白纸上画出本例要建立的页面布局示意图，如图 12-9 所示

图 12-9　页面布局示意图

(2) 新建 Dreamweaver 空白文档，在 body 标记之间输入下列代码：

```
<div id="footer">
<div id="nav">
<ul>
<li><a href="#">关于我们</a></li>
<li><a href="#">网站管理</a></li>
<li><a href="#">产品中心</a></li>
<li><a href="#">工程案例</a></li>
<li><a href="#">联系我们</a></li>
</ul>
</div>
<div id="contact">联系电话:025-111111111   联系人:杨经理</div>
<div id="copyright">copyright &copy;2014banjiwangzhan company all rights reserved</div>
</div>
```

(3)在 head 标记间输入以下代码：

```
<style type="text/css">
#footer {
Background-color:#4d84f9;
Margin:0 auto;
Width:850px;
Color:#fff;
Text-align:center;
Padding:5px 0 5px 0;}
#nav ul {
Padding-left:197px;
Margin:0px;}
#nav ul li{
Float:left;
List-style:none;
Margin-right:20px;
Border-right:1px solid #fff;}
#nav ul li a {
Font-size:12px;
Display:block;
Text-decoration:none;
Color:#fff;
Width:70px;}
#contact {
Font-size:12px;
Padding-top:5px;
Clear:left;}
#copyright {
Font-size:12px;
Padding-top:3px;}
</style>
```

这样一个简单的页面底部就做好了，浏览一下，效果如图 12－10。

图 12－10　页面底部效果

3. 实验总结

试分析一下，相比单纯用 HTML 制作的页面底部，使用 CSS+DIV 做的页面底部的优势在哪里？

12.2　CSS 滤镜

CSS 滤镜可以直接作用于对象上，这些滤镜提供了一种控制各种物体特殊效果的方法。CSS 中经常用到的滤镜效果有：Alpha、Chroma、Glow、Shadow 和 Wave 等。

12.2.1　Alpha 滤镜的应用

Alpha 滤镜可以对物体设置一定的透明度，既可以是一个图像，也可以是一个块级区域。其使用语法如下：

```
Style="filter: Alpha(Opacity=opacity, FinishOpacity=finishopacity, Style=style, StartX=startX,
StartY=startY, FinishX=finishX, FinishY=finishY)"
```

Opacity：透明度级别，范围是 0～100，0 代表完全透明，100 代表完全不透明。

FinishOpacity：透明区域结束时的透明度级别，从 0～100，0 代表完全透明，100 代表完全不透明。

Style：代表透明区域的形状特征，可设置的值是 0（统一形状），1（线性），2（矩形），3（长方形）。

StartX：代表透明效果开始时的 x 坐标 X。

StartY：代表透明效果开始时的 y 坐标 Y。

FinishX：代表透明效果结束时的 x 坐标 X。

FinishY：代表透明效果结束时的 y 坐标 Y。

1. 实验目的

掌握 Alpha 滤镜的使用，设置图像的半透明效果。

2. 实验步骤

在页面中代码视图中添加如下代码：

```
<img src="images/sucai.gif" width="272" height="176"
Style="filter: Alpha(Opacity=30, FinishOpacity=80, Style=1, StartX=5, StartY=5, FinishX=
90, FinishY=90)">
```

设置图片的滤镜透明度为 30，其他选项不变。试着运行一下，查看效果。

3. 实验总结

Alpha滤镜的使用很大程度上方便了网页设计者的工作效率，原本需要在制图软件中达到的效果，利用Alpha滤镜便可以轻松实现了。

12.2.2 chroma滤镜的应用

该滤镜可设置对象中的某种颜色为透明色，在标记符中将该属性应用于对象时，对象内容中的指定颜色就变为透明的，即不可见了。其使用语法如下：

选择器{FILTER：chroma(color＝颜色值)}

1. 实验目的

掌握chroma滤镜的应用。

2. 实验步骤

下面的代码将该滤镜用于文字，显示时指定的文字不可见，但拖动鼠标选择到原来文字所在的位置时，则可以看到消失的文字。

读一读 12-3

```
<style type="text/css">
div{
position:absolute;——状态:绝对无冲突
filter:chroma(color=red)}
</style>
<body><p><font size="7" color="#ff0000">dlkfjdsf</font></p>
<div><p><font size="7" color="#ff0000">dlkfjdsf</font></p>
</div>
</body>
```

运行后，效果如下：

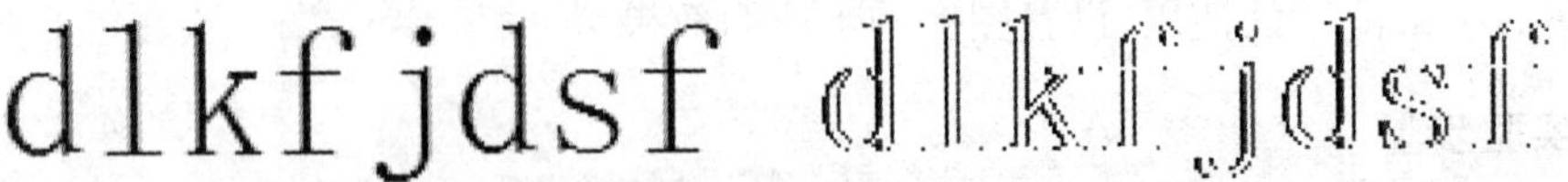

图 12-11 未加载chroma滤镜效果　　图 12-12 加载chroma滤镜效果

3. 实验总结

可以看出当需要过滤掉哪种颜色时，只需要更改filter：chroma中COLOR的参数值，就可以很方便地过滤掉字体或图片不需要的颜色。需要指出的是，这种透明色滤镜对于某些图片并不适用，此外，每张图片只能指定一种透明色。

12.2.3　glow 滤镜的应用

该滤镜可以使对象的轮廓产生一种柔和的边框或光晕，并可产生像火一样淡化的效果，这种效果的颜色和强度可通过数值进行定义。使用语法如下：

选择器{filter：glow(color＝颜色值，strength＝数值)}

其中：color 的值是用来指定晕圈效果的颜色 strengthr 值用来指定晕圈的强度范围，其值为 1～255，数值越大效果越强。

1. 实验目的

掌握 glow 滤镜的应用，为对象添加特效。

2. 实验步骤

在代码视图中添加如下代码：

```
</title><style type="text/css">
.china{
position:absolute;
filter:glow(color=#ff3399,strength=15);}
</style>
</head>
<body><p class="china" style="font-family:'华文行楷'; font-size:50px; font-weight:bold;
color:blue;">
<br />你好，中国</p>
</body>
```

运行一下，效果如图 12－13

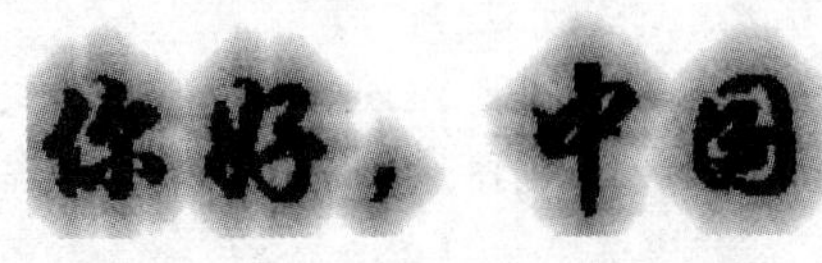

图 12－13　加载 Glow 滤镜效果

3. 实验总结

Glow 滤镜作用于文字时，效果特别明显。对于一般的图片只在其边缘加上光晕，而作用于具有透明背景的 GIF 格式图片时，将忽视背景，直接将效果作用在图像的主体上。

12.2.4 shadow 滤镜

shadow 滤镜用于在指定的方向建立对象的影。语法结构如下：

Filiter:Shadow(color=color,direction=direction)

参数：

color 用于指定建立对象的投影颜色。

direction 用于指定建立对象的投影角度，其取值范围为 0～315，步长为 45 度(见 blur 滤镜的用法)。

dropshadow 滤镜用于添加对象的投影效果。语法结构如下：

style="filter:dropshadow(color=color,offx=offx,offy=offy,positive=positive)"

参数：

color 表示指定建立对象的投影颜色。

offx 表示 X 方向投影的偏移量。

offy 表示 Y 方向投影的偏移量。

positive 表示该参数取布尔值 true(1)或 false(0)，true 为任何非透明像素建立可见的投影；false 为透明的像素部分建立可见的投影。见如下实例。

1. 实验目的

掌握 Shadow 滤镜实现页面元素特效的应用。

2. 实验步骤

在代码视图中添加如下代码：

```
<style type="text/css">
  . shadow {
  position: absolute;
  filter: shadow(color = blue, direction = 45); }
  . dropshadow {
  position: absolute;
  filter: dropshadow(color = blue, offx = 15, offy = 13, positive = 1); }
  </style>
  </head>
  <body>
  <p class="shadow"  style="font-size: 40pt; font-weight: bold; color: red;">hello world</
p>
  <br> <br> <br>
  <p class="dropshadow" style="font-size: 40pt; font-weight: bold; color: red;">hello world
</p>
  </body>
```

运行一下,效果图如 12－14 所示

hello world

shadow滤镜

hello world

dropshadow滤镜

图 12－14　Shadow 滤镜与 Dropshadow 滤镜的效果对照

3. 实验总结

Shadow 滤镜与 Dropshadow 滤镜作用类似,使对象产生阴影效果,不同的是 Shadow 可产生渐进效果,使阴影更显真实。

除了上述介绍的几种滤镜外,CSS 中还有诸如 xray、mask、grag、invet、blendtrans 和 tevealtrans 等滤镜,在此不再叙述。总之,视觉滤镜效果是 CSS 中最引人注目的功能之一。它可以实现以往只能在专业图形处理软件中才能达到的效果。如果再与脚本软件结合,可产生更生动的效果。

12.3　导航菜单

一个漂亮的导航菜单可以为整个网站增添不少色彩,导航菜单的种类有很多,如:FLASH 导航菜单,CSS 导航菜单和 javascript 导航菜单等。对于一些展示类网站,不但要求人性化、美观漂亮,同时还要使用方便,这样才能吸引用户。本节主要介绍常用的几种菜单制作方法。

12.3.1　横向导航菜单

对于门户网站的设计者,一般都会采用横向导航,由于门户网站下方文字较多,每个频道均有一个相同的导航菜单,因此在顶部固定一个统一风格且不占用过多空间的导航是最理想的选择,本实例中介绍一款简单的横向导航菜单。

1. 实验目的

了解 CSS 的具体应用,掌握利用 CSS,制作简单的横向菜单。

2. 实验步骤

创建 HTML 结构代码：

```
<div id="nav">
    <ul>
        <li><a href="#">首页</a></li>
        <li><a href="#/">新闻</a></li>
        <li><a href="#">财经</a></li>
        <li><a href="#">体育</a></li>
        <li><a href="#">文化</a></li>
        <li><a href="#">娱乐</a></li>
    </ul>
</div>
```

下面就用 CSS 对以上无序列表横向导航菜单来定义，代码如下：

```
<style type="text/css">
#nav {
        height: 30px;
        width: 100%;
        background-color: #c00;}
#nav ul {
        margin: 0 0 0 30px;
        padding: 0px;
        font-size: 12px;
        color: #FFF;
        line-height: 30px;
        white-space: nowrap;}
#nav li {
        ist-style-type: none;
        display: inline;}
#nav li a {
        text-decoration: none;
        font-family: Arial, Helvetica, sans-serif;
        padding: 7px 10px;
        color: #FFF;}
#nav li a:hover {
        color: #ff0;
        background-color: #f00;}
</style>
```

试运行一下,效果如图 12－15 所示。

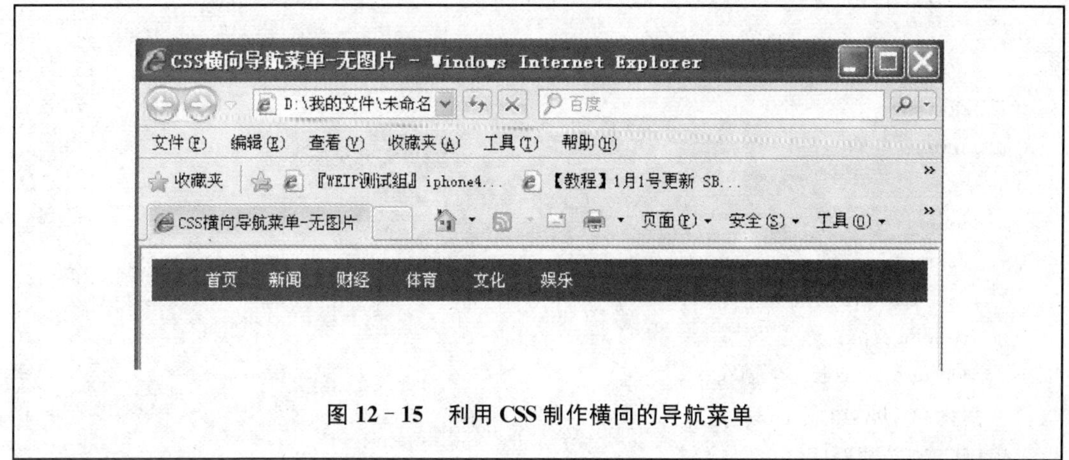

图 12－15　利用 CSS 制作横向的导航菜单

3. 实验总结

参照此例试着可以修改菜单的背景颜色。

12.3.2　立体效果的导航菜单

前一个实例是制作一个简单的横向菜单,那是众多网站中比较常用的,但没有立体感。下面介绍的实例是如何制作一个立体效果的菜单。

1. 实验目的

利用 CSS 设置边框颜色制作立体效果的导航条。

2. 实验步骤

创建 HTML 结构,代码如下:

```
<div id="nav">
    <ul>
        <li><a href="#">首页</a></li>
        <li><a href="#/">新闻</a></li>
        <li><a href="#">财经</a></li>
        <li><a href="#">体育</a></li>
        <li><a href="#">文化</a></li>
        <li><a href="#">娱乐</a></li>
    </ul>
</div>
```

下面就用 CSS 对以上无序列表横向导航菜单来定义,代码如下:

```
<style type="text/css">
li {
        list-style-type:none;
        float:left;
        width:70px;}
li a {
        font-size:12px;
        color:#777;
        text-decoration:none;
        padding:4px;
        background-color:#f7f2ea;
        display:block;
        border-width:1px;
        border-style:solid;
        border-color:#ffe #aaab9c #ccc #fff;
        text-align:center;}
li a:hover{
      color:800000;
      border-color:#aaab9c #fff #ccc;}
</style>
```

试运行一下,效果如图 12－16 所示。

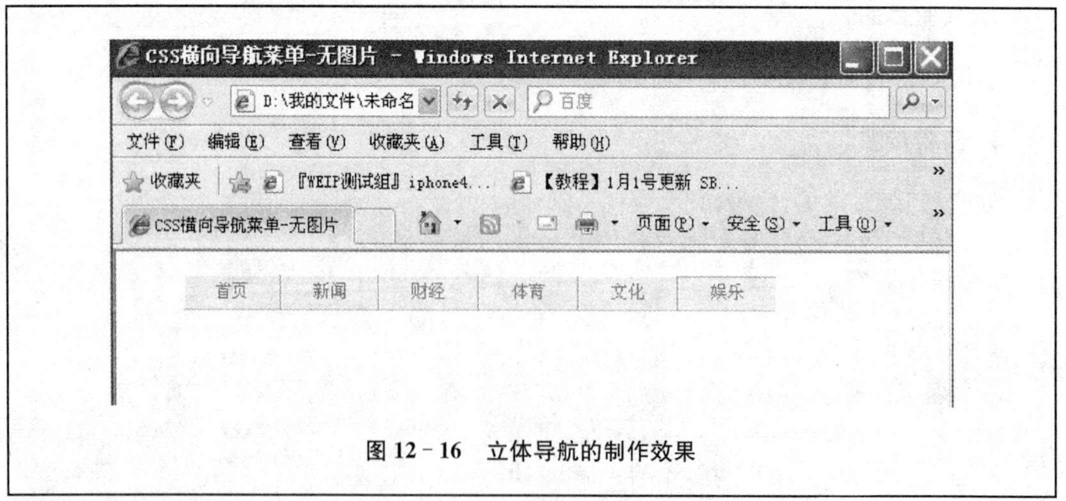

图 12－16　立体导航的制作效果

3. 实验总结

举一反三,参照此例试着制作一个鼠标滑动时导航项凸出来的导航条。

12.3.3　中英文双语导航菜单

对于一些公司产品宣传方面的网站，往往面对的不仅仅是中国客户，还有一些外国人，所以网站的导航有中文还得有英文。下面介绍一款中英文相互切换的菜单。

1. 实验目的

制作一个中英文切换的双语导航菜单。

2. 实验步骤

创建 HTML 代码，建立一个列表，代码如下：

```
<ul id="nav">
    <li><a href="#"><span>Home</span>首页</a></li>
    <li><a href="#/"><span>News</span>新闻</a></li>
    <li><a href="#"><span>Product</span>产品展示</a></li>
    <li><a href="#"><span>Service</span>用户服务</a></li>
    <li><a href="#"><span>Order</span>产品订购</a></li>
    <li><a href="#"><span>Technology</span>技术力量</a></li>
</ul>
```

以下代码用来修饰列表 nav。

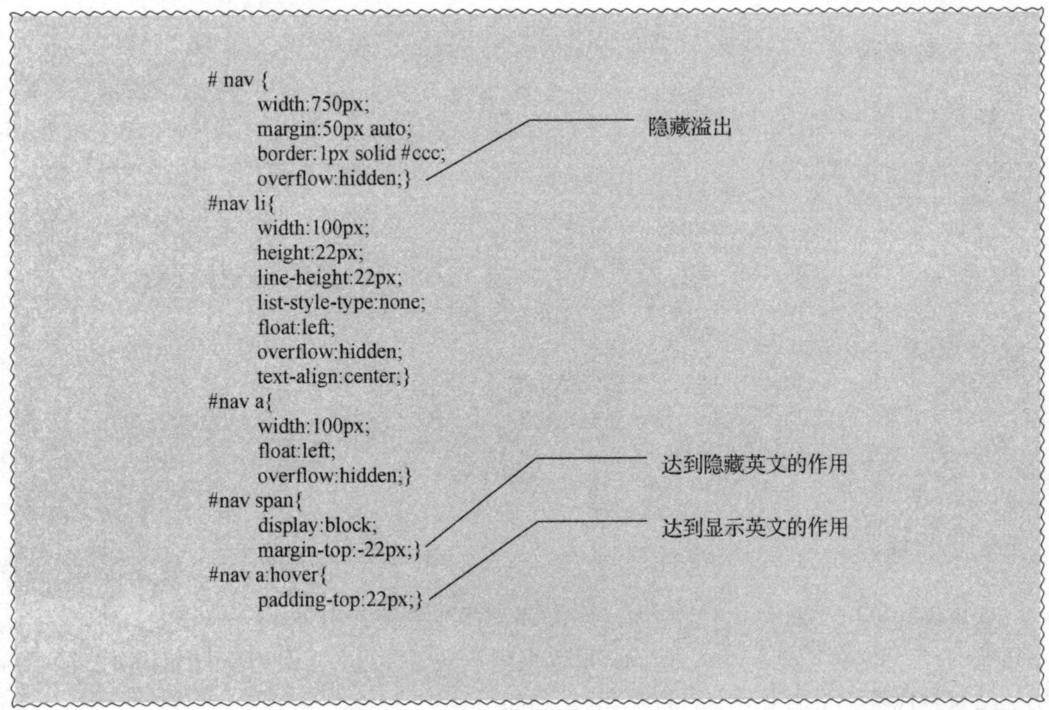

```
# nav {
    width:750px;
    margin:50px auto;
    border:1px solid #ccc;
    overflow:hidden;}
#nav li{
    width:100px;
    height:22px;
    line-height:22px;
    list-style-type:none;
    float:left;
    overflow:hidden;
    text-align:center;}
#nav a{
    width:100px;
    float:left;
    overflow:hidden;}
#nav span{
    display:block;
    margin-top:-22px;}
#nav a:hover{
    padding-top:22px;}
```

这样一个可以中英文相互切换显示的双语导航条制作完成，效果如图 12－17 所示。

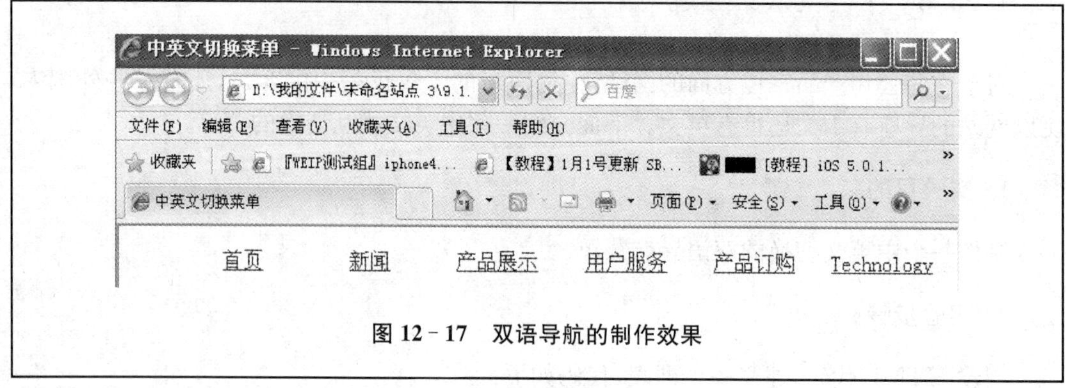

图 12－17　双语导航的制作效果

3. 实验总结

本例实现中英文切换的效果，想想还有没有其他方式可以实现。

12.3.4　竖向导航菜单

在很多企业网站页面中都会出现这样的导航菜单，一般用作网站的二级目录或者多级目录，建立竖向导航菜单可以让整个网站结构更加清晰明了，便于用户操作。

1. 实验目的

掌握制作竖向导航菜单的方法，学会举一反三。

2. 实验步骤

创建 HTML 代码如下：

```
<div class="nav">
    <h5> </h5>
    <ul>
        <li><a href="#">CSS 竖向导航栏</a></li>
        <li><a href="#">CSS 竖向导航栏</a></li>
        <li><a href="#">CSS 竖向导航栏</a></li>
        <li><a href="#">CSS 竖向导航栏</a></li>
        <li><a href="#">CSS 竖向导航栏</a></li>
    </ul>
</div>
```

这里添加<h5>标签，目的是为了告诉浏览器或者搜索引擎，这个位置主要是显示站点导航的，当然它可以是 h1、h2、h3、h4，可以根据不同等级进行区分，这里用图片代替文字，用空格符号代替。下面对导航进行美化，代码如下：

```
.nav{
width:220px;
height:auto;
border:1px solid #999999}
.nav h5{
background:url(images/biao_3.gif) no-repeat;
height:20px;
margin-top:5px;
padding:0;}
.nav ul{
padding:0px;
margin-left:20px;}
.nav ul li{
list-style:none;
line-height:22px;
font-size:12px;
border-bottom:1px dashed #CCCCCC;
width:90%; }
.nav ul li a{
display:block;line-height:22px;
color:#666666;
text-decoration:none}
.nav ul li a:hover{
background:#F2F2F2;
text-decoration:none;
color:#FF0000 }
```

试运行一下，效果如图 12－18 所示。

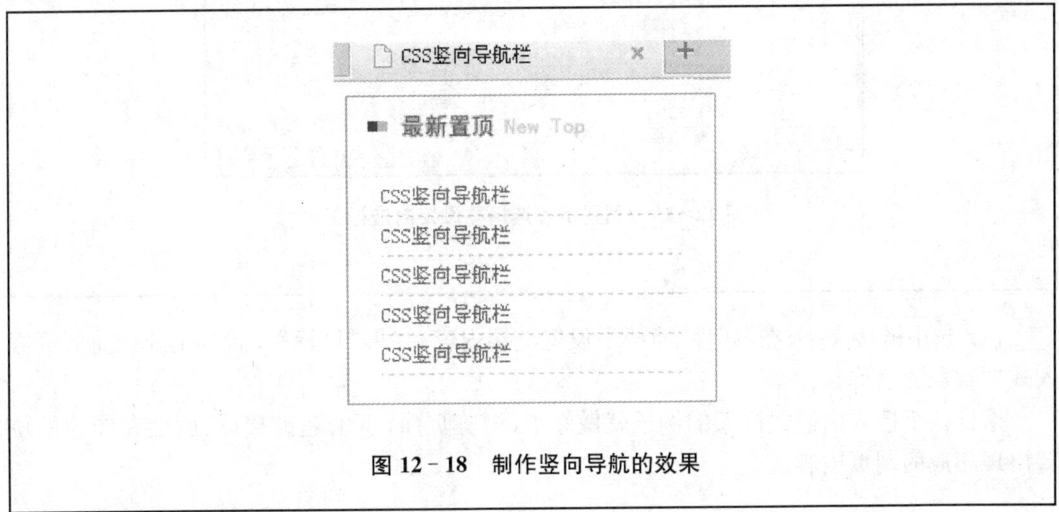

图 12－18　制作竖向导航的效果

3. 实验总结

读懂以上代码，试着制作一个新闻标题列表和变换颜色的导航菜单。

12.4 利用内嵌式框架制作页面

前面章节中讲解过框架的使用，那些是生成独立的子网页，不易保存。本小节中教大家如何用内嵌式框架制作页面，既能实现框架的作用，也能减少页面。

1. 实验目的

学会使用内嵌式框架制作页面

2. 实验步骤

(1) 创建一个空白文档，修改页面属性，在页面中输入相应的链接文字。

(2) 光标放置空白处，选择“插入”→“HTML”→“框架”→“IFRAME”菜单命令，插入一个嵌入式框架。

(3) 选中框架，选择“修改”→“编辑标签”菜单命令，弹出“标签编辑器- iframe”对话框，设置相应用参数。保存后预览可以看到内嵌框架中显示的是图片 uu. jpg。

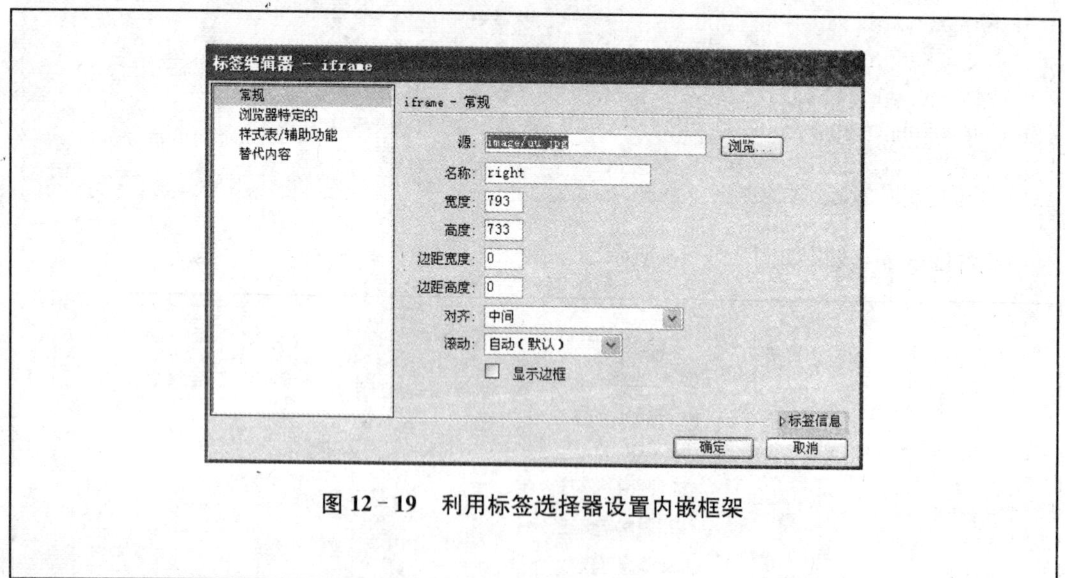

图 12-19 利用标签选择器设置内嵌框架

(4) 选中链接文字，在“属性”面板中设置链接内容，并将“目标”设置为 right(前面给嵌入式框架取的名称)。

这样一个插入内嵌式框架的例子就做好了，浏览页面，单击超链接后，就会在图片的位置出现相应的网页内容。

4. 实验总结

本实验中嵌入式框架的代码为：<iframe src="image/uu.jpg" name="right" width="793" marginwidth="0" height="733" marginheight="0" align="middle" scrolling="auto" frameborder="0"></iframe>，试着读懂这段代码。

12.5　页面中添加行为特效

行为是 Dreamweaver 最具有特色的功能之一，使用行为可以制作出交互功能丰富的网页。

12.5.1　设置浏览器状态栏的显示信息

当启动浏览器时，状态栏将显示"欢迎光临"；当鼠标指向链接文字时，状态栏将显示"准备链接南京城市职业学院"。

1. 实验目的

掌握行为的应用技巧，制作并设置浏览器状态栏的显示信息

2. 实验步骤

(1) 创建一空白文档，输入文本"欢迎访问南京城市职业学院：http://www.ncc.com.cn"，并对其设置属性以及链接地址"http://www.ncc.com.cn"。

(2) 选中文本并打开"行为"面板，添加"设置文本"→"设置状态栏文本"动作选项，在对话框中输入"准备链接南京城市职业学院"，确定，默认事件 onMouseOver。如图 12－20 所示。

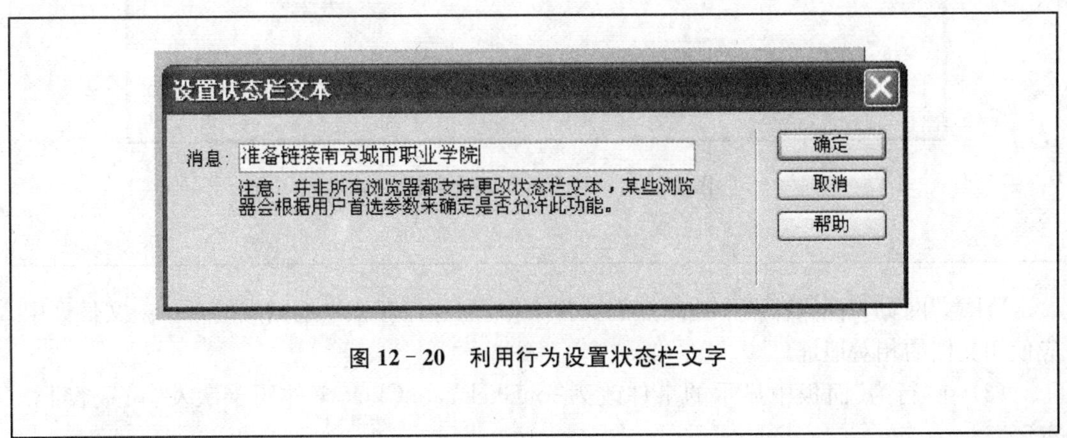

图 12－20　利用行为设置状态栏文字

"注意"在状态栏显示的信息一定要简短，如果超出状态栏的允许范围，浏览器将自动截断多出的信息。

(3) 单击文档窗口状态栏中的“＜body＞”标签，然后添加“设置文本”→“设置状态栏文本”动作选项，在对话框中输入“欢迎访问”，确定。将事件改为 onLoad；保存网页，预览网页。

3. 实验总结

本例中要对两次事件的设置要有区别，针对不同对象所设置的。

12.5.2 设置容器文本

在网页中，单击不同的文字链接，在同一个层显示不同的图像。

1. 实验目的

掌握设置容器(层)文本的技巧。

2. 实验步骤

(1) 创建一空白文档，在文档中输入提示文字“昨天的画”，“今天的画”，并在提示文字下方插入一个层。

(2) 选中层，设置属性；选中文字“昨天的画”，将其设为空链接；在行为面板里添加动作，“设置文本”→“设置容器文本”，在弹出对话框中，选中“层‘Layer1’”，在“新建 HTML”列表框中输入相应内容，如图 12-21 所示，单击“确定”。

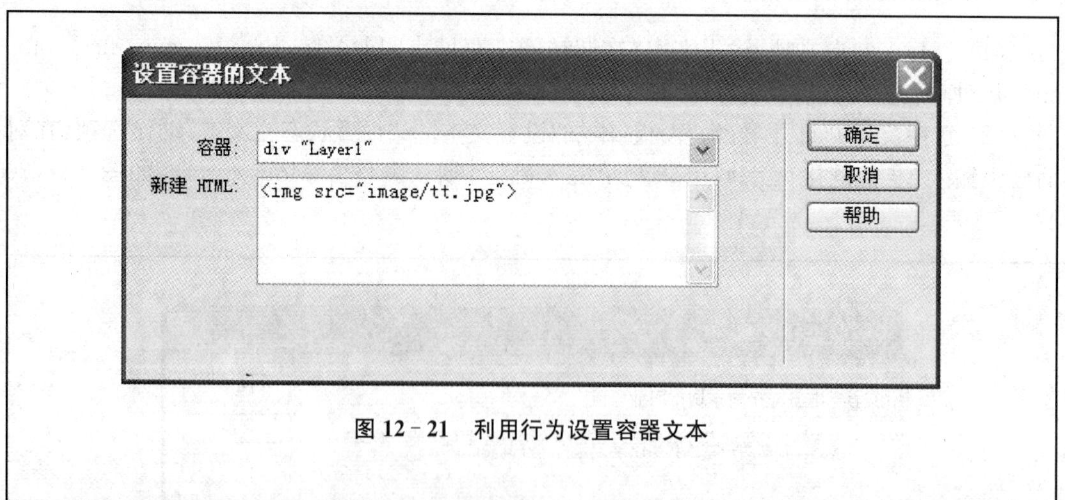

图 12-21 利用行为设置容器文本

“注意”网页文件保存至本地站点的文件夹中，图片保存在本地站点的 image 文件夹中，应使用文档的相对地址。

(3) 在“行为”面板中显示的事件改为“onClick”，onClick 事件用于激发“设置容器文本”。

(4) 参照步骤(2)～(3)，设置“今天的画”。

(5) 保存网页，预览网页，当单击超链接文本时，层中将显示不同的图像，效果如图

12－22所法。

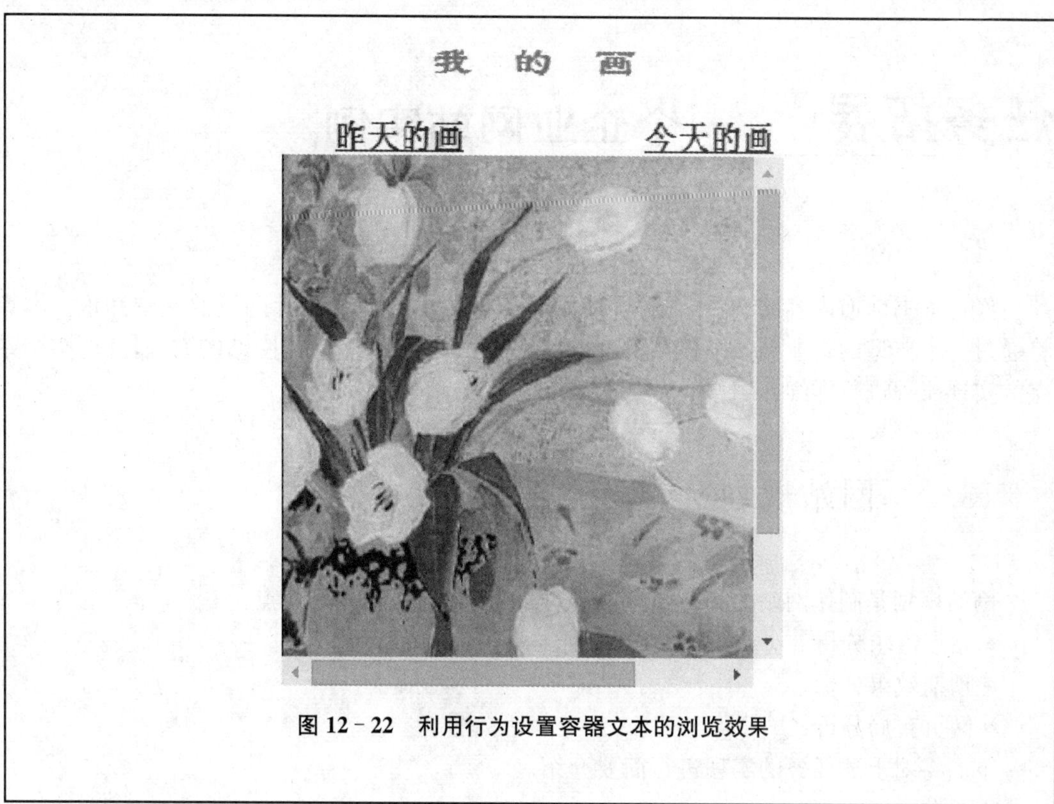

图 12－22　利用行为设置容器文本的浏览效果

3. 实验总结

嵌入式框架与设置容器文本都能实现单击超链接文本时，在同一个位置显示不同的内容，试比较一下，二者有什么不同。

任务拓展　一个企业网站实例

经过本书前面内容的学习，了解了使用 Dreamweaver CS6 设计网页的基本知识。本章将通过一个典型的企业网站模板实例，向读者介绍一个综合企业类网站的方法，并对整个站点的实现流程进行详细介绍。

13.1　网站规划

网站规划是制作网站的第一步，规划阶段的任务主要有如下几点：

- 站点需求分析
- 预期效果分析
- 网页布局分析

下面将对上述任务的实现进行简要介绍。

13.1.1　站点需求分析

作为一个企业网站，通常来说，必须具备如下所示的功能模块。

(1) 企业介绍模块

向客户详实、准确地介绍企业的当前概况和发展状况，充分展现企业的实力和优势，向客户展现自己最好的一面。

(2) 产品展示模块

利用互联网这个平台，设计精美的页面来展示企业的产品和服务，并结合具体情况对产品进行详细介绍。

(3) 企业资讯模块

在网站上发布企业当前最新的动态信息，让客户及时了解企业的发展状况；发布同行业的发展资讯，吸引浏览者的眼球，从而让更多的意向客户成为直接客户。

(4) 联系方式模块

在网站上显示企业的种联系方式，主要包括 QQ、邮箱和电话等。便于客户发现感兴趣的商品后，能够及时的和企业取得联系。必要时，可以设立在线交流平台，实现和客户的即时交互。

其中，通常在首页中将上述各模块信息进行综合显示，而上述各个模块的实现将在二级页面中完成。

13.1.2　预期效果分析

对于一个 Web 站点来说，最为重要的是首页制作效果。作为站点的门户，首页不但要美观大方，而且要符合企业的经营理念和整体目标。

本章实例网站首页的预期效果如图 13－1 所示。

图 13－1　网站首页预期效果图

现实中的多数网站都采用三级目录格式，在二级页面上将展示站点的基本信息。实例二级页面的预期效果如图 13－2 所示。

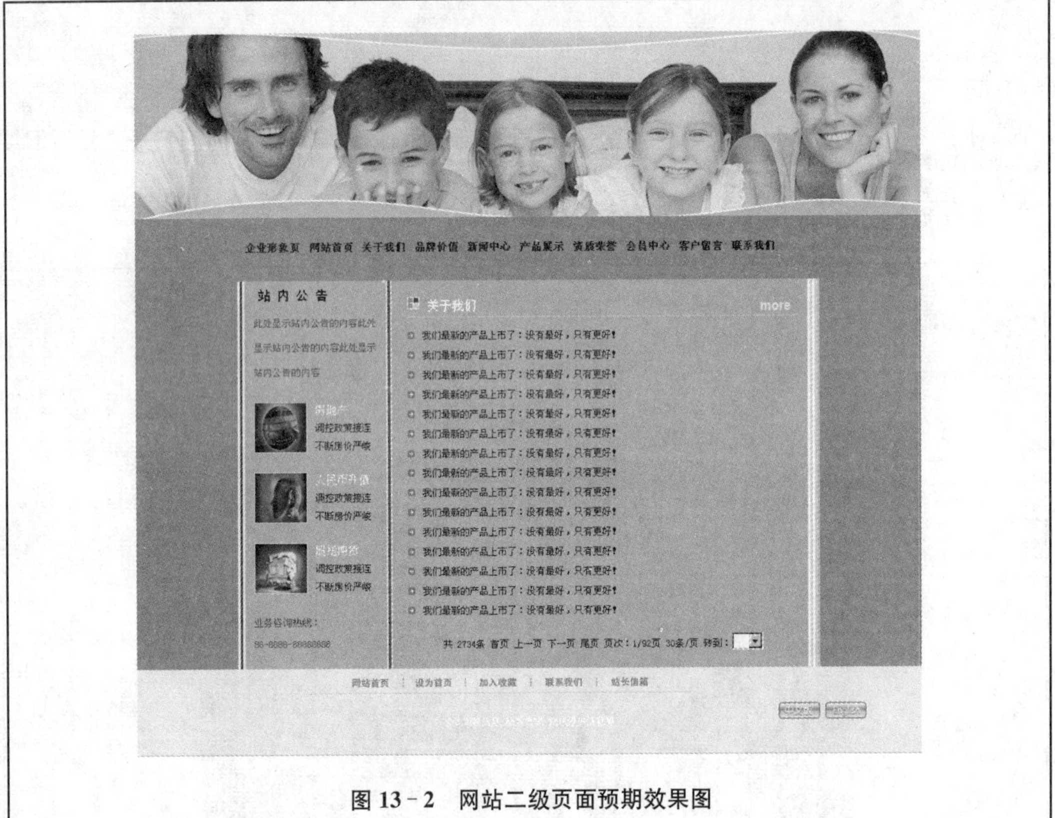

图 13－2　网站二级页面预期效果图

13.1.3　网页布局分析

从图 13－1 所示的预期效果中可以看出，整个首页分为头部部分、中间内容部分和底部部分。其中头部又分为 logo 部分和导航部分；中间内容部分又分为左侧公告信息，右上侧关于我们，右中新闻列表和产品列表，右下相关链接部分。

从图 13－2 所示的预期效果中可以看出，整个二级页面和首页基本相同，唯一的区别是中间内容的右侧只有关于我们。

经过上面的分析，整个站点的实现由如下 4 个部分构成。

- 文件 index. html：系统首页文件。
- 文件 fen. html：系统二级页面文件。
- 文件夹 images：保存系统所需要的素材图片。
- 文件夹 style：保存系统的样式文件 main. css。

13.2　切图分析

在切图操作时，首先要区分出页面的内容部分和修饰部分，然后决定哪些修饰部分可以通过CSS实现,哪些部分可以通过背景图片实现。根据首页预期效果,需要用作前景图片的有头部背景、主体背景、底部背景和分类图标。二级页面的切图实现和首页基本类似,在此将不作介绍。

根据上述分析,系统切片处理后的修饰图片如图13-3所示。

图13-3　网站二级页面预期效果图

13.3　首页实现

经过前期的整体分析和切图处理后,下一步就要进行具体页面的实现操作。本节将向读者详细介绍站点首页的实现。

13.3.1　实现流程分析

系统首面的实现流程如下:(1) 制作页面头部;(2) 制作页面主体部分;(3) 制作页面底部部分;(4) 解决兼容性部题。

上述流程的具体实现如图13-4所示。

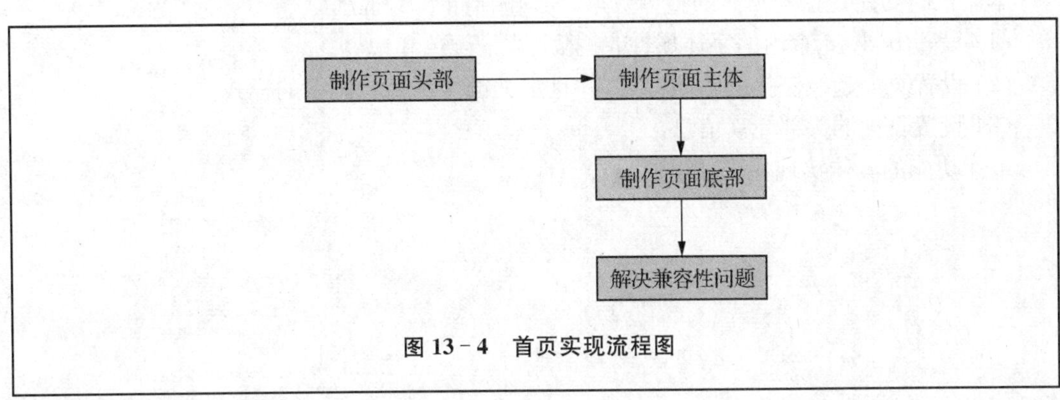

图13-4　首页实现流程图

13.3.2 制作页面头部

制作页面头部的基本流程如下：(1) 编写调用文件，实现对样式文件的调用；(2) 设置页面的整体属性；(3) 编写 logo 和 banner 的样式；(4) 制作父、子导航列表。

上述流程的具体实现如图 13－5 所示。

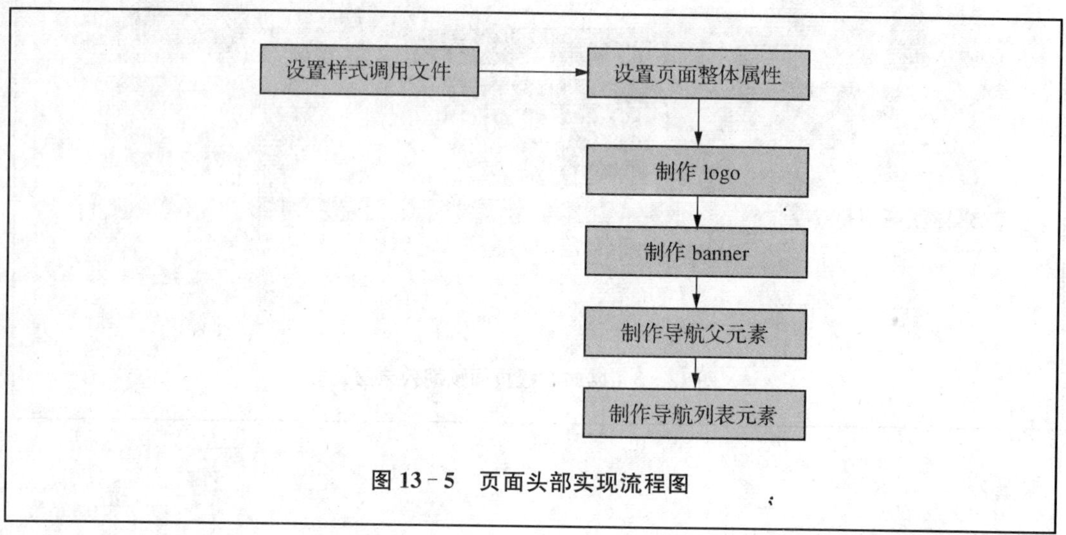

图 13－5　页面头部实现流程图

下面将对上述流程的具体实现进行详细介绍。

1. 设置外部样式调用文件

通过样式调用文件，可以将页面和 CSS 文件关联起来。具体实现方法是在<head></head>标记内加入如下代码：

```
<link href="style/main.css" rel="stylesheet" type="text/css"/>
```

2. 设置页面整体属性

本流程的功能是指定页面的整体效果。其包括如下 3 部分。

(1) 设置 body 元素内的字体属性，并指定背景颜色和边界。

(2) 设置页面超级链接的整体样式，并且定义链接各种状态下的样式。

(3) 设置页面的头部元素信息。

上述功能的具体实现代码如下所示：

读一读 13－1

```
body,td,th {
  font-family: 宋体;
  font-size: 12px;
  color: #0000FF;}
body {
  background-color: #9966FF;
  margin-left: 0px;
  margin-top: 0px;
  margin-right: 0px;
  margin-bottom: 0px;}
a {
    color: #9900FF;
  font-size: 14px;}
a:link {
  text-decoration: none;}
a:visited {
  text-decoration: none;}
a:hover {
  text-decoration: none;
  color: #FFFF66;}
a:active {
  text-decoration: none;
  color: #000099;}
```

页面头部信息的实现代码如下所示：

```
<! DOCTYPE HTML>
<META charset="gb2312">
<head>
<title>头部信息</title>
<link href="style/main.css" rel="stylesheet" type="text/css"/>
</head>
```

3. 制作 logo

从首页的预期效果图中可以看出，页面头部分为两个部分。其中，导航列表以上的部分可以用背景图片实现，因为下面的导航菜单使用了一个大的背景，所以只能通过控制导航列表的显示位置来实现。

在具体操作实现上，因为 logo 作为顶部的一部分，所以应该首先设置顶部整体的样式，对整体的元素大小和边界进行设置，然后设置 logo 的背景图片及其定位方式。上述功能的具体实现代码如下所示：

读一读 13-2

```
.header {
    height: auto;
    width: 998px;
    margin-top: 0px;
    margin-right: auto;
    margin-bottom: 0px;
    margin-left: auto;}
.logo {
    background-image: url(../images/index2_01.jpg);
    background-repeat: no-repeat;
    background-position: left top;
    height: 105px;}
```

4. 制作 banner

本流程的功能是指定 banner 元素的显示效果。其包括如下两部分：

(1) 确定元素的大小。

(2) 对元素进行定位处理。

上述功能的具体实现代码如下所示：

读一读 13-3

```
.banner {
    background-image: url(../images/index2_02.jpg);
    background-repeat: no-repeat;
    background-position: left top;
    height: 122px;}
```

5. 制作导航父元素

顶部的导航列表由两部分组成，分别用来显示背景父元素和导航的内容。其中父元素的功能是设置父元素的背景图片和大小。上述功能的具体实现代码如下：

读一读 13-4

```
.menu {
    background-repeat: no-repeat;
    background-position: left top;
    height: 77px;
}
```

6. 制作导航列表元素

本步骤的功能是设置导航列表元素的修饰样式。首先设置列表的整体样式，然后设置列表菜单的显示样式。上述功能的具体实现代码如下所示：

读一读 13－5

```
.header .menu ul {
    margin: 0px;
    list-style-type: none;
    padding-top: 0px;
    padding-right: 0px;
    padding-bottom: 0px;
    padding-left: 140px;
}
.header .menu li {
    float: left;
    padding-top: 30px;
    padding-right: 11px;
    padding-bottom: 20px;
    font-size: 13px;
    font-weight: bold;
}
```

经过上述流程操作后，整个顶部页面样式设计完毕。将上述样式保存在文件 main.css 后，在首页中将上述样式调用即可实现指定的效果。文件 index.html 中首页顶部的具体实现代码如下所示：

读一读 13－6

```
<div class="header">
    <div class="logo"></div>
    <div class="banner"></div>
    <div class="menu">
      <ul>
        <li><a href="#">网站首页</a></li>
        <li><a href="#">关于我们</a></li>
        <li><a href="#">品牌价值</a></li>
        <li><a href="fen.html">新闻中心</a></li>
        <li><a href="#">产品展示</a></li>
        <li><a href="#">资质荣誉</a></li>
        <li><a href="#">会员中心</a></li>
        <li><a href="#">客户留言</a></li>
        <li><a href="#">联系我们</a></li>
      </ul>
    </div>
</div>
```

执行后的效果如图 13－6 所示。

图 13－6　页面头部浏览效果

13.3.3　制作页面主体

从预期效果图中可以看出，整个页面主体可以分为如下 8 个部分：左侧公告部分、左侧热点推荐部分、左侧业务咨询部分、右侧关于我们部分、右侧今日新闻部分、右侧最新产品部分、右侧热销产品部分和右侧底部合作伙伴部分。实现上述页面主体的基本流程如图 13－7 所示。

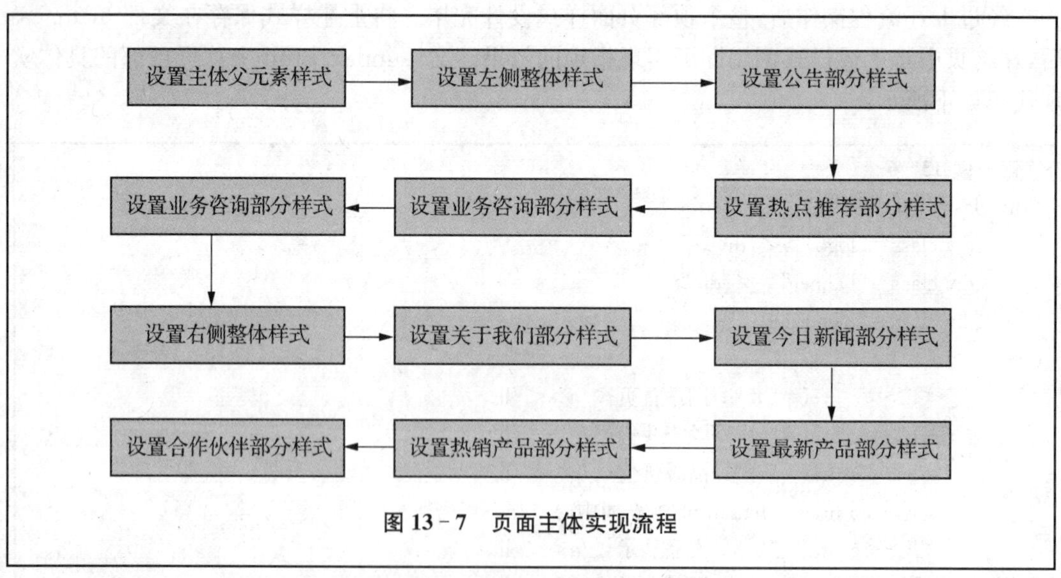

图 13－7　页面主体实现流程

下面将对上述流程的具体实现进行详细介绍。

1. 设置主体父元素样式

主体父元素样式的功能是设置页面主体的整体显示效果。其包括如下两部分：

(1) 设置主体大小和背景图片。

(2) 设置各侧的具体边界属性。

上述功能的具体实现代码如下所示：

读一读 13－7

```
.main {
    background-image: url(../images/index2_28.jpg);
    background-repeat: repeat-y;
    background-position: left top;
    width: 998px;
    margin-top: 0px;
    margin-right: auto;
    margin-bottom: 0px;
    margin-left: auto;}
```

2. 设置左侧整体样式

左侧整体样式的功能是设置主体左侧元素的整体显示效果。其包括如下 3 部分：

(1) 设置元素的浮云属性。

(2) 设置元素的大小和补白属性。

(3) 设置左侧图片元素的显示样式。

上述功能的具体实现代码如下所示：

读一读 13－8

```
.left {
    float: left;
    width: 180px;
    padding-left: 140px;}
.main .left .hot img {
    border: 1px solid #dddddd;
    float: left;
    margin-right: 10px;
    height: 60px;
    width: 65px;}
```

3. 设置公告部分样式

公告部分样式的功能是设置主体左侧上方公告元素的显示效果。其包括如下两部分：

(1) 设置公告标题的样式。

(2) 设置公告内容的显示样式。

上述功能的具体实现代码如下所示：

读一读 13－9

```
.notice_title {
    font-family: "黑体";
    font-size: 16px;
```

```
        font-weight: normal;
        padding-top: 10px;
        padding-left: 16px;}
. notice_content {
        color: #9900FF;
        line-height: 30px;
        padding: 10px;}
```

4. 设置热点推荐部分样式

热点推荐部分样式的功能是设置主体左侧热点推荐元素的显示效果。其具体实现代码如下所示：

读一读 13－10

```
. hot {
        padding: 10px;
        line-height: 22px;}
```

5. 设置业务咨询部分样式

业务咨询部分样式的功能是设置主体左侧业务咨询元素的显示效果。其具体实现代码如下所示：

读一读 13－11

```
. contact {
        line-height: 26px;
        padding: 10px;
        color: #9900FF;}
```

经过上述流程操作后，整个主体左侧部分样式设计完毕。将上述样式保存在文件 main. css 后，在首页中将上述样式调用即可实现指定的效果。文件 index. html 中主体左侧部分的具体实现代码所下：

读一读 13－12

```
<div class="main">
    <div class="left">
    <div class="notice_title">
        <div align="center">站 内 公 告</div>
    </div>
    <div class="notice_content">显示站内公告的内容 显示站内公告的内容 显示站内公告的内容</
div>
```

```
<div class="hot"><img src="images/sjzz01.jpg" alt="hotpic" /><a href="#">房地产</a
><br />调控政策接连不断房价严峻</div>
<div class="hot"><img src="images/sjzz12.jpg" alt="hotpic" /><a href="#">股 票</a><
br />
    调控政策接连不断房价严峻</div>
<div class="hot"><img src="images/sjzz13.jpg" alt="hotpic" /> <a href="#">我的地盘</a
><br />
    调控政策接连不断房价严峻</div>
<div class="contact">业务咨询热线:<br />86-8888-88888888</div>
  </div>
```

执行后的效果如图 13-8 所示。

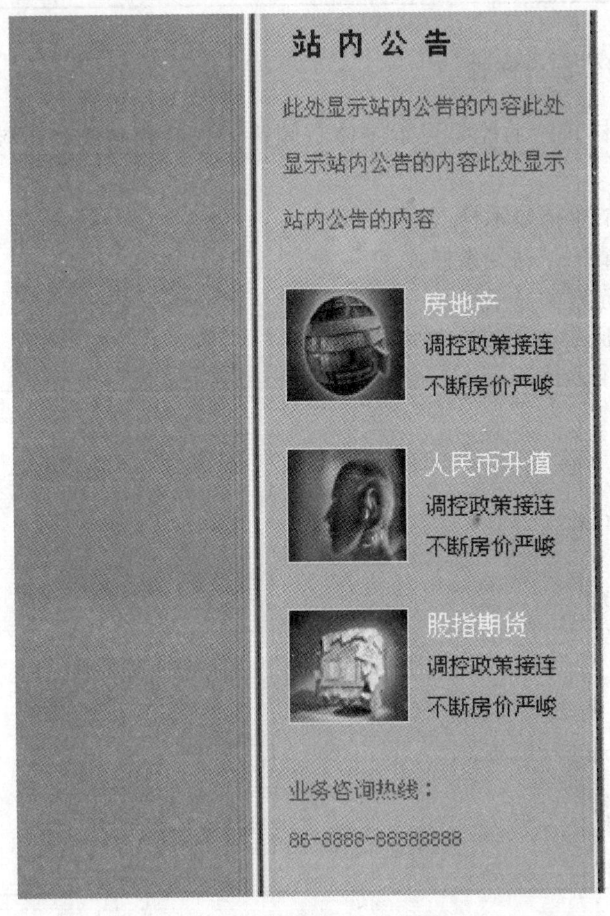

图 13-8　页面主体区域左侧部分的浏览效果

6. 设置右侧整体样式

右侧整体样式的功能是设置主体右侧元素的整体显示效果。其包括如下两部分：

（1）设置元素的浮动属性。

（2）设置元素的大小和补白属性。

上述功能的具体实现代码如下所示：

读一读 13－13

```
.right {
    float: right;
    width: 517px;
    padding-top: 10px;
    padding-right: 146px;
```

7. 设置关于我们部分样式

关于我们部分样式的功能是设置主体右侧关于我们元素的显示效果。其包括如下 3 部分：

（1）设置元素的整体显示样式。

（2）设置页面清除浮动元素样式。

（3）设置图征元素的显示样式。

上述功能的具体实现代码如下所示：

读一读 13－14

```
.aboutus {
    padding: 10px;
    line-height: 24px;}
.clear {
    line-height: 1px;
    clear: both;}
.main .right .aboutus img {
    float: left;
    border: 2px solid #CCCCCC;
    margin-right: 20px;
    margin-bottom: 10px;
    margin-left: 5px;}
```

经过上述流程操作后，整个“关于我们”部分样式设计完毕。将上述样式保存在文件 main.css 后，在首页中上述样式调用即可实现指定的效果。文件 index.html 中关于我们部分的具体实现代码如下：

读一读 13－15

```
<div class="right">
        <div class="aboutus">
            <div class="content_title"><div class="title">关于我们</div><div class="more">
<a
href="#">more</a></div>
            <div class="clear"></div></div>
<img src="images/show.jpg" alt="showpic" />
                        xxxx公司的前身是2000年某月某日成立的某某公司。是国内首批家具制造商之一。
公司坚持“稳健经营、规范管理”的经营原则，高度重视产品质量和售后服务，初步形成了一套具有自身
特色的、合乎证券业规范运作要求的制度化管理体系。
                        <div class="clear"></div>
    </div>
```

执行后的效果如图 13－9 所示。

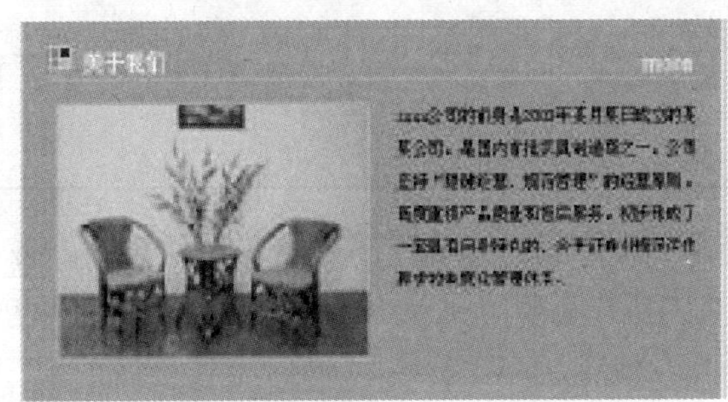

图 13－9　页面右侧“关于我们”区域的浏览效果

8. 设置今日新闻部分样式

今日新闻部分样式的功能是设置主体右侧今日新闻元素的显示效果。其包括如下 3 部分：

(1) 设置新闻元素的整体显示样式。

(2) 设置新闻标题元素和标题链接的样式。

(3) 设置 more 标记和新闻列表的显示样式。

上述功能的具体实现代码如下所示：

读一读 13－16

```
.news {
        margin: 10px;
        padding: 10px;
        border: 1px solid #798FAB;}
.content_title a {
        font-family: Arial, Helvetica, sans-serif;
```

```
        font-size: 16px;
        font-weight: bold;
        color: #FFFF99;}
.title{
        float:left;}
.more{
        float:right;
        margin-right: 10px;}
.newsnav {
        margin: 0px;
        padding: 0px;
        list-style-type: none;}
.newsnav li {
        background-image: url(../images/icon_01.gif);
        background-repeat: no-repeat;
        background-position: left top;
        padding-bottom: 8px;
        padding-top:2px;
        padding-left: 19px;
        line-height:normal;}
```

经过上述流程操作后，整个"今日新闻"部分样式设计完毕。将上述样式保存在文件 main.css 后，在首页中将上述样式调用即可实现指定的效果。文件 index.html 中今日新闻部分的具体实现代码如下：

读一读 13-17

```
<div class="news"><div class="content_title"><div class="title">今日新闻</div><div class
="more"><a href="#">more</a></div>
    <div class="clear"></div></div>
    <ul class="newsnav">
    <li>最新产品上市:欢迎大家选购! </li><li>最新产品上市:欢迎大家选购! </li><li>最
新产品上市:欢迎大家选购! </li><li>最新产品上市:欢迎大家选购! </li><li>最新产品上市:
欢迎大家选购! </li>
    </ul>
    </div>
```

执行后的效果如图 13-10 所示。

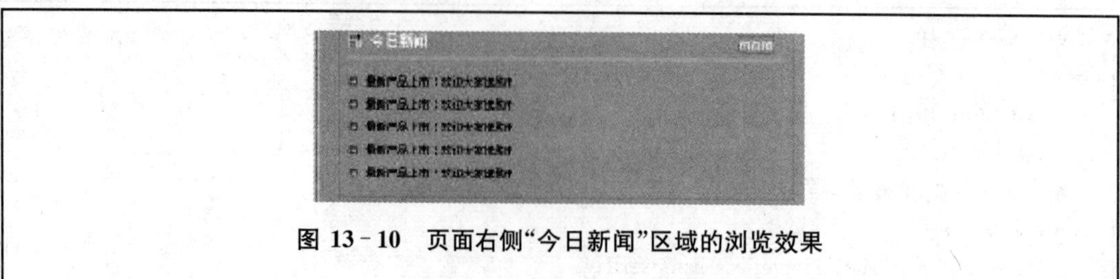

图 13-10　页面右侧"今日新闻"区域的浏览效果

9. 设置最新产品部分样式

最新产品部分样式的功能是设置主体右侧最新产品元素的显示效果。其包括如下 3 部分分：

(1) 设置最新产品元素的整体显示样式。

(2) 设置最新产品的标题显示样式。

(3) 设置最新产品列表的显示样式。

上述功能的具体实现代码如下所示：

读一读 13-18

```
.urged {
        padding: 10px;
        width: 220px;
        float:left;
        border: 1px solid #798FAB;
        margin-left:10px;
        margin: 5px;}
.main .right ul {
        margin: 0px;
        padding: 0px;
        list-style-type: none;}
.main .right li {
        padding-bottom: 8px;}
.content_title {
        font-family: "黑体";
        font-size: 16px;
        color: #FFFFFF;
        background-image: url(../images/index2_06.jpg);
        background-repeat: no-repeat;
        background-position: left top;
        padding-left: 25px;
        border-bottom-width: 1px;
        border-bottom-style: solid;
        border-bottom-color: #CCCCCC;
        margin-bottom: 13px;
        height:24px;}
```

10. 设置热销产品部分样式

热销产品部分样式的功能是设置主体右侧最新产品元素的显示效果。其包括如下两部分：

(1) 设置热销产品的元素的整体显示样式。

(2) 设置热销产品的标题显示样式。

上述功能的具体实现代码如下所示：

读一读 13－19

```
.comment {
      padding: 10px;
      margin-right:10px;
      margin:5px;
      float: right;
      border: 1px solid #798FAB;
      width: 220px;}
.content_title {
      font-family: "黑体";
      font-size: 16px;
      color: #FFFFFF;
      background-image: url(../images/index2_06.jpg);
      background-repeat: no-repeat;
      background-position: left top;
      padding-left: 25px;
      border-bottom-width: 1px;
      border-bottom-style: solid;
      border-bottom-color: #CCCCCC;
      margin-bottom: 13px;
      height:24px;}
```

经过上述流程操作后，整个产品展示部分样式设计完毕。将上述样式保存在文件main.css后，在首页中将上述样式调用即可实现指定的效果。文件index.html中产品展示部分的具体实现代码如下：

读一读 13－20

```
<div class="urged"><div class="content_title">
         <div class="title">最新产品</div><div class="more"><a href="#">more</a>
</div>
       <div class="clear"></div></div><ul>
       <li>最新上市的产品</li>
       <li>最新上市的产品</li><li>最新上市的产品</li><li>最新上市的产品</li><li>
最新上市的产品</li>
     </ul>
     </div>
     <div class="comment"><div class="content_title">
       <div class="title">热销产品</div><div class="more"><a href="#">more</a></
div>
```

```
    <div class="clear"></div></div><ul>
    <li>销量最多的产品</li><li>销量最多的产品</li><li>销量最多的产品
</li><li>销量最多的产品</li><li>销量最多的产品</li>
   </ul>
   </div>
```

执行后的效果如图 13－11 所示。

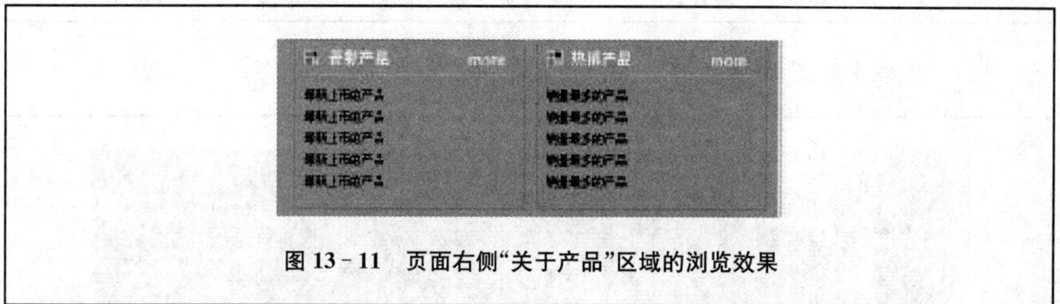

图 13－11　页面右侧“关于产品”区域的浏览效果

11. 设置合作伙伴部分样式

“合作伙伴”部分样式的功能是设置主体右侧底部合作伙伴元素的显示效果。其包括如下 3 部分：

（1）设置合作伙伴标题的显示样式。

（2）设置文本的显示样式。

（3）设置合作伙伴素材图片的样式。

上述功能的具体实现代码如下所示：

读一读 13－21

```
. partnership {
      margin：10px;
      padding：10px;
      line-height：22px;
      border：1px solid ＃798FAB;
}
. partnership_head {
      color：＃660099;}
. main . right . partnership img {
      float：left;
      margin-right：20px;
}
```

经过上述流程操作后，整个底部“合作伙伴”部分样式设计完毕。将上述样式保存在文件 main. css 后，在首页中将上述调用即可实现指定的效果。文件 index. html 中主体合作伙伴部分的具体实现代码如下：

读一读 13-22

```
<div class="partnership"><img src="images/index2_34.gif" alt="pic" />
    <span class="partnership_head">东方家具 | 上海家具 | 中国家具网 | 家具时报 | 北京家具 |
中国家具<br />
    新浪家具 | 家具街 | 全景家具| 家具公司 | 顶点家具 | 顶尖财经<br />
    搜狐家具 | 和讯家具 | 家具大参考 | 家具咨询 | 家具导报 | 新华网 <br />
    家具家具 | 中国家具 | 上海家具所 | 深圳家具所 | 家具市场 | 中国财经</span></div>
```

执行后的效果如图 13-12 所示。

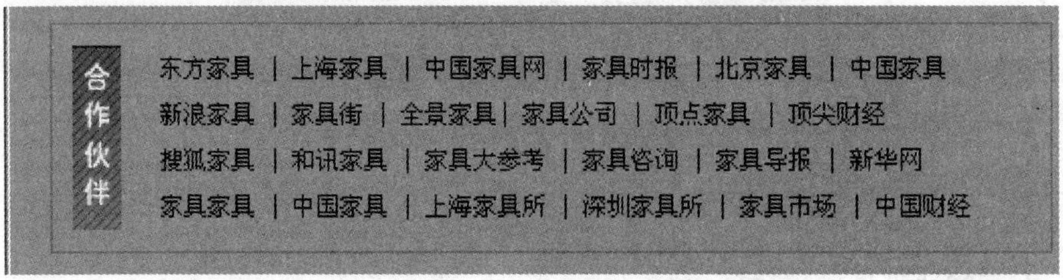

合作伙伴
东方家具 | 上海家具 | 中国家具网 | 家具时报 | 北京家具 | 中国家具
新浪家具 | 家具街 | 全景家具 | 家具公司 | 顶点家具 | 顶尖财经
搜狐家具 | 和讯家具 | 家具大参考 | 家具咨询 | 家具导报 | 新华网
家具家具 | 中国家具 | 上海家具所 | 深圳家具所 | 家具市场 | 中国财经

图 13-12 页面“合作伙伴”部分的浏览效果

13.3.4 制作页面底部

从预期效果图中可以看出，整个页面的底部信息比较少，只需通过背景图片即可突出。在样式文件 index.html 中，实现上述功能的显示代码如下所示：

```
<div class="footer"></div>
```

在样式文件 main.css 中，实现上述功能样式的具体实现代码如下所示：

读一读 13-23

```
.footer {
    background-image: url(../images/index_03.jpg);
    background-repeat: no-repeat;
    background-position: left top;
    height: 45px;
    width: 998px;
    margin-top: 0px;
    margin-right: auto;
    margin-bottom: 0px;
    margin-left: auto;
    text-align: center;
```

```
    padding-top: 60px;
    color: #FFFFFF;
}
```

执行后的效果如图 13-13 所示。

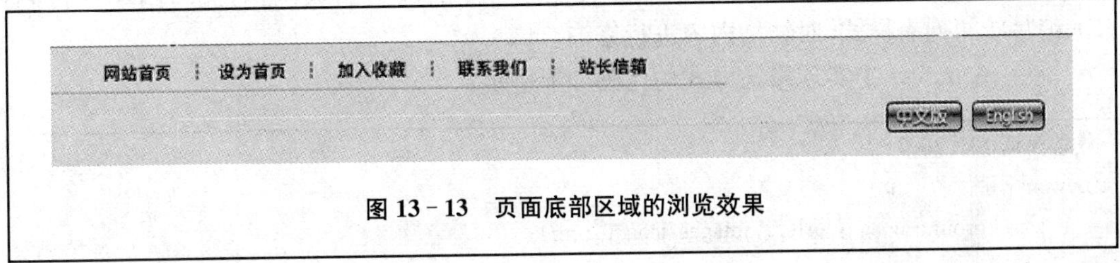

图 13-13　页面底部区域的浏览效果

13.3.5　解决兼容性问题

把前面设计的首页文件在 Firefox 中执行后，页面主体的最新产品和热销产品部分将会出现兼容性问题。会出现最新产品和热销产品元素的重视今日新闻、合作伙伴的不一致。造成上述兼容性问题的原因是，在 IE6 中将显示浮动元素的双边界。解决上述问题的方法有两个，一是更改元素的间隔属性，使用父元素的 padding 属性代替子元素的 margin 属性；另一个是使用！important 来声明优先级。例如，可以通过如下代码对最新产品和热销产品部分的样式进行优先级声明。

读一读 13-24

```
.urged {
    padding: 10px;
    width: 220px;
    float:left;
    border: 1px solid #798FAB;
    margin-left:10px ! important;
    margin: 5px;
}.comment {
    padding: 10px;
    margin-right:10px ! important;
    margin:5px;
    float: right;
    border: 1px solid #798FAB;
    width: 220px;
}
```

经过上述修改后，即可解决两浏览器的兼容性问题。

13.4 二级页面实现

从预期的显示效果图中可以看出，二级页面和首页的实现类似，只需更改其主体部分的右侧内容即可。本节将对实例二级页面的具体实现进行详细介绍。

二级页面的实现流程如下：(1) 将首页主体右侧的内容删除，然后编写结实现代码；(2) 编写新闻列表样式，对结构内容进行修饰。

文件 main. css 中实现修饰样式的代码如下所示：

读一读 13-25

```
.newsnav li {
        background-image: url(../images/icon_01.gif);
        background-repeat: no-repeat;
        background-position: left top;
        padding-bottom: 8px;
        padding-top:2px;
        padding-left: 19px;
        line-height:normal;
}
.page {
        text-align: center;
        padding: 10px;
}
.select {
        width: 40px;
}
```

文件 fen. html 中实现主体新闻列表的代码如下所示：

读一读 13-26

```
<ul class="newsnav">
        <li>我们最新的产品上市了:没有最好,只有更好! </li><li>我们最新的产品上市了:没有最好,只有更好! </li><li>我们最新的产品上市了:没有最好,只有更好! </li><li>我们最新的产品上市了:没有最好,只有更好! </li><li>我们最新的产品上市了:没有最好,只有更好! </li><li>我们最新的产品上市了:没有最好,只有更好! </li><li>我们最新的产品上市了:没有最好,只有更好! </li><li>我们最新的产品上市了:没有最好,只有更好! </li><li>我们最新的产品上市了:没有最好,只有更好! </li><li>我们最新的产品上市了:没有最好,只有更好! </li><li>我们最新的产品上市了:没有最好,只有更好! </li><li>我们最新的产品上市了:没有最好,只有更好! </li><li>我们最新的产品上市了:没有最好,只有更好!
```

```
</li>
      </ul>
      <div class="page">共 2734 条　首页 上一页 下一页 尾页 页次:1/92 页　30 条/页 转到:<
select name="" class="select">
      </select></div>
   </div>
</div>
```

执行后的效果如图 13 - 14 所示。

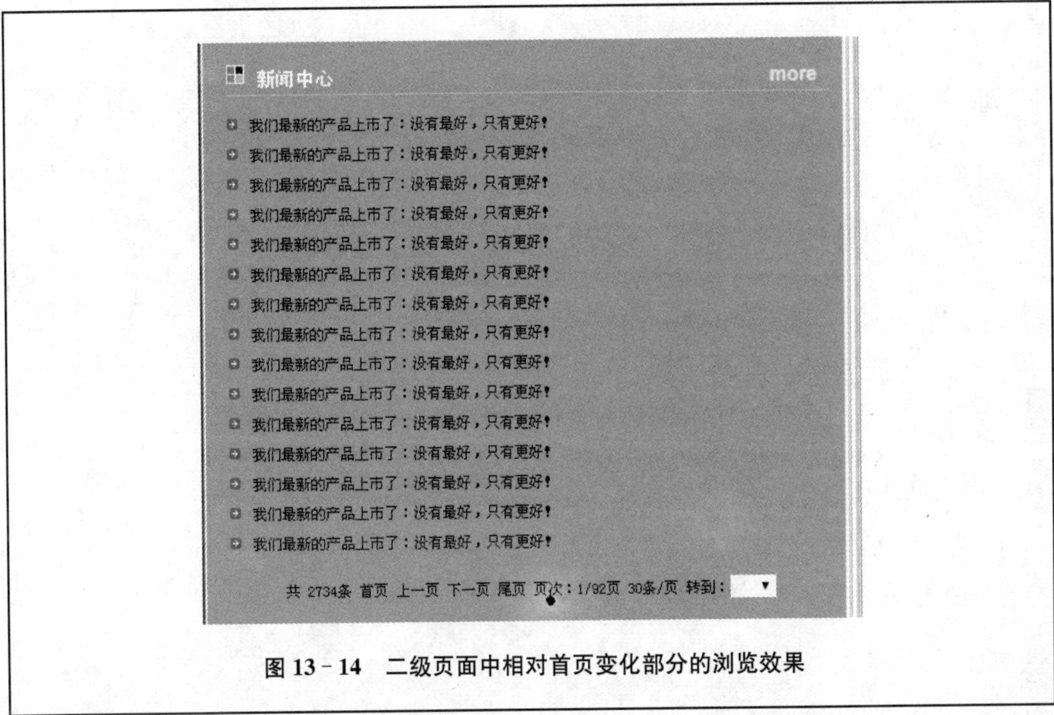

图 13 - 14　二级页面中相对首页变化部分的浏览效果

至此，整个实例的具体实现流程介绍完毕。至于其他二级页面的实现方法和文件 fen.html 的实现类似。

本章实验总结

本章使用分层设计的思路，读者可以参阅本书中的代码进行修改，实现自己需要的效果。

拓展篇

Internet 十分普及的今天，网站已不仅仅局限于向浏览者提供信息，还能与浏览者交流。如聊天、发贴、微博、购物等等。

想知道什么是 XML、什么是 ASP、什么是动态交互吗？

想知道怎样实现真正的交互功能吗？

想进一步了解动态网站建设技术吗？

请学习拓展篇

拓展一　XML与网页设计

14.1　Web 网页标准

W3C 是 World Wide WebConsortium(万维网联盟)的缩写,W3C 组织是制定网络技术标准的一个非营利组织,HTML,XHTML,CSS,XML 等 Web 标准就是由 W3C 制定的。W3C 的官方网站网址为 www. w3c. org。

按标准制作的页面,对搜索引擎更加"透明",因为其良好清晰的结构使得搜索引擎能够方便地判断与评估信息,从而建立更精确的索引。

按 Web 标准制作的页面也可以在更老版本的浏览器中正常显示基本结构,即使某些 CSS/XSL 样式无法解析,浏览器也能显示出完整的信息和结构。符合 Web 标准的页面也很容易被转换成其他格式文档,例如数据库或者 Word 格式,也容易被移植到新的系统——硬件或者软件系统,比如网络电视、PDA 等,这是 XML 天生具有的优势。符合 Web 标准的页面也具有天生的"易用性(Accessibility)",不仅被普通浏览器支持,残疾人也可以通过盲人浏览器、声音阅读器正常使用该页面。

用 Web 标准制作的页面代码量小,可以节省带宽。通常情况下,相同表现效果的页面用 DIV/CSS 技术比用表格布局的节省 2/3 的代码。

14.2　XML

XML(Extensible Markup Language,可扩展标记语言)是标准通用标记语言(Standard Generic Markup Language,SGML)的一个子集,它类似 HTML,被设计用来描述数据。

14.2.1 XML 文档结构

XML 通过标签对数据结构进行定义。XML 架构中的所有标签都成对出现，即一个开始标签对应一个结束标签。

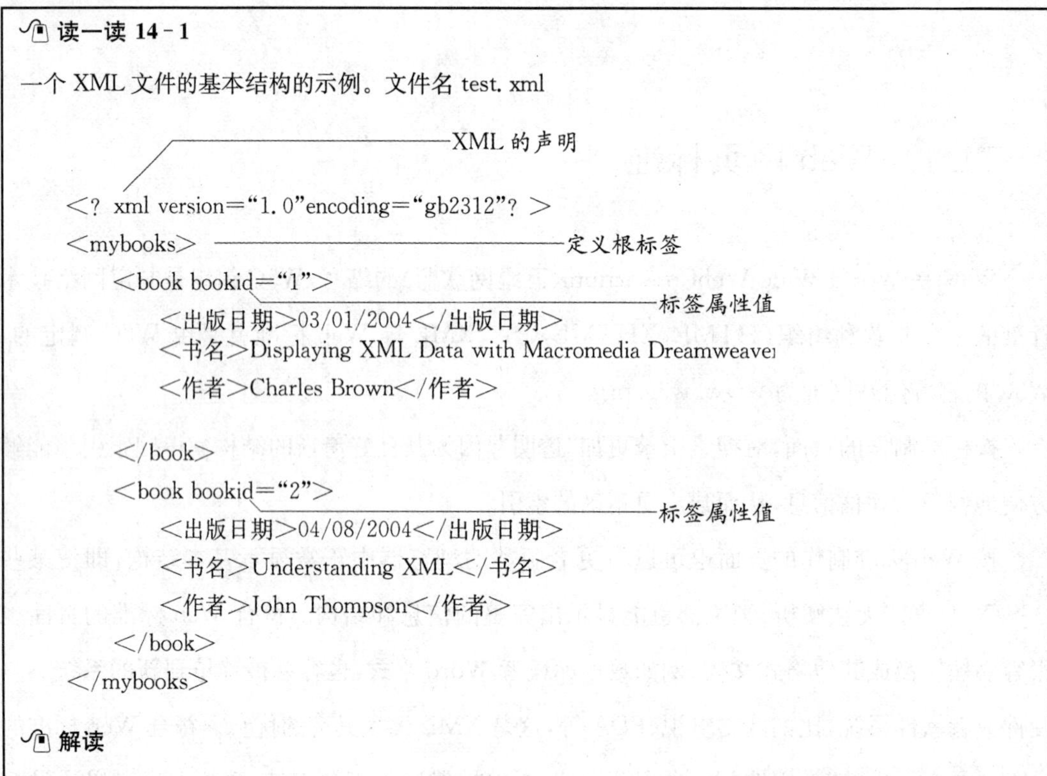

读一读 14-1

一个 XML 文件的基本结构的示例。文件名 test. xml

```
<? xml version="1. 0"encoding="gb2312"? >
<mybooks>
   <book bookid="1">
      <出版日期>03/01/2004</出版日期>
      <书名>Displaying XML Data with Macromedia Dreamweave
      <作者>Charles Brown</作者>

   </book>
   <book bookid="2">
      <出版日期>04/08/2004</出版日期>
      <书名>Understanding XML</书名>
      <作者>John Thompson</作者>
   </book>
</mybooks>
```


解读

在此示例中，每一个 <book> 父标签都包含三个子标签：<出版日期>、<书名> 和 <作者>。但每个 <book> 标签也是 <mybooks> 标签的子标签，后者在架构中的级别比前者高一级。只要相应地将标签嵌套在其他标签中，并为每个开始标签指定一个对应的结束标签，您就可以随意命名 XML 标签并安排它们的结构。

XML 文档的扩展名是“. xml”，它由 3 个部分组成。

(1) XML 的声明；

(2) 根标签定义；

(3) 子标签定义；

XML 文档不包含任何格式设置，“读一读 14-1 ”示例代码不包含字体、字号或表格等标签。有了 XML 架构之后，设计者就可以使用可扩展样式表语言（XSL）来显示信息。类似 CSS，XSL 可以设置 XML 数据的显示格式。设计者可以在 XSL 文件中定义样式、页面元素和布局等，并将 XSL 文件附加到 XML 文件，以便当用户在浏览器中查看 XML 数据时，根据 XSL 文件定义的数据格式来显示。XML 数据作为内容，与 XSL 文件定义的网页表现形式是相互独立的，这便于设计者更好地控制信息在 Web 页面上的显示方式。

14.2.2　XML 与 HTML 的区别

XML 与 HTML 都是 SGML 的一个子集，但是二者有很多的不同。

HTML 文件是内容与形式的统一体，而 XML 文件中则只包含内容，其表现形式采用的是其他方式，这有效地实现了内容与形式的分离。XML 被设计用来描述数据，其焦点是数据的内容；HTML 被设计用来显示数据，其焦点是数据的外观。

HTML 中的标签都是预定义的，通常用来显示文件中的内容，本身没有什么含义，例如“<h1> Dreamweaver 8 网页制作</h1>”标签之间的文本以“标题一”形式显示，没有什么特殊含义，而 XML 文件中的标签可以由用户自己定义，这样就可以让自定义标签具有一定的含义，例如：“<book> Dreamweaver 8 网页制作</book>”就代表“Dreamweaver 8 网页制作”是一本书。XML 标签对大小写敏感。在 XML 中，标签“<Letter>”和标签“<letter>”是不同的。

HTML 网页文件可以直接在网页浏览器中显示，而 XML 文件则要借助其他文件或语言来辅助显示，例如，用 CSS 或 XSL 样式表文件或者通过数据绑定或脚本技术来实现 XML 文件的显示。

HTML 的文件结构是关于显示方式的层次结构，例如“<table>”“<td>”等；XML 文件结构是关于内容的层次结构，例如“<book>”“<title>”“<author>”等。

14.2.3　创建和验证 XML 文件

一个餐馆想在其 Web 站点上公布每月特色菜的清单。由于每月特色菜是不同的，如果采用 HTML 静态网页形式，则需要设计每月的特色菜网页，因此，餐馆的经理要求采用动态方式，这时可采用 XML 技术。XML 可以使页面内容(每月特色)和表现形式(布局和文本样式等)保持独立。维护人员可以通过编辑 XML 文件方便快捷地更新每月特色菜单信息，而不必更改显示样式。

XML 文件是包含每月特色菜谱的数据源，其定义了描述了特色菜的相关信息，如菜名、图片、特色简介和价格。这里，可以把 XML 理解为数据库。XML 文件只能在“代码”视图中进行编辑。

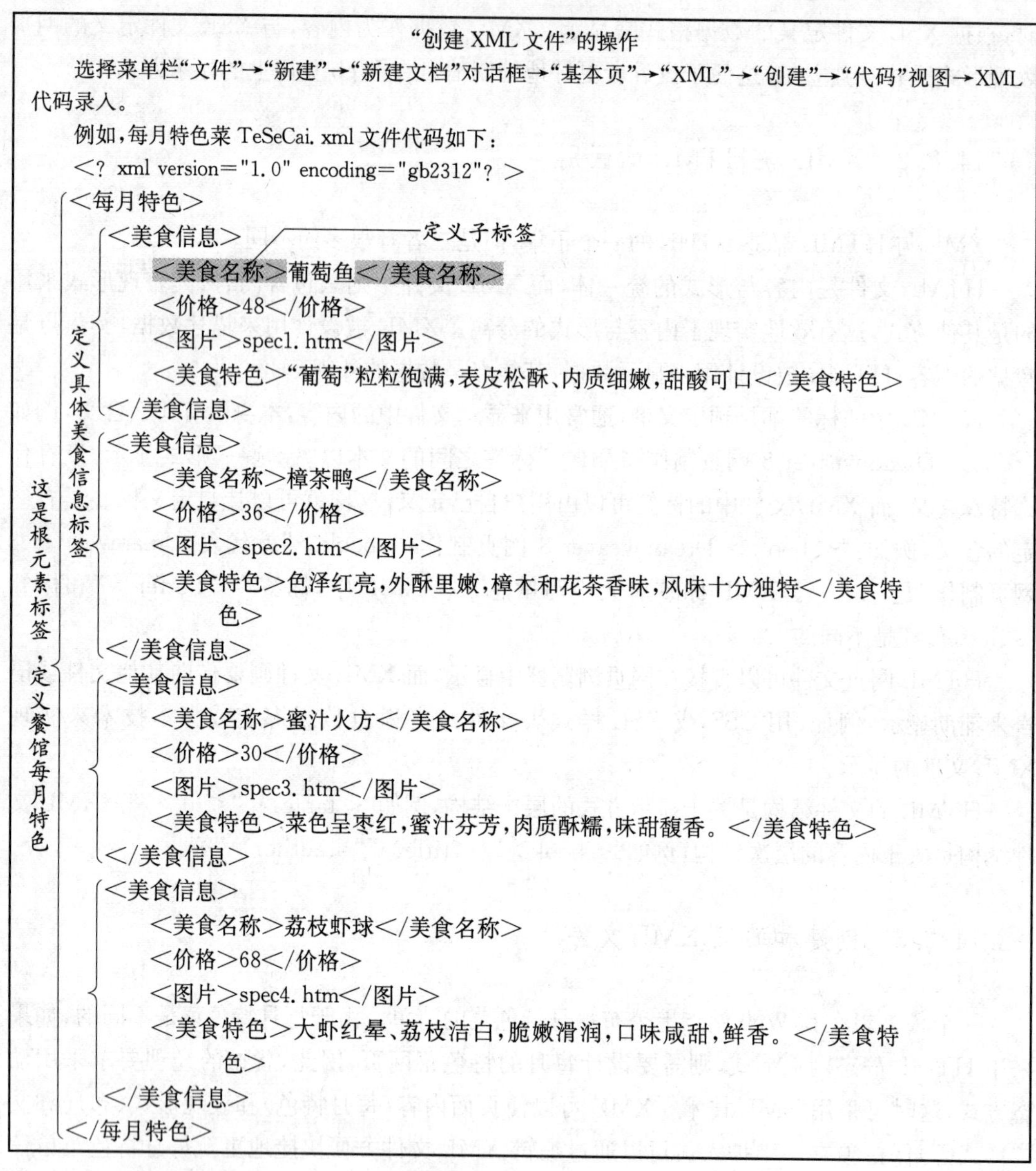

"创建 XML 文件"的操作

选择菜单栏"文件"→"新建"→"新建文档"对话框→"基本页"→"XML"→"创建"→"代码"视图→XML 代码录入。

例如，每月特色菜 TeSeCai. xml 文件代码如下：

```
<? xml version="1.0" encoding="gb2312"? >
<每月特色>
    <美食信息>
        <美食名称>葡萄鱼</美食名称>
        <价格>48</价格>
        <图片>spec1. htm</图片>
        <美食特色>"葡萄"粒粒饱满，表皮松酥、内质细嫩，甜酸可口</美食特色>
    </美食信息>
    <美食信息>
        <美食名称>樟茶鸭</美食名称>
        <价格>36</价格>
        <图片>spec2. htm</图片>
        <美食特色>色泽红亮，外酥里嫩，樟木和花茶香味，风味十分独特</美食特
            色>
    </美食信息>
    <美食信息>
        <美食名称>蜜汁火方</美食名称>
        <价格>30</价格>
        <图片>spec3. htm</图片>
        <美食特色>菜色呈枣红，蜜汁芬芳，肉质酥糯，味甜馥香。</美食特色>
    </美食信息>
    <美食信息>
        <美食名称>荔枝虾球</美食名称>
        <价格>68</价格>
        <图片>spec4. htm</图片>
        <美食特色>大虾红晕、荔枝洁白，脆嫩滑润，口味咸甜，鲜香。</美食特
            色>
    </美食信息>
</每月特色>
```

定义子标签
定义具体美食信息标签
这是根元素标签，定义餐馆每月特色

手工录入 XML 代码时，可能会出现代码的错误。利用 Dreamweaver 8 可以对 XML 文档进行验证，检查代码是否存在标签错误或语法错误。

"XML代码验证"的操作

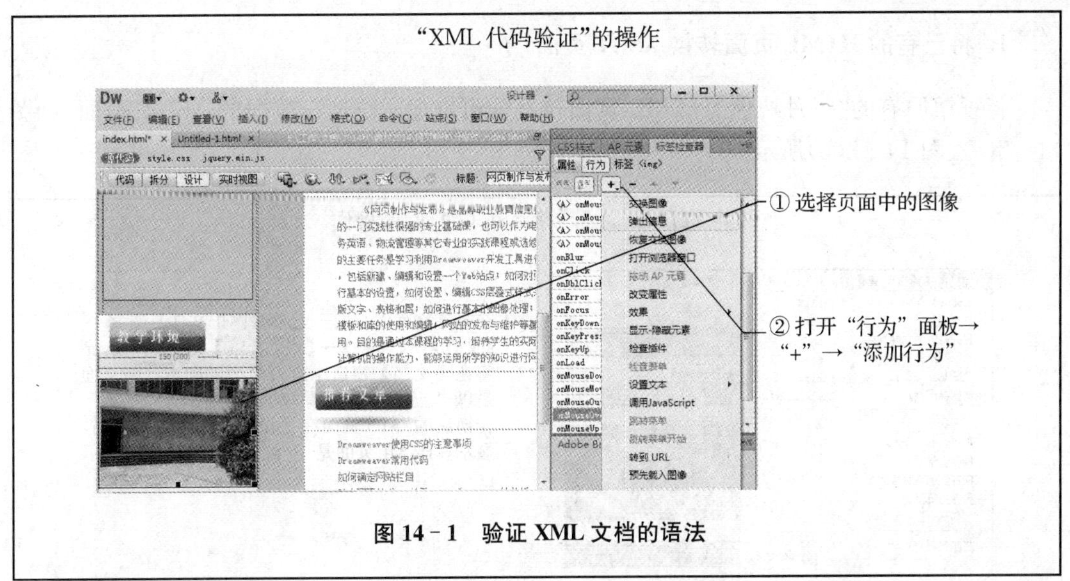
① 选择页面中的图像
② 打开"行为"面板→
"+"→"添加行为"

图14-1　验证XML文档的语法

练一练

建立一个XML文档,输入TeSeCai.xml代码,保存文档,并验证XML代码正确性,然后在浏览器中查看页面格式和内容。

14.3　XSLT

HTML使用预先定义的标记,且这些标记的含义都很好理解,例如"＜p＞"元素定义一个段落,"＜h1＞"元素定义一个标题,浏览器知道如何显示这些元素。使用CSS向HTML元素增加显示格式是一个简单的过程,浏览器也很容易理解。

XML没有预先确定的标记,网页设计人员根据需要自定义标记,标记的含义并不能直接被其他人和计算机系统理解。例如,"＜table＞"可以表示一个HTML表格,也可以表示一件家具"桌子"。为了在浏览器中显示XML文档,必须要有一个机制来描述如何显示文档。XSL(Extensible Stylesheet Language,扩展样式表语言)是用来辅助显示XML文档的内容的样式语言。XSL样式表文件的扩展名是".xsl"。XSL实际上包含三种语言,其中最重要的是XSLT(XSL Transformations,可扩展样式表语言转换)。XSLT可将一个XML文档转换成另一个XML文档或另一种类型的文档,包括将一个XML文档转换成浏览器所能识别的一种格式。XSLT可将每个XML元素都转换成一个HTML元素。XSLT还可以向输出文件中增加全新的元素,或去掉一些元素。它可以重新安排这些元素并对元素进行分类,测试并确定显示哪些元素等。

应用程序服务器或浏览器执行XSL转换。客户端转换仅局限于新版本浏览器,如Internet Explorer 6,Netscape 8,Mozilla 1.8等。

下面介绍利用Dreamweaver 8创建完整的XSLT页面的过程。

1. 将已有的 HTML 页面转换 XSLT 页面

将餐馆原有的“每月特色”HTML 页面转换为可以显示 XML 数据的 XSLT 页面，如图 14-2(a)、图 14-2(b)所示。

“将 HTML 页面转换 XSLT 页面”的操作

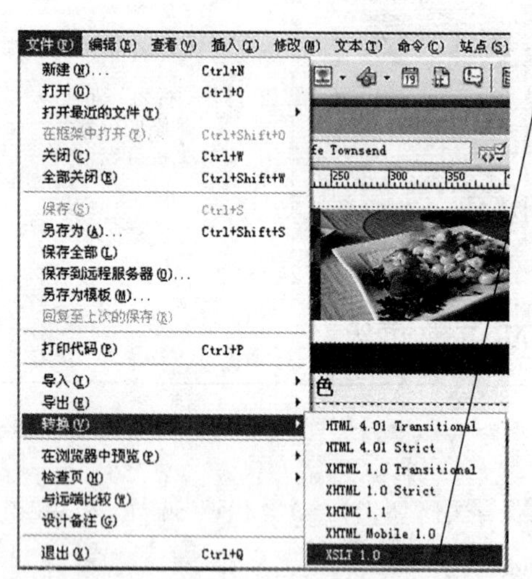

选择【文件】→打开已有HTML文件；选择【文件】→【转换】→【XSLT 1.0】,Dreamweaver将在【文档】窗口中打开页面的副本。新页面是以“.xsl”扩展名保存的XSL样式表文件。转换后的XSLT页面在【设计】视图中的布局显示和HTML页面是一样的，如图12-2(b)所示

图 14-2(a)　将 HTML 页面转换 XSLT 页面

📖 **提示**

在使用XSLT页面显示XML文件中数据前，需要将XSLT文件布局好。将原先的HTML页面转换为XSLT页面后，就不需要原先显示静态数据的表格行了。

图 14-2(b)　转换后 XSLT 页面

2. 直接创建新的 XSLT 页面

利用 Dreamweaver 8 也可以直接创建新的完整的 XSLT 页面。选择“文件”→“新建”打开“新建文档”对话框；在“新建文档”对话框的“常规”面板“基本页”框中选择“XSLT(整页)”，单击“创建”即可创建新的完整的 XSLT 页面。

XSLT 页面的布局方法和 HTML 页面布局相同。XSLT 页面布局完成后，需要附加

XML 文件中的数据源。

练一练

新建一个 XSLT(整页)网页,并按照图 12-2(b)的样式布局页面。

14.4　XML 与 XSLT 关联

XSLT 页面布局完成后,要将 XML 文件与 XSLT 页面绑定。

14.4.1　将 XML 文件绑定到 XSLT 页面

要使 XSLT 页面可以显示 XML 文件中的数据,首先要把 XML 文件作为源文件附加到 XSLT 文件。Dreamweaver 8 的"应用程序"面板中的"绑定"面板可将 XML 源文件附加到 XSLT 页面,如图 14-3(a)、图14-3(b)、图 14-3(c)、图 14-3(d)所示。

"将 XML 数据文件绑定到 XSLT 样式文件"的操作

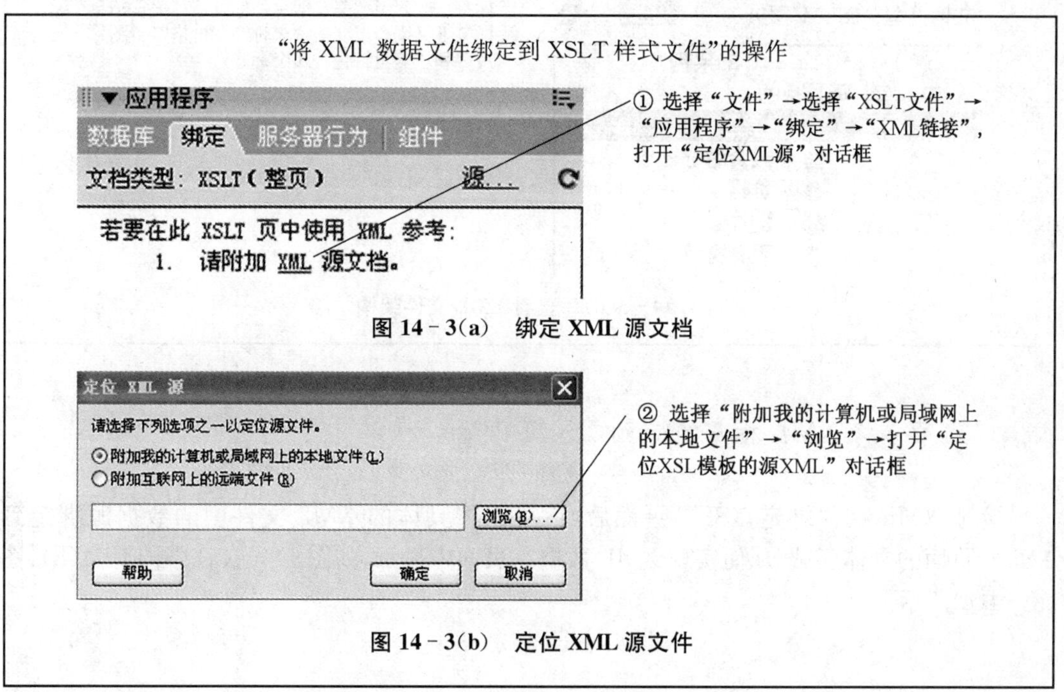

图 14-3(a)　绑定 XML 源文档

图 14-3(b)　定位 XML 源文件

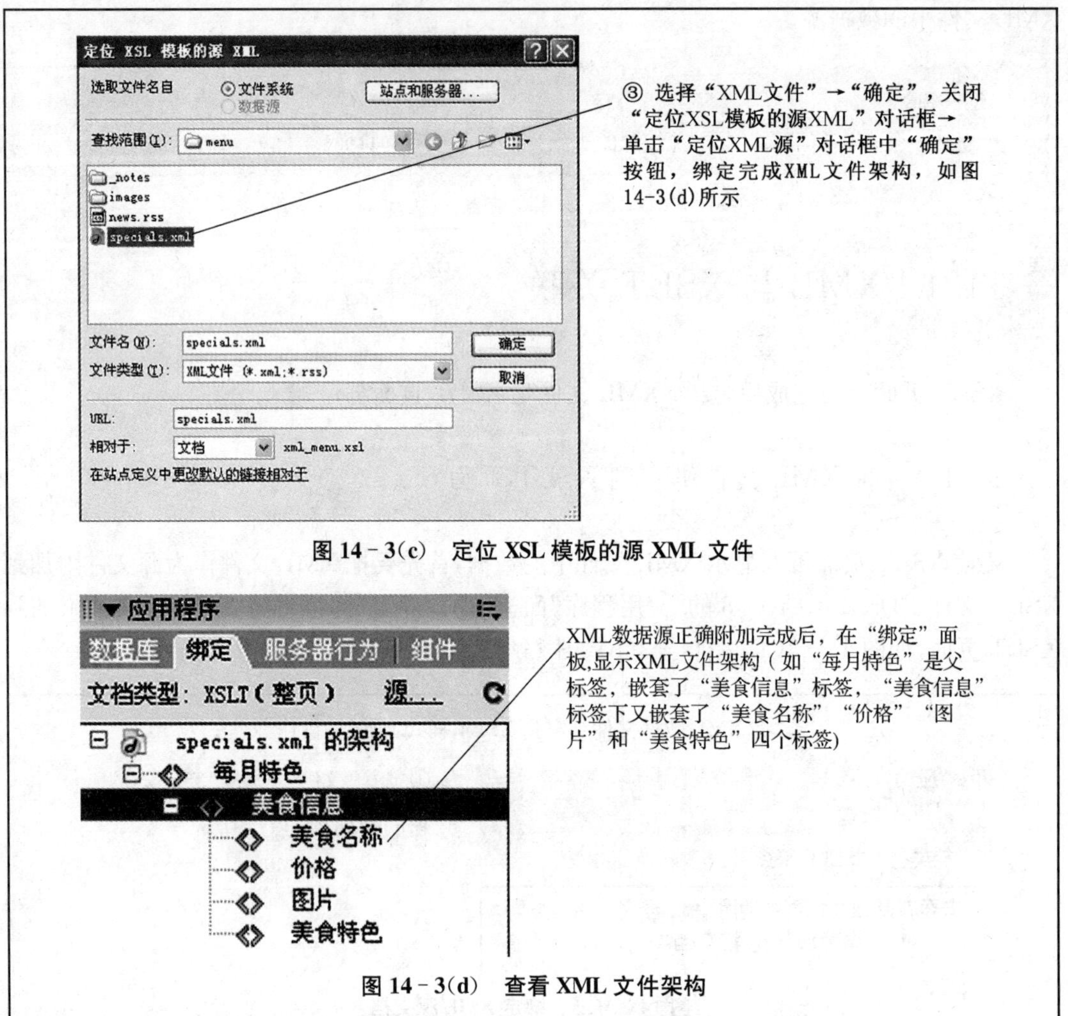

图 14-3(c) 定位 XSL 模板的源 XML 文件

图 14-3(d) 查看 XML 文件架构

14.4.2 将 XML 标签绑定到 XSLT 页面

完成 XML 文件绑定 XSLT 页面后，就可以将具体的 XML 文件中的数据源绑定到 XSLT 页面的具体区域，从而实现 XML 数据在页面中显示，如图 14-4(a)、图 14-4(b)、图 14-4(c)所示。

“将 XML 标签绑定到 XSLT 页面”的操作

① 将鼠标光标定位于XSLT表格第1行第1列→双击“绑定”面板中XML文件的架构中“美食名称”标签→将其绑定到页面中相应位置，XML占位符出现

📖 **提示**

也可在“绑定”面板中选择好XML文件架构中的项目元素，按住鼠标左键将其拖到空的表格单元格中。

图 14－4(a)　XML 标签绑定到 XSLT 页面

② 采用第①步的操作方法，将“美食特色”标签和“价格”标签绑定到页面中，XML占位符出现

📖 **提示**

占位符可能会移到下一行。但在浏览器中显示页面时，数据会相应地填入表格中。

图 14－4(b)　重复“XML 标签绑定到 XSLT 页面”操作

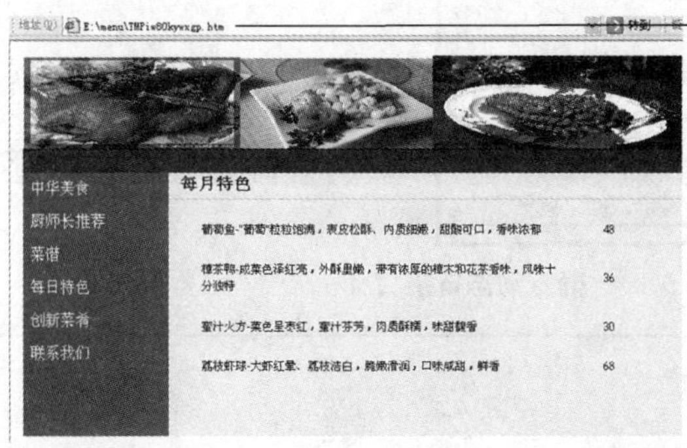

③ 在“文件”面板鼠标右键XSLT文件，选择“在浏览器中预览”选项，选择相应浏览器，预览XSLT页面

📖 **提示**

浏览器的“地址”栏中显示的是后缀为“.htm”的网页文件。这是因为浏览器不支持XSLT文件，Dreamweaver 8将XSLT转换成HTML网页文件后再显示。

图 14－4(c)　预览 XSLT 页面

14.4.3　编辑 XSLT 的动态链接

Dreamweaver 8 可为 XSLT 对象编辑行为动作。例如，实现 XSLT 的超链接功能。创建美食名称的动态链接，链接到对应的美食图片，如图 14－5(a)、图 14－5(b)所示。

"编辑 XSLT 的动态链接"的操作

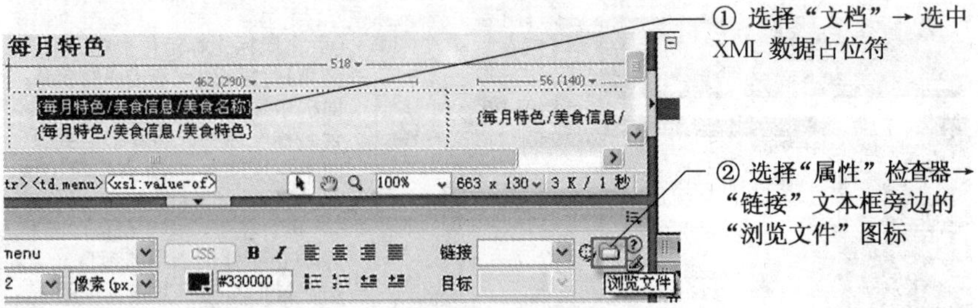

① 选择"文档"→选中 XML 数据占位符

② 选择"属性"检查器→"链接"文本框旁边的"浏览文件"图标

图 13-5(a)　选择 XML 数据占位符

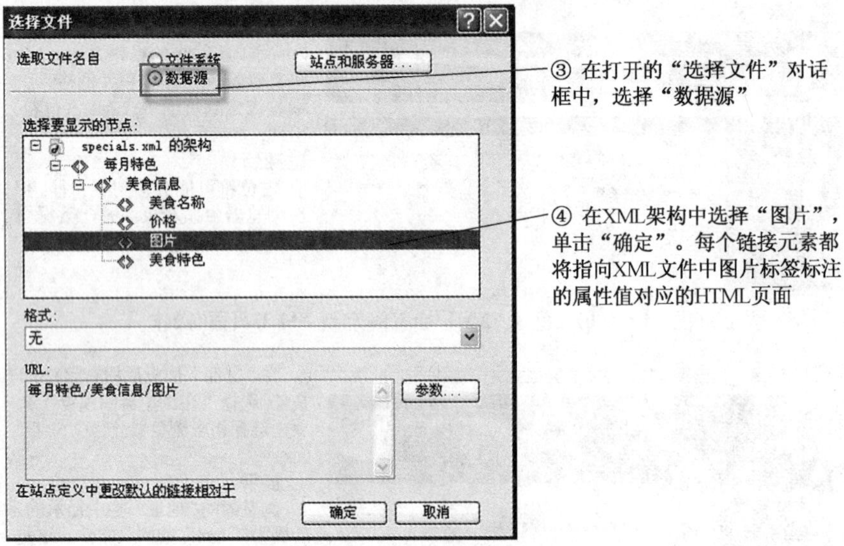

③ 在打开的"选择文件"对话框中，选择"数据源"

④ 在XML架构中选择"图片"，单击"确定"。每个链接元素都将指向XML文件中图片标签标注的属性值对应的HTML页面

图 14-5(b)　确定动态链接目标

14.4.4　设置 XSLT 的重复区域

使用 XSLT 重复区域，可在网页上显示来自 XML 数据源的重复元素。例如，把重复区域 XSLT 对象添加到表格行中，就能在页面上显示多个特色美食的信息，如图 14-6(a)、图 14-6(b)所示。

"设置重复区域 XSLT 对象"的操作

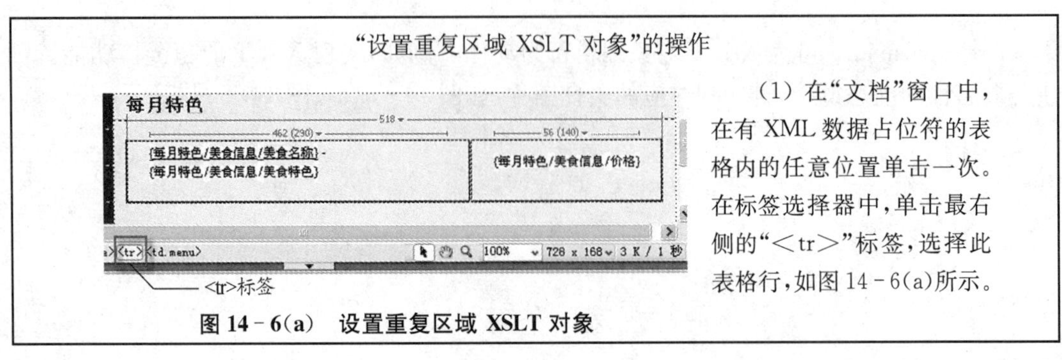

图 14-6(a)　设置重复区域 XSLT 对象

(1) 在"文档"窗口中，在有 XML 数据占位符的表格内的任意位置单击一次。在标签选择器中，单击最右侧的"<tr>"标签，选择此表格行，如图 14-6(a)所示。

(2) 选择菜单栏"插入"→"XSLT 对象"→"重复区域",打开"XPath"表达式创建器。

(3) 在 XML 架构中,选择重复的元素商品信息,单击【确定】。

(4) 鼠标点击非表格区域,在【文档】窗口中,重复的区域周围会出现一个灰色的选项卡式细轮廓。在浏览器中预览页面时,灰色的外框将会消失,表格就会显示 XML 文件中指定的重复元素,如图 14-6(b)所示。

图 14-6(b)　查看重复区域 XSLT 对象

13.4.5　附加 XSLT 到 XML 文档

完成了 XSLT 页面设置后,必须将其附加到 XML 文件,XML 文件中的数据内容才能以 XSLT 样式显示出来。浏览器的地址栏显示的是 XML 文件地址。

"为 XML 文件附加 XSLT 样式"的操作

1) 在"文档"窗口中依次打开 XSLT 页面和 XML 文件,选择"命令"→"附加 XSLT 样式表"。

2) 在"附加 XSLT 样式表"对话框中,单击"浏览"按钮,如图 14-7(a)所示,选择 XSLT 页面,单击"确定",关闭"附加 XSLT 样式表"对话框。图 14-7(b)为操作后的 XML 文件显示效果。

图 14-7(a)　附加 XSLT 样式表

📖 **提示**

也可以在 XML 文件中指定样式表,在 XML 声明代码之后加入下面这段代码:

<? xml-stylesheet href="xml_menu.xsl" type="text/xsl"? >

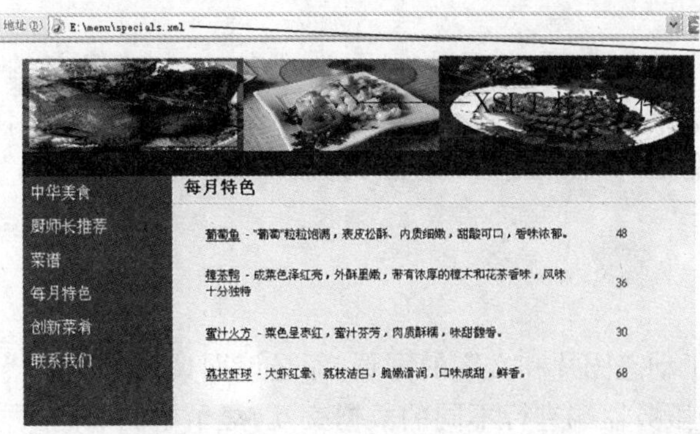

图 14-7(b)　附加了 XSLT 样式的 XML 文件的显示结果

拓展二　动态网页设计 ASP 简介

按生成方式，网页可以分为静态网页和动态网页。一般来说，静态网页制作比较简单，利用 FrontPage、Dreamweaver 等软件就可以方便地生成；动态网页制作就比较复杂，需要用到 ASP，PHP，JSP 和 ASP. NET 等专门的动态网页设计语言。本章介绍 ASP 基础知识。

15.1　了解 WWW

1. 什么是 WWW

WWW(World Wide Web)又称万维网，起源于 1989 年欧洲物理研究室(CERN)，现已成为人们学习、工作、交流、娱乐的一个非常重要的手段。在网络中，不同的计算机扮演着不同的角色，一般称提供资源的一方为服务器，称享受资源的一方为客户机。例如，小明在家通过宽带访问新浪网站，此时，新浪网站就是服务器，小明自己的机器就是客户机；如果小明利用自己的机器访问本地机器中自己制作的一个网站，那小明的机器就既是服务器也是客户机。

2. 什么是静态网页

静态网页并不等同于静止的网页，而是指网页生成的方式是静态的。例如，用 Dreamweaver 设计出来的网页是静态的，网页中没有程序代码，一经生成，内容就不会再变化，不管何时何人访问，显示的都是一样的内容，通常其文件扩展名为：“. htm”“. html”“. shtml”等。

3. 什么是动态网页

所谓动态网页，并非是加了动态图片和文字的网页，而是该网页里有程序代码，能够根据不同时间、不同的来访者，与服务器端进行不同的数据交互，显示不同的网页内容。动态网页的文件扩展名一般与所采用程序设计语言有关，如“. asp”“. jsp”“. php”“. perl”“. cgi”。

本书简单介绍常用的 ASP 动态网页设计技术。

15.2　表单

大部分的情况下，网站的开发者希望能够与浏览者进行交流，如做一个留言板。让浏览者在上面留言。表单的作用就是收集用户信息，将其提交到服务器上，从而实现与客户的交互。

15.2.1　表单及表单对象

使用表单，可以帮助 Internet 服务器从用户那里收集信息，例如收集用户资料、获取用户订单，在 Internet 上存在大量的表单，让用户输入文字进行选择，后台服务器对于用户的输入进行处理，并做出相应的操作。

1. 通常表单的工作过程如下：

- 用户在有表单的页面里填写必要的信息，然后单击“提交”按钮。
- 这些信息通过网络传送到服务器上。
- 服务器上专门的程序(ASP)对这些数据进行处理。
- 当数据完整无误后，服务器反馈一个处理信息。

2. 一个完整的表单包含两个部分：

- 一个是前台的表单控件组成的网页文件。
- 二是后台对于表单的处理程序(ASP、JSP、PHP 等)。

表单的设计和应用

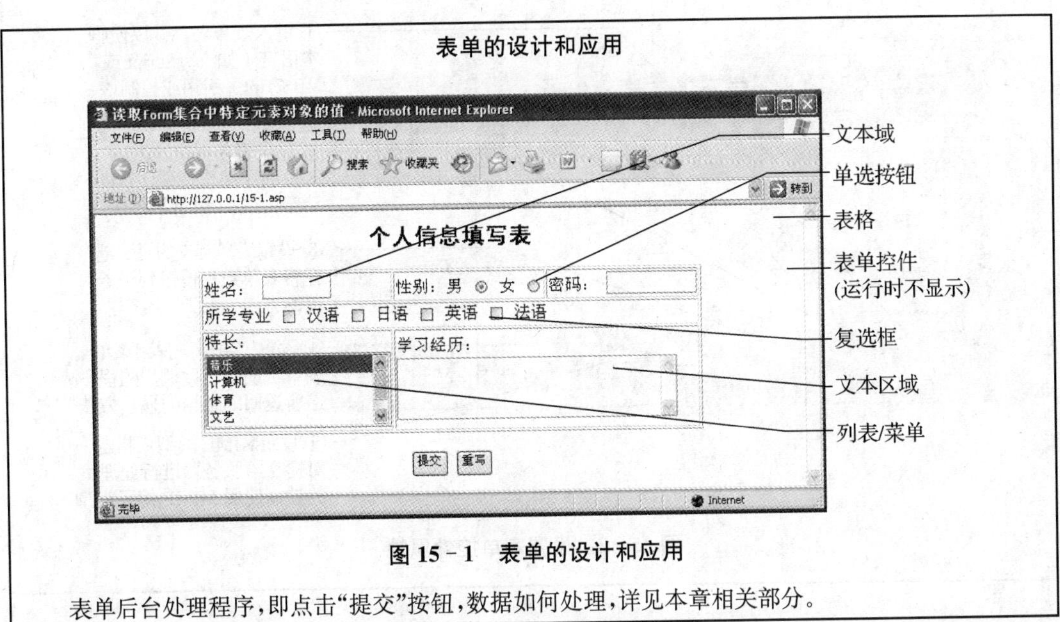

图 15-1　表单的设计和应用

表单后台处理程序，即点击“提交”按钮，数据如何处理，详见本章相关部分。

15.2.2 设计表单对象

在 Dreamweaver 中，在工具栏的“常用”下拉框中选择“表单”，可以调出“表单”面板。

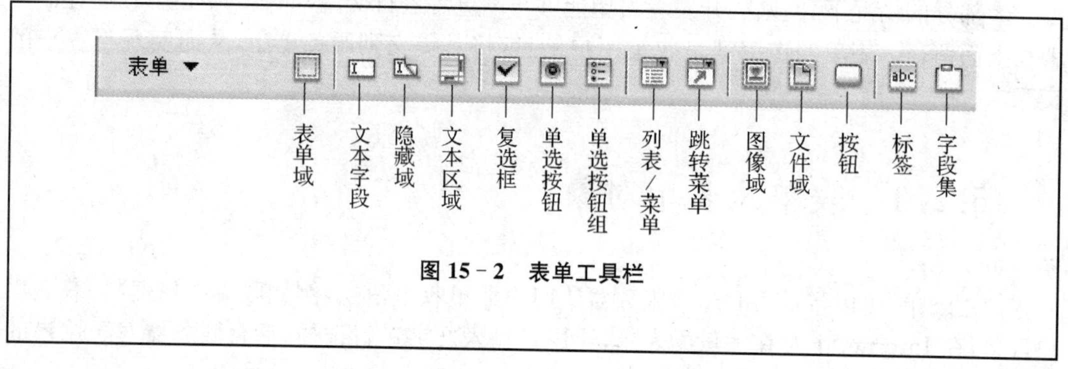

图 15-2 表单工具栏

1. 表单域

“表单域”类似于框架，其他的表单对象，如文本域、按钮等，都必须插入表单之中，这样所有浏览器才能正确处理这些数据。在“设计”视图，表单用红色的虚轮廓线表示，在浏览网页中属于不可见元素。在 Dreamweaver 中插入一个“表单域”，如果没有看到此轮廓线，请检查是否选中了“查看”→“可视化助理”→“不可见元素”。

读一读 15-1

“表单的插入”的操作

1）插入表单对象：选定插入位置→“窗口”→“插入”→“表单”

2）设置表单属性：选中表单→通过表单属性面板设置属性。

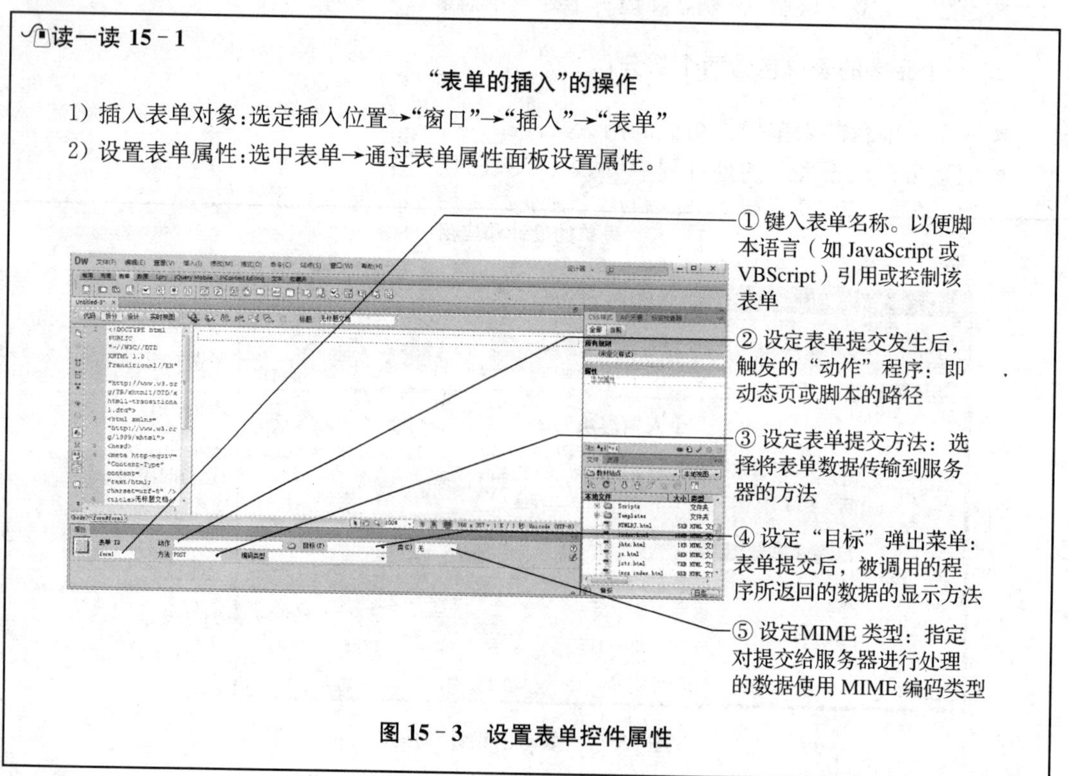

① 键入表单名称。以便脚本语言（如 JavaScript 或 VBScript）引用或控制该表单
② 设定表单提交发生后，触发的“动作”程序：即动态页或脚本的路径
③ 设定表单提交方法：选择将表单数据传输到服务器的方法
④ 设定“目标”弹出菜单：表单提交后，被调用的程序所返回的数据的显示方法
⑤ 设定MIME 类型：指定对提交给服务器进行处理的数据使用 MIME 编码类型

图 15-3 设置表单控件属性

📖 **提示**

(1) 设置表单提交触发的“动作”时:可在键入完整路径,也可以单击文件夹图标定位到同一站点中包含该脚本或应用程序页的相应文件夹。

(2) 设定表单提交方法时,POST 方法—将在 HTTP 请求中嵌入表单数据。GET 方法—将值附加到请求该页面的 URL 中。通常,默认方法为 GET 方法,但是建议不要使用 GET 方法发送长表单,因为如果发送的数据量太大,数据将被截断,从而导致意外的或失败的处理结果。用 GET 方法传递信息不安全。

(3) 设定“MIME 类型”时,默认设置 application/x-www-form-urlencode 通常与 POST 方法协同使用。如果要创建文件上传域,请指定 multipart/form-data MIME 类型。

(4) 设定“目标”弹出菜单时,“_blank”——表示在未命名的新窗口中打开目标文档;“_parent”表示在显示当前文档的窗口的父窗口中打开目标文档;“_self”表示在提交表单所使用的窗口中打开目标文档;“_top”表示在当前窗口的窗体内打开目标文档。此值可用于确保目标文档占用整个窗口,即使原始文档显示在框架中。

相关代码:

```
<form id="form1" name="form1" method="post" action="">
</form>
```

📖 **提示**

action=url 指定一来处理提交表单的格式。它可以是一个 URL 地址(提交给程式)或一个电子邮件地址;

method=get 或 post 指明提交表单的 HTTP 方法。可能的值为:post,post 方法在表单的主干包含名称/值对并且无需包含于 action 特性的 URL 中。get:GET 方法把名称/值对加在 action 的 URL 后面并且把新的 URL 送至服务器. 这是往前兼容的缺省值;

enctype=cdata 指明用来把表单提交给服务器时(当 method 值为"post")的互联网媒体形式. 这个特性的缺省值是"application/x-www-form-urlencoded"

TARGET="..."指定提交的结果文档显示的位置。

2. 文本域

“文本域”在表单中插入文本域。接收任何类型的字母数字文本输入内容。在文本域的属性设计器中,选择“类型”,文本可以单行或多行显示,也可以以密码域的方式显示,在密码方式下,输入文本将被替换为星号或项目符号,以避免旁观者看到这些文本。

读一读 9-1

“文本域的插入”操作

1) 插入文本域对象:在表单中选定插入位置→“文本域”

2) 设置文本域属性:选中文本域→通过文本域属性面板设置属性。

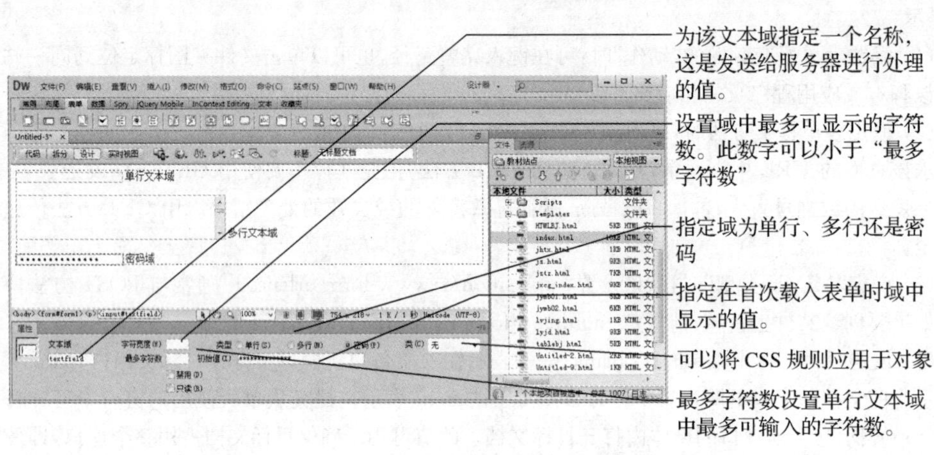

图 15－4　插入不同类型的文本框操作

📖 **提示**

1) 使用“最多字符数”将邮政编码限制为 6 位数，将密码限制为 10 个字符，等等。如果将“最多字符数”文本框保留为空白，则用户可以输入任意数量的文本。如果文本超过域的字符宽度，文本将滚动显示。如果用户输入超过最大字符数，则表单产生警告声。

2) 行数(在选中了“多行”选项时可用)设置多行文本域的域高度。

3) 换行：(在选中了“多行”选项时可用)指定当用户输入的信息较多，无法在定义的文本区域内显示时，如何显示用户输入的内容。换行选项中包含如下选项：

■ “关闭或默认”，防止文本换行到下一行。当用户输入的内容超过文本区域的右边界时，文本将向左侧滚动。用户必须按 Return 键才能将插入点移动到文本区域的下一行。

■“虚拟”，在文本区域中设置自动换行。当用户输入的内容超过文本区域的右边界时，文本换行到下一行。当提交数据进行处理时，自动换行并不应用于数据。数据作为一个数据字符串进行提交。

■ 选择“物理”，在文本区域设置自动换行，当提交数据进行处理时，也对这些数据设置自动换行。

相关代码：

单行文本域

```
<input type="text" name="textfield" id="textfield" />
```

多行文本域

```
<textarea name="textarea" id="textarea" cols="45" rows="5"></textarea>
```

密码域

```
<input type="password" name="textfield2" id="textfield2" />
```

📖 **提示**

单行文本域属性：**type="text"**定义单行文本输入框；**name** 属性定义文本框的名称，要保证数据的准确采集，必须定义一个独一无二的名称；**size** 属性定义文本框的宽度，单位是单个字符宽度；**maxlength** 属性定义最多输入的字符数；value 属性定义文本框的初始值。

多行文本域属性：**name** 属性定义多行文本框的名称，要保证数据的准确采集，必须定义一个独一无二的名称；**cols** 属性定义多行文本框的宽度，单位是单个字符宽度；**rows** 属性定义多行文本框的高度，单位是单个字符宽度；**wrap** 属性定义输入内容大于文本域时显示的方式。

密码域：type="password"定义密码框；其余属性与单行文本域相同。

3. 复选框

“复选框”在表单中插入复选框。复选框允许在一组选项中选择多项，用户可以选择任意多个适用的选项。

“复选框的插入”操作

1) 插入复选框对象：在表单中选定插入位置→“复选框”

2) 设置复选框属性：选中复选框→通过复选框属性面板设置属性。

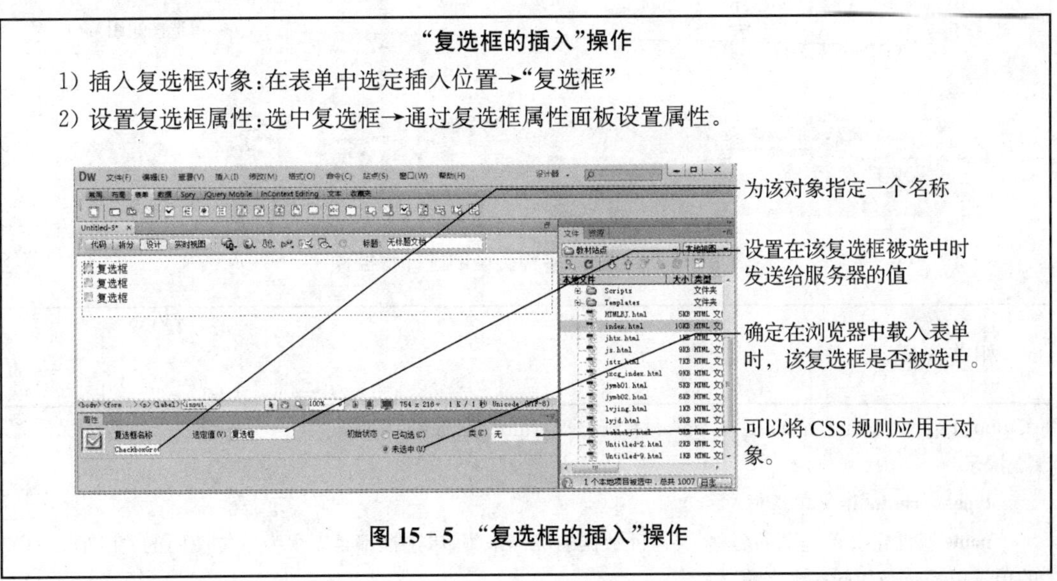
为该对象指定一个名称
设置在该复选框被选中时发送给服务器的值
确定在浏览器中载入表单时，该复选框是否被选中。
可以将 CSS 规则应用于对象。

图 15－5　“复选框的插入”操作

相关代码：

```
<input type="checkbox" name="CheckboxGroup1" value="复选框" id="CheckboxGroup1_0" />
```

📖 **提示**

type="checkbox"定义复选框；

name 属性定义复选框的名称，要保证数据的准确采集，必须定义一个独一无二的名称；

value 属性定义复选框的值。

4. 单选按钮

“单选按钮”在表单中插入单选按钮。单选按钮代表互相排斥的选择。选择一组中的某个按钮，就会取消选择该组中的所有其他按钮。例如，用户可以选择“是”或“否”。

5. 单选按钮组

“单选按钮组”插入共享同一名称的单选按钮的集合。

“单选按钮的插入”操作

1) 插入单选按钮对象：在表单中选定插入位置→“单选按钮”。

2) 设置单选按钮属性：选中单选按钮→通过单选按钮属性面板设置属性，类似于复选框属性。

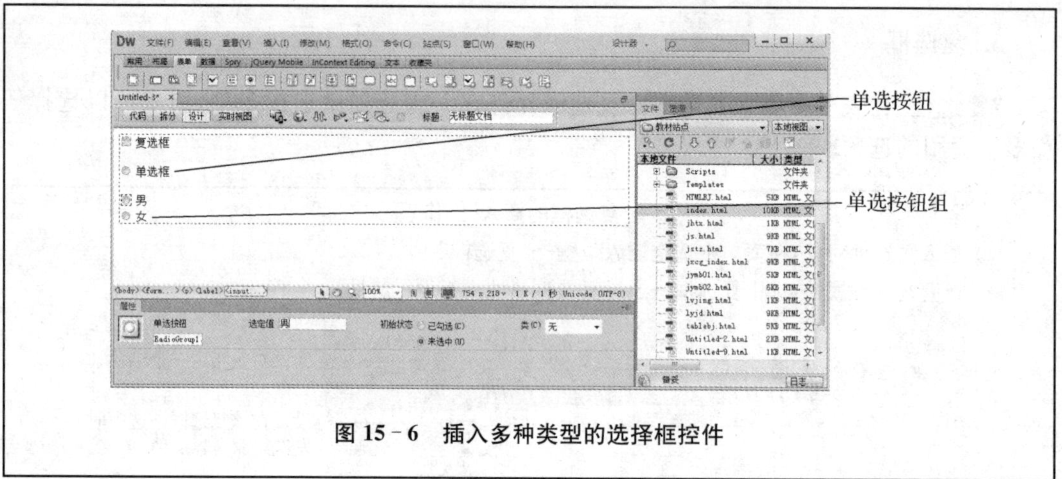

图 15-6 插入多种类型的选择框控件

相关代码：

```
<input type="radio" name="radio" id="radio" value="radio" />
```

📖 **提示**

type="radio"定义单选框；

name 属性定义单选框的名称，要保证数据的准确采集，单选框都是以组为单位使用的，在同一组中的单选项都必须用同一个名称；

value 属性定义单选框的值，在同一组中，它们的域值必须是不同的。

6. 列表/菜单

“列表/菜单”可以在列表中创建用户选项。“列表”选项在滚动列表中显示选项值，并允许用户在列表中选择多个选项。“菜单”选项

“列表/菜单的插入”操作

1）插入列表/菜单对象：在表单中选定插入位置→“列表/菜单”。

2）设置列表/菜单属性：选中列表/菜单控件→通过列表/菜单属性面板设置属性，类似于复选框属性。

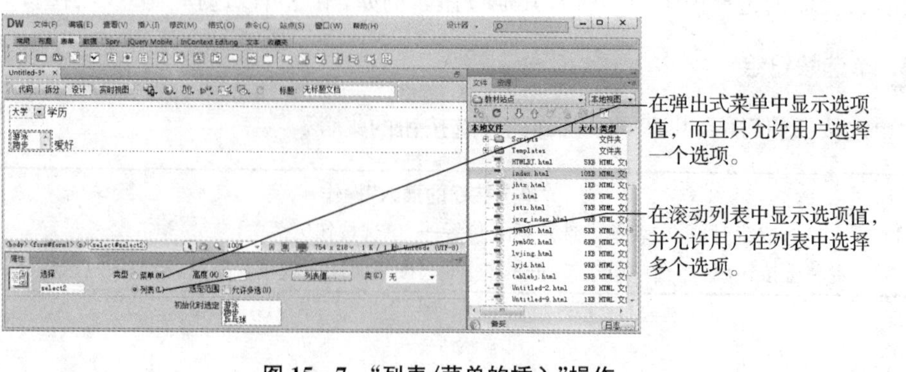

图 15-7 “列表/菜单的插入”操作

相关代码：

```
<select name="select" id="select">
    <option value="大学">大学</option>
    <option value="中学">中学</option>
    <option value="小学">小学</option>
  </select>
```

📖 **提示**

size 属性定义下拉选择框的行数，值为“1”时为列表；

name 属性定义下拉选择框的名称；

multiple 属性表示可以多选，如果不设置本属性，那么只能单选；

value 属性定义选择项的值；

selected 属性表示默认已经选择本选项。

7. 跳转菜单

“跳转菜单”插入可导航的列表或弹出式菜单。跳转菜单允许插入一种菜单，在这种菜单中的每个选项都链接到文档或文件。跳转菜单实际上是一个下拉列表框，其中显示了当前站点导航名称，单击某个选项，即可跳转到相应的网页上，从而实现导航。

“跳转菜单的插入”操作

(1) 插入跳转菜单对象：在表单中选定插入位置→“跳转菜单”

(2) 设置跳转菜单属性：选中列表/菜单控件→通过跳转菜单属性面板设置属性，类似于复选框属性。

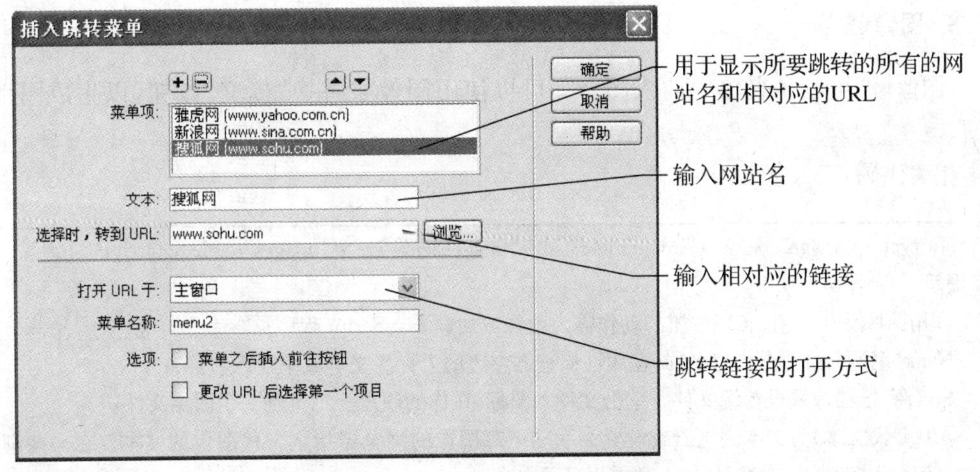

图 15-8　“跳转菜单的插入”操作

📖 **提示**

(1) 跳转菜单是文档内的弹出菜单，对站点访问者可见，并列出链接到文档或文件的选项。可以创建到整个 Web 站点内文档的链接、到其他 Web 站点上文档的链接、电子邮件链接、到图形的链接，也可以创建到可在浏览器中打开的任何文件类型的链接。(可以当友情连接用，这样占一个空间但是可以链接多个地址，可以增加网站的 PR 值)

(2) 注意在 URL 里要填写完整的 URL(网址)

(3) 如果选中“选项”区中的“菜单之后插入前往按钮”复选框,则在菜单右侧添加一个“前往”按钮,也可以不用,则改变菜单值时直接发生跳转。

(4) 如果选中“选项”区中的“更改 URL 后选择第一个项目”复选框,则即使从下拉菜单中选择了某个菜单项,页面中的下拉菜单中也仍然显示第一项,如果不选此项,则选择了哪个菜单项,菜单中就显示那个选项。

相关代码:

```
<select name="jumpMenu" id="jumpMenu" onchange="MM_jumpMenu('parent',this,0)">
    <option value="http://www.taobao.com">淘宝</option>
    <option value="http://www.sina.com.cn">新浪</option>
    <option>项目 3</option>
    </select>
```

📖 **提示**

id 属性定义菜单 ID 值,以备加载执行跳转行为;

onchange="MM_jumpMenu('parent',this,0 为 id="jumpMenu"的菜单加载跳转行为。

同时在页面的<head>区域中添加了如下 JavaScrip 程序(预先写好的“跳转菜单”动作)

```
<script type="text/javascript">
function MM_jumpMenu(targ,selObj,restore){ //v3.0
  eval(targ+".location='"+selObj.options[selObj.selectedIndex].value+"'");
  if (restore) selObj.selectedIndex=0;}
</script>
```

8. 图像域

“图像域”可以在表单中插入图像。可以使用图像域替换“提交”按钮,以生成图形化按钮。

相关代码:

```
<input type="image" name="imageField" id="imageField" src="images/daohang02.jpg" />
```

📖 **提示**

如用图像替代按钮,实现按钮的动作需为图像域加载 JavaScript 程序;

Name(名称) 给图像指定名称(在属性检查器左边的无标签文本域中输入名称);

Src(源)给图像域设置源文件。单击文件夹图标,在你的硬盘上浏览到一个图像文件;

Alt(替代文本)为文本浏览器或设置为手动下载图像的浏览器指定替代图像的文本。在一些浏览器中,当鼠标指针掠过图像时,这一文本也显示出来。

9. 文件域

“文件域”在文档中插入空白文本域和“浏览”按钮。文件域使用户可以浏览到其硬盘上的文件,并将这些文件作为表单数据上传。

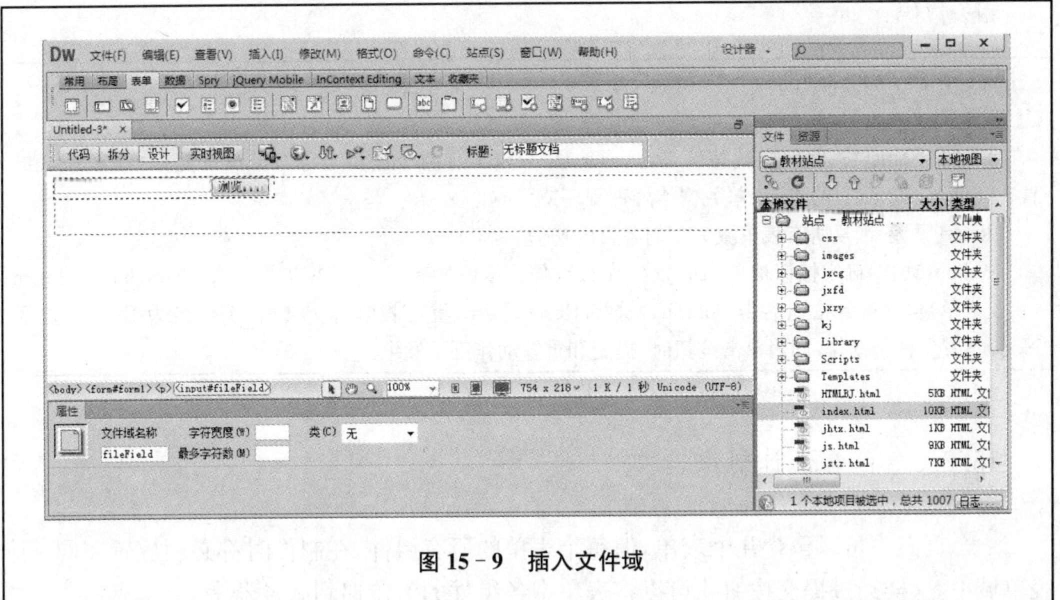

图 15－9　插入文件域

相关代码：

```
<input type="file" name="fileField" id="fileField" />
```

📖 **提示**

FileField Name(文件域名称)给文件域命名。本项必须设置，且名称必须唯一。

Char Width(字符宽度)设置文件域可显示的最大字符数。这个数字可以比 Max Chars 小。

Max Chars(最大字符数)设置文件域可以输入的最大字符数。使用此项属性限制文件名长度。

Init val(初值)指定首次载入表单时文件域显示的值。

10. 按钮

“按钮”在表单中插入文本按钮。按钮在单击时执行任务，如提交或重置表单。可以为按钮添加自定义名称或标签，或者使用预定义的“提交”或“重置”标签之一。

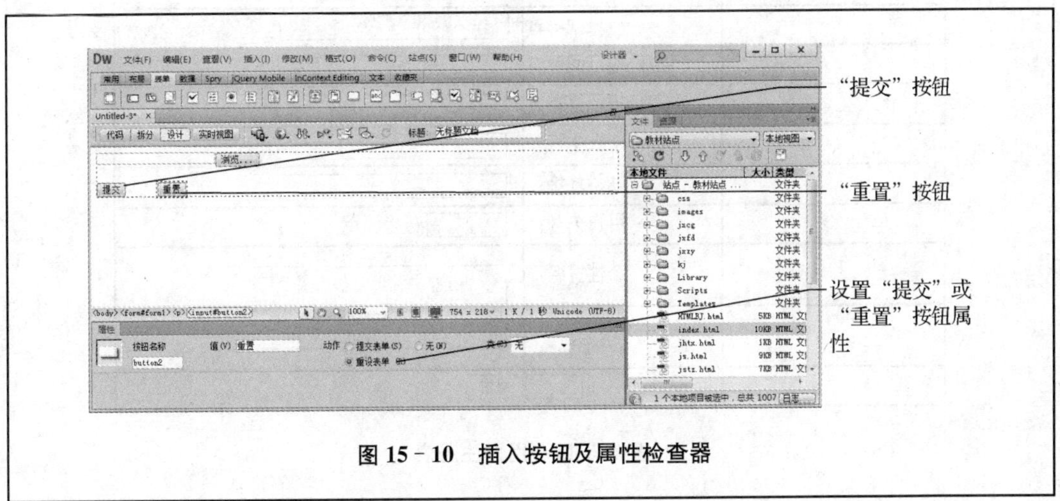

图 15－10　插入按钮及属性检查器

相关代码：

```
<input type="submit" name="button" id="button" value="提交" />
```

📖 **提示**

Button Name(按钮名称)给按钮命名。Dreamweaver 有两个保留名称：Submit(提交)和 Reset(重置)。Submit 指示表单提交表单数据给处理程序或脚本；

Reset(重置)恢复所有表单域为它们各自的初值。

Action(动作)确定按钮被单击时发生什么动作。本属性有三个单选钮供选择：选择 Submit Form(提交表单)自动设置按钮名为 Submit。选择 Reset Form(重置表单)自动设置按钮名为 Reset。选择 None 不发生任何动作，即当单击按钮时，提交和重置动作都不发生。

15.2.3 结合设计制作表单

一个页面中可以包含几个表单，但每个表单的所有组件，在制作时都必须放置在同一个表单域中，这样通过提交按钮才可以将表单中各组件的值传递到服务器上。

下面是几个常见的表单：

1. 用户注册

下面为某论坛的用户注册表，在制作时在表单域中用表格将表单组件进行了排列。

用户注册表

::请正确填写有关信息（带*号为必填项)::			
		用户名称：	*
		用户口令：	*
		重复口令：	*
		性　别：	* 帅哥 / 美女
		OICQ：	*
		E-mail:	*
		密码提示问题：	*
		密码提示答案：	*
		个人主页：	
		联系地址：	
		用户头像：	头像浏览
		个性签名：	
		注册	重置

图 15-11　用户注册表

2. 电子商务单证

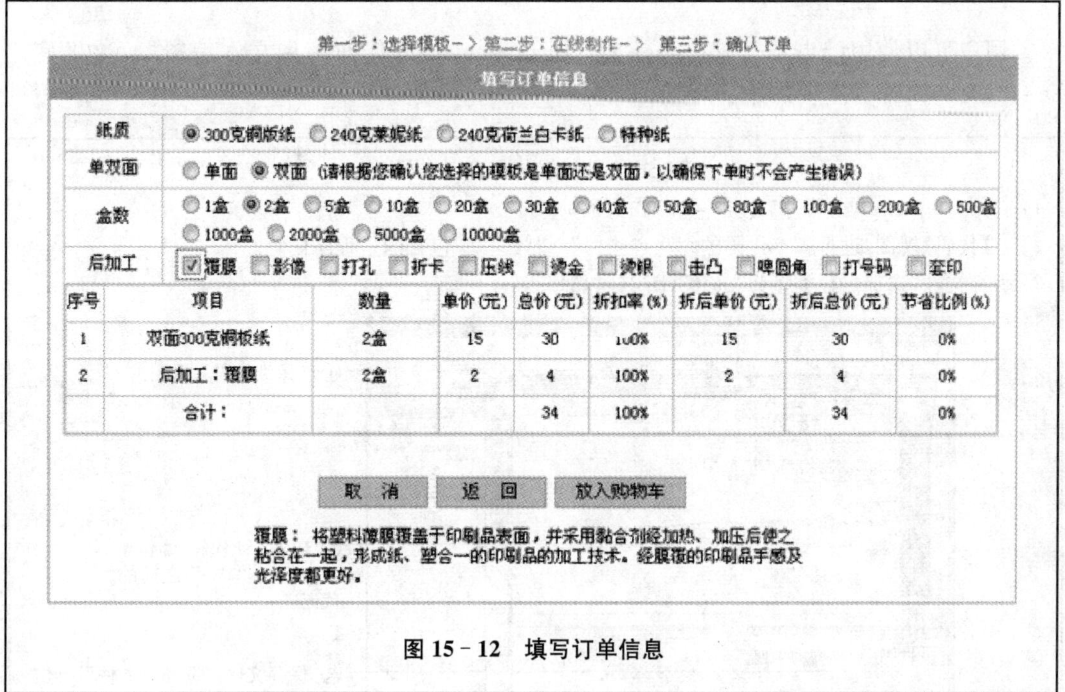

序号	项目	数量	单价(元)	总价(元)	折扣率(%)	折后单价(元)	折后总价(元)	节省比例(%)
1	双面300克铜板纸	2盒	15	30	100%	15	30	0%
2	后加工：覆膜	2盒	2	4	100%	2	4	0%
	合计：			34	100%		34	0%

图 15－12　填写订单信息

15.3　ASP 入门

动态网页是在服务器端运行的。如果要运行或调试 ASP 动态网页文件，需要安装 IIS (Internet 信息服务管理器)。

1. ASP 特点

ASP 是 Active Server Pages 的缩写，意为"活动服务器网页"，是一种服务器端脚本编写环境，可以用来创建和运行动态网页或 Web 应用程序。ASP 网页可以包含 HTML 标记、普通文本、脚本命令以及 COM 组件等。

ASP 使用 VBScript、JavaScript 等简单易懂的脚本语言，它结合 HTML 代码，可快速地完成网站的应用程序。ASP 代码无须编译，容易编写，可在服务器端直接执行。ASP 所设计的网页内容，ASP 所使用的脚本语言(VBScript、JavaScript)均在 Web 服务器端执行，用户端的浏览器不需要执行这些脚本语言。

在学习 ASP 之前，先学习 VBScript 或者 JavaScript，二者选一即可，本章采用 VBScript 编写 ASP 代码。

2. ASP 结构与编写环境

用户可以使用记事本、FrontPage 或 Dreamweaver 等任何一种文本编辑器，这里使用 Dreamweaver 作为主要的编辑环境。

"ASP 文件编辑与保存"的操作

1) 打开 Dreamweaver 程序，建立一个空白页面。

2) 在【代码】视图，进行脚本代码的编写，"<%" "%>"中包含的是程序代码。

3) 保存文件，选择保存类型为".asp"(图 15-13)。

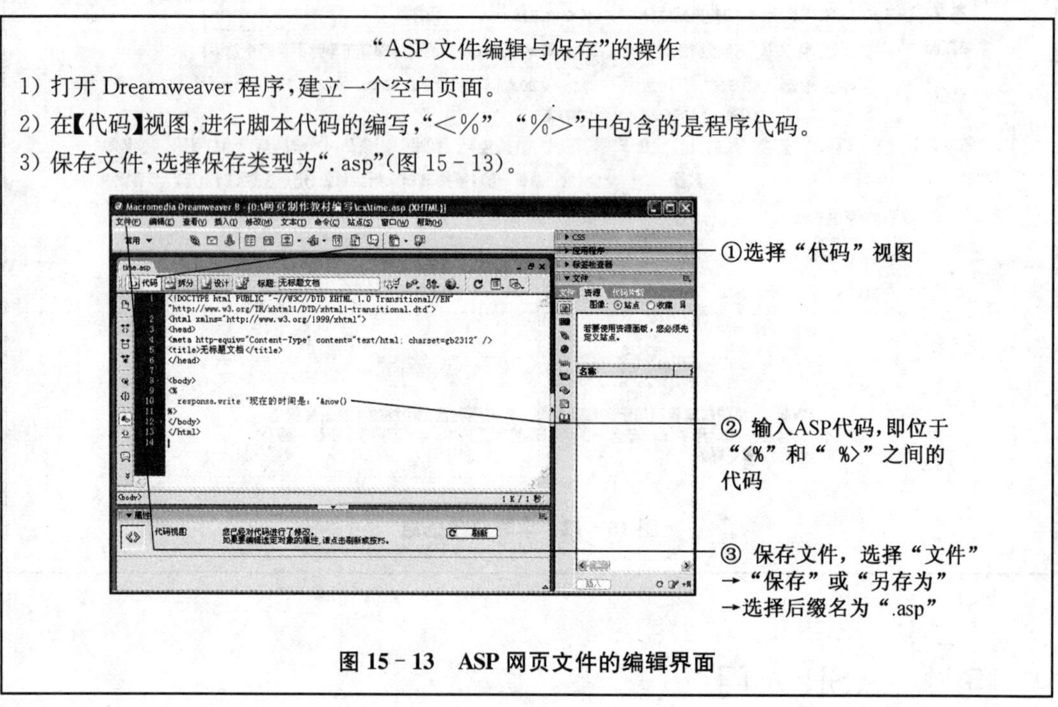
①选择"代码"视图
② 输入ASP代码，即位于"<%"和"%>"之间的代码
③ 保存文件，选择"文件"→"保存"或"另存为"→选择后缀名为".asp"

图 15-13　ASP 网页文件的编辑界面

📖 提示

(1) "<%""%>"是 ASP 代码的标签，其中包含的是由 VBScript 或者 JavaScript 脚本语言编写的代码。

(2) "response. write"表示将内容显示在屏幕上。

(3) now()是一个函数，用来表示当前系统的日期和时间。

(4) "&"是运算符，用于字符串之间的连接。

3. ASP 文件的浏览

以".asp"等为结尾的动态网页，无法在 Dreamweaver 中通过双击打开的。现有两种打开 ASP 文件的方法。

利用 IE 浏览器打开 ASP 文件　在地址栏中输入"http://localhost/文件名.asp"或"http://127.0.0.1/文件名.asp"。

“在 IIS 中打开 ASP 文件”的步骤

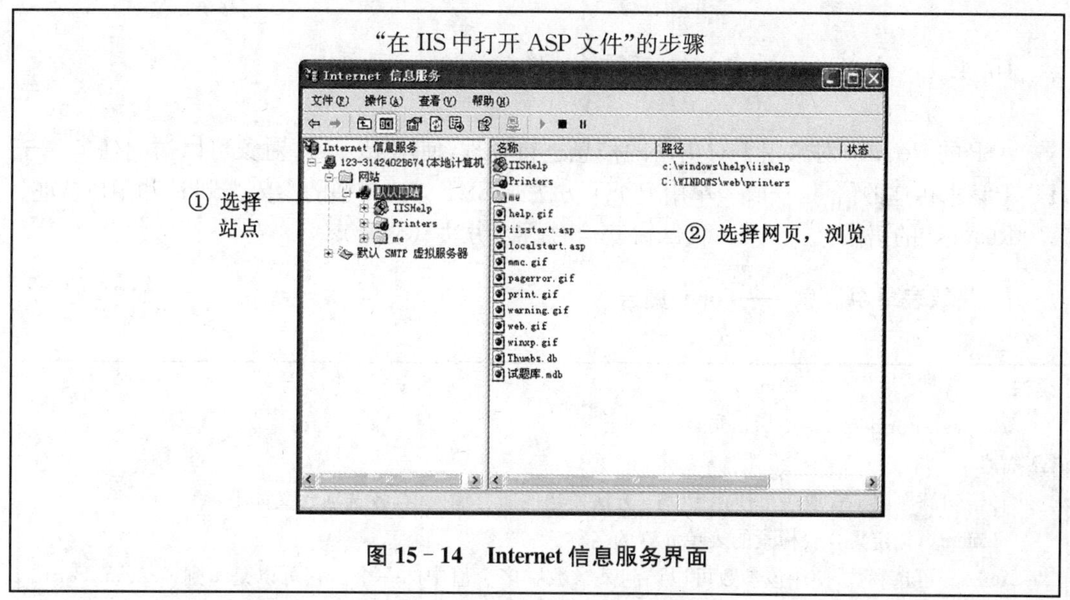

图 15－14　Internet 信息服务界面

利用 IIS 打开 ASP 文件　在 Internet 信息服务(IIS)中,选择“默认网站”,右边窗口中会列出该网站中所有的文件,右键点击“index.asp”文件,选择【浏览】,用 IE 打开,如图 15－14 所示。

15.4　常用 ASP 内置对象

在 ASP 中,有对象、属性、事件、方法等概念,现以一个足球为例说明足球就是一个对象;足球的颜色是黑与白相间,这里,颜色是足球的一个属性;足球是用来进行比赛的,这就是足球的一个方法;有一次在踢的过程中,一个足球破了,这就是发生的一个事件。ASP 提供了可在脚本中使用的内建对象。这些对象使用户更容易收集通过浏览器请求发送的信息、响应浏览器以及存储用户信息,从而使对象开发者摆脱了很多烦琐的工作。本章介绍 ASP 中常用的五大内置对象(表 15－1)。

表 15－1　ASP 常用对象

对象	功能
Request	获取客户端的数据信息
Response	将数据信息送回客户端
Session	存储单个用户的信息
Server	连接数据库
Application	存储和访问来自任意页面的变量,所有用户共享一个 Application 对象

15.4.1 Request 对象——获取信息

ASP 的 Request 对象用于对用户的信息进行处理，使用 Request 对象可以访问任何基于 HTTP 请求传递的信息，获取表单用 POST 方法或 GET 方法传递的参数、cookie 和用户认证。

Request 的语法：　　Request[. 集合|属性|方法](变量)

1. 获取表单中信息——Form 集合

语法

Request. Form(element)[(index)|. count]

描述

该语句的作用是获取表单使用 POST 方法发送的所有输入值，各选项含义如下：

element　指定集合要检索的表单元素的名称。

index　可选参数，使用该参数可以访问某参数中多个值中的一个。它可以是 1 到Request. Form. count 之间的任意整数。

count　集合中元素的个数。

在 HTML 语言中，表单标记<form>的语法如下：

<form action=表单处理程序的 URL 地址 method=get 或 post name=表单名称>

……

</form>

读一读 15-1

以下为表单信息采集的代码。设计一个"个人信息填写表"，填写"姓名""性别""密码""所学专业""特长"和"所学经历"等内容，要求：密码以密文显示，所学专业和特长的内容可多选，内容填写确认提交后，在新页面显示所填内容。

设计步骤提示

1. 表单界面设计

1) 新建网页文件，命名为“15－1. asp”。

2) 进入“设计”界面，插入控件，建立如图 15－3 所示的表单。

3) 进入“代码”界面，修改各表单控件的 name 和 value 属性，如图 15－15。

```
<form Action="15-2. asp" Method="post">
<p>
姓名<input type="text" name="xm" size=8>
性别<input type="Radio" name="xb" value="男" checked>
    <input type="Radio" name="xb" value="女">
密码<input type="Password" name="mm" size=12>
</p>
<p>
专业<input type="Checkbox" name="zy" value="汉语">
    <input type="Checkbox" name="zy" value="日语">
    <input type="Checkbox" name="zy" value="英语">
    <input type="Checkbox" name="zy" value="德语">
</p>
<p>
选择特长<select name="tc" size=4>
        <option value="音乐" selected>音乐
        <option value="计算机">计算机
        <option value="体育">体育
        <option value="文艺">文艺
        <option value="社交">社交
```

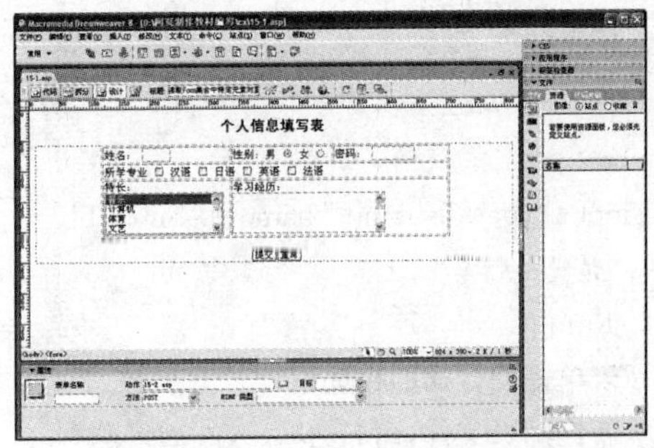

图 15－15　“个人信息填写表”界面设计

📖 提示

(1) Form 表单中的 action 属性表示处理程序的网址，即按“提交”按钮后，将数据传送到何处。如“<form Action="15－2. asp" Method="post">”，表示提交表单后转 15－1. asp 文件，接受或处理数据。

(2) 对于同一类控件，其 name 属性是相同的，不同的是其 value 属性，例如单选按钮、复选框等。

(3) 在“密码”文本框中，用户输入内容需要密文显示，因此在文本框设置时类型为“密码”，即 type="password"。

```
</select>
学习经历<textarea name="xxjl" cols=40 rows=4></textarea>
<br />
<input type="submit" name="Submit" value="提交" />
</form>
```

2. 获取表单提交数据的代码设计

1) 新建网页文件,命名为“15 - 2. asp”;

2) 进入“代码”视图,编辑以下代码:

```
<body>
  <%
  dim name,gender,password,specialty,love,experience
  name=Request.Form("xm")
  gender=Request.Form("xb")
  password=Request.Form("mm")
  specialty=Request.Form("zy")
  love=Request.Form("tc")
  experience=Request.Form("xxjl")
   Response.Write"姓名:" & name & "<br>"
   Response.Write"性别:" & gender & "<br>" Response.Write "密码:" & password & "<br>"
   Response.Write "所选专业:" & specialty &"<br>"
   Response.Write "特长:" & love & "<br>"
   Response.Write "学习经历:" & experience
  %>
</body>
```

3) 运行结果如图 15 - 16 所示。

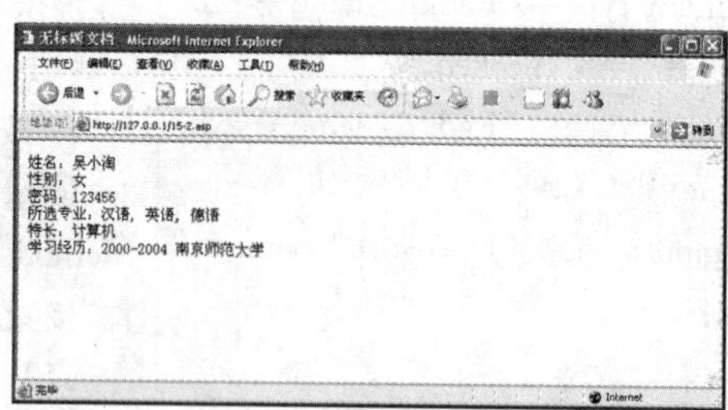

图 15 - 16 “个人信息填写表”运行界面

提示

(1) Request. Form("控件名")的作用是获得用户输入的值,即 value 的值。如代码中阴影部分,与 15 - 1. asp 中控件名对应。

(2) Response. Write"所要显示的内容"的作用是将内容显示在屏幕上。下划线部分是变量,“&"表示进行字符串相加。

2. 获取 QueryString 中信息——QueryString 集合

语法

Request. QueryString(variable)[(index)|. Count]

📖 **描述**

QueryString 集合检索 HTTP 查询字符串中所有的变量值，HTTP 查询字符串由问号"?"后面的值指定。(通过发送表单或用户在其浏览器的地址框中键入查询内容也可以生成查询字符串。)

variable　在 HTTP 查询字符串中指定要检索的变量名。

index　这是一个可选参数，可以用来检索 variable 的多个值中的某一个值。这可以是从 1 到 Request. QueryString. Count 之间的任何整数。

读一读 15－2

获取超链接时传递的变量，如图 15－17，图 15－18 所示。

代码设计提示

```
<body>
<a href="querystring. asp? name=小明">显示
</a>
<%
    dim xm
    xm=Request. QueryString("name")
    Response. Write("你好："&xm)
%>
</body>
```

📖 **提示**

(1) QueryString 可以获取标识在网址后面的参数的值；

(2) 当用户按下超级链接，屏幕上会显示网址后参数 name 的值。

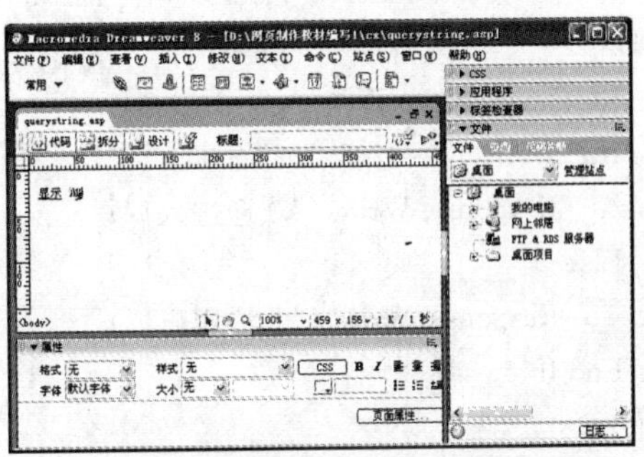

图 15－17　querystring. asp 设计界面

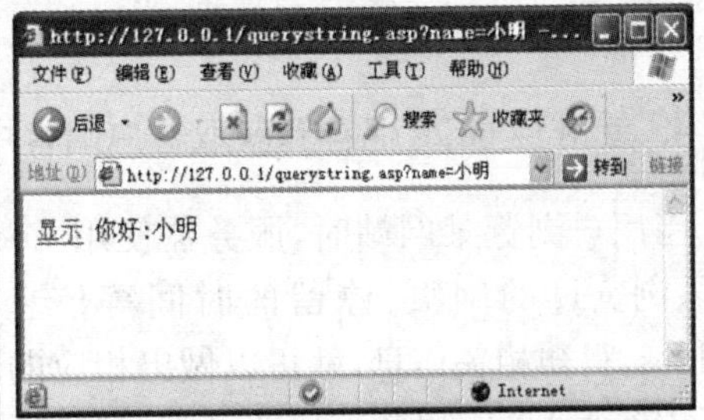

图 15－18　点击超链接后出现界面

3. 获取服务器上的相关信息——ServerVariables 集合

语法

Request. ServerVariables("Server Environment Variable")

📖 **描述**

该语句通过环境变量获取服务器端或客户端的相关信息。"Server Environment Variable"为环境变量名称。常见的环境变量如下：

LOCAL_ADDR　返回接受请求的服务器地址。如果在绑定多个 IP 地址的多宿主机器上查找请求所使用的地址时，这条变量非常重要。

REMOTE_ADDR　发出请求的远程主机的 IP 地址。

REMOTE_HOST　发出请求的主机名称。

SERVER_NAME　服务器主机名。

读一读 15-3

设计一个程序，用于获取来访者的 IP 地址，并显示在界面上，如果 IP 地址以“202.102”开头，则显示：“欢迎进入！”，否则显示：“非法用户！”

代码设计提示

```
<body>
    <%
    dim IP,Addr
    IP = Request.ServerVariables ( "REMOTE_ADDR")
    Response.Write IP
    If Left(IP,7)="202.102" Then
        Response.Write ("欢迎进入!")
    Else
        Response.Write ("非法用户!")
    End If
    %>
</body>
```

运行结果如图 15-19 所示。

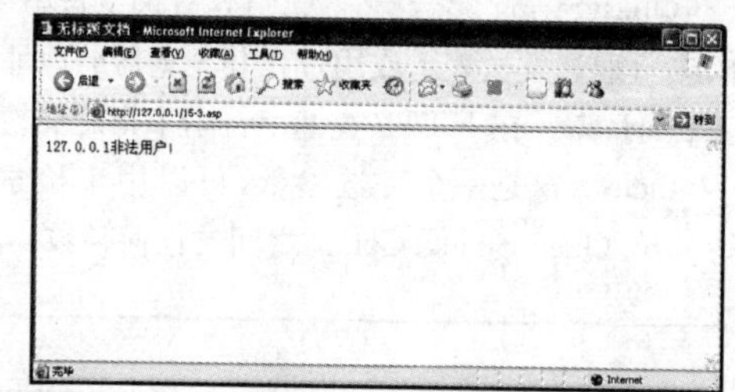

图 15-19 显示来访者的相关信息运行界面

提示

作为网站的设计者，为了保证网站的安全性，常常需要了解来访者的相关信息，这种方法在一定程度上帮助用户做好网站资源的管理和维护。

4. 使用 Cookies 保存和获取客户端客户信息——Cookies 集合

当用户浏览某网站时，服务器使用 Cookies 在客户端的硬盘上记录来访者的用户 ID、密码、浏览过的网页、停留的时间等信息。当用户再次访问该网站时，网站通过读取 Cookies，得知相关信息，就可以做出相应的动作，如在页面显示欢迎用户的标语，或者让用户不用输入 ID、密码就直接登录等。在某种意义上，Cookies 可以看作是用户的身份证。

方法	描述
Request.Cookies	获取 Cookies 的值
Response.Cookies	设置 Cookies 的值。假如 Cookies 不存在，就创建 Cookies，然后设置指定的值

读一读 15-7

以下为记录用户第几次光临本站的代码。

代码设计提示

```
<%
    dim Number
    Number=Request.Cookies("Num")
    If Number="" Then
      Number=1
    Else
```

运行结果如图 15-20 所示。

图 15-20 显示是第几次光临本站运行界面

<table>
<tr>
<td>

```
    Number=Number+1
  End If
  Response.Write "欢迎您第"&Number&"次访问本网站"
  Response.Cookies("Num")=Number
  Response.Cookies("Num").Expires=#2010-1-1#
%>
```

</td>
<td>

提示

(1) Cookies 的主要用途是广告代理商进行来访者统计，查看某个站点吸引了哪种来访者。一些网站还用 Cookies 来保存用户最近的账号信息。这样，当用户进入某个站点，并在该站点有账号时，站点就会立刻知道用户，自动载入个人参数选项。

(2) Cookies 参数中的名称可以直接设置。

(3) 第一次访问本网站时 Cookies ("Num") 中的值设置为“1”。

(4) Response.Cookies ("Num").Expires 可用来设置 Cookies("Num")的有效期，有效期必须大于系统时间，不然设置无效。

</td>
</tr>
</table>

15.4.2 Response 对象——接收服务器获得信息

Response 对象可接受从站点服务器控制发送给用户的信息，包括直接发送信息给浏览器、重定向浏览器到另一个 URL 或设置 Cookie 的值。

Response 的语法：　　Response[.集合|属性|方法](变量)

1. 显示服务器端发来的内容——Write 方法

<table>
<tr>
<td colspan="2">

语法

Response.Write(variable|string)

描述

该语句将数据发送到客户端浏览器，variable，string 为要显示的变量或字符串。

</td>
</tr>
<tr>
<td>

读一读 15-4

Response.Write 的使用举例。

代码设计提示

```
<html>
<body>
  <%
  tmp="北京欢迎您!"
  Response.Write("2008,"& tmp)
  %>
</body>
</html>
```

等价于下列代码：

```
<html>
<body>
```

</td>
<td>

运行结果如图 15-21 所示。

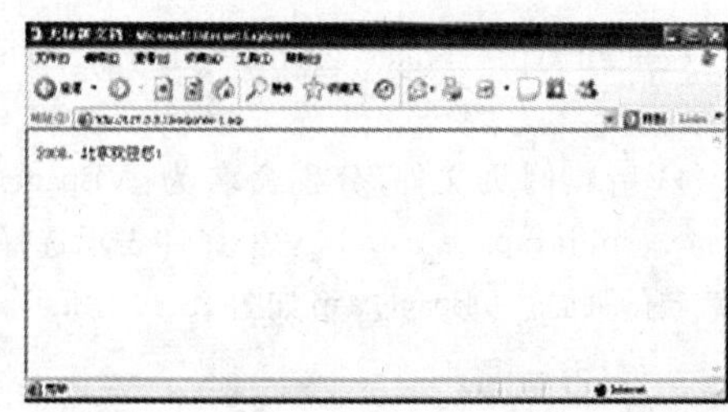

图 15-21　文本显示在屏幕上运行界面

</td>
</tr>
</table>

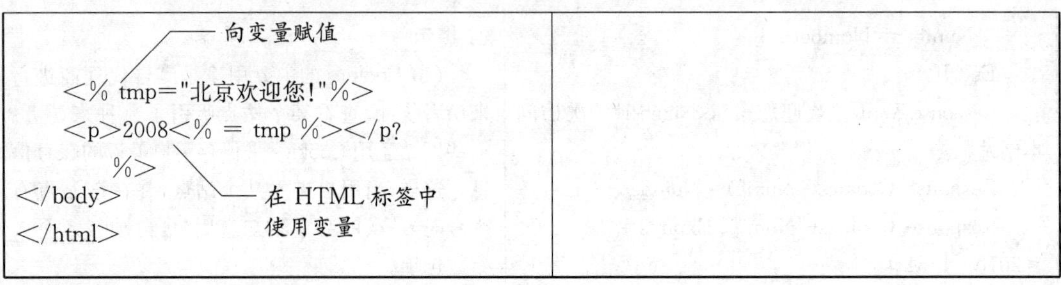


```
    <% tmp="北京欢迎您!"%>
    <p>2008<% = tmp %></p?
      %>
</body>
</html>
```

2. 页面跳转——Redirect 方法

语法

Response. Redirect(URL)

描述

该语句链接到一个指定的 URL。

URL 可以是一个网址,一个页面文件名,或表示页面和网址的变量。

读一读 15 - 5

设计一个选择网页,通过访问者的选择,挑选需要跳转的语言网页,即选定某种语言,确认后跳转到相应的页面。

代码设计提示

1. 界面设计

1) 新建网页文件,命名为“15 - 4. asp”。

2) 进入“设计”界面,插入控件,建立如图 15 - 22 所示的表单。

3) 进入“代码”界面,修改“请选择语言”单选按钮控件的 name 和 value 属性如下:

```
<input type="radio" name="Ltype" value="VB" />
<input type="radio" name="Ltype" value="C++" />
<input type="radio" name="Ltype" value="Java" />
```

4) 新建网页文件,分别命名为:VBpage. asp, Cpage. asp, Javapage. asp,这三个文件表示选择语言后跳转的页面。VBpage. asp 如图 15 - 23 所示。

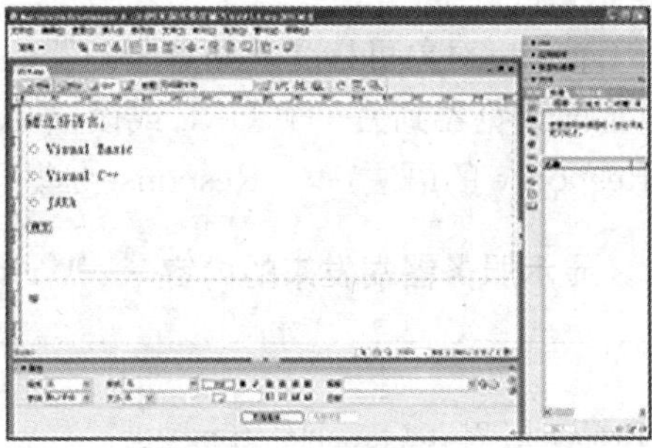

图 15 - 22 网页选择跳转设计界面(1)

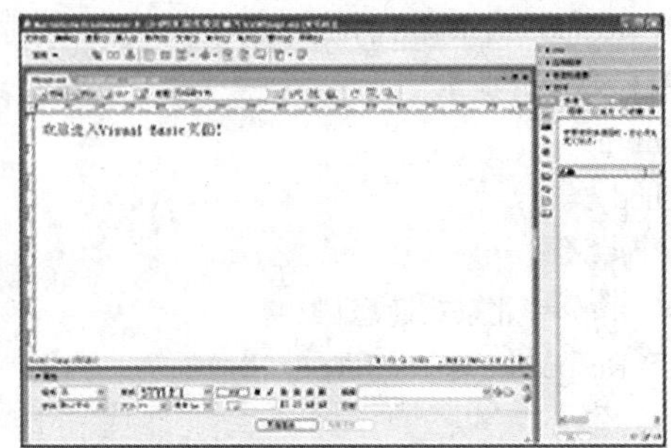

图 15 - 23 网页选择跳转设计界面(2)

2. 跳转程序代码设计

1) 进入 15－4. asp 网页的"代码"界面，在"<body>"和"</body>"之间输入：

```
<%
If Request. Form("Ltype")="VB" then
    Response. Redirect "VBpage. asp"
ElseIf Request. Form("Ltype")="C++" then
    Response. Redirect "Cpage. asp"
ElseIf Request. Form("Ltype")="Java" then
    Response. Redirect "Javapage. asp"
End If
%>
```

2) 在 15－4. asp 网页的"代码"界面的 Form 表单代码中，设置其 action 属性为空。

```
<form id="form1" name="form1" method="post" action="">
```

3) 运行结果如图 15－24、图 15－25 所示。

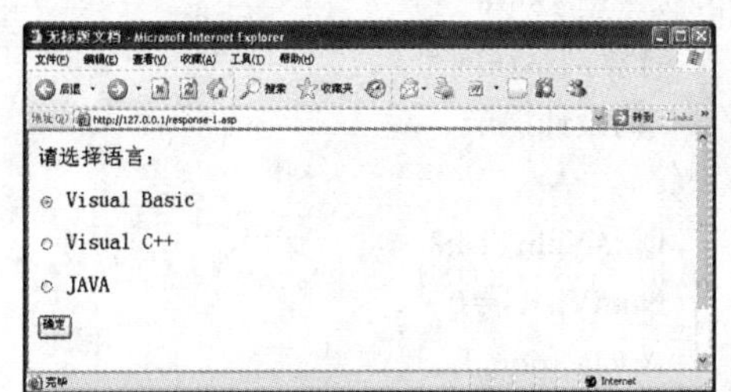

图 15－24　网页选择跳转运行界面(1)

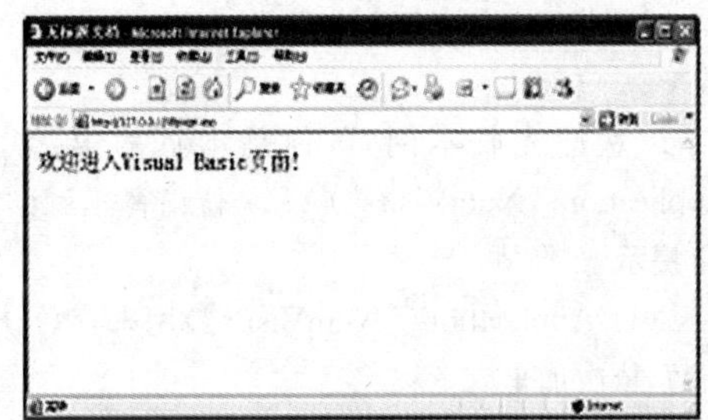

图 15－25　跳转到的页面 VBpage. asp

15.3.3　Application 对象——存储页面变量

Application 对象用于存储和访问来自任意页面的变量，所有的用户共享一个 Application 对象。

Application 语法：　Application("属性|集合名称")=值

Application. Lock 方法　防止其余的用户修改 Application 对象的属性值。

Application. UnLock 方法　使其余的用户可以修改 Application 对象的属性值。(在被 Lock 方法锁定之后解锁)。

语法

Application. Lock

Application. UnLock

描述

Lock 方法阻止其他客户修改存储在 Application 对象中的变量，以确保在同一时刻仅有一个客户可修改和存取 Application 变量。如果用户没有明确调用 Unlock 方法，则服务器将在". asp"文件结束或超时后解除对 Application 对象的锁定。与 Lock 方法相反，Unlock 方法允许其他客户修改 Application 对象的属性。

读一读 15－6

计算网站访问量。

代码设计提示

```
<%
    Dim NumVisits
    NumVisits=0
    Application.Lock
      Application("NumVisits") = Application("NumVisits") + 1
    Application.Unlock
%>
<p>欢迎光临本网页，你是本页的第 <%=Application("NumVisits") %> 位访客！<p>
```

提示

(1) Application("NumVisits")用来存放访客的人数，依次加 1。

(2) 在修改访客人数时，需要用 Lock 方法锁定，修改结束后用 UnLock 解锁。

3) 运行结果如图 15－13 所示。

图 15－26 用 Application 来记录页面访问次数

15.4.4 Session 对象——存储用户会话信息

Session 对象存储特定的用户会话所需的信息。当用户在应用程序的页之间跳转时，存储在 Session 对象中的变量不会清除。当用户请求来自应用程序的 Web 页时，如果该用户还没有会话，则 Web 服务器将自动创建一个 Session 对象。当会话过期或被放弃后，服务器将终止该会话。

Session 的语法： Session("属性|集合名称")=值

Session.Abandon 方法可删除 Session 对象。

语法

Session.Abandon

描述

Session 对象仅有一个方法，就是 Abandon，该方法删除所有存储在 Session 中的对象并释放这些对象的源。如果未明确地调用 Abandon 方法，一旦会话超时，服务器将删除这些对象

15.4.5 Server 对象

Server 对象的作用是访问有关服务器的属性和方法。

Server 语法： Server.属性|方法

其常用的方法如表 15－2 所示。

表 15－2　Server 对象中的方法

方法	描述
CreateObject	创建对象的实例(instance)
Execute	在另一个 ASP 文件中执行某个 ASP 文件
HTMLEncode	将 HTML 编码应用到某个指定的字符串
MapPath	将一个指定的地址映射到一个物理地址
Transfer	把一个 ASP 文件中创建的所有信息传输到另一个 ASP 文件
URLEncode	把 URL 编码规则应用到指定的字符串

附录 A　JavaScript 语言简介

随着万维网的迅猛发展，采用 HTTP 超链技术所设计的静态信息资源，缺少动态的客户端与服务器端的交互，已经不能满足人们的需求。JavaScript 使得信息和用户之间不仅只是一种显示和浏览的关系，它提供了一种实现实时的、动态的、可交式的网页表达的能力。如大多数网页特效就是利用 JavaScript 代码来制作的，如鼠标类网页特效代码、文字类网页特效代码、菜单类网页特效代码、背景类网页特效代码等。

JavaScript 是一种脚本编写语言。它采用小程序段的方式实现编程。JavaScript 是一种解释性语言，它提供了一个简易的开发过程。它的基本结构形式与 C，C＋＋，Visual Basic，Delphi 十分类似。但它不需要先编译，而是在程序运行过程中被逐行地解释。

JavaScript 是基于对象的语言，它提供已创建完成的对象。JavaScript 是事件驱动的语言，它可以直接对用户或客户输入做出响应，无须经过 Web 服务程序。它对用户的响应，是采用以事件驱动的方式进行的。JavaScript 是安全的语言。JavaScript 通过浏览器来处理并显示信息，但不能修改其他文件中的内容。也就是说，它不能将数据存储在 Web 服务器或用户的计算机上，更不能对用户文件进行修改或删除操作。因此，JavaScript 是安全的语言。JavaScript 是平台无关的语言。JavaScript 是依赖于浏览器本身，与操作环境无关，只要有支持 JavaScript 的浏览器就可以正确执行。JavaScript 是一种基于客户端浏览器的语言。用户在浏览器中填表、验证的交互过程是通过浏览器对调入 HTML 文档中的 JavaScript 源代码进行解释执行来完成的，浏览器只将用户输入验证后的信息提交给远程的服务器，这大大减少了服务器的开销。

A. 1　JavaScript 标识符

在 JavaScript 技术中，标识符用来标识类、变量、方法、类型、对象、数组和文件等。

1. 选择标识符

标识符应该简单而又具有描述性。为变量或对象加注标识符，就是给变量或其他对象起名，因此要做到文达其意。如用“age”表示年龄，也可以用汉语拼音表示年龄，如“nianLing”。

2. 标识符命名规则

标识符是由字母(包括日文、中文等)、数字、下划线“_”、美元符号“$”等组成。虽然下划线“_”和美元符号“$”都允许作为标识符的开头，但是最好不要使用它们。程序员一般用其作为系统变量的标识符。标识符的命名规则如下：

(1) 标识符的第 1 个字符不能是数字 0～9。

(2) JavaScript 是严格区分字母大小写的，标识符中出现的大小写字母被认为是不同的两个字符。

(3) 不能使用 JavaScript 中关键字（即 JavaScript 语言保留字）作为标识符。

A.2　JavaScript 关键字（保留字）

任何一门语言中都有一些固定词汇，分别代表确定的含义和功能，JavaScript 语言也是如此。JavaScript 预先保留用来标识数据类型或程序构造名的词汇就是关键字。在 JavaScript语言中，关键字不能作为标识符来用。

JavaScript 的关键字（词汇）如下：

```
break, case, continue, catch, debugger, default, delete, do, else, false, finally, for, function, if, in,
instanceof, new, null, return, switch, this, true, try, typeof, throw, var, void, while, with
```

A.3　JavaScript 变量

变量是用来临时存储数值的容器。在程序中，变量存储的数值是可以变化的。Javascript 采用“var”来声明变量。声明变量有以下几种方法：

(1) 一次声明一个变量，例如“var a”。

(2) 同时声明多个变量，变量之间用逗号相隔，例如“var a, b, c”。

(3) 声明一个变量时，同时赋予变量初始值，例如“var a=2”。

(4) 同时声明多个变量，并且赋予这些变量初始值，变量之间用逗号相隔，例如“var a=2, b=5”。

(5) JavaScript 不要求在变量使用前必须声明每一个变量的类型。但是，在使用变量之前先进行声明是一种好的习惯。

A.4　JavaScript 运算符

1. 赋值运算符“=”

由赋值运算符“=”构成的表达式称为赋值表达式，其含义是将右边表达式的计算值赋给左边变量，例如：x=5+2，将 7 赋值给 x。

2. 算术运算符

算术运算符用来对变量进行算术运算。由算术运算符构成的表达式称为算术表达式。

表 A-1 算术运算符

运算符	功能	举　例	说　明
－	取负	－x	单目运算符，将 x 取负值
＋＋	自加一	x＋＋，＋＋x	单目运算符，等价于 x＝x＋1
－－	自减一	x－－，－－x	单目运算符，等价于 x＝x－1
*	乘	x＝2，x＝5 * x	双目运算符
/	除	int x＝8/5 float x＝8f/5f	双目运算符。若两边都是整数，则结果取商的整数部分
%	取余数	x＝7，x＝x%(1＋2)	双目运算符，两个数相除取余数
＋	加	x＝2，x＝x＋4	双目运算符
－	减	x＝4，x＝x－2	双目运算符

3. 逻辑运算符

由逻辑运算符构成的表达式称为逻辑表达式。

表 A-2 逻辑运算符

运算符	逻辑运算	举　例	说　明
&&	与(and)	x<10 && y>1x	在参与逻辑运算的所有表达式中，要求所有表达式的值为真，结果就为真
||	逻辑或	8<6||5>=3	在参与逻辑运算的所有表达式中，只要有一个表达式的值为真，结果就为真
!	逻辑非(not)	!(x==y)	为表达式取相反的结果。如果表达式为真，则结果为假；如果表达式为假，则结果为真

逻辑运算符所用的操作数或表达式的值必须是布尔类型的量。

4. 关系运算符

由关系运算符构成的表达式称为关系表达式。

表 A-3 关系运算符

运算符	比较关系	例　子
>	大于	8>6 'a'>'b'

（续表）

运算符	比较关系	例　子
＜	小于	8＜6 ‘a’＜‘b’
＞＝	大于等于	5＞－3 ‘a’＞＝‘b’
＜＝	小于等于	5＜＝3 ‘a’＜＝‘b’
＝＝	等于	x＝＝3 ‘a’＝‘b’
！＝	不等于	x!＝3 ‘a’!＝‘b’

A.5　JavaScript 语句

在 JavaScript 语言中，“语句”是程序控制流的组成单元。一个 JavaScript 语句可以是一条注释、一个程序块、一个声明语句、一个表达式或者一条控制语句。除程序块和注释外，JavaScript 大多数语句都以分号结束。空格、制表符及注释行大部分都被忽略。程序员为加强程序的可读性，可以在程序中加入所谓的空格，但是在运算符或标识符之间不能加空格。JavaScript 语句类型如下：

表达式语句　表达式后面加一个分号。

空语句　只用一个分号构成的语句。

复合语句(块语句)　用一对花括号“{”“}”将一些语句括起来的部分。

单语句　只含有一条语句的块语句。

其他语句　例如，方法调用语句、控制语句、变量定义语句、package 语句和 import 语句等。

语句中的特殊符号如下：

“//”开头的语句行，是单行注释。 “/＊”开头、“＊/”结尾的文字，称为多行注释，中间可写多行，其间的所有语句都是注释语句； 大括号“{}”，必须成对出现，用来定义复合语句、方法体、类体和数组的初始化； “;”分号，是语句的结束标志； “,”逗号，用于分隔方法的参数和变量说明； “:”冒号，说明语句的标号。

1. 变量声明与赋值语句

格式：var 变量名称[＝初始值]	var x= 32；//定义 x 是一个变量，且赋初值为 32。

2. 方法(或称函数)

格式:	读一读 A-1

function 函数名(参数列表)
{
//事件相应处理语句;
return 表达式;
}
	function square(x)
	{
	return x * x
	}

3. 分支语句

if...else 语句完成程序流程块中两路分支功能:如果其中的条件成立,则程序执行紧接着条件的语句或语句块;否则执行 else 中的语句或语句块。

格式:	读一读 A-2

if (条件)
{ 执行语句 1;
}
else if
{ 执行语句 2;
}
	<script language="JavaScript">
	var x = prompt("你喜欢 JAVASCIRPT 吗?","
	Y/N");
	if (x== "Y")
	{ alert("欢迎你,来吧,我们继续学习吧!");}
	else if
	{ alert("它很有趣的,不学多可惜,唉 :(");}
	</script>

switch 语句实现多路分支功能:根据一个变量的不同取值,采取不同的处理方法。

格式:	读一读 A-3

switch(表达式)
{
case 常量 1:
//方法 1 处理语句;
break;
case 常量 2:
//方法 2 处理语句;
break;
...
default:
//默认方法处理语句;
}
说明:
如果表达式的值与任何一条 case 的常量都不匹配,将执行 default 分支中的方法处理语句。
break 的功能是调出 swich 程序体。
	math 变量代表学生百分制的数学成绩。该段程序将百分制成绩转换成等级成绩。
	switch((int)math/10)
	{ case 10:
	case 9:
	response ="该学生数学成绩为:优秀";
	break;
	case 8:
	case 7:
	response ="该学生数学成绩为:良好";
	break;
	case 6:
	response ="该学生数学成绩为:及格";
	break;
	case 5:
	case 4:
	case 3:
	case 2:
	case 1:

	case 0： 　　response ＝"该学生数学成绩为：不及格"； 　　break； 　　default： 　　　response ＝"数据超出范围"； }

4. 循环语句

循环语句能够多次重复检查一种判断条件，以反复执行某个代码块。循环语句也能够通过递增或递减被检查的项，控制重复操作的次数。

for 循环格式：
for (初始化表达式；循环条件表达式；更新表达式)
　　{
　　　//循环体语句…；
　　}
　　说明：只要循环的条件成立，循环体就被反复执行。初始化表达式带有初始化变量赋值，循环条件表达式的求解结果必须为布尔类型，更新表达式通常也是一条赋值表达式，循环体语句可以是单语句或块语句。
	读一读 A－4
	for(var i=1;i<=1000;i=i+1)
	　　{
	　　　sum=sum+i;
	　　}

While 循环格式：
while (循环条件)
　{
　　…；//执行语句…
　}
for…in 循环格式：
for (变量 in 对象或数组)
　{
　…；//执行语句；
}
　　说明：如果循环条件为真，则执行循环体，直到条件不再成立。若遇到 break 语句，跳出循环体，执行循环的下一条语句。continue 语句表示结束当次的循环，开始下次循环
	说明：for…in 语句与 for 语句有一点不同，它循环的范围是一个对象所有的属性或是一个数组的所有元素

A.6　JavaScript 对象

JavaScript 语言基于对象，能把复杂对象统一起来，从而形成一个非常强大的对象系统。但是，JavaScript 实际上并不完全支持面向对象的程序设计方法。例如，它不支持分类、继承和封装等面向对象的基本特性。它支持开发对象类型以及根据这些对象产生的实例。它还支持开发对象的可重用性，以便实现一次开发、多次使用的目的。在 JavaScript 中，用户可以使用以下几种对象：

(1) JavaScript 内置的对象，如 Data，Math 以及 String。

(2) 由浏览器根据 Web 页面的内容自动提供对象。

(3) 用户自定义的对象。

1. 常用的 JavaScript 内置对象

作为一门编程语言，JavaScript 提供了一些内置对象和函数。内置对象都有自己的方法和属性，通过实例化对象，用户使用内置对象的属性和方法。

实例化对象　其格式为：对象名＝new 内置对象名称(参数列表)。

调用对象属性　其格式为：对象名.属性名称。

调用对象方法　其格式为：对象名.方法名称(参数表)。

1) Date 对象

它处理日期和时间的存储、转化和表达。

方法名称	功能描述
getDate()	获得当前的日期
getDay()	获得当前的天
getHours()	获得当前的小时
getMinutes()	获得当前的分钟
getMonth()	获得当前的月份
getSeconds()	获得当前的秒
getTime()	获得当前的时间(毫秒为单位)
getTimeZoneOffset()	获得当前的时区偏移信息
getYear()	获得当前的年份

读一读 A-5

利用 Date 对象，制作数字化时钟的代码：

```
<script type="javascript">
  var Digital = new Date(), hours = Digital.getHours();
  var minutes=Digital.getMinutes(),seconds=Digital.getSeconds();
   if(minutes<=9)
     minutes="0"+minutes;
   if(seconds<=9){
     seconds="0"+seconds;
     document.write("现在时刻:<font size='5' face='Arial black'>"+hours+":"+minutes+":"+seconds+"</font>");
   }
</script >
```

2) 数学对象

该对象用来处理各种数学运算，定义一些常用的数学常数。

方　法	作　　用	属　性	值
abs(x)	返回 x 的绝对值	Math.LN10	10 的自然对数
acos(x)	返回 x 的 arc cosine 值	Math.PI	3.1415926
asin(x)	返回 x 的 arc sin 值	Math.SQRT1_2	1/2 的平方根

（续表）

<table>
<tr><th>方　法</th><th>作　　用</th><th>属　性</th><th>值</th></tr>
<tr><td>atan(x)</td><td>返回 x 的 arc tangent 值</td><td colspan="2" rowspan="13">读一读 A-6
关于 Math 对象的使用的代码，举例如下：
<script type="text/javascript">
document. write("2,6,12,3,9,45,7 中最大的数是："+Math. max(2,6,12,3,9,45,7))；
document. write("PI 等于："+Math. PI)；
document. write("64 的平方根等于："+Math. sqrt(64))；
</script></td></tr>
<tr><td>ceil(x)</td><td>返回大于等于 x 的最小整数</td></tr>
<tr><td>cos(x)</td><td>返回 x 的 cosine 值</td></tr>
<tr><td>exp(x)</td><td>返回 e 的 x 次方</td></tr>
<tr><td>floor(x)</td><td>返回小于等于 x 的最大整数</td></tr>
<tr><td>log(x)</td><td>返回 x 的对数</td></tr>
<tr><td>max(x,y)</td><td>返回 x,y 中的大值</td></tr>
<tr><td>min(x,y)</td><td>返回 x,y 中的小值</td></tr>
<tr><td>pow(x,y)</td><td>返回 x 的 y 次方</td></tr>
<tr><td>round(x)</td><td>四舍五入</td></tr>
<tr><td>sin(x)</td><td>返回 x 的 sin 值</td></tr>
<tr><td>sqrt(x)</td><td>返回 x 的平方根</td></tr>
<tr><td>tan(x)</td><td>返回 x 的 tangent 值</td></tr>
</table>

3）字符串对象

该对象处理字符串。

<table>
<tr><th>方　法</th><th>作　用</th><th>属　性</th><th>值</th></tr>
<tr><td>toLowerCase()</td><td>将字符串中的字符全部转化成小写</td><td>length</td><td>字符串长度</td></tr>
<tr><td>toUpperCase()</td><td>将字符串中的字符全部转化成大写</td><td colspan="2" rowspan="5">读一读 A-7
string 对象的使用代码：
<script type="text/javascript">
var x="I Love You"；
document. write(x+"的小写是"+x. toLowerCase()+"<br>")；
document. write(x+"的大写是"+x. toUpperCase()+"<br>")；
document. write(x+"的第 8 个位置，取 3 长度子串是"+ x. substr(7,3)+"<br>")；
document. write(x+"中最右边出现 You 的位置是"+x. lastIndexOf("You")+"<br>")；
document. write(x+"中最左边出现 You 的位置是"+x. indexOf("You")+"<br>")；
document. write(x+"长度是"+x. length +"<br>")；
</script</td></tr>
<tr><td>substr(star,n)</td><td>返回从指定 star 位置，取 n 长度子字符串</td></tr>
<tr><td>lastIndexOf(ch)</td><td>返回指定子字符串的位置，顺序是从右到左。找不到返回－1</td></tr>
<tr><td>indexOf(ch)</td><td>返回指定子字符串的位置，顺序是从左到右。找不到返回－1</td></tr>
</table>

4）数组对象

该对象将同类的数据组织在一起，便于用户访问。

<table>
<tr><td>数组定义与赋值格式：
var 数组名＝new Array(值 1，值 2，... 值 n)；
数组引用格式：
数组名[下标]；</td><td rowspan="2">读一读 A－8
数组对象的使用代码：
<script language="JavaScript">
var myArray=new Array("第 1 章入门","第 2 章定位","第 3 章美化")；
for(i=0;i<3;i++)
{document.write("数组的第"+i+"个元素是"+myArray[i]+"<br>");}
</script></td></tr>
<tr><td>说明：下标从 0 开始</td></tr>
</table>

2. 浏览器对象

使用浏览器的内部对象，可实现与 HTML 文档进行交互。浏览器对象将相关元素组织包装起来，提供给程序设计人员使用，从而减轻编程人员的劳动，提高设计 Web 页面的能力。这样的浏览器对象主要包括以下几个：

1）Navigator 对象

该对象提供浏览器环境的信息。

<table>
<tr><th>属　性</th><th>含　义</th><th>属性值</th><td rowspan="4">读一读 A－9
在脚本中使用 Navigator 对象代码：
<script language="javascript">
document.write("你使用的浏览器的名称是："
+navigator.appName+"<br>"
+"浏览器版本号是："
+navigator.appVersion)
</Script></td></tr>
<tr><td>AppName</td><td>字符串形式的浏览器名称</td><td>"NetScape"表示使用 Navigator；"MSIE"表示使用 Internet Explorer</td></tr>
<tr><td>AppVersion</td><td>浏览器的版本号</td><td>浏览器的版本号</td></tr>
<tr><td>AppCodeName</td><td>当前浏览器代码名字</td><td>"Mozilla"表示 Navigator 所有版本</td></tr>
</table>

2）Windows 对象

该窗口对象包括许多有用的属性、方法和事件驱动程序，编程人员可以利用这些对象控制浏览器窗口显示的各个方面，如对话框、框架等。

<table>
<tr><th>方　法</th><th>作　用</th><td rowspan="6">读一读 A－10
在脚本中使用 Windows 对象
<script type="javascript">
window.open("index.html","myWindow","height=400,width=400,top=100,left=100,toolbar=no,menubar=no,scrollbars=no,resizable=no,location=no,status=no")；
</script>
该代码：使用 Windows 对象的 open 方法打开页面 index.html，并设定了新窗口的名称是“myWindow”，以及宽度、高度、位置等属性。</td></tr>
<tr><td>open(URL,windowName,parameterList)</td><td>创建一个浏览器窗口，并在新窗口中载入一个指定的 URL 地址</td></tr>
<tr><td>Close()</td><td>关闭一个浏览器窗口</td></tr>
<tr><td>alert()</td><td>弹出一个消息框</td></tr>
<tr><td>confirm()</td><td>弹出一个确认框</td></tr>
<tr><td>prompt()</td><td>弹出一个提示框</td></tr>
</table>

3）Location 对象

定位当前网页的 URL 地址，用户可以使用 Location 对象来让浏览器打开某页。

属 性	作 用	
href	当前网页的 URL 地址	读一读 A-11 在脚本中使用 Location 对象的代码： ＜form＞ ＜Input type="button" Value="打开页面，" onclick=" location. href='index. htm';"＞ ＜/form＞ 该代码使用 location 对象的 href 属性，设定了链接页面 URL 地址。

4）Document 对象

Document 主要有 links，anchor，form 这 3 个最重要的对象。

属 性	说 明
document. anchors	返回文档中所有的书签标记(＜a name＞)组成的数组
document. bgColor	设置页面背景色
document. fgColor	设置前景色(文本颜色)
document. linkColor	未点击过的链接颜色
document. alinkColor	激活链接(焦点在此链接上)的颜色
document. vlinkColor	已点击过的链接颜色
document. URL	设置 URL 属性，从而在同一窗口打开另一网页
document. fileCreatedDate	文件建立日期，只读属性
document. fileModifiedDate	文件修改日期，只读属性
document. fileSize	文件大小，只读属性
document. cookie	设置和读出 cookies
document. charset	设置字符集，如简体中文 gb2312
document. domain	返回或设置文档的默认域名
document. embeds	返回文档中所有嵌入对象"＜embed＞"组成的数组
document. forms	返回文档中所有表单组成的数组
document. images	返回文档中所有的图像标记"＜img＞"组成的数组
document. lastModified	返回文档最后一次的修改日期
document. links	返回文档中所有的链接标记"＜a href＞"组成的数组
document. location	返回或设置文档的地址，和 window. location 对象有同样的作用
document. referrer	返回用户访问当前页面来源页面的地址
document. title	返回或设置文档的标题

方 法	说 明
document. write()	动态向页面写入内容
document. createElement(Tag)	创建一个 HTML 标签对象

（续表）

方　法	说　明
document. getElementById(ID)	获得指定 ID 值的对象
document. getElementsByName (Name)	获得指定 Name 值的对象

5）History 对象

该对象记录以前访问过的网页的 URL 地址。

方　法	作　用	
history. go(n)	从当前页面，跳到本页面后的第 n 个页面	读一读 A－12 使用 History 对象来制作页面中的前进和后退按钮的代码： ＜FORM＞ ＜INPUT TYPE＝"button" VALUE＝"后退" onClick＝"history. go(－1)"＞ ＜INPUT TYPE＝"button" VALUE＝"前进" onClick＝"history. go(1)"＞ ＜/FORM＞ 该代码中，history. go(－1)制作后退，history. go(1)制作前进

3. 自定义对象

除了使用 JavaScript 预先定义好的一些对象以外，用户完全可以创建自己的对象。

创建对象需要以下 3 个步骤： 1）定义一个对象，说明这个对象的各种属性，对各种属性初始化； 2）创建对象需要的各种方法； 3）使用 new 语句实例化这个对象的	读一读 A－13 创建和使用自定义对象的代码： ＜script type＝"JavaScript"＞ function PCard()／／自定义方法 { document. write("＜b＞姓名：＜/b＞"＋this. name＋"＜br＞")； document. write("＜b＞地址：＜/b＞"＋this. address＋"＜br＞")； } ／／定义 Card 对象：有属性：name、address，方法 PCard function Card(name，address，work，home) { this. name＝name；／／定义 Card 对象的属性 name this. address＝address；／／定义 Card 对象的属性 address this. PrintCard＝PCard；／／定义 Card 对象的方法 PrintCard } ／／使用 Card 对象 myCard＝new Card("孔敏"，"123－street")； myCard. PrintCard()；／／调用 Card 对象的 PrintCard()方法 ＜/script＞

附录 B　VBScript 语言简介

B.1　VBScript 标识符

VBScript 标识符的命名规则如下：

(1) 第一个字符必须是字母；

(2) 不能包含嵌入的句点；

(3) 长度不能超过 255 个字符；

(4) 在被声明的作用域内必须唯一。

B.2　VBScript 数据类型

高级语言的数据类型一般是多种多样的，如整型、字符型等，但是，VBScript 只有一种数据类型，称为 Variant(变体类型)。Variant 是一种特殊的数据类型，根据使用的方式，它可以包含不同类别的信息，称为 Variant 子类型。

表 B-1　Variant 所包含的数据子类型

子类型	描　　述
Empty	为未初始化的数据。对于数值变量，值为 0；对于字符串变量，值为零长度字符串""
Null	不包含任何有效数据的数据变量
Boolean	True 或 False
Byte	0 到 255 之间的整数
Integer	－32,768 到 32,767 之间的整数
Currency	－922,337,203,685,477.5808 到 922,337,203,685,477.5807 之间的数
Long	－2,147,483,648 到 2,147,483,647 之间的整数
Single	单精度浮点数，负数范围为－3.402823E38 到－1.401298E－45，正数范围为 1.401298E－45 到 3.402823E38

（续表）

子类型	描　　述
Double	双精度浮点数，负数范围为 －1.79769313486232E308 到 －4.94065645841247E－324，正数范围为 4.94065645841247E－324 到 1.79769313486232E308
Date(Time)	表示日期的数字，日期范围从公元 100 年 1 月 1 日到公元 9999 年 12 月 31 日
String	变长字符串，最大长度可为 20 亿个字符
Object	对象
Error	错误号

大多数情况下，可将所需的数据放进变量中，而变量也会按照最适用于其包含的数据的方式进行操作。在使用时，要求同种类型之间相互操作，否则系统将强制类型转换。

B.3　VBScript 变量

所谓变量，就是内存中数据地址的名字。在 VBScript 中只有一个基本数据类型 Variant，但是变量可以根据需要转化成 Variant 子类型进行运算。VBScript 使用 Dim 语句声明变量。

(1) 一次声明一个变量例如："Dim Count　　'声明了一个 Count 变量"

(2) 同时声明多个变量例如："Dim Top，Bottom Left，Right，　　'声明了 Top，Bottom，Left，Right 四个变量"

(3) 声明一个数组例如："Dim a(4)　　'声明了一个有 5 个数据的数组"

(4) 声明一个变量时，同时赋予变量初始值，如下所示：

格　式	举　例
Dim 变量名称 变量名称＝值	Dim Count　　'声明了一个 Count 变量 Count＝20

(5) 声明一个数组，同时对数组中元素赋值。

格　式	举　例
Dim 数组 数组元素 1＝值 数组元素 2＝值	dim names(2) name(0)＝"Tom" name(1)＝"Kitty" name(2)＝"Ann"
	VBScript 中，数组从 0 开始计数，所以数组 names(2)有 3 个数据。

(6) 在 VBScript 中，数据可以不必声明而直接赋值使用，但是这并不是一个良好的编程习惯，所以建议用户还是先声明后使用，如果希望系统强制要求必须声明，可以加语句"＜％Option Explicit％＞"，强制变量声明。

B.4　VBScript 运算符

VBScript 和 Visual Basic 一样，包括算术运算符、比较运算符、连接运算符和逻辑运算符。按照运算符的优先级，当表达式包含多种运算符时，首先计算算术运算符，然后计算比较运算符，最后计算逻辑运算符。所有比较运算符的优先级相同，即按照从左到右的顺序计算比较运算符。VBScript 运算符如表 B－2 所示：

表 B－2　VBScript 的运算符

算术运算符		比较运算符		逻辑运算符	
描述	符号	描述	符号	描述	符号
求幂	^	等于	＝	逻辑非	Not
负号	－	不等于	＜＞	逻辑与	And
乘	*	小于	＜	逻辑或	Or
除	/	大于	＞	逻辑异或	Xor
整除	\	小于等于	＜＝	逻辑等价	Eqv
求余	Mod	大于等于	＞＝	逻辑隐含	Imp
加	＋	对象引用比较	Is		
减	－				
字符串连接	&				

B.5　VBScript 函数

在 VBScript 中，预先给用户设定了很多函数，这些函数就像一个个小程序，已经预先打包好一些功能，在程序设计时只要直接套用即可。

1. 日期/时间函数

表 B－3　VBScript 的日期/时间函数

函　数	说　　明	例　　子
CDate	把一个有效的日期或时间表达式转换为日期类型	读一读 B－1 显示当前系统的日期和时间，并判断，如果现在是 12 点之前，则显示"Good Morning!"，否则显示"Good day!"。代码如下：
Date	返回当前的系统日期	

（续表）

<table>
<tr><th>函　数</th><th>说　　明</th><th>例　　子</th></tr>
<tr><td>Day</td><td>返回代表一月中某天的数字(介于并包括 1 至 31 之间)</td><td rowspan="11"><html>
<body>
<%
dim h
h=hour(now())
response. write now()
If h<12 then
　response. write("Good Morning!")
else
　response. write("Good day!")
end if
%>
</body>
</html></td></tr>
<tr><td>Hour</td><td>返回可代表一天中的某小时的数字(介于并包括 0 至 23 之间)</td></tr>
<tr><td>Minute</td><td>返回一个数字,代表小时的分钟(介于并包括 0 至 59)</td></tr>
<tr><td>Month</td><td>返回一个数字,代表年的月份(介于并包括 1 至 12 之间)</td></tr>
<tr><td>Now</td><td>返回当前的系统日期和时间</td></tr>
<tr><td>Second</td><td>返回一个数字,代表分钟的秒(介于并包括 0 至 59 之间)</td></tr>
<tr><td>Time</td><td>返回当前的系统时间</td></tr>
<tr><td>Weekday</td><td>返回一个数字,代表星期的某天(介于并包括 1 至 7)</td></tr>
<tr><td>Year</td><td>返回一个代表年份的数字</td></tr>
<tr><td>DateAdd</td><td>返回已添加指定时间间隔的日期</td></tr>
<tr><td>DateDiff</td><td>返回两个日期之间的时间间隔数</td></tr>
</table>

2. 字符串处理函数

表 B-4　VBScript 的字符串处理函数

<table>
<tr><th>函　数</th><th>说　　明</th><th>例　　子</th></tr>
<tr><td>InStr</td><td>返回一个字符串在另一个字符串中首次出现的位置。检索从字符串的第一个字符开始</td><td rowspan="2">Dim Num1,Num2
Num1= InStr("Good Morning!","M")
'返回第二个字符串在第一个字符串中从第一个字符数第一次出现的位置,Num1 为 6
Num2= InStr("Good Morning!","M")
'返回第二个字符串在第一个字符串中从最后字符数第一次出现的位置,Num1 为 8</td></tr>
<tr><td>InStrRev</td><td>返回一个字符串在另一个字符串中首次出现的位置。检索从字符串的最后一个字符开始</td></tr>
<tr><td>Left</td><td>从字符串的左侧返回指定数目的字符</td><td rowspan="2">Dim IP
IP= "192.168.24.35"
LeftIP = Left(IP, 7) '截取 IP 字符串前 7 个字符,LeftString 值为"192.168"
RightIP=Right(IP,7) '截取 IP 字符串后 7 个字符,LeftString 值为"8.24.35"</td></tr>
<tr><td>Right</td><td>返回从字符串右侧开始指定数目的字符</td></tr>
</table>

（续表）

<table>
<tr><th>函　数</th><th>说　明</th><th>例　子</th></tr>
<tr><td>LTrim</td><td>删除字符串左侧的空格</td><td rowspan="3">Dim MyVar
MyVar = LTrim(" vbscript") '去掉字符串左边的空格,MyVar 的值为 "vbscript "
MyVar = RTrim(" vbscript") '去掉字符串右边的空格,MyVar 的值为" vbscript"
MyVar = Trim(" vbscript") '去掉字符串两边的空格,MyVar 的值为"vbscript"</td></tr>
<tr><td>RTrim</td><td>删除字符串右侧的空格</td></tr>
<tr><td rowspan="2">Trim</td><td rowspan="2">删除字符串左侧和右侧的空格</td></tr>
<tr><td>该函数常用于注册信息中,比如确保注册用户名前或后无空格</td></tr>
<tr><td>Mid</td><td>从字符串返回指定数目的字符</td><td>Dim MyVar
MyVar = Mid("VBScript is fun!", 3, 6)
MyVar 为“MyVar”。返回字符串中从第四个字符开始的六个字符</td></tr>
<tr><td>Replace</td><td>使用另外一个字符串替换字符串的指定部分指定的次数</td><td>Replace("ABCD", "BC", "12") '得到 A12D</td></tr>
<tr><td>StrComp</td><td>比较两个字符串,返回代表比较结果的一个值</td><td>Dim MyStr1, MyStr2, MyComp
MyStr1 = "ABCD": MyStr2 = "abcd"
'定义变量。
MyComp = StrComp(MyStr1, MyStr2, 1)
' 返回 0。
MyComp = StrComp(MyStr1, MyStr2, 0)
' 返回 -1。
MyComp = StrComp(MyStr2, MyStr1)
' 返回 1。</td></tr>
</table>

B.6　VBScript 语句

VBScript 的语句有三种结构,分别为顺序结构、条件结构、循环结构。

1. 顺序结构

顺序结构按语句出现的顺序执行程序。

读一读 B-2

nihao.asp,在屏幕上显示:“你好,(回车),中国”,代码如下:

```
<html>
<body>
<%
```

```
Response.Write "你好"          '将"你好"显示在屏幕上
Response.Write "<br>"          '显示回车
Response.Write "中国"          '将"中国"显示在屏幕上
%>
</body>
</html>
```

2. 条件结构

典型语句：If... Then... Else... End If 语句

或 Select Case 语句

(1) IF 条件语句 Then
执行语句
End If
(2) IF 条件语句 Then
执行语句 1
Else
执行语句 2
End If
If... else... 语句完成程序流程的两个分支，如果其中的条件成立，则程序执行第一条语句；否则执行 else 中的语句。
	读一读 B-3
	在网页上添加信息提醒的功能，判断当天的日期，如果是 1 日，则显示："今天是一个月的开始，请修改相关设置！"，否则显示："本月中，请正常使用！"代码如下：
	<html>
	<body>
	<%
	dim dt
	dt=day(date())
	if dt=1 then
	Response.Write dt&"今天是一个月的开始，请修改相关设置！"
	Else
	Response.Write dt&"本月中，请正常使用！"
	End If
	%>
	</body>
	</html>

Select Case 变量或表达式 Case 结果 1 执行语句 1 Case 结果 2 执行语句 2 …… Case 结果 n 执行语句 n [Case Else 执行语句 n+1]	读一读 B-4 根据系统日期确定现在今天是星期几。代码如下： Dim a,mon a =WeekDay(Date()) select case a case 1 mon="星期天" case 2 mon="星期一" case 3

End Select Select 语句为多分支结构，首先对表达式进行计算，如果值符合某个结果，就执行该结果下的相关语句，执行完毕，跳出 Select Case 表达式，而不是继续往下执行，如果表达式值与所有的结果都不相同，则执行 Case Else 后的语句	mon＝"星期二" case 4 mon＝"星期三" case 5 mon＝"星期四" case 6 mon＝"星期五" case 7 mon＝"星期六" end select msgbox "今天是" ＋ mon

3. 循环结构

典型语句：For... To... Next... 语句

For 循环变量＝start To end［步长 step］ 执行语句 Next 参数如下： **Start**　循环变量的初值。 **End**　循环变量的终值。 **Step**　步长的值。如果没有指定，则 step 的默认值为“1”	读一读 B-5 head.asp，显示六种不同大小的字体，代码如下： <html> <body> <% dim i for i=1 to 6 response.write("<h" & i & ">Header " & i & "</h" & i & ">") next %> </body> </html>

附录C　实训参考

C.1　素材收集

1. 图片

网页中常用的图片文件为GIF格式和JPEG格式，具体使用时有如下建议：

(1) 如果图片用色不多，不足64色，则GIF格式是更好的选择，但要将调色板也缩小；

(2) 如果图片中包含文本，可将其保存成GIF格式，JPEG所采用的压缩方式会引起文本边缘模糊；

(3) 照片最好用JPEG格式。JPEG可以包含3200万种颜色，远远超过肉眼所见，JPEG格式可保持图片色彩的鲜活；

(4) 如果想将大段文本合并于照片图像中，也可采用JPEG格式，不过文本边缘还是会模糊，有时阅读困难。

网页中应用的图片一般不要太大，图片太大会直接影响到网页的打开速度。如果是用来制作站点相册的图片，则尽量选择大小相近的图片。通常遵循的规格如下：

(1) 全尺寸banner为468×60像素；

(2) 半尺寸banner为234×60像素；

(3) 小尺寸banner为88×31像素；

(4) 内容图片或广告图片的分辨率一般不小于40×40像素，不大于400×400像素。

原则上，假定用户屏幕标准为800×600像素，网页实际尺寸按780×430像素设计，页面长度不超过3屏宽，宽度不超过1屏长。

2. 图标

网页上的图标有两种，一是网站的标志(Logo)，它是以图片的形式出现的，代表企业或网站标志，图C-1即为一些知名网站的标志。通常网站的设计者会根据网站的主题设计自己的标志，在制作网页时，Logo应放置在网页醒目位置。

图 C－1　知名网站的标志图标(Logo)

另外一种图标表达特定含义。表 C－1 为相关图标及其含义。

表 C－1　相关图标及其含义

图标	含义	图标	含义
NEW	表示最新的内容	登陆	表示登陆操作
	表示电子商务网站的"购物车"		表示启动百度搜索
	表示音乐		表示启动 QQ 聊天
	表示留言或聊天表情		表示多媒体

用户可以在搜索引擎中输入"网页图标"搜索关键词,来获取大量的图标素材。对收集到的图标素材资源,再结合站点风格,选择使用。

3. 动画素材

网页上经常使用的动画形式有 GIF 动画图像和 Flash 动画。GIF 动画素材的收集和使用基本上与图片相似。Flash 动画的来源可以是自己的原创作品,也可以结合页面的主题在网上收集。网上的 Flash 动画一般都是嵌入在网页中播放的,它不能像图片那样"另存为",用户可以利用下面的几种方法来获取网上的 Flash 动画素材。

(1) 目标另存为

在有些 Flash 播放的网页中,会看到有类似"全屏欣赏"这样的按钮或文字链接。其实这些按钮或文字就是直接链接到 Flash 动画文件的。在"全屏欣赏"上面点击鼠标右键,在快捷菜单中选择【目标另存为】,便会弹出保存文件的对话框,选择文件的保存位置,输入文件名称,点击【保存】即可。

(2) 查看源文件

可以在播放 Flash 动画的页面空白处点击鼠标右键,选择【查看源文件】,在打开的"记事本"或"写字板"中显示了用 HTML 超文本标记语言编写的该网页的源程序,在其中查找".swf"的语句。找到这个 Flash 文件的相对路径,然后根据网站的地址获得的网站 URL,利用下载软件下载即可。一般的 Flash 动画都能用此方法获得。

(3) 搜索临时文件夹

该方法可用于同时收集在一定时间内浏览过的 Flash 动画,前提是要收集的 Flash 动画最近看过,用户并没有清空 IE 的临时文件夹。具体操作为:打开资源管理器,定位到 IE

的临时文件夹(Windows 9x 系统:"c:\windows\Temporary Internet Files";Windows 2000 XP 系统:"C:\documents and setting\administrater\local setting\Temporary Internet Files");利用 F3 打开"查找"对话框,在名称一栏中输入"*.swf",选择时间段,在高级选项中选择大小"至少 200KB"(因为一般的 Flash 动画大小都在 200KB 以上,Flash 广告的大小不会超过 200KB);点击【搜索】,在搜索结果中就会显示出找到的 Flash 动画文件;浏览并选择查找到的结果文件,将其复制并粘贴到要保存的文件夹中。

(4) 使用专门软件

FlashCap 是一个专门用来收集 Flash 动画的软件,它能够帮助用户采集网页中的 Flash 动画,从 IE 浏览器的临时文件(缓存)中搜寻以前下载的 Flash 动画,同时,它也可以用作管理动画文件的工具。

4. 网页特效素材

网页特效常用 JavaScritp 或 VBScript 脚本来实现,它通过客户端的 Web 浏览器来执行,有时还利用 JAVA 的 APLET 来实现。它一般分为:时间日期、页面背景、图形图像、按钮特效、鼠标事件、Cookies 脚本、文本特效、状态栏特效、代码生成、导航菜单、页面搜索、在线测试、密码类、技巧类、综合类、游戏类等。

网上有很多的资源网站,包含了大量网页特效代码,提供给网页设计者使用。因此,只要在搜索引擎中输入"网页特效"搜索关键词,找到网页特效提供网站,浏览特效效果,将特效编码复制粘贴到自己的网页中,即可实现某些特效。

5. 音乐素材

在网页中插入背景音乐可以使页面更加生动。背景音乐的支持格式有 WAV,MID,MP3 等。如果要顾及到网速较低的浏览者,则可以使用 MID 音效作为网页的背景音乐,因为 MID 音乐文件小,这样在网页打开的过程中能很快加载并播放,但它只能存放音乐的旋律,没有好听的和声以及唱词。如果网速较快,可以在网页中添加 MP3 的音乐,文件还是不要太大,否则影响页面的浏览速度。

6. 特殊字体的下载

设计者到相关网站可下载特殊字体,如 http://www.goodfont.net/index.asp。下载的字体文件可复制到控制面板里的字体里,或在 Dreamweaver 里的编辑字体列表里面载入该字体。

这里需注意一个问题,设置该特殊字体的网页可能在其他的电脑上无法显示应有的效果。因为在其他电脑里不一定安装了这种字体,所以在网页上使用特殊字体时应慎重。

最好的办法是把做好的字体再转换成图片的格式,这样不管哪个电脑上都可以正常显示。

C.2　图片加工与使用

有时为了追求特殊效果必须在网页中应用较大的图片，但这样会直接影响到网页的浏览速度。这时，可以应用图片编辑软件将其分割成若干小图片。例如，利用 Photoshop 进行图片分割，然后在 Dreamweaver 中进行合成，这样可以减小尺寸，方便在互联网上浏览。

如果 GIF 动画图片尺寸较大，而且其活动部分很小并较集中的话，也可以使用分割法，将图片进行分割，静止的部分制作成静止 GIF 图片，活动的部分制作成 GIF 动画，这样制作出来的效果与原图基本无差别，但图片尺寸却有明显的下降，浏览速度大大加快。

分割图片的合成　在制作网页时，需要将分割的图片再合成起来。例如图 C－2，在 Dreamweaver 中可以看出，该大图片是由一系列分割图片利用层的定位将其合成到一起的。

利用层在页面中进行布局，具体操作为：在页面中插入层，层中插入图片，根据图片的大小、位置设定层的大小、位置和 Z 轴（因为其同在一个层面，且没有重叠部分，可将 Z 轴设为"1"）。

图 C－2　index. htm 的扩展视图

利用层插入图片　上述网页除分割图片外，还利用层，在图片的之上分别插入了对应的图片，如图 C－3 所示（因为一个图片浮于组合图片之上，所以应将 Z 轴设置为大于"1"，如"2"）。

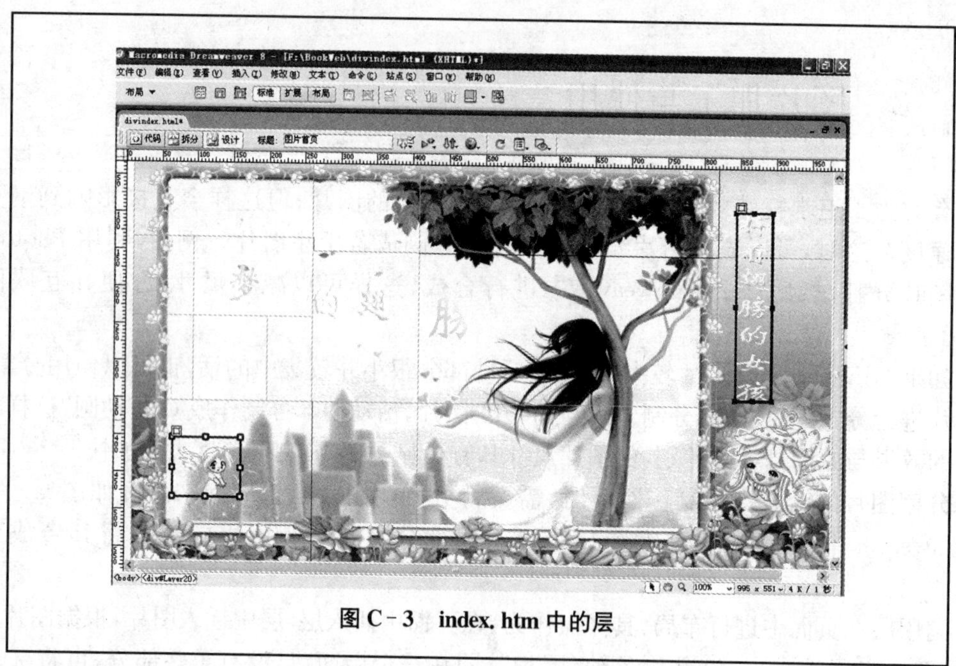

图 C-3　index.htm 中的层

网站相册的制作　将收集的某一主题的图片存放在一个目录下，如某个人网站“天使之翼”中图的精彩模块。作者结合该模块的分类主题保存图片，并创建网站相册。现以“大师镜头下的精彩”分类相册为例，具体操作如下：

(1) 在磁盘上创建“镜头下的精彩”文件夹，将搜索的图片存放于此；

(2) 在站点文件夹下“tdjc”文件夹中创建“jt”文件夹；

(3) 通过 Dreamweaver 的“命令”→“创建网站相册”弹出的对话框，进行相应的设置。具体设置见图 C-4。

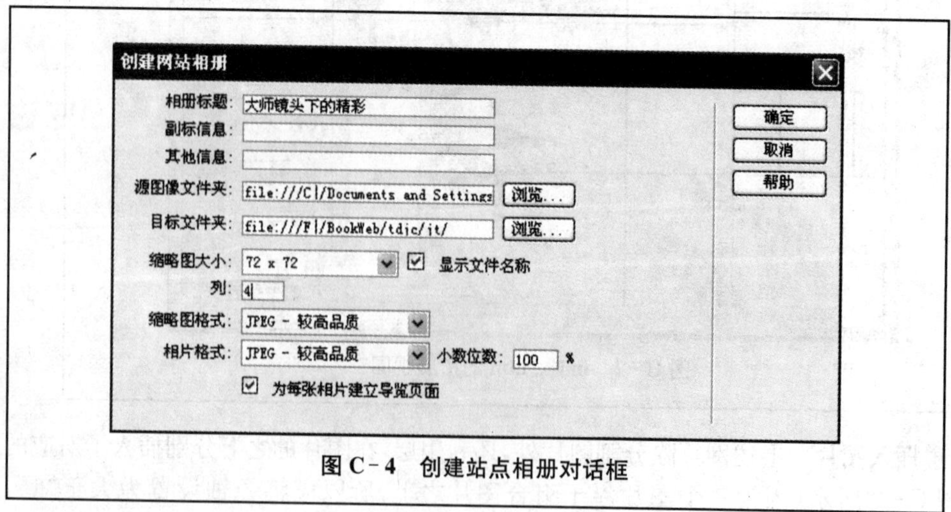

图 C-4　创建站点相册对话框

利用表格插入图片　在网页中，有些图片是以新闻图片或主题列表图片的形式出现的。这些图片的插入，通常都是在网页中插入表格，再在表格中插入图片，如个人网站“天使之翼”中“图的精彩”框架网页左侧的相册分类网页。

背景图片的应用 背景图片一般使用在网页的背景或表格、层的背景上，个人网站“天使之翼”将图片“images\Bj. gif”应用在大部分的网页背景上，体现了站点风格的统一。

C.3 网页特效的使用

网页特效使用起来比较简单，下面将分别举例说明特效代码使用方法。

1. 直接插入使用

大多数的网页特效都可以直接插入到网页里使用，比如在网页中显示当前时间。首先，通过搜索可以得到很多关于时间的特效，下面是搜索到的用 JavaScript 制作的数字时钟的脚本代码，它包含在<script language="JavaScript">和</script> 之间。

```
<span id="liveclock" style"=width: 109px; height: 15px"></span>
<SCRIPT language=javascript>
function www_helpor_net()
{
var Digital=new Date()
var hours=Digital. getHours()
var minutes=Digital. getMinutes()
var seconds=Digital. getSeconds()
if(minutes<=9)
minutes="0"+minutes
if(seconds<=9)
seconds="0"+seconds
myclock="现在时刻:<font size='5' face='Arial black'>"+hours+":"+minutes+":"+
seconds+"</font>"
if(document. layers){document. layers. liveclock. document. write(myclock)
document. layers. liveclock. document. close()
}else if(document. all)
liveclock. innerHTML=myclock
setTimeout("www_helpor_net()",1000)
}
www_helpor_net();
</SCRIPT>
```

其次，直接将代码复制到网页代码里相应的位置就可以了。

对于含有图片的特效，还要将所含图片保存。比如“跟随鼠标的图片”这个特效，通过搜索得到如下代码：

```
<html>
<head>
<meta http-equiv="Content-Type" content="text/html; charset=gb2312">
<title>网页特效|——跟随鼠标的图片</title>
<script LANGUAGE="JavaScript">
var newtop=0
var newleft=0
if (navigator.appName == "Netscape") {
layerStyleRef="layer.";
layerRef="document.layers";
styleSwitch="";
}
else
{
layerStyleRef="layer.style.";
layerRef="document.all";
styleSwitch=".style";
}
function doMouseMove() {
layerName = 'iit'
eval('var curElement='+layerRef+'["'+layerName+'"]')
eval(layerRef+'["'+layerName+'"]'+styleSwitch+'.visibility="hidden"')
eval('curElement'+styleSwitch+'.visibility="visible"')
eval('newleft=document.body.clientWidth-curElement'+styleSwitch+'.pixelWidth')
eval('newtop=document.body.clientHeight-curElement'+styleSwitch+'.pixelHeight')
eval('height=curElement'+styleSwitch+'.height')
eval('width=curElement'+styleSwitch+'.width')
width=parseInt(width)
height=parseInt(height)
if (event.clientX > (document.body.clientWidth - 5 - width))
{
newleft=document.body.clientWidth + document.body.scrollLeft - 5 - width
}
else
{
newleft=document.body.scrollLeft + event.clientX
}
eval('curElement'+styleSwitch+'.pixelLeft=newleft')
if (event.clientY > (document.body.clientHeight - 5 - height))
{
```

```
newtop=document.body.clientHeight + document.body.scrollTop - 5 - height
}
else
{
newtop=document.body.scrollTop + event.clientY
}
eval('curElement'+styleSwitch+'.pixelTop=newtop')
}
document.onmousemove = doMouseMove;
</script>
</head>
<body>
<! -- 以下代码是设定此页的鼠标跟随样式和图片代码 -->
<script language="javascript">
if (navigator.appName == "Netscape") {
}
else
{
document.write('<div ID=OuterDiv>')
                                    图片与网页的相对路径
document.write('<img ID=iit src="images/flag.gif"
STYLE="position:absolute;TOP:5pt;LEFT:5pt;Z-INDEX:10;visibility:hidden;">')
document.write('</div>')
}
</script>
</body>
</html>
```

在使用该网页特效时需要将其中的图片保存到站点中的正确位置。

2. 定义样式的特效

用CSS样式来定义样式的特效，包含样式的设置和样式的应用两部分。例如，用CSS技术实现文字变图像特效，具体操作如下：

首先，在网页中输入一段文字，用“<span>”标记把它括起来，并给它加一个CSS的“ID”属性(给这段文字编一个代号，如：“Text1”，以便识别)；再在网页中插入一张图片，同样用“<span>”把它括起来，也给它加一个“ID”属性，如：ID="img1"。在网页源代码的“<head>”与“</head>”之间添加如下CSS代码：

```
<style type="text/css">
<! --
. style1 { position:absolute; top: 200px; left:180px;
background-color: #ccccff; visibility:hidden}
. style2 { position:absolute; top: 200px; left:180px;
background-color: #ccccff; }
. style3 { position:absolute; top: 190px; left:180px;
visibility:hidden}
. style4 { position:absolute; top: 190px; left:180px; }
-->
</style>
```

定位文本和图片在网页中位置

决定当前对象是否显示的CSS属性

定义文本的背影颜色

修改相应的“<span>”标记。在“Text1”的“<span>”中加载CSS的“. style2”，设置文本的背景颜色和位置。加载一个“onclick”触发事件，一旦这个事件发生，将做两件事，一是让“Text1”采用CSS的“. style1”(隐藏文本)；二是让“image1”采用CSS的“. style4”(显示图片)。具体代码如下：

```
<span id="text1" class="style2" onclick="document. all. text1. className='style1';
document. all. image1. className='style4' "><font color="#0000FF">鼠标在这段文字上
单击,文字消失,变为图像。在图像上单击,图像消失,恢复为文字。</font>
</span>
```

同样在“image1 ”的“<span>”中加载CSS的“. style3”，让图片一开始是隐藏的，再加载一个“onclick”触发事件，一旦这个事件发生，将做两件事，一是让“Text1”采用CSS的“. style2”(显示文本)；二是让“image1”采用CSS的“. style3”(隐藏图片)。具体代码如下：

```
<span id="image1" class="style3" onclick="document. all. text1. className='style2';
document. all. image1. className='style3' ">
<img src="image/line. gif" width="316" height="26">
</span>
```

图片与网页的相对路径

图片的宽度和高度

C.4 背景音乐的添加

为网页添加背景音乐的方法一般有两种，第一种是通过普通的“<bgsound>”标签来添加，另一种是通过“<embed>”标签来添加。

1. 使用“<bgsound>”标签

只需在网页源代码的“<body>”与“</body>”之间插入下面的代码“<bgsound src

＝"＊＊＊/1. mid" loop＝"－1">" 即可。其中,"＊＊＊/1. mid" 为音乐文件的相对地址；"loop＝"－1""控制背景音乐播放次数,"－1"为不间断循环播放,可用相应的数字来控制其播放次数,如果是"1",就表示该背景音乐播放一次就停止了。一般在添加背景音乐时,用户并不需要对音乐进行左右均衡以及延时等设置,所以仅需要几个主要的参数就可以了。

2. 使用"<embed>"标签

使用"<embed>"标签来添加音乐的方法并不是很常见,但是它的功能非常强大。

其语法如下：

<embed src＝"music. mid" autostart＝"bool" loop＝"n" width＝"m" height＝"k" >

表 C-2 为相关属性选项及含义。

表 C-2　相关属性及其含义

属　性	含　义
src	音乐文件的路径及文件名；
autostart	true 表示音乐文件上传完后,自动开始播放,默认为 false(否)
loop	true 表示无限次重播,false 表示不重播,某一具体值(整数)为重播多少次
volume	取值范围为"0～100",设置音量,默认为系统本身的音量
starttime	"分:秒",设置歌曲开始播放的时间,如"starttime＝"00:10"",表示从第 10 开始播放
endtime	"分:秒",设置歌曲结束播放的时间
width	控制面板的宽
height	控制面板的高
controls	控制面板的外观 controls＝"＊＊＊＊＊",具体选择与含义如下： console　正常大小的面板； smallconsole　较小的面板； playbutton　显示播放按钮； pausebutton　显示暂停按钮； stopbutton　显示停止按钮； volumelever　显示音量调节按钮
hidden	true 表示可以隐藏面板